Mathematik 2
für Nichtmathematiker

Funktionen – Folgen und Reihen –
Differential- und Integralrechnung –
Differentialgleichungen –
Ordnung und Chaos

von
Prof. Dr. Manfred Precht
Dipl.-Math. Karl Voit und
Dr. agr. Roland Kraft

7., durchgesehene Auflage

Oldenbourg Verlag München Wien

Mathematik 2 für Nichtmathematiker von Manfred Precht, Roland Kraft, Karl Voit.
München, Wien: Oldenbourg. Früher verfasst von Manfred Precht und Karl Voit.

Bibliografische Information Der Deutschen Bibliothek

Die Deutsche Bibliothek verzeichnet diese Publikation in der Deutschen
Nationalbibliografie; detaillierte bibliografische Daten sind im Internet
über <http://dnb.ddb.de> abrufbar.

© 2005 Oldenbourg Wissenschaftsverlag GmbH
Rosenheimer Straße 145, D-81671 München
Telefon: (089) 45051-0
www.oldenbourg.de

Lektorat: Margit Roth
Herstellung: Anna Grosser
Umschlagkonzeption: Kraxenberger Kommunikationshaus, München
Gedruckt auf säure- und chlorfreiem Papier
Gesamtherstellung: Druckhaus „Thomas Müntzer" GmbH, Bad Langensalza

ISBN 3-486-57775-1

Inhalt

Vorwort zur 1. Auflage

Im deutschen wissenschaftlichen Schrifttum besteht sicher kein Mangel an hervorragenden Mathematikbüchern verschiedenen Umfanges, welche sich an Mathematiker, Physiker oder Ingenieure wenden. Weniger umfangreich ist das mathematische Literaturangebot für Studienanfänger in vielen angewandten Wissenschaften, wie z.B. Agrarwissenschaft, Biologie, Brauwesen, Ernährungswissenschaft und Lebensmitteltechnologie, Human- und Veterinärmedizin, Ökotrophologie, Psychologie, Soziologie, Wirtschaftswissenschaft u.a., deren Vertreter wir hier kurz als „Nichtmathematiker" bezeichnen.

Diese „Mathematik für Nichtmathematiker" ist in erster Linie als vorlesungsbegleitender Leitfaden für Studierende der oben erwähnten Fachrichtungen gedacht, welche Mathematik am Anfang ihres eigentlichen Fachstudiums als Grundlagenfach absolvieren müssen. Sie soll aber auch dem Praktiker bei der Lösung mathematischer Probleme eine Hilfe sein. Was die Darstellung betrifft, so kam es uns auf eine exakte, leicht faßliche und anschauliche, mit vielen Anwendungsbeispielen versehene Formulierung der wichtigsten mathematischen Grundtatsachen im Rahmen einer Einführung an, ohne große Betonung mathematischer Beweisführung.

Teil 1 führt in Grundbegriffe der Mathematik, in die Vektorrechnung und analytische Geometrie im $\mathbb{R}^3$ sowie in die lineare Algebra und Matrizenrechnung ein. Der vorliegende Teil 2 beschäftigt sich mit Funktionen von einer oder zwei reellen Veränderlichen, bringt das Notwendigste zur Differential- und Integralrechnung und zur Bestimmung von Extremwerten und behandelt einige einfachere Typen von Differentialgleichungen. Die Stoffauswahl ist im Einzelnen ein Kompromiß aus den mathematischen Bedürfnissen der „Nichtmathematiker" und dem Umfang einer ein- oder zweisemestrigen Grundvorlesung in Mathematik. Daher haben in einer solchen Einführung Begriffe wie „gleichmäßige Stetigkeit oder Konvergenz", Konvergenzkriterien für unendliche Reihen oder der allgemeine Mittelwertsatz der Differentialrechnung u.ä. nichts zu suchen. Es muß auch nicht jeder Satz bewiesen werden, etwa die Restgliedformel von Cauchy bzw. von Lagrange, die Kriterien für Extremwerte bei Funktionen zweier Veränderlicher oder die Herleitung der l'Hospitalschen Regel, deren Kenntnis auch nicht in allen Fällen unbedingt notwendig ist.

Unsere Darstellung zielt in erster Linie beim Leser auf Verständnis für wichtige mathematische Begriffe, damit er auch die Anwendungsmöglichkeiten in seinem speziellen Fachgebiet erkennt. Sie versucht Rücksicht zu nehmen auf die sehr heterogene mathematische Vorbildung der heutigen Studienanfänger und will diese nicht gleich vor der Mathematik „verschrecken". Ein selbständiges Mitarbeiten und eine rege Beteiligung an Übungen ist allerdings unerläßlich.

Der Anwender wird im Laufe seines Fachstudiums mathematische Methoden benötigen, die in unserer einführenden Darstellung nicht oder nur kurz behandelt wurden. So wird z.B. der Agrarökonom oder der Wirtschaftswissenschaftler Spezialliteratur zum Linearen, Nichtlinearen und Dynamischen Optimieren benötigen. Der Biologe und Mediziner, der Compartment-Analyse betreibt, wird sich intensiver in der Theorie der Differentialgleichungen einarbeiten müssen. Der Psychologe und Soziologe, der Faktorenanalyse anwenden will, wird sich mit der Bestimmung von Eigenvektoren und Eigenwerten beschäftigen, also tiefer in das Gebiet der Linearen Algebra einsteigen müssen.

Die vorliegende Einführung „Mathematik für Nichtmathematiker" versucht eine Brücke zu schlagen zwischen Studienbeginn und späterem Angehen praktischer Probleme, welche die Mathematisierung der betreffenden Einzelwissenschaft mit sich bringt, indem sie ein weiterführendes Studium spezieller mathematischer Methoden erleichtert.

Freising-Weihenstephan   Manfred Precht
                                Karl Voit

Vorwort zur 4. und 5. Auflage

Die vierte Auflage unterscheidet sich inhaltlich von den vorhergehenden durch die Aufnahme weiterer Beispiele und Übungsaufgaben. Die Abschnitte **Winkelfunktionen, Exponentialfunktionen, Logarithmische Papiere** und **Fehlerrechnung** wurden völlig neu überarbeitet. Außerdem ist ein Kapitel **Ordnung und Chaos in dynamischen Systemen** mit Programmbeispielen hinzugefügt, welches beim Leser das Interesse für komplexe dynamische Systeme wecken will.

Die fünfte Auflage erscheint in einem geringfügig modifizierten Layout. Bekannt gewordene Fehler wurden korrigiert und die meisten Grafiken neu erstellt. Der Abschnitt **Exponentialfunktionen** im Kapitel **Funktionen einer reellen Veränderlichen** sowie der Abschnitt **Fraktale Geometrie** im Kapitel **Ordnung und Chaos in dynamischen Systemen** wurden intensiv überarbeitet und erweitert.

Die Verfasser danken Herrn Diplom-Mathematiker Karl Kaindl für die kritische Durchsicht des Manuskripts und Herrn Markus Mühlbauer für seine Mitarbeit, insbesondere für die Programmierung zur automatischen Erstellung des Sachregisters. Außerdem gilt unser Dank Herrn M. John und Frau A. Sperlich vom Oldenbourg-Verlag für die gute Zusammenarbeit.

Freising-Weihenstephan   Manfred Precht
                                      Karl Voit
                                      Roland Kraft

Vorwort zur 7., durchgesehenen Auflage

Die 7. Auflage ist inhaltlich identisch mit der 5. Auflage. Fehler wurden korrigiert.

                                      Manfred Precht
                                      Karl Voit
                                      Roland Kraft

Kapitel 6

Funktionen einer reellen Veränderlichen

In Band 1 wurde ganz allgemein mengentheoretisch erklärt, was man unter einer Funktion versteht. Hier sollen solche Funktionen betrachtet werden, deren Definitionsbereich eine Teilmenge der reellen Zahlen $I\!R$ ist, und die $I\!R$ als Zielmenge haben. Dies sind Abbildungen, die jedem Element $x \in I\!D \subseteq I\!R$ eindeutig eine Zahl $f(x) = y \in I\!R$ zuordnen. Man schreibt dafür:

$$f : I\!D \to I\!R; \quad x \mapsto f(x) \tag{6.1}$$

oder auch:

$$y = f(x); \quad x \in I\!D \tag{6.2}$$

Es ist die Redeweise gebräuchlich: "y ist Funktion von x", i.Z. $y = y(x)$. x wird als **unabhängige**, y als **abhängige Veränderliche**, oder **Variable** bezeichnet. Man sagt auch, die Funktion f hat für das **Argument** x den **Funktionswert** $y = f(x)$.

6.1 Wichtige Begriffe bei Funktionen

Den Argumenten werden die Funktionswerte gewöhnlich durch eine Rechenvorschrift bzw. eine Formel zugeordnet, z.B.: $y = x^2 - 1 \quad (-1 \le x \le 1)$.

Man unterscheidet zwei Möglichkeiten der formelmäßigen Darstellung einer Funktion:

- **Explizite Darstellung:**

  Die Funktion $f(x)$ ist durch eine nach y aufgelöste Gleichung

  $$y = f(x) \tag{6.3}$$

  gegeben, z.B. $y = f(x) = c$ oder $y = f(x) = ax + b$ oder $y = f(x) = 7x^3 - 5x + 2$. Manchmal ist eine Funktion über den ganzen Definitionsbereich hinweg nicht durch eine einzige Funktion beschreibbar. Sie wird dann stückweise definiert. Das bedeutet, die Definitionsmenge wird disjunkt unterteilt, und $f(x)$ ist für jede dieser Teilmengen durch eine Teil-Funktionsgleichung erklärt. Beispielsweise ist die Funktion

  $$f : I\!R \to I\!R \quad \text{mit} \quad f(x) = \begin{cases} x & 0 \le x < 1 \\ -x + 2 & 1 \le x < 2 \\ 0 & \text{sonst} \end{cases}$$

  eine stückweise definierte Funktion. Sie stellt eine in der Statistik vorkommende sog. **Dichtefunktion** dar.

- **Implizite Darstellung:**

Die unabhängige und die abhängige Variable sind hier durch eine Gleichung $F(x, y) = 0$ miteinander verknüpft. Die explizite Darstellung erhält man durch Auflösen dieser Gleichung nach y. Dabei ergibt sich im allgemeinen eine mehrdeutige Lösung.

Die Kreisgleichung $x^2 + y^2 = 1$ hat z.B. die implizite Darstellung

$$F(x, y) = x^2 + y^2 - 1 = 0$$

Löst man nach y auf, so erhält man mit der expliziten Darstellung die beiden Lösungen $y = \pm\sqrt{1 - x^2}$.

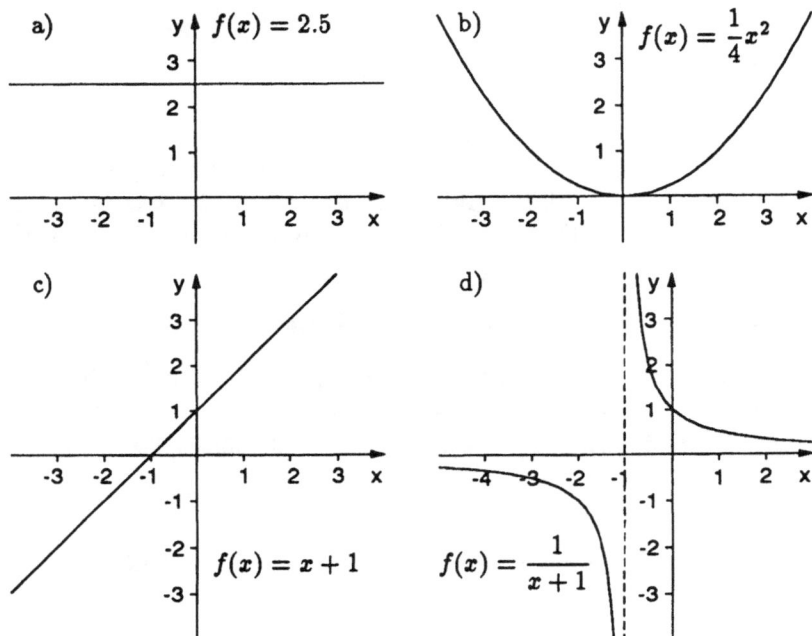

Bild 6.1: Graphen einiger einfacher Funktionen

Die in der Praxis üblicherweise vorkommenden Funktionen kann man durch Kurven graphisch darstellen. Man faßt dazu x und y als Koordinaten in einem Koordinatensystem auf. Jedem Wertepaar (x, y) der Funktion $y = f(x)$ entspricht dann ein Punkt der Kurve. Die Menge aller Punkte $(x, y(x))$, $x \in D$, also die Kurve, wird als **Graph** der Funktion bezeichnet. Als Koordinatensystem wird meist ein kartesisches Koordinatensystem verwendet. In Bild 6.1 sind die Graphen einiger Funktionen in einem kartesischen Koordinatensystem dargestellt.

6.1.1   Monotonie

Es gibt Funktionen, deren Funktionswert mit größer werdendem Argument zunimmt bzw. abnimmt. Man spricht dann von **monotonen Funktionen**. Die Graphen in Bild 6.2 sind Beispiele für die in den Definitionen (6.4) – (6.7) erklärten Funktionstypen.

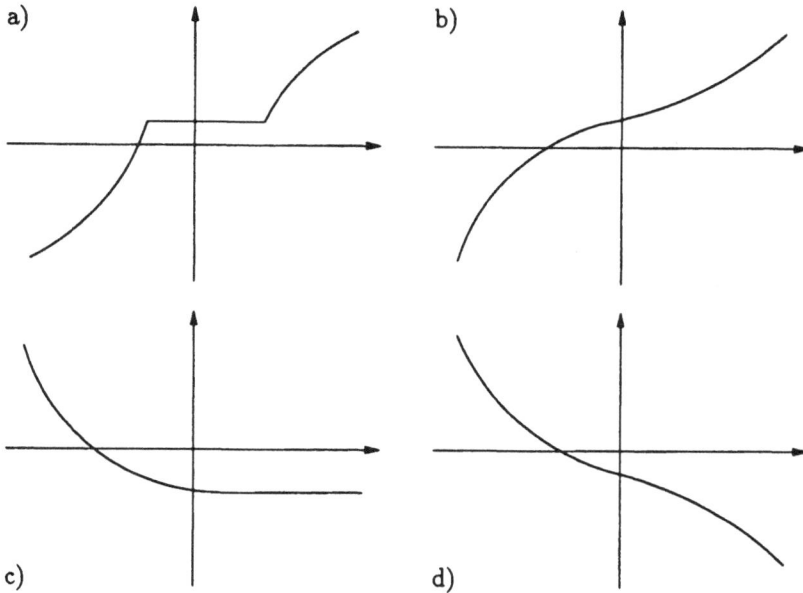

a)

b)

c)

d)

Bild 6.2: Graphen monotoner Funktionen

Es sei I ein Intervall. Eine Funktion heißt dann:

1. **monoton zunehmend** in I, wenn gilt:

$$f(x_1) \leq f(x_2) \quad \forall x_1 < x_2 \text{ mit } x_1, x_2 \in I \tag{6.4}$$

2. **streng monoton zunehmend** in I, wenn gilt:

$$f(x_1) < f(x_2) \quad \forall x_1 < x_2 \text{ mit } x_1, x_2 \in I \tag{6.5}$$

3. **monoton abnehmend** in I, wenn gilt:

$$f(x_1) \geq f(x_2) \quad \forall x_1 < x_2 \text{ mit } x_1, x_2 \in I \tag{6.6}$$

4. **streng monoton abnehmend** in I, wenn gilt:

$$f(x_1) > f(x_2) \quad \forall x_1 < x_2 \text{ mit } x_1, x_2 \in I \tag{6.7}$$

Für "zunehmend" werden synonym die Begriffe "wachsend" oder "steigend" und für "abnehmend" der Begriff "fallend" verwendet.

Bei den streng monotonen Funktionen entspricht jedem Funktionswert y genau ein Argument x. Somit kann man die Rollen der unabhängigen und abhängigen Variable vertauschen und x als Funktion $g(y)$ betrachten.

6.1.2 Umkehrfunktionen

Eine Funktion f, die zu zwei beliebigen, unterschiedlichen Argumenten x_1 und x_2 auch zwei verschiedene Funktionswerte $f(x_1)$ und $f(x_2)$ besitzt, d.h.

$$f(x_1) \neq f(x_2) \quad \forall x_1 \neq x_2 \text{ mit } x_1, x_2 \in I\!D, \tag{6.8}$$

heißt **injektiv** oder **eineindeutig**. Eine solche Funktion ist umkehrbar. Die **Umkehrfunktion** bzw. **inverse Funktion** f^{-1} erhält man durch Auflösen der Gleichung $y = f(x)$ nach x und anschließender Vertauschung der Bezeichnungen x und y.

Beispiele:

1. $f : I\!R \rightarrow I\!R; \quad y = f(x) = 2x + 1 \Rightarrow x = \frac{1}{2}(y - 1) = \frac{y}{2} - \frac{1}{2}$

   $f^{-1} : I\!R \rightarrow I\!R; \quad f^{-1}(x) = \frac{x}{2} - \frac{1}{2}$

2. $f : I\!R_+{}^1 \rightarrow I\!R; \quad y = f(x) = x^2 \Rightarrow x = \sqrt{y} \quad (y > 0)$

   $f^{-1} : I\!R_+ \Rightarrow I\!R; \quad f^{-1}(x) = \sqrt{x}$

3. $f : I\!R \setminus \{1\} \rightarrow I\!R; \quad y = f(x) = \frac{1}{x-1} \Rightarrow x = \frac{1}{y} + 1 \quad (y \neq 0)$

   $f^{-1} : I\!R \setminus \{0\} \rightarrow I\!R; \quad f^{-1}(x) = \frac{1}{x} + 1$

Zeichnet man eine Funktion und ihre Umkehrfunktion in ein Koordinatensystem ein, so gehen die Graphen durch Spiegelung an der Winkelhalbierenden des ersten und dritten Quadranten (d.h. an der Geraden $y = x$) ineinander über (Bild 6.3).

Die Injektivität einer Funktion f garantiert also die Existenz der Umkehrfunktion f^{-1}. Es ist zu beachten, daß die Definitionsmenge der inversen Funktion f^{-1} gleich der Bildmenge von f ist, die nicht gleich der Zielmenge von f zu sein braucht.

Eine Funktion $f : I\!D \rightarrow M$, deren Bildmenge $f(I\!D)$ gleich der Zielmenge M ist, heißt **surjektiv**, d.h. zu jedem $y \in M$ gibt es ein $x \in M$ mit $f(x) = y$. Eine Funktion, die sowohl injektiv als auch surjektiv ist, wird als **bijektiv** bezeichnet.

---

[1] $I\!R_+ = \{x \in I\!R | x > 0\}$

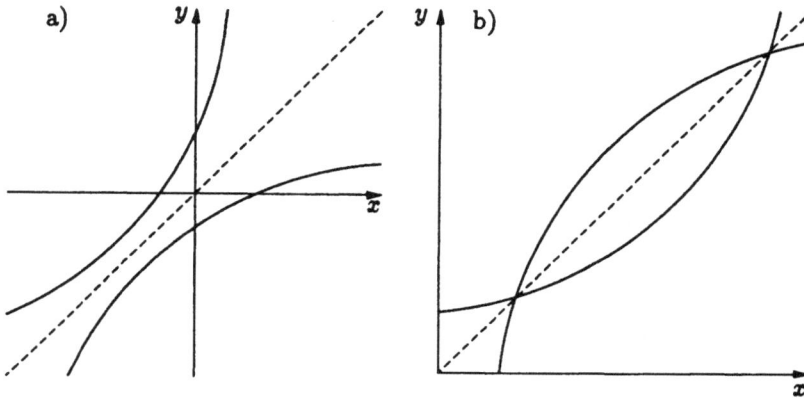

Bild 6.3: Umkehrfunktionen

Beispiele:

1. $f : \mathbb{R} \to \mathbb{R}$; $f(x) = 3x + 2$ *ist bijektiv.*

2. $f : \mathbb{R} \to \mathbb{R}$; $f(x) = x^3 - 2x^2$ *ist surjektiv, jedoch nicht injektiv.*

6.1.3   Komposition von Funktionen

Es sei $f : \mathbb{D} \to \mathbb{R}$ eine surjektive und $g : \mathbb{R} \to \mathbb{R}$ eine beliebige Funktion. Dann kann man eine neue Funktion $h : \mathbb{D} \to \mathbb{R}$ definieren, deren Werte man durch Anwenden der Funktionsvorschrift f auf x und dann der Vorschrift g auf $f(x)$ erhält, also: $h(x) = g(f(x))$. Diese Zusammensetzung kann wie folgt dargestellt werden:

$$\mathbb{D} \xrightarrow{\ f\ } \mathbb{R} \xrightarrow{\ g\ } \mathbb{R}$$
$$\underbrace{\qquad\qquad}_{h}$$

Die Voraussetzung über die Surjektivität von f kann man fallen lassen, wenn als Definitionsbereich von g der Wertebereich von f verwendet wird.

Gegeben seien die Funktionen $f : \mathbb{D} \to \mathbb{R}$ und $g : f(\mathbb{D}) \to \mathbb{R}$. Die Funktion $h : \mathbb{D} \to \mathbb{R}$ mit $h(x) = g(f(x))$ heißt aus f und g **zusammengesetzt** bzw. die **Komposition** von f und g. Die Komposition h wird mit $g \circ f$ (sprich: "g nach f") bezeichnet.

Beispiele:

1. $f : I\!R \to I\!R; \quad f(x) = 7x^2$ und $g : [0, \infty[\to I\!R; \quad g(x) = \dfrac{1}{2+x}$

   $h = g \circ f : I\!R \Rightarrow I\!R$ mit $h(x) = g(f(x)) = \dfrac{1}{2+7x^2}$

2. Ist f bijektiv, dann ist $(f^{-1} \circ f)(x) = f^{-1}(f(x)) = x$ und $(f \circ f^{-1})(x) = f(f^{-1}(x)) = x$. Die beiden Kompositionen $f^{-1} \circ f$ und $f \circ f^{-1}$ stellen also die **identische Abbildung** id $: I\!R \to I\!R; \quad \text{id}(x) = x$ dar.

6.1.4   Symmetrie

Betrachtet man den Graphen einer Funktion f aus Bild 6.4, so sieht man sofort, daß dieser Graph bezüglich der eingezeichneten vertikalen Geraden $x = b$ **achsensymmetrisch** ist.

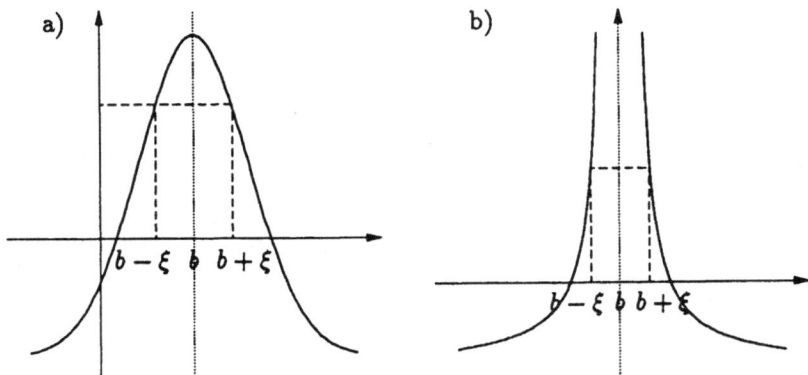

Bild 6.4: Achsensymmetrische Funktionen

Wählt man auf der x-Achse zwei Punkte, die von b aus den selben Abstand ξ haben, so sind ihre Funktionswerte gleich. Es gilt also:

$$f(b - \xi) = f(b + \xi) \quad \forall \, b \pm \xi \in I\!D \tag{6.9}$$

Ist die y-Achse die Symmetrieachse, d.h. $b = 0$, dann lautet die Bedingung

$$f(-x) = f(x) \quad \forall \, x \in I\!D, \tag{6.10}$$

und man nennt f eine **gerade Funktion**.

Neben den achsensymmetrischen Kurven gibt es auch solche, die **punktsym-metrisch** sind (vgl. Bild 6.5).

Der Symmetriepunkt C kann auf der Kurve liegen (Bild 6.5 a) oder nicht auf der Kurve liegen (Bild 6.5 b). In beiden Fällen gilt für eine bezüglich des Punktes $C = (c_x, c_y)$ punktsymmetrische Funktion f:

$$f(c_x - \xi) - c_y = -(f(c_x + \xi) - c_y) \quad \forall \, c_x \pm \xi \in D \qquad (6.11)$$

Ist der Ursprung der Symmetriepunkt, d.h. $C = (0,0)$, dann lautet die Bedingung

$$f(-x) = -f(x) \quad \forall x \in D, \qquad (6.12)$$

und man spricht von einer **ungeraden Funktion**.

Achsen- bzw. punktsymmetrische Funktionen sind zum Beispiel die im folgenden Abschnitt beschriebenen Polynome.

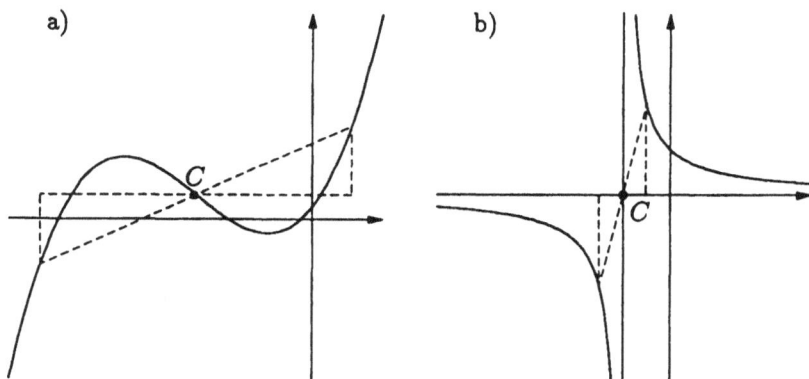

a)   b)

Bild 6.5: Punktsymmetrische Funktionen

6.2   Lineare Funktionen oder Geraden

Die Funktionsgleichung einer **linearen Funktion** lautet:

$$f(x) = y = ax + b = a_1 x + a_0 \qquad\qquad (6.13)$$

Ihr Graph ist eine **Gerade**.

Für alle Funktionen, bei denen $b = 0$ ist, gilt: $f(0) = 0$, d.h. der Graph der Funktion läuft durch den Ursprung des Koordinatensystems. In Bild 6.6 sind einige derartige Funktionen wiedergegeben.

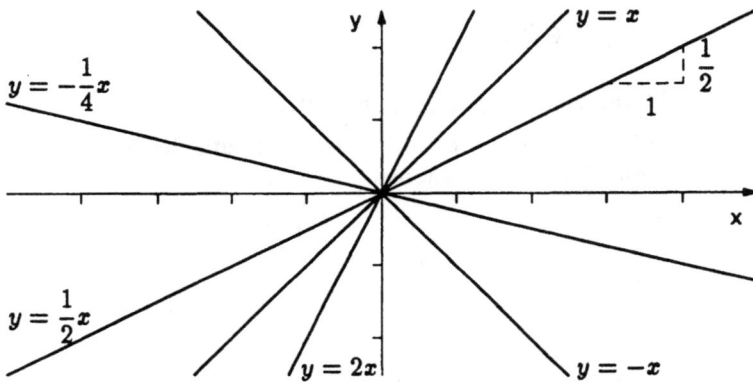

Bild 6.6: Lineare Funktionen mit $b = 0$

Der Graph der identischen Funktion $y = x$ ist die Winkelhalbierende des ersten und dritten Quadranten, in diesem Fall ist der Koeffizient a von x gleich 1. Für größere Werte von a, z.B. $a = 1.5$, $a = 2$, $a = 3$ usw. wird die Gerade immer steiler, während sie für Werte $0 < a < 1$ ($a = 1/2$, $a = 1/3$) flacher als $y = x$ verläuft.

Der Koeffizient a gibt also die **Steigung** der Geraden an, d.h. nimmt die unabhängige Variable x um eine Einheit zu, so verändert sich der Funktionswert $f(x)$ um a Einheiten (vgl. dazu die Darstellung in Bild 6.6 bei der Funktion $y = 1/2x$), also $f(x + 1) = f(x) + a$. Geht man dagegen von zwei Punkten (x_1, y_1) und (x_2, y_2) einer linearen Funktion aus, dann erhält man die Steigung a als Quotient $\dfrac{y_2 - y_1}{x_2 - x_1}$. Soll die Steigung einer Geraden aus dem Graphen abgelesen werden, dann zeichnet man normalerweise zuerst das sog. **Steigungsdreieck**, also ein rechtwinkliges Dreieck, dessen Hypotenuse auf der Geraden und dessen beide Katheten parallel zu den Koordinatenachsen liegen, ein (vgl. Bild 6.6). Dann wird die Länge Δx der zur x-Achse parallelen Kathete und die Länge Δy der zur y-Achse parallelen Kathete abgelesen. Die Steigung der Geraden ergibt sich dann als Quotient $\dfrac{\Delta y}{\Delta x}$.

Dies gilt auch für lineare Funktionen mit negativem a, jedoch verlaufen die Geraden dann im zweiten und vierten Quadranten von links oben nach rechts unten. Sie verlaufen umso steiler, je größer der Betrag von a ist.

Ist $b \neq 0$, dann hat die Funktion $f(x) = ax + b$ an der Stelle 0 den Wert b, also $f(0) = b$. Das heißt, daß der Graph der Funktion die y-Achse im Abstand b vom Ursprung schneidet. Der Koeffizient a gibt genauso wie im Spezialfall $b = 0$ die Steigung der Geraden an. Man erhält $y = ax + b$ also durch eine **Vertikalverschiebung** von $y = ax$ um b Einheiten. Daher wird b auch als **Achsenabschnitt** der Geraden $y = ax + b$ bezeichnet.

Jede der in Bild 6.7 gezeichneten linearen Funktionen schneidet die x-Achse in einem Punkt $(x_0, 0)$, für den gilt: $f(x_0) = ax_0 + b = 0$. Durch Auflösen nach x_0 erhält man: $x_0 = -\dfrac{b}{a}$, d.h. für das Argument $x_0 = -\dfrac{b}{a}$ hat $f(x) = ax + b$ den Wert 0.

Einen Wert x, für den $f(x) = 0$ gilt, bezeichnet man als **Nullstelle** der Funktion f. Die lineare Funktion $y = ax + b$ hat für $a \neq 0$ somit nur eine Nullstelle $x = -\dfrac{b}{a}$.

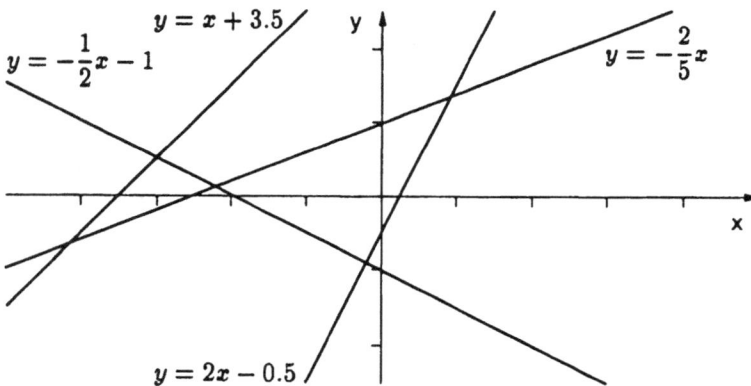

Bild 6.7: Lineare Funktionen mit $b \neq 0$

Beispiel:

Untersucht man den Zusammenhang zwischen Stickstoffdüngereinsatz und dem Ertrag von Weizen, dann findet man (in gewissen Grenzen) zwischen der unabhängigen Variablen x, die die Menge des eingesetzten Stickstoffdüngers in kg/ha bezeichnet, und der abhängigen Variable $y = f(x)$, dem Ertrag von

Weizen in dt/ha, folgende lineare Beziehung: $y = 0.27x + 29.5$. Aus dieser Beziehung kann man ablesen, daß eine Steigerung der Düngermenge um 1 kg/ha eine Steigerung des Ertrags um 0.27 dt/ha bewirkt. Wird überhaupt nicht gedüngt, dann liegt der Weizenertrag bei 29.5 dt/ha.

In der Praxis ergibt sich bei der Durchführung von Versuchen verschiedenster Art häufig ein linearer Zusammenhang von zwei Meßgrößen x und y. Allerdings liegen die Meßwerte nach Auftragung in ein Koordinatensystem meistens nicht exakt auf einer Geraden. Diese **Reststreuung** kann durch Meßungenauigkeiten oder andere äußere Einflüsse verursacht sein. In vielen Fällen ist die Beziehung der Meßwerte auch nur annähernd linear. Die Bestimmung der funktionalen Beziehung $y = ax + b$ erfolgt in diesen Fällen durch die sog. **Ausgleichsgerade**. Diese ist eine vom Versuchsansteller im Koordinatensystem per Augenmaß gezeichnete Gerade, um welche die Meßwerte ungefähr gleich stark streuen. Auf diese Weise werden Meßfehler von Einzelmessungen korrigiert, da sich Meßfehler im Mittel in etwa ausgleichen. Es existieren auch mathematische Verfahren, die die Lage der Geraden optimieren.

Die Parameter a und b bestimmt man immer aus der Ausgleichsgeraden, niemals aus Einzelmeßwerten (Bild 6.8). b kann meistens direkt als Wert von y an der Stelle $x = 0$ abgelesen werden ($y(0) = b$). Die Steigung a der Geraden bestimmt man aus einem eingezeichneten Steigungsdreieck.

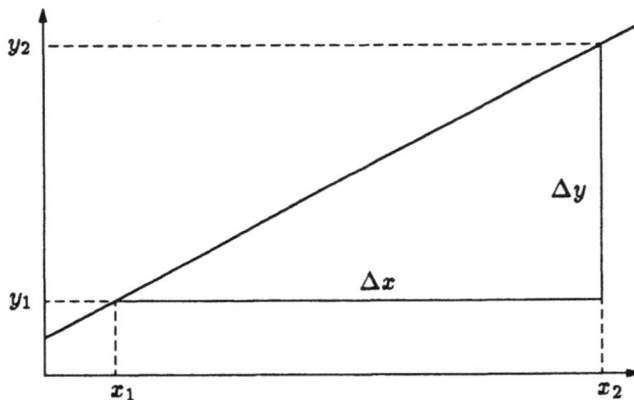

Bild 6.8: Bestimmung der Geradensteigung

Dieses Steigungsdreieck sollte möglichst groß sein, um Ablesefehler zu minimieren. Die Steigung der Geraden ist $\frac{\Delta y}{\Delta x}$. Es sollte niemals die Länge von Δx und Δy durch Abmessen festgestellt werden, da x und y in der Regel Einheiten haben und das Koordinatensystem durch die Wahl anderer Größenverhältnisse verändert werden kann. Man wählt die beiden Eckpunkte des Steigungsdreiecks und gibt ihnen die Koordinaten (x_1, y_1) und (x_2, y_2). Die Länge von Δy ist $y_2 - y_1$, die Länge von Δx ist $x_2 - x_1$.

Damit ist die Steigung der Ausgleichsgeraden:

$$a = \frac{\Delta y}{\Delta x} = \frac{y_1 - y_2}{x_1 - x_2} = \frac{y_2 - y_1}{x_2 - x_1} \qquad (6.14)$$

Mit diesem Verfahren ergibt sich der Wert und das Vorzeichen der Steigung unabhängig von der Größe und der Einteilung des Koordinatensystems.

In Versuchen und Experimenten hat die Steigung meistens auch eine Einheit. Diese ist bei der Angabe zu berücksichtigen und folgt unmittelbar aus der Steigungsbestimmung.

Beispiele:

1. *An der Decke eines Zimmers hängt eine Feder. Zieht man an der Feder mit einer Kraft senkrecht nach unten, so wird diese um eine bestimmte Länge gedehnt. Die Höhe des Federendes über dem Fußboden (Auslenkung x in Abhängigkeit der auslenkenden Kraft F) zeigt folgende Tabelle:*

Kraft F [N]	100	200	300	400
Auslenkung x [cm]	190	155	145	110

    Bild 6.9 zeigt diese Werte in einem Koordinatensystem, dessen Achsen jeweils die Einheiten der Meßgrößen tragen. Zusätzlich ist die Ausgleichsgerade und ein Steigungsdreieck eingezeichnet.

    Die Höhe über dem Fußboden x_0, wenn keine Kraft an der Feder zieht ($F = 0$), kann direkt am Schnittpunkt der Ausgleichsgeraden mit der x-Achse zu $x_0 = 210$ cm abgelesen werden.

    Die Steigung der Ausgleichsgeraden ist:
    $$\frac{\Delta x}{\Delta F} = \frac{x_0 - x_1}{F_0 - F_1} = \frac{210 \text{ cm} - 100 \text{ cm}}{0 \text{ N} - 450 \text{ N}} = \frac{110 \text{ cm}}{-450 \text{ N}} = -0.24 \; \frac{\text{cm}}{\text{N}}$$
    Damit lautet der funktionale Zusammenhang zwischen der auslenkenden Kraft F und der Auslenkung x:
    $$x = -0.24 \; \frac{\text{cm}}{\text{N}} \cdot F + 210 \text{ cm}$$

    Die Steigung $-0.24 \; \frac{\text{cm}}{\text{N}}$ drückt aus, um wieviel cm sich die Feder dehnt, wenn 1 N mehr Kraft an der Feder zieht. In diesem Fall bewirkt eine Erhöhung der Kraft um 1 N eine zusätzliche Auslenkung um 0.24 cm. Das Minuszeichen deutet an, daß die Auslenkung entgegengesetzt zur Richtung der x-Achse ist.

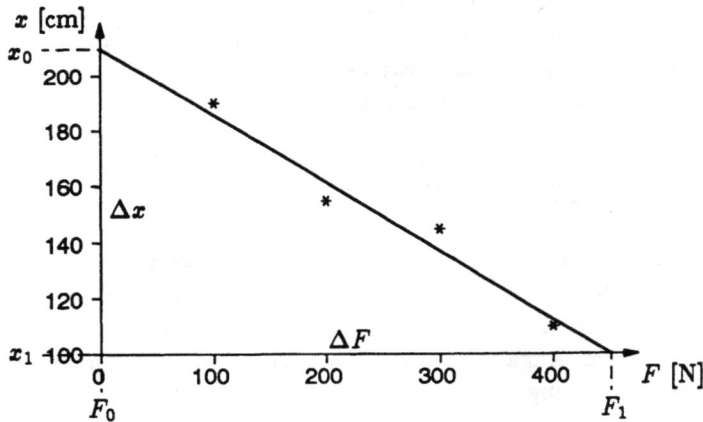

Bild 6.9: Auslenkung x einer Feder in Abhängigkeit der Kraft F

Da nach dem Hookschen Gesetz bei einer Schraubenfeder die rücktreibende Kraft proportional der Auslenkung und dieser entgegengesetzt ist, also $F \sim -x$, kann man die Federkonstante D als reziproke Steigung der obigen Geradengleichung berechnen:

$$D = - \left(-0.24 \; \frac{\text{cm}}{\text{N}}\right)^{-1} = 4.2 \; \frac{\text{N}}{\text{cm}}$$

Die Federkonstante $D = 4.2$ N/cm gibt an, daß sich die rücktreibende Kraft F um 4.2 N pro cm zusätzlicher Auslenkung erhöht.

2. *Die folgende Tabelle zeigt die Erträge von Winterweizen bei verschieden hohen Stickstoffdüngergaben.*

Stickstoff N [kg/ha]	20	40	60	80	100	120
Ertrag E [dt/ha]	42.2	51.5	72.9	73.4	89.9	92.7

Aus Bild 6.10 berechnet sich die Steigung der Ausgleichsgeraden zu:

$$\frac{\Delta E}{\Delta N} = \frac{E_2 - E_1}{N_2 - N_1} = \frac{97 \; \text{dt/ha} - 44 \; \text{dt/ha}}{120 \text{kg/ha} - 20 \; \text{kg/ha}} = \frac{53 \; \text{dt}}{100 \; \text{kg}} = 0.53 \; \frac{\text{dt}}{\text{kg}}$$

Der Achsenabschnitt kann im Diagramm nicht direkt abgelesen werden. Da die Ertragszunahme von 0.53 dt pro kg Stickstoffdünger jedoch bekannt ist, liegt der Ertrag bei 0 kg/ha Stickstoff um 0.53 dt/kg·20 kg/ha = 10.6 dt/ha niedriger als bei 20 kg/ha. Somit ist $E_0 = 44$ dt/ha-10.6 dt/ha ≈ 33 dt/ha. Das lineare Modell für die Abhängigkeit des Ertrags von der Stickstoffdüngung lautet also: $E = 33$ dt/ha $+ 0.53$ dt/kg $\cdot N$.

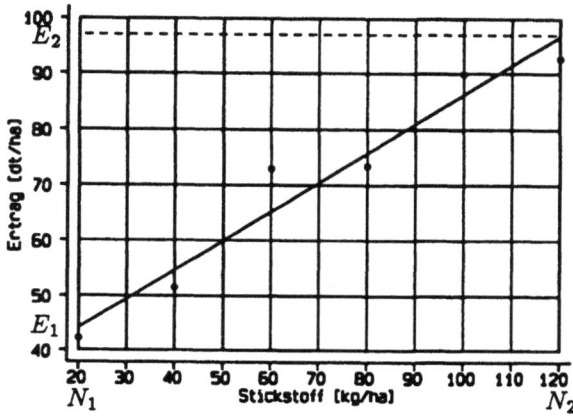

Bild 6.10: Lineare Abhängigkeit des Ertrags von der Stickstoffdüngung

6.3 Quadratische Funktionen oder Parabeln

Die Funktionsgleichung einer **quadratischen Funktion** lautet im allgemeinsten Fall:

$$f(x) = y = ax^2 + bx + c = a_2x^2 + a_1x + a_0 \qquad (6.15)$$

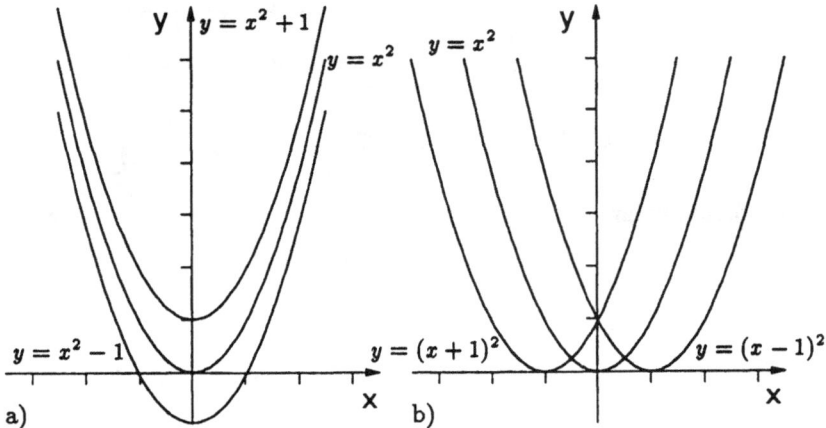

Bild 6.11: Quadratische Funktionen a) $y = x^2 + \gamma$ und b) $y = (x - \beta)^2$

Der Graph einer solchen Funktion wird **Parabel** genannt. Im Bild 6.11 a sind die Graphen der Funktionen $y = x^2$, $y = x^2 - 1$ und $y = x^2 + 1$ dargestellt. Diese Graphen gehen offensichtlich durch eine **Vertikalverschiebung**, also eine Verschiebung in y-Richtung, auseinander hervor. In allen drei Fällen ist die y-Achse auch die Symmetrieachse.

Ganz analog ist die Parabel $y = (x - \beta)^2$ symmetrisch bzgl. der Geraden $x = \beta$. Im Bild 6.11 b sind die Graphen der Funktionen $y = (x + 1)^2$ und $y = (x - 1)^2$ dargestellt.

Für eine quadratische Funktion der Form $y = (x - \beta)^2 + \gamma$ erhält man also den Graphen durch **Horizontalverschiebung** der Standard-Parabel $y = x^2$ längs der x-Achse um β Einheiten nach rechts (für $\beta > 0$) bzw. nach links (für $\beta < 0$) und um γ Einheiten längs der y-Achse.

Bisher wurde nur der Spezialfall $a = 1$ der quadratischen Funktion $y = ax^2 + bx + c$ behandelt. Der Koeffizient a bestimmt im wesentlichen, wie weit und in welche Richtung, d.h. nach oben oder nach unten, die Parabel geöffnet ist.

In Bild 6.12 sind die Graphen einiger Parabeln der Form $y = \alpha x^2$ eingetragen. Man sieht, daß die Parabeln für positive α nach oben, und für negative α nach

unten geöffnet ist. Je größer der Betrag von α ist, desto schmaler wird die
Parabel.

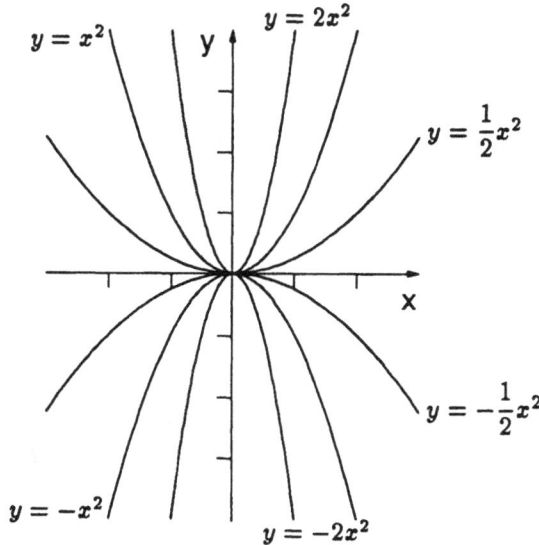

Bild 6.12: Quadratische Funktionen $y = \alpha x^2$

Auf diese Weise läßt sich jede Parabel der Form $y = \alpha(x - \beta)^2 + \gamma$ in ein
Koordinatensystem einzeichnen. Dabei ist die vertikale Gerade $x = \beta$ die Symmetrieachse, der Scheitelpunkt der Parabel, d.h. der Schnittpunkt der Parabel
mit der Symmetrieachse, hat die y-Koordinate $y = \gamma$ und die Öffnung der
Parabel wird durch den Wert von α festgelegt.

Aus der allgemeinen Form einer quadratischen Funktion $y = ax^2 + bx + c$ läßt
sich die obige Schreibweise $f(x) = \alpha(x - \beta)^2 + \gamma$ durch die sog. **quadratische
Ergänzung** gewinnen:

$$y = ax^2 + bx + c = a\left(x^2 + \frac{b}{a}x + \left(\frac{b}{2a}\right)^2\right) - a\left(\frac{b}{2a}\right)^2 + c$$
$$= a\left(x - \left(-\frac{b}{2a}\right)\right)^2 + \frac{4ac - b^2}{4a} \tag{6.16}$$

Es gilt also: $\alpha = a$, $\beta = -\dfrac{b}{2a}$ und $\gamma = \dfrac{4ac - b^2}{4a}$.

Der Graph der Funktion $y = ax^2 + bx + c$ ist demnach eine Parabel mit der
Symmetrieachse $x = -\dfrac{b}{2a}$ und dem Scheitelpunkt $S = \left(-\dfrac{b}{2a}, \dfrac{4ac - b^2}{4a}\right)$, de-

ren Öffnung durch a festgelegt wird.

Eine quadratische Funktion kann zwei, eine oder auch gar keine Nullstelle besitzen.

Beispiele:

1. *Die folgende Tabelle zeigt die Erträge von Winterweizen bei verschieden hohen Stickstoffdüngergaben. Die ersten sechs Werte sind identisch mit denen im Beispiel auf Seite 16. Zusätzlich wurden noch die Erträge bei höheren Stickstoffmengen gemessen.*

Stickstoff N [kg/ha]	20	40	60	80	100	120	140	160	180	200
Ertrag E [dt/ha]	42.2	51.5	72.9	73.4	89.9	92.7	86.5	94.9	92.7	80.7

    Das Streudiagramm zeigt Bild 6.13.

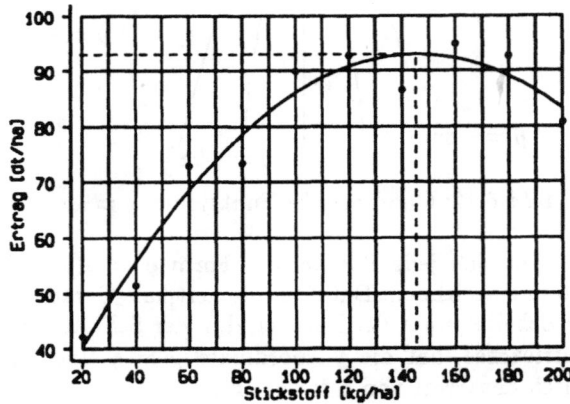

Bild 6.13: Quadratische Abhängigkeit des Ertrags von der Stickstoffdüngung

Bei hohen Düngergaben resultiert eine typische Ertragsdepression. Innerhalb gewisser Grenzen kann die Abhängigkeit des Ertrags von der Stickstoffdüngung durch eine quadratische Funktion

$$E = a \cdot N^2 + b \cdot N + c = \alpha \cdot (N - \beta)^2 + \gamma$$

modelliert werden, deren Parameter aus Bild 6.13 zu bestimmen sind. Der Scheitel der Parabel ist der Punkt $(145, 93)$*. Damit lautet die Parabelgleichung:*

$$E = \alpha \cdot (N - 145)^2 + 93$$

Den unbekannten Parameter α *kann man berechnen, indem man einen weiteren Parabelpunkt in die Modellgleichung einsetzt, z.B. den Punkt* $(20, 40)$*:*

$$40 = \alpha \cdot (20 - 145)^2 + 93 \Rightarrow 40 = 15625\alpha + 93 \Rightarrow \alpha = -0.0034$$

Das quadratische Modell lautet also:

$$E = -0.0034 \cdot (N - 145)^2 + 93 = -0.0034N^2 + 0.99N + 21.5$$

2. *Betrachtet man die laminare Strömung einer Flüssigkeit in einem Zylinder, dann kann das Geschwindigkeitsprofil, d.h. die Geschwindigkeit v in Abhängigkeit vom Abstand r von der Mittelachse, der Flüssigkeit durch das Poiseuillesche Gesetz beschrieben werden:*

$$v(r) = k \cdot (R^2 - r^2)$$

Dabei ist k eine positive Konstante, die unter anderem von der Länge des Zylinders und der Druckdifferenz zwischen den beiden Enden abhängt, und R ist der Radius des Zylinders. In Bild 6.14 ist die Geschwindigkeit in Form von Vektoren dargestellt, die Spitzen dieser Geschwindigkeitsvektoren auf einer Schnittebene durch die Zylinderachse beschreiben eine Parabel.

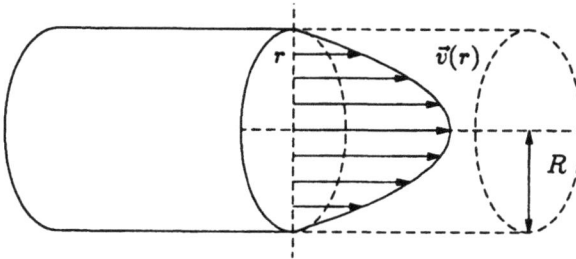

Bild 6.14: Laminare Strömung im Zylinder

6.4   Die kubische Funktion

Die Funktionsgleichung einer **kubischen Funktion** lautet im allgemeinsten
Fall:

$$f(x) = ax^3 + bx^2 + cx + d = a_3 x^3 + a_2 x^2 + a_1 x + a_0 \qquad (6.17)$$

Die Graphen einiger kubischer Funktionen sind im Bild 6.15 dargestellt. Diese
Graphen werden auch als **kubische Parabeln** oder **Parabeln dritten Grades** bezeichnet.

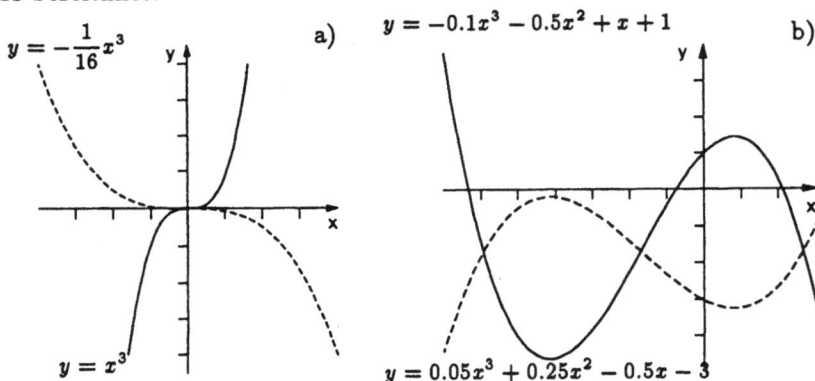

Bild 6.15: Kubische Funktionen

Je nach Größe der Koeffizienten a, b, c und d ergeben sich recht unterschiedliche Kurven. Der Graph einer kubischen Funktion ist aber immer punktsym-
metrisch.

Kubische Funktionen besitzen eine, zwei, oder drei Nullstellen. Der Koeffizient
a bestimmt den Verlauf der Kurve für große bzw. kleine x-Werte, also für
$x \gg 0$ und $x \ll 0$. Ist a positiv, dann ist $f(x)$ in diesen Bereichen streng
monoton wachsend, für $a < 0$ streng monoton fallend. Eine kubische Funktion
kann natürlich auch in ganz $I\!\!R$ streng monoton fallend oder steigend sein, z.B.
$y = x^3$.

6.5   Polynome

Lineare, quadratische und kubische Funktionen sind Spezialfälle einer wichtigen
Klasse unter den Funktionen, den **Polynomen** Unter einem Polynom **n-ten
Grades** versteht man eine Funktion $P : I\!R \to I\!R$ mit

$$P(x) = a_n x^n + a_{n-1} x^{n-1} + \ldots + a_2 x^2 + a_1 x + a_0. \qquad (6.18)$$

Dabei ist n eine nichtnegative ganze Zahl, und die Koeffizienten $a_i \in I\!R$ ($i =
0, 1, \ldots, n$) sind Konstanten mit $a_n \neq 0$.

Der höchste vorkommende Exponent der unbhängigen Variablen x gibt also
den Grad des Polynoms an.

Lineare Funktionen sind also Polynome ersten Grades, quadratische Funktionen
Polynome zweiten Grades und kubische Funktionen Polynome dritten Grades.

Beispiele:

1. *Die einfachsten Polynome sind diejenigen 0-ten Grades, d.h. Polynome der
   Form $P(x) = a_0$. Die Graphen solcher Polynome sind Geraden, die im Abstand a_0 parallel zur x-Achse verlaufen. Einen Sonderfall stellt die* **Null-
   funktion** *$f(x) = 0 \; \forall \; x \in I\!R$ dar. Diese Funktion wird auch als Polynom
   betrachtet und heißt dann* **Nullpolynom**.

2. *$P(x) = x^6$ ist ein Polynom sechsten Grades.*

3. *$P(x) = 5x^5 - 4x^3 + 3x - 2$ ist ein Polynom fünften Grades.*

Eigenschaften und Bedeutung der Polynome

1. Liegt Symmetrie vor, dann sind die Polynome mit geradzahligem Grad achsensymmetrisch, solche mit ungeradem Grad punktsymmetrisch.

2. Ein Polynom n-ten Grades besitzt höchstens n (reelle) Nullstellen. Läßt
   man als Argumente auch komplexe Zahlen zu, so hat ein Polynom n-ten
   Grades genau n Nullstellen $z_1, z_2, \ldots, z_n$, die jedoch nicht alle voneinander
   verschieden sein müssen. Mit Hilfe dieser komplexen Nullstellen z_i ist eine
   Faktordarstellung jedes Polynoms (6.18) n-ten Grades möglich:

$$P_n(x) = a_n \cdot (x - z_1) \cdot (x - z_2) \cdot \ldots \cdot (x - z_n) \qquad (6.19)$$

Sind k der Nullstellen z_i gleich, etwa $z_1 = z_2 = \ldots = z_k$, dann bezeichnet
man z_1 als **k-fache Nullstelle**.

3. Ein Polynom vom Grad n ist durch seine Koeffizienten $a_0, a_1, \ldots, a_n$ eindeutig festgelegt. Man kann ein Polynom n-ten Grades aber auch dadurch festlegen, daß man $n+1$ Punkte vorgibt, durch die der Graph der Funktion läuft, d.h. man legt für $n+1$ verschiedene Argumente $x_0, x_1, \ldots, x_n$ die Funktionswerte $P(x_0), P(x_1), \ldots, P(x_n)$ fest und erhält dadurch genau ein Polynom P n-ten Grades. Die $n+1$ Punkte $(x_i, P(x_i))$ bestimmen nämlich ein eindeutig lösbares Gleichungssystem für die unbekannten $a_0, a_1, \ldots, a_n$.

Zwei Punkte bestimmen also eine Gerade, drei eine Parabel, vier verschiedene Punkte eine Funktion dritten Grades usw.

Beispiel:

Die Punkte $(1, 1.5)$, $(2, 2)$ und $(3, 0)$ bestimmen die quadratische Funktion $y = -\frac{5}{4}x^2 + \frac{17}{4}x - \frac{3}{2}$, denn:

$$
\left.
\begin{array}{rcl}
a + b + c &=& 1.5 \\
4a + 2b + c &=& 2 \\
9a + 3b + c &=& 0
\end{array}
\right\}
\Rightarrow
\left.
\begin{array}{rcl}
3a + b &=& 0.5 \\
5a + b &=& -2
\end{array}
\right\}
\Rightarrow 2a = -2.5 \Rightarrow
$$

$$
\Rightarrow \quad a = -\frac{5}{4} \quad b = \frac{17}{4} \quad c = -\frac{3}{2}
$$

Die Bedeutung der Polynome besteht darin, daß sie die einfachsten und bequemsten Funktionen sind. Darüber hinaus kann nahezu jede Funktion, unter bestimmten Voraussetzungen, in einem Intervall mit beliebiger Genauigkeit durch ein Polynom approximiert werden (vgl. Kap. 10). Die Polynome werden auch zur **Interpolation** verwendet. Unter Interpolation versteht man die näherungsweise Bestimmung der Werte einer Funktion, die nur für endlich viele Argumente gegeben ist, an Zwischenstellen. Bei der **linearen Interpolation** bestimmt man die Funktionswerte zwischen zwei gegebenen, benachbarten Punkten, indem man eine Gerade durch diese zwei Punkte legt und die Funktionswerte durch die Werte der Geraden annähert. Analog kann man durch drei benachbarte Punkte eine Parabel legen und damit die Funktionswerte durch die Werte der Parabel annähern. In diesem Fall spricht man von einer **quadratischen Interpolation**.

6.6   Stetigkeit

Die in den vorhergehenden Abschnitten betrachteten Polynome besitzen alle die Eigenschaft, daß ihr Graph kontinuierlich verläuft. Man kann, einfach gesagt, ihre Graphen zeichnen, ohne die Bleistiftspitze vom Papier abzuheben. Neben den Polynomen gibt es noch viele andere Funktionen mit dieser Eigenschaft. Solche Funktionen nennt man stetig. Bei stetigen Funktionen ändert sich der Funktionswert nur wenig, wenn das Argument nur ein wenig variiert wird.

Eine Funktion $y = f(x)$ ist an der Stelle $x = x_0$ **stetig**, wenn man zu jeder beliebig kleinen positiven Zahl ε eine positive Zahl δ, die von x_0 und ε abhängt ($\delta = \delta(x_0, \varepsilon)$), angeben kann, so daß gilt: Alle Funktionswerte $f(x)$ von x-Werten aus der δ-Umgebung von x_0 ($|x - x_0| < \delta$) genügen der Ungleichung $|f(x) - f(x_0)| < \varepsilon$ (vgl. Bild 6.16).

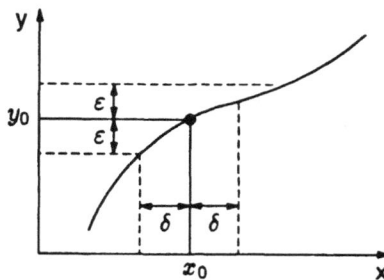

Bild 6.16: Stetigkeit in x_0

Für jede ε-Umgebung $(y_0 - \varepsilon, y_0 + \varepsilon)$ von y_0 kann man also eine hinreichend kleine Zahl δ finden, sodaß das Bild $f\big((x_0 - \delta, x_0 + \delta)\big)$ dieser δ-Umgebung $(x_0 - \delta, x_0 + \delta)$ von x_0 ganz in der ε-Umgebung von y_0 enthalten ist.

Als **stetige Funktion** bezeichnet man eine Abbildung, die in jedem Punkt ihres Definitionsbereichs stetig ist.

Aus der graphischen Veranschaulichung wird deutlich, daß der Graph einer stetigen Funktion eine zusammenhängende Kurve ist.

Insbesondere gilt:

1. Eine stetige Funktion besitzt keine Sprungstellen (vgl. Bild 6.17 a)

2. Eine stetige Funktion besitzt keine Pole (Unendlichkeitsstellen) (vgl. Bild 6.17 b und c)

3. Eine stetige Funktion "oszilliert" nicht, wie die in Bild 6.18 skizzierte Funktion $y = \sin \dfrac{1}{x}$ in der Umgebung des Nullpunkts.

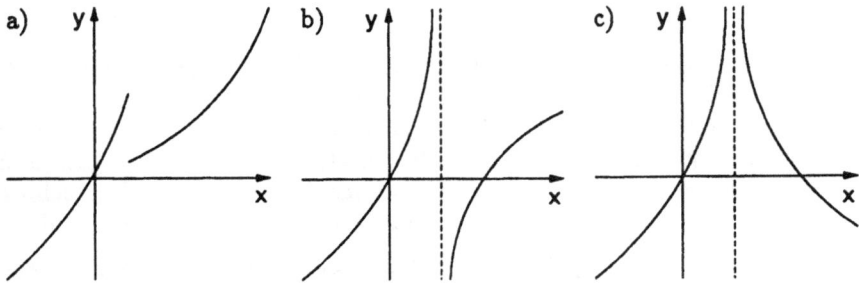

Bild 6.17: Unstetige Funktionen

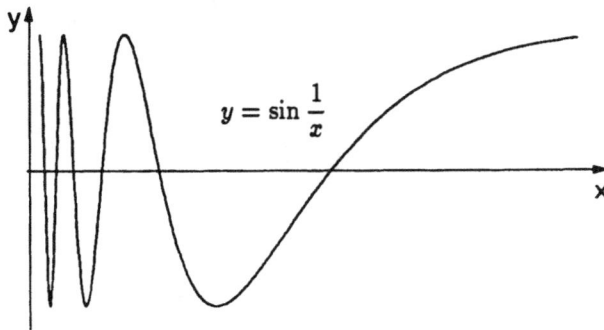

Bild 6.18: Oszillierende Funktion

Man beachte, daß die Funktionen von Bild 6.17 b) und c) stetig in allen Punkten ihres Definitionsbereich $I\!\!D$, jedoch unstetig an den Polen sind. Man muß also zwischen Stetigkeit in $I\!\!D$ und Stetigkeit in $I\!\!R$ unterscheiden. Dasselbe gilt für die Funktion $y = \sin \frac{1}{x}$ von Bild 6.18. Die Funktion ist zwar stetig in $I\!\!R \setminus \{0\}$, aber nicht stetig in $I\!\!R$. Es liegt eine Unstetigkeitsstelle bei $x = 0$ vor. Im Gegensatz dazu sind Funktionen mit Sprungstellen, die zum Definitionsbereich gehören (Bild 6.17 a), nicht im gesamten Definitionsbereich $I\!\!D$ stetig.

In der Praxis kommen überwiegend stetige Funktionen oder zumindest **stückweise stetige Funktionen** vor, d.h. stetig in Teilbereichen des Definitionsbereichs, wie z.B. die Funktionen in Bild 6.17.

Die **Treppenfunktionen** sind Abbildungen, die für Teilintervalle der Definitionsmenge jeweils konstant sind. Diese Abbildungen, deren Graphen wie Treppen aussehen, sind in den Teilintervallen natürlich stetig, insgesamt jedoch unstetig. Treppenfunktionen kommen häufig in der Statistik vor.

Beispiel:

Eine Funktion, deren Funktionswert $F(x)$ gleich der Summe der relativen Häufigkeiten aller Stichprobenwerte ist, die kleiner oder gleich x sind, bezeichnet man als **Summenhäufigkeitsfunktion.**

Als konkretes Zahlenbeispiel wird folgende Häufigkeitstabelle aus dem Landwirtschaftssektor verwendet:

Anzahl der Ferkel pro Wurf	7	8	9	10	11	12	13
$f(x)$ = Relative Häufigkeit in %	9	12	20	22	18	12	7
$F(x)$ = Summenhäufigkeit in %	9	21	41	63	81	93	100

Daraus ergibt sich die in Bild 6.19 dargestellte Summenhäufigkeitsfunktion.

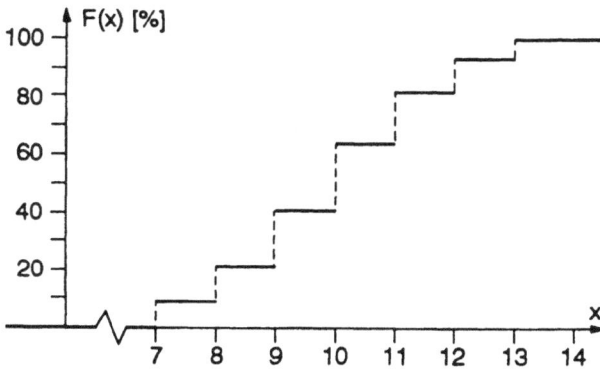

Bild 6.19: Summenhäufigkeitsfunktion

6.7   Rationale Funktionen

Gegeben seien zwei Polynome m-ten bzw. n-ten Grades: $P_m(x) = a_m x^m + \ldots + a_1 x + a_0$ und $Q_n(x) = b_n x^n + \ldots + b_1 x + b_0$. Bildet man das Summenpolynom $P + Q$, indem man die beiden Polynome P und Q argumentweise addiert, dann erhält man für $n > m$:

$$
\begin{aligned}
(P + Q)(x) = P(x) + Q(x) = \\
= b_n x^n + \ldots + b_{m+1} x^{m+1} + (a_m + b_m) x^m + \ldots + \\
+ (a_1 + b_1) x + (a_0 + b_0)
\end{aligned} \tag{6.20}
$$

Ebenso können die beiden Polynome miteinander multipliziert werden, so daß man ein Polynom, das sog. Produktpolynom $P \cdot Q$ $(n + m)$-ten Grades erhält:

$$
\begin{aligned}
(P \cdot Q)(x) = P(x) \cdot Q(x) = \\
= a_m b_n x^{n+m} + \ldots + (a_0 b_1 + a_1 b_0) x + a_0 b_0
\end{aligned} \tag{6.21}
$$

Bildet man jedoch den Quotienten $\dfrac{P_m(x)}{Q_n(x)}$, dann erhält man i.a. kein Polynom mehr. Den Quotienten $R(x) = \dfrac{P_m(x)}{Q_n(x)}$ zweier Polynome nennt man eine **rationale Funktion**, und man bezeichnet $P_m(x)$ als **Zählerpolynom** und $Q_n(x)$ als **Nennerpolynom**.

Ist das Nennerpolynom vom Grad 0, so ist der Quotient $R(x)$ ein Polynom. Daher werden Polynome oft auch als **ganze rationale** und die eigentlichen rationalen Funktionen als **gebrochen rationale Funktionen** bezeichnet.

Im folgenden werden nun die gebrochen rationalen Funktionen betrachtet. Dazu wird angenommen, daß Zähler und Nennerpolynom teilerfremd sind, d.h. P und Q haben keine gemeinsamen Nullstellen.

Wird das Nennerpolynom Q einer solchen rationalen Funktion R für ein $x = \beta_i$ gleich Null, dann ist R an dieser Stelle nicht mehr definiert, da der Funktionswert über alle Grenzen wächst, also gegen $+\infty$ bzw. $-\infty$ strebt. Diese Unendlichkeitsstellen nennt man auch **Pole**. Eine rationale Funktion besitzt also genau an den Nullstellen β_i des Nennerpolynoms $(Q_n(\beta_i) = 0)$ Pole. Die Nullstellen α_i des Zählerpolynoms $(P_m(\alpha_i) = 0)$ sind gleich den Nullstellen der rationalen Funktion R.

Beispiele:

1. *Die einfachste rationale Funktion ist die sog.* **hyperbolische Funktion**
   $f(x) = \dfrac{1}{x}$ *mit* $D = \mathbb{R} \setminus \{0\}$. *Der Graph dieser Funktion ist eine* **Hyperbel**
   (vgl. Bild 6.20).

$$y = \frac{1}{x}$$

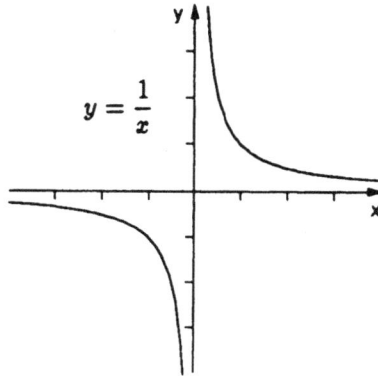

Bild 6.20: Hyperbel

Diese Funktion hat für $x = 0$ einen Pol, und die y-Achse ist vertikale Asymptote.

Eine **Asymptote** ist eine Kurve, der sich der Funktionsgraph mehr und mehr nähert, ohne sie jemals zu erreichen. Die x-Achse ist im vorliegenden Fall horizontale Asymptote.

In Anwendungen ist der Definitionsbereich oft auf positive Argumente beschränkt. Die Zustandsgleichung idealer Gase ist dafür ein Beispiel:

$$p \cdot V = n \cdot R \cdot T \text{ bzw. } p = \frac{n \cdot R \cdot T}{V} \text{ mit } V > 0$$

Dabei ist p der Gasdruck, n die Molzahl, R die allgemeine Gaskonstante, T die absolute Temperatur, und V das Volumen des Gases. Trägt man den Druck p einer festen Gasmenge in Abhängigkeit von V für konstante Temperaturen T auf, dann erhält man hyperbolische Kurven. Diese Hyperbeläste bezeichnet man auch als **Isothermen**.

2. Die Funktion $f(x) = \dfrac{1}{x^2 - 1} = \dfrac{1}{(x+1)(x-1)}$ hat für $x = \pm 1$ Unendlichkeitsstellen (Pole) und ist symmetrisch zur y-Achse (vgl. Bild 6.21 a).

3. Die Funktion $F(x) = \dfrac{x+1}{(x-1)^2}$ hat für $x = 1$ einen Pol. Nähert man sich von links oder von rechts diesem Pol, so strebt $f(x)$ in beiden Fällen gegen $+\infty$. Für $x = -1$ hat $f(x)$ eine Nullstelle (vgl. Bild 6.21 b).

$$y = \frac{1}{x^2 - 1}$$

$$y = \frac{x+1}{(x-1)^2}$$

a)

b)

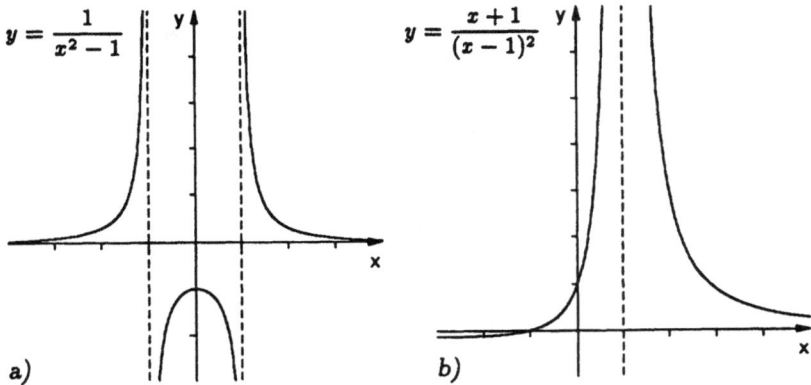

Bild 6.21: Rationale Funktionen

4. *Bild 6.22 zeigt die Funktion* $f(x) = \dfrac{x^2 + x - 2}{2x - 4}$. *Diese Funktion hat zwei Nullstellen bei* $x_1 = -2$ *und* $x_2 = 1$, *einen Pol bei* $x_3 = 2$ *und eine Gerade mit der Gleichung* $y = \dfrac{1}{2}x + \dfrac{3}{2}$ *als Asymptote.*

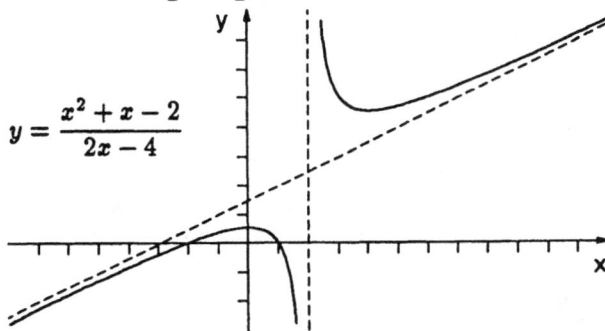

$$y = \frac{x^2 + x - 2}{2x - 4}$$

Bild 6.22: Rationale Funktion

5. *Hat das Nennerpolynom keine reellen Nullstellen, dann besitzt die rationale Funktion auch keine Pole. Der Nenner der Funktion* $f(x) = \dfrac{x^3 - 1}{x^2 + 1}$ *wird für reelle x niemals Null, so daß f auf ganz $\mathbb{R}$ definiert ist (vgl. Bild 6.23).*

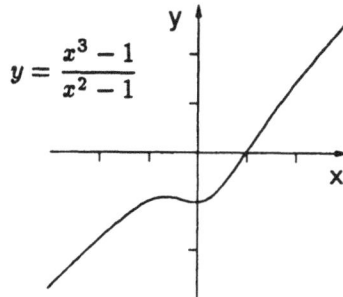

$$y = \frac{x^3 - 1}{x^2 - 1}$$

Bild 6.23: Rationale Funktion ohne Nennernullstelle

Die gebrochen rationalen Funktionen sind i.a. aufgrund ihrer Unendlichkeitsstellen nicht stetig in $\mathbb{R}$ (Ausnahme siehe Beispiel 5). Die einzelnen Äste dieser Funktionen sind jeweils stetig. Daher kann man auch sagen: Eine rationale Funktion ist bis auf endlich viele Stellen (Polstellen) stetig.

6.8   Potenz-, Exponential- und Logarithmusfunktionen

In Band 1 wurden bereits die wesentlichen Grundregeln für das Potenzieren, Exponieren und Logarithmieren eingeführt. Im folgenden werden nun die auf diesen Rechenoperationen basierenden Funktionen kurz vorgestellt. Eine allgemeine und ausführliche Behandlung wird jedoch erst später möglich sein (vgl. 9.7).

6.8.1   Potenzfunktionen mit rationalen Exponenten

Funktionen der Gestalt

$$f(x) = x^{p/q} \qquad \text{mit } p, q \in \mathbb{Z} \tag{6.22}$$

werden als **Potenzfunktionen** bezeichnet. Ihr Exponent kann eine beliebige rationale Zahl $\alpha = p/q \in \mathbb{Q}$ sein. Ist der Exponent eine positive ganze Zahl, dann handelt es sich bei $f(x)$ um ein Polynom $f(x) = x^n$. Ist dagegen der Exponent negativ und ganzzahlig, dann ist $f(x)$ eine rationale Funktion $f(x) = x^{-n} = \dfrac{1}{x^n}$.

Anstelle der rationalen Exponenten kann auch eine Wurzelschreibweise benutzt werden:

$$f(x) = x^{p/q} = \sqrt[q]{x^p} = \left(\sqrt[q]{x}\right)^p \tag{6.23}$$

Für die folgenden Betrachtungen wird der Definitionsbereich beschränkt auf das Intervall $[0, \infty)$ bzw. $(0, \infty)$ für negative Exponenten. Der Verlauf des Graphen von $f(x) = x^\alpha$ soll nun in diesem Bereich ($x \geq 0$) diskutiert und veranschaulicht werden. Wegen $1^\alpha = 1 \; \forall \alpha \in \mathbb{Q}$) gehen alle Kurven durch den Punkt $(1, 1)$. Betrachtet man zunächst Potenzfunktionen $y = x^n$ mit $n \in I\!N$: Es gilt $x^n = x \cdot x^{n-1}$, d.h. $x^n < x^{n-1}$ für $0 < x < 1$ und $x^n > x^{n-1}$ für $x > 1$. Also läuft die Kurve $y = x^n$ im Bereich $0 < x < 1$ unterhalb und für $x > 1$ oberhalb der Kurve $y = x^{n-1}$ (vgl. Bild 6.24 a).

Die Funktion $f(x) = x^{1/n} = \sqrt[n]{x}$ ist die Umkehrfunktion von $f(x) = x^n$. Daher erhält man den Graph von $f(x) = x^{1/n}$ durch Spiegelung der Kurve $y = x^n$ an der Geraden $y = x$. In Bild 6.24 a) sind einige Kurven $y = \sqrt[n]{x}$ eingezeichnet.

Der Graph einer Funktion $f(x) = x^{p/q}$ mit $p, q \in I\!N$ verläuft zwischen den Kurven $y = x^m$ und $y = x^n$ mit $m < \dfrac{p}{q} < n$, falls $\dfrac{p}{q} > 1$ (vgl. 6.24 b), bzw. zwischen $y = x^{1/n}$ und $y = x^{1/m}$ mit $\dfrac{1}{n} < \dfrac{p}{q} < \dfrac{1}{m}$, falls $0 < \dfrac{p}{q} < 1$.

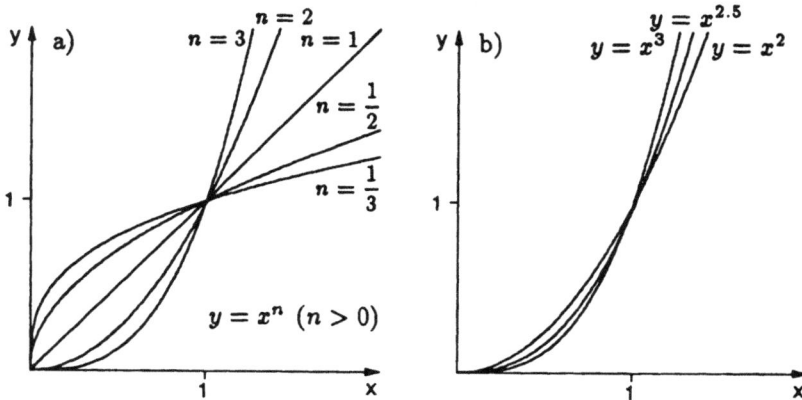

Bild 6.24: Potenzfunktionen

Für positive Exponenten wurden alle Möglichkeiten dargestellt. Potenzfunktionen $f(x) = x^\alpha$ mit negativen Exponenten ($\alpha < 0$) haben für $x = 0$ eine Unendlichkeitsstelle (sind dort nicht definiert) und besitzen als horizontale Asymptote die x-Achse. Ihre Graphen liegen alle in den beiden schraffierten Bereichen von Bild 6.25, das die möglichen Kurvenverläufe für die verschiedenen Exponentenbereiche zeigt.

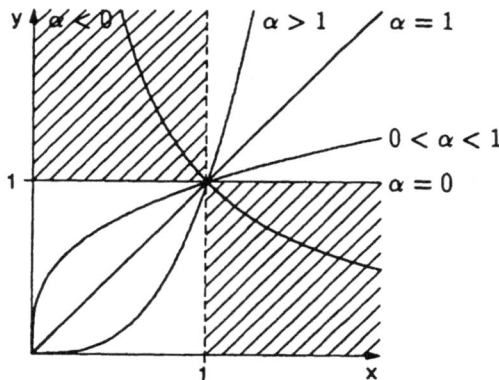

Bild 6.25: Potenzfunktionen $y = f(x) = x^\alpha$

Beispiel:

Der Grundumsatz E eines Lebewesens ist die Energie, die ohne größere Leistung von einem Organismus umgesetzt wird. Die Umsatzrate ausgewachsener Warmblüter ist eine Funktion der Körpermasse m und beträgt unter Standard-

bedingungen im Mittel 293 kJ pro kg$^{0.75}$. *Diese Dreiviertelpotenz des Körpergewichts wird als* **metabolische Körpergröße** *bezeichnet*[2].

$$E = 293 \cdot m^{0.75}$$

Der Grundumsatz steigt also unterproportional zur Körpermasse.

6.8.2   Exponentialfunktionen

Das Wachstum einer Bakterienkultur, Insektenpopulation oder eines Waldes ist i.d.R. nicht linear, d.h. die Zuwachsrate der abhängigen Variablen y ist nicht proportional zur unabhängigen Variablen x:

$$\frac{\Delta y}{\Delta x} \neq \text{const} \tag{6.24}$$

In gewissen Grenzen ist der Zuwachs proportional zur Größe der Variablen y also zur aktuellen Bakterienmasse, Populationsdichte oder des Baumbestands. Mit anderen Worten: Je mehr schon vorhanden ist, desto größer ist auch die Zunahme:

$$\frac{\Delta y}{\Delta x} \sim y \tag{6.25}$$

Eine solcher Zuwachs liegt immer dann vor, wenn für eine von der Veränderlichen x abhängige Variable $y = f(x)$ gilt: Vergrößert sich die unabhängige Größe x um einen festen Wert Δx, so nimmt die abhängige Größe um einen bestimmten Prozentsatz ihres vorherigen Wertes zu:

$$f(x + \Delta x) = \text{const} \cdot f(x) \tag{6.26}$$

Beispiel:

Ein Bioreaktor wird zur Zeit $t = 0$ *mit* $m(0) = 1$ g *Bakterien bestückt. Die Wachstumsrate beträgt stündlich* $r = 15\% = 0.15$. *Nach einer Stunde ist die Bakterienmasse* m *in g also*

$$m(1) = m(0) + r \cdot m(0) = (1+r) \cdot m(0) = 1.15 \cdot m(0) = 1.15 \cdot 1 = 1.15 = (1+r),$$

nach einer weiteren Stunde

$$m(2) = m(1) + r \cdot m(1) = (1+r) \cdot m(1) = (1+r) \cdot (1+r) \cdot m(0) = (1+r)^2 \cdot m(0) =$$
$$1.15^2 \cdot 1 = 1.15^2 = 1.3225 = (1+r)^2$$

usw. Nach t *Stunden ist die Bakterienmasse auf*

---

[2]KIRCHGESSNER M. 1982: Tierernährung. DLG-Verlag.

$m(t) = m(t-1) + r \cdot m(t-1) = (1+r) \cdot m(t-1) = (1+r) \cdot (1+r)^{t-1} \cdot m(0) = (1+r)^t \cdot m(0) = 1.15^t \cdot 1 = 1.15^t = (1+r)^t = a^t$

gewachsen.

Der Zuwachs beträgt innerhalb der ersten Stunde im Mittel

$\Delta m = m(1) - m(0) = 1.15 - 1 = 0.15,$

innerhalb der zweiten Stunde

$\Delta m = m(2) - m(1) = 1.3225 - 1.15 = 0.17255,$

innerhalb der n-ten Stunde

$\Delta m = m(n+1) - m(n) = (1+r)^{n+1} \cdot m(0) - (1+r)^n \cdot m(0) = (1+r) \cdot (1+r)^n \cdot m(0) - (1+r)^n \cdot m(0) = (1+r)^n \cdot (1+r-1) = r \cdot m(n).$

Der mittlere Zuwachs ist also proportional zur Bakterienmasse, die bereits im Reaktor ist.

Die Bakterienmasse in Abhängigkeit der Zeit t kann also wie in Gleichung (6.26) ausgedrückt werden als

$m(t + \Delta t) = \text{const} \cdot \Delta t$

oder als

$m(t) = (1+r)^t = a^t = 1.15^t,$

wobei t einen beliebigen Bruchteil bzw. ein beliebiges Vielfaches einer Stunde annehmen darf.

Man kann also im Beispiel die Abhängigkeit der Bakterienmasse von der Zeit als Funktion der Form

$$y = f(x) = a^x \tag{6.27}$$

schreiben. Eine solche Funktion heißt **Exponentialfunktion**. a ist die **Basis** und x der **Exponent**. Die Exponentialfunktion (6.27) erfüllt die Bedingung (6.26), denn es gilt:

$$f(x + \Delta x) = a^{x+\Delta x} = \underbrace{a^{\Delta x}}_{\text{const}} \cdot a^x = \text{const} \cdot f(x) \tag{6.28}$$

Ist $a > 1$, so handelt es sich um **exponentielles Wachstum**, da die Funktionswerte mit zunehmendem x streng monoton zunehmen (vgl. Bild 6.26 a). $f(x)$ ist dann eine **Wachstumsfunktion**.

Für $0 < a < 1$ ist die Funktion streng monoton abnehmend und es liegt **exponentieller Zerfall** vor. $f(x)$ heißt dann **Zerfallsfunktion** (vgl. Bild 6.26 a).

Ist $a = 1$, dann ist $y = f(x) = 1^x$ die konstante Funktion $y = 1$ (vgl. Bild 6.26 a).

$a < 0$ ist ausgeschlossen, da in diesem Fall negative Wurzeln auftreten können.

Die Funktionswerte einer Exponentialfunktion sind stets größer als 0 und die Funktion ist stetig in $\mathbb{R}$.

Als Basis verwendet man sehr häufig die transzendente Zahl e. Diese ist ein unendlicher, nichtperiodischer Dezimalbruch, dessen Wert auf acht Stellen nach dem Dezimalpunkt lautet: $e \approx 2.71828182$. Die Funktion $f(x) = e^x$ nennt man e-Funktion oder auch **die Exponentialfunktion**.

Im Fall $0 < a \leq 1$ kann die Basis auf eine Zahl $b > 1$ transformiert werden. Setzt man $b = \dfrac{1}{a}$, dann ist $b > 1$ und es gilt:

$$a^x = \left(\frac{1}{b}\right)^x = \frac{1}{b^x} = b^{-x} \tag{6.29}$$

Mit dieser Beziehung ist es möglich, alle Exponentialfunktionen mit Basen, die größer als 1 sind, auszudrücken (vgl. Bild 6.26 b).

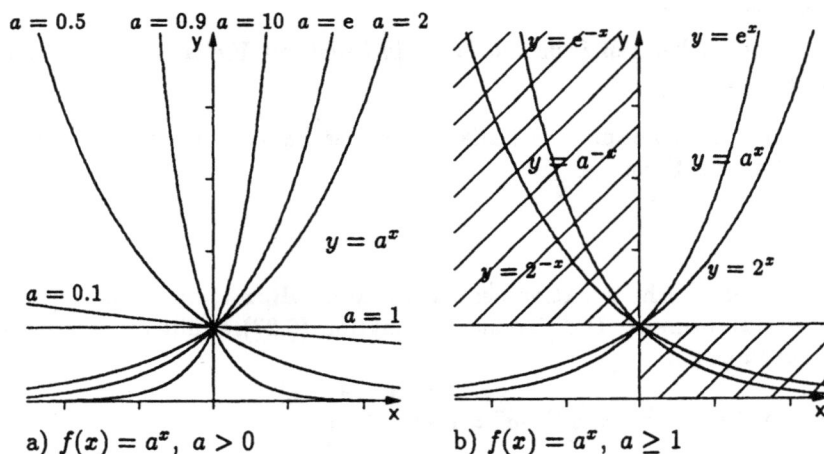

a) $f(x) = a^x$, $a > 0$ b) $f(x) = a^x$, $a \geq 1$

Bild 6.26: Exponentialfunktionen

Es gelten folgende Rechengesetze für beliebige reelle x-Werte:

$$a^x \cdot b^x = (a \cdot b)^x \tag{6.30}$$

$$a^x \cdot a^y = a^{x+y} \tag{6.31}$$

$$(a^x)^y = a^{x \cdot y} \tag{6.32}$$

$$b = a^x \Leftrightarrow a = b^{1/x} \tag{6.33}$$

In einer etwas allgemeineren Darstellung von Exponentialfunktionen kann im Exponent vor der unabhängigen Variablen x noch ein Faktor λ stehen:

$$y = f(x) = a^{\lambda \cdot x} \tag{6.34}$$

Damit ist es möglich, Exponentialfunktionen zu einer Basis a in eine Funktion zur Basis b überzuführen. Ist eine Basis a gegeben, so unterscheidet sich diese Funktion nur durch einen Faktor μ im Exponenten von einer Funktion zur Basis b:

$$a^x = b^{\mu \cdot x} \tag{6.35}$$

Diesen Faktor μ kann man berechnen, wenn man auf beiden Gleichungsseiten logarithmiert und nach μ auflöst:

$${}^b\!\log a^x = {}^b\!\log b^{\mu \cdot x} \Leftrightarrow x \cdot {}^b\!\log a = \mu \cdot x \cdot \underbrace{{}^b\!\log b}_{1} \Leftrightarrow \mu = {}^b\!\log a \tag{6.36}$$

bzw.

$${}^a\!\log a^x = {}^a\!\log b^{\mu \cdot x} \Leftrightarrow x \cdot \underbrace{{}^a\!\log a}_{1} = \mu \cdot x \cdot {}^a\!\log b \Leftrightarrow \mu = \frac{1}{{}^a\!\log b} \tag{6.37}$$

Daraus folgt:

$$a^x = b^{{}^b\!\log a \cdot x} = b^{1/\, {}^a\!\log b \cdot x} \tag{6.38}$$

Diese **Basistransformation** wird in der Differential- und Integralrechnung verwendet, um Exponentialfunktionen auf die Basis e umzurechnen. Auch die Basis 10 wird häufig bevorzugt, da man sich Zehnerpotenzen in Gedanken sehr leicht vorstellen kann. Die Basistransformation läßt sich noch etwas allgemeiner formulieren. Gesucht ist bei bekanntem λ der Wert μ, wobei gilt:

$$a^{\lambda \cdot x} = b^{\mu \cdot x} \tag{6.39}$$

Man kann den Logarithmus zu einer beliebigen Basis wählen und es folgt:

$$\log a^{\lambda \cdot x} = \log b^{\mu \cdot x} \Leftrightarrow \lambda \cdot x \cdot \log a = \mu \cdot x \cdot \log b \Leftrightarrow$$
$$\Leftrightarrow \lambda \cdot \log a = \mu \cdot \log b \Leftrightarrow \mu = \frac{\log a}{\log b} \cdot \lambda \tag{6.40}$$

Daraus folgt:

$$a^{\lambda \cdot x} = b^{(\log a/\log b) \cdot \lambda \cdot x} \tag{6.41}$$

Beispiele:

1. *Die Funktion* $f(x) = 5^x$ *soll auf die Basen* e *und* 10 *umgerechnet werden:*

    $$5^x = e^{\mu \cdot x} = 10^{\nu \cdot x}$$

    Bevorzugt wird immer ein Logarithmus zu derjenigen Basis, die den gesuch-ten Parameter im Exponenten hat, da der Logarithmus von der Basis dann zu 1 wird und dieser Term dann wegfällt.

    $$5^x = e^{\mu \cdot x} \Leftrightarrow x \cdot \ln 5 = \mu \cdot x \cdot \underbrace{\ln e}_{1} \Leftrightarrow \mu = \ln 5$$

    $$5^x = 10^{\mu \cdot x} \Leftrightarrow x \cdot \lg 5 = \nu \cdot x \cdot \underbrace{\lg 10}_{1} \Leftrightarrow \nu = \lg 5$$

    $$5^x = e^{\ln 5 \cdot x} = e^{1.6 \cdot x} \quad bzw. \quad 5^x = 10^{\lg 5 \cdot x} = 10^{0.7 \cdot x}$$

2. *Die Abhängigkeit der Bakterienmasse* m *in* g *von der Zeit* t *in* h *im Beispiel auf Seite 34 lautete* $m = 1.15^t$. *Wenn man die Basis 1.15 auf die Basis 2 transformiert, hat man eine einfache Möglichkeit, die Verdopplungszeit der Bakterien zu bestimmen. Während der Verdopplungszeit* t_V *muß nämlich die Bakterienpopulation um den Faktor 2 zunehmen. Es muß also gelten:* $2^{\mu \cdot t_V} = 2$. *Dies ist aber genau dann der Fall, wenn das Produkt* $\mu \cdot t_V = 1$ *ist. Der Parameter* μ *ist also die reziproke Verdopplungszeit:* $\mu = \dfrac{1}{t_V}$ *bzw. die Verdopplungszeit ist der reziproke Parameter* μ: $t_V = \dfrac{1}{\mu}$.

    Zur Bestimmung von μ *wird die Basistransformation durchgeführt:*

    $$1.15^t = 2^{\mu \cdot t} \Leftrightarrow t \cdot \ln 1.15 = \mu \cdot t \cdot \ln 2 \Leftrightarrow \mu = \frac{\ln 1.15}{\ln 2} = 0.20 \Rightarrow$$

    $$t_V = \frac{1}{0.20} = 5$$

    Die Verdopplungszeit beträgt also 5 h und die Modellgleichung lautet:

    $$m = 2^{t/t_V} = 2^{t/5} = 2^{0.2 \cdot t}$$

Exponentialfunktionen der Form $y = a^{\lambda x}$ gehen alle durch den Punkt $(0,1)$, denn bei $x = 0$ ist $y = a^0 = 1$. Bei vielen praktischen Problemen ist jedoch der sog. **Anfangswert** bei $x = 0$ verschieden von 1. Bestückt man beispielsweise in den Bioreaktor am Anfang mit 5 g Bakterien, so ist bei $t = 0$ h die Bakterienmasse $m = 5$ g. Um dies zu berücksichtigen formuliert man die allgemeine Form einer Exponentialfunktion:

$$y = f(x) = y_0 \cdot a^{\lambda \cdot x} \qquad\qquad (6.42)$$

Bei $x = 0$ ist dann $y(0) = y_0 \cdot a^0 = y_0$.

Auch die Einheiten der Parameter sollten in die Modellgleichung aufgenommen werden, um unabhängig von der Skalierung der Variablen zu sein.

Beispiel:

In den Bioreaktor des Beispiels auf Seite 34 und 38 werden nun am Anfang 5 g Bakterien gegeben. Da die stündliche Vermehrungsrate $r = 15\%$ konstant bleibt, verändert sich der Exponent der Modellgleichung nicht. Es muß lediglich der Faktor $m_0 = 5$ g vor die Basis geschrieben werden:

$m = m_0 \cdot 2^{t/t_V} = 5\text{ g} \cdot 2^{t/5\text{ h}} = 5\text{ g} \cdot 2^{0.2\text{ h}^{-1} \cdot t}$

In dieser Form ist es leicht möglich, die Masse nach 2 Tagen auszurechnen:

$m(2\text{ d}) = 5\text{ g} \cdot 2^{0.2\text{ h}^{-1} \cdot 2\text{ d}} = 5\text{ g} \cdot 2^{0.2\text{ h}^{-1} \cdot 48\text{ h}} = 5\text{ g} \cdot 2^{9.6} = 5\text{ g} \cdot 776 = 3880\text{ g} \approx$ 4 kg

Im Beispiel auf Seite 38 wurde bereits angedeutet, daß häufig Interesse besteht, wann sich eine exponentiell wachsende bzw. abnehmende Größe verdoppelt bzw. halbiert. Es ist also die Spanne $x_V = x_1 - x_2$ bzw. $x_H = x_1 - x_2$ gesucht, bei dem $y_1 = 2y_2$ bzw. $y_1 = 0.5y_2$ ist. Man nennt x_V die **Verdopplungsgröße** und x_H die **Halbwertsgröße**. In vielen praktischen Fragestellungen ist die unabhängige Variable die Zeit t und es wird nach der **Verdopplungszeit** bzw. **Halbwertszeit** gefragt, also die Zeit t_V, nach der sich eine Größe verdoppelt, bzw. die Zeit t_H, nach der sich eine Größe halbiert. Viel allgemeiner kann man nach einer Zeit t_c bzw. einer Spanne x_c suchen, bei der sich die Größe um den Faktor c ändert, beispielsweise die Verzehnfachungszeit t_{10} von Bakterien oder der Abstand $s_{1/10}$ von der Autobahn, bei dem der Bleigehalt von Pflanzen nur noch ein Zehntel des Werts am Autobahnrand beträgt.

In den meisten Fällen wird eine Exponentialfunktion zur Basis e oder 10 geschrieben. Der Vorteil der Basis e liegt in der einfachen Differenzierbarkeit (vgl. Kap. 8) und Integrierbarkeit (vgl. Kap. 9) der e-Funktion. Die Basis 10 ermöglicht einen schnellen Überblick über die Größenordnung des Funktionswerts, z.B. liegt $10^{2.7}$ zwischen 100 und 1000. Die Abschätzung von $e^{2.7}$ ist nicht so einfach.

Ist die Exponentialfunktion

$$y = y_0 \cdot e^{\lambda \cdot t} = y_0 \cdot 10^{\mu \cdot t} \tag{6.43}$$

mit ihren Parametern gegeben, so können Verdopplungs- oder Halbwertsgröße leicht berechnet werden, indem man t_V oder t_H in (6.43) einsetzt. Bei diesen Zeiten ist die Größe y doppelt bzw. halb so groß wie bei $t = 0$:

$$2y_0 = y_0 \cdot e^{\lambda \cdot t_V} \Rightarrow 2 = e^{\lambda \cdot t_V} \Rightarrow \ln 2 = \lambda \cdot t_V \Rightarrow t_V = \frac{\ln 2}{\lambda}$$
$$\tag{6.44}$$
$$2y_0 = y_0 \cdot 10^{\mu \cdot t_V} \Rightarrow 2 = 10^{\mu \cdot t_V} \Rightarrow \lg 2 = \mu \cdot t_V \Rightarrow t_V = \frac{\lg 2}{\mu}$$

$$\frac{1}{2}y_0 = y_0 \cdot e^{\lambda \cdot t_H} \Rightarrow \ln \frac{1}{2} = \lambda \cdot t_H \Rightarrow -\ln 2 = \lambda \cdot t_H \Rightarrow t_H = \frac{-\ln 2}{\lambda}$$
$$\tag{6.45}$$
$$\frac{1}{2}y_0 = y_0 \cdot 10^{\mu \cdot t_H} \Rightarrow \lg \frac{1}{2} = \mu \cdot t_V \Rightarrow -\lg 2 = \mu \cdot t_H \Rightarrow t_H = \frac{-\lg 2}{\mu}$$

Für einen beliebigen Faktor c gilt:

$$c \cdot y_0 = y_0 \cdot e^{\lambda \cdot x_c} \Rightarrow \ln c = \lambda \cdot x_c \Rightarrow x_c = \frac{-\ln c}{\lambda}$$
$$\tag{6.46}$$
$$c \cdot y_0 = y_0 \cdot 10^{\mu \cdot x_c} \Rightarrow \lg c = \mu \cdot x_c \Rightarrow x_c = \frac{-\lg c}{\mu}$$

Die Verdopplungs- und Halbwertsgrößen bzw. die Spanne x_c sind vom Anfangswert y_0 unabhängig. Die Berechnung für andere Basen erfolgt analog.

Beispiele:

1. *Die Wachstumsfunktion der Bakterienmasse m in den vorherigen Beispielen lautet zur Basis 2: $m = m_0 \cdot 2^{0.2 \, \mathrm{h}^{-1} \cdot t}$.*

   Gesucht ist die Verdopplungszeit:

$$2m_0 = m_0 \cdot 2^{0.2 \, \mathrm{h}^{-1} \cdot t_V} \Rightarrow \lg 2 = 0.2 \, \mathrm{h}^{-1} \cdot t_V \cdot \lg 2 \Rightarrow t_V = \frac{1}{0.2 \, \mathrm{h}^{-1}} = 5 \, \mathrm{h}$$

   Gesucht ist nun die Verzehnfachungszeit, also die Zeitspanne, in der sich die Bakterienmasse verzehnfacht:

$$10m_0 = m_0 \cdot 2^{0.2 \, \mathrm{h}^{-1} \cdot t_{10}} \Rightarrow \lg 10 = 0.2 \, \mathrm{h}^{-1} \cdot t_{10} \cdot \lg 2 \Rightarrow$$

$$t_{10} = \frac{1}{\lg 2 \cdot 0.2 \, \mathrm{h}^{-1}} = 16.6 \, \mathrm{h}$$

   Es ist einsichtig, daß diese Zeitspannen unabhängig von der zu Beginn zugegebenen Bakterienmasse ist. Es sind zwar bei höherer Zugabe zu einem beliebigen Zeitpunkt t mehr Bakterien im Reaktor, die Vermehrungsrate ändert sich jedoch nicht.

2. *Die Aktivität des nach dem Reaktorunglück von Tschernobyl freigesetz-*
ten radioaktiven Jodnuklids $^{53}_{131}$J nimmt exponentiell nach der Gleichung
$A = A_0 \cdot e^{-0.0875\ \text{d}^{-1} \cdot t}$ ab. Wie groß ist die Halbwertszeit? Welcher Anteil
der unmittelbar nach der Kontamination vorhandenen Aktivität war nach
einem Monat noch vorhanden?

$$\frac{A_0}{2} = A_0 \cdot e^{-0.0875\ \text{d}^{-1} \cdot t_{\text{H}}}$$

$$\frac{1}{2} = e^{-0.0875\ \text{d}^{-1} \cdot t_{\text{H}}}$$

$$\ln \frac{1}{2} = -0.0875\ \text{d}^{-1} \cdot t_{\text{H}} \cdot \ln e$$

$$\ln 1 - \ln 2 = -0.0875\ \text{d}^{-1} \cdot t_{\text{H}}$$

$$-\ln 2 = -0.0875\ \text{d}^{-1} \cdot t_{\text{H}}$$

$$t_{\text{H}} = \frac{-\ln 2}{-0.0875\ \text{d}^{-1}} = \frac{0.693}{0.0875}\ \text{d} = 7.92\ \text{d} \approx 8\ \text{d}$$

Ein Monat sind ungefähr vier Halbwertszeiten. Die Aktivität beträgt dann
etwa noch $\dfrac{1}{2^4} = \dfrac{1}{16} \approx 6\%$ der ursprünglichen Aktivität.

Umgekehrt kann man bei gegebener Verdopplungs- oder Halbwertszeit bzw.
der Spanne x_c den Parameter λ der Exponentialfunktion bestimmen, indem
man die Größen in die Gleichung einsetzt und nach λ auflöst:

$$2y_0 = y_0 \cdot e^{\lambda \cdot t_{\text{V}}} \;\Rightarrow\; \ln 2 = \lambda \cdot t_{\text{V}} \;\Rightarrow\; \lambda = \frac{\ln 2}{t_{\text{V}}}$$

$$2y_0 = y_0 \cdot 10^{\mu \cdot t_{\text{V}}} \;\Rightarrow\; \lg 2 = \mu \cdot t_{\text{V}} \Rightarrow \mu = \frac{\lg 2}{t_{\text{V}}} \tag{6.47}$$

$$\frac{1}{2}y_0 = y_0 \cdot e^{\lambda \cdot t_{\text{H}}} \;\Rightarrow\; -\ln 2 = \lambda \cdot t_{\text{H}} \;\Rightarrow\; \lambda = \frac{-\ln 2}{t_{\text{H}}}$$

$$\frac{1}{2}y_0 = y_0 \cdot 10^{\mu \cdot t_{\text{H}}} \;\Rightarrow\; -\lg 2 = \mu \cdot t_{\text{H}} \Rightarrow \mu = \frac{-\lg 2}{t_{\text{H}}} \tag{6.48}$$

$$c \cdot y_0 = y_0 \cdot e^{\lambda \cdot x_c} \;\Rightarrow\; -\ln c = \lambda \cdot x_c \;\Rightarrow\; \lambda = \frac{-\ln c}{x_c}$$

$$c \cdot y_0 = y_0 \cdot 10^{\mu \cdot x_c} \;\Rightarrow\; -\lg c = \mu \cdot x_c \Rightarrow \mu = \frac{-\lg c}{x_c} \tag{6.49}$$

Beispiel:

Nach dem Reaktorunglück von Tschernobyl im Jahr 1986 wurden die Böden in weiten Teilen Europas mit dem radioaktiven Nuklid $^{55}_{137}Cs$ kontaminiert, das eine Halbwertszeit von 30 Jahren hat.

Nach 30 a existiert nur noch die Hälfte der radioaktive Kerne, die zu Beginn vorhanden waren.

$$\frac{N_0}{2} = N_0 \cdot e^{-\lambda \cdot t_H} \;\Rightarrow\; \frac{1}{2} = e^{-\lambda \cdot t_H} \;\Rightarrow\; \ln 1 - \ln 2 = -\lambda \cdot t_H \cdot \ln e \;\Rightarrow$$

$$-\ln 2 = -\lambda \cdot t_H \;\Rightarrow\; \lambda = \frac{\ln 2}{t_H} = \frac{\ln 2}{30 \text{ a}} = 0.023 \text{ a}^{-1}$$

Die Bestimmung des Zerfallsgesetzes kann auch zu einer beliebigen anderen Basis erfolgen.

$$\frac{N_0}{2} = N_0 \cdot 10^{-\mu \cdot t_H} \;\Rightarrow\; -\lg 2 = -\mu \cdot t_H \;\Rightarrow\; \mu = \frac{\lg 2}{30 \text{ a}} = 0.010 \text{ a}^{-1}$$

Auch das Minuszeichen im Exponenten ist muß im Ansatz nicht unmittelbar angegeben werden. Dieses folgt automatisch aus der Berechnung.

$$\frac{N_0}{2} = N_0 \cdot 2^{\nu \cdot t_H} \;\Rightarrow\; -\ln 2 = \nu \cdot t_H \cdot \ln 2 \;\Rightarrow\; \nu = -\frac{1}{30 \text{ a}} = -0.033 \text{ a}^{-1}$$

Demnach lautet das Zerfallsgesetz:

$$N = N_0 \cdot e^{-0.023 \text{ a}^{-1} \cdot t} = N_0 \cdot 10^{-0.010 \text{ a}^{-1} \cdot t} = N_0 \cdot 2^{-0.033 \text{ a}^{-1} \cdot t}$$

Die Koeffizienten λ, μ und ν können durch Basistransformation überprüft werden.

Damit kann jede beliebige Zeitspanne t_c, in der die Anzahl der Kerne um einen Faktor c abnimmt berechnet werden. Für die Zeit, nach der die Aktivitätt nur noch 1% der ursprünglichen Aktivität beträgt, gilt

$$\frac{1}{100} = e^{-0.023 \text{ a}^{-1} \cdot t_{0.01}} \;\Rightarrow\; -\ln 100 = -0.023 \text{ a}^{-1} \cdot t_{0.01} \;\Rightarrow$$

$$t_{0.01} = \frac{\ln 100}{0.023 \text{ a}^{-1}} = 200 \text{ a}$$

Je nach Fragestellung ist es angebracht, verschiedene Darstellungsformen von Exponentialfunktionen zu wählen. Man verwendet in der Differential- und Integralrechnung die Basis e, bei empirischen Untersuchungen die Basis 10 oder 2 und bei Problemen, die mit der Zinsrechnung zu behandeln sind (vgl. Abschnitt 7.5) die Basis $q = 1 + r$. Ist r positiv, dann ist $q > 1$ und r heißt **Wachstumsrate**, bei negativen r ist $q < 1$ und r heißt **Zerfallsrate**. Diese sind nicht zu verwechseln mit der **Wachstums-** bzw. **Zerfallskonstanten** λ, die von der Basis abhängt. Bei der Verwendung von q bzw. r steht keine Konstante im Exponenten, da die Wachstums- bzw. Zerfallsgeschwindigkeit durch den Wert der Basis ausgedrückt wird. Es gilt also:

$$y = y_0 \cdot a^{\lambda \cdot x} = y_0 \cdot q^x = y_0 \cdot (1 + r)^x \qquad\qquad (6.50)$$

Die Umrechnung von $a^{\lambda \cdot x}$ nach $(1+r)^x$ lautet:

$$a^{\lambda \cdot x} = q^x = (1+r)^x \;\Rightarrow\; q = (1+r) = a^\lambda \;\Rightarrow\; r = a^\lambda - 1 \qquad (6.51)$$

Beispiele:

1. *Das Zerfallsgesetz von $_{137}^{55}$Cs (vgl. vorheriges Beispiel)*

   $$N = N_0 \cdot e^{0.023 \, \text{a}^{-1} \cdot t}$$

   kann überführt werden in die Form $N = N_0 \cdot (1+r)^t$:

   $$N_0 \cdot e^{-0.023 \, \text{a}^{-1} \cdot t} = N_0 \cdot (1+r)^t \;\Rightarrow\; e^{0.023 \, \text{a}^{-1} \cdot t} = (1+r)^t \;\Rightarrow$$

   $$1 + r = e^{-0.023} \;\Rightarrow\; r = e^{-0.023} - 1 = -0.0227$$

   Die jährliche Zerfallsrate beträgt also $0.0227 = 2.27\%$.

2. *Ein Kapital K_0 wird zu einem jährlichen Zinssatz von 7% angelegt. Das Kapital ist nach n Jahren auf*

   $$K_n = K_0 \cdot (1+r)^n = K_0 \cdot (1 + 0.07)^n = K_0 \cdot 1.07^n$$

   gewachsen. Der Zinssatz r ist also die Wachstumsrate. Transformiert man diese Gleichung auf die Basis 2, dann kann man die Verdopplungszeit des Kapitals leicht bestimmen.

   $$1.07^n = 2^{\lambda \cdot n} \;\Rightarrow\; n \cdot \ln 1.07 = \lambda \cdot n \cdot \ln 2 \;\Rightarrow\; \lambda = \frac{\ln 1.07}{\ln 2} = 0.098 \;\Rightarrow$$

   $$K_n = K_0 \cdot 2^{0.098 \, \text{a}^{-1} \cdot t} \;\Rightarrow\; t_{\text{V}} = \frac{1}{0.098} \, \text{a} = 10.2 \, \text{a} \approx 10 \, \text{a}$$

Manchmal ist es hilfreich, die Exponentialfunktion $y = e^x$ durch eine lineare Funktion im Bereich kleiner x-Werte zu approximieren. Es gilt (vgl. Bild 6.27):

$$e^x \approx 1 + x \qquad \text{für kleine } x \qquad\qquad (6.52)$$

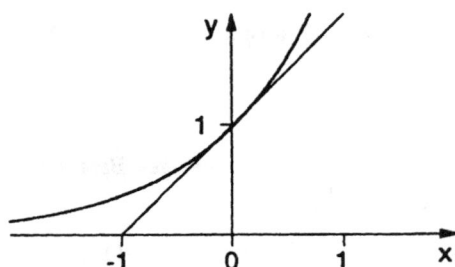

Bild 6.27: e^x-Funktion für kleine x

Beispiel:

Moderne physikalische Theorien der Materie behaupten, auch das Proton ist kein stabiles Teilchen, sondern zerfällt mit einer Halbwertszeit t_H von mindestens 10^{33} Jahren nach dem Gesetz:

$$N = N_0 \cdot e^{-(\ln 2/t_H)\cdot t}$$

Um bei einer Halbwertszeit von 10^{33} a mindestens einen Protonenzerfall pro Jahr nachzuweisen, muß man eine bestimmte Anzahl N_0 von Protonen beobachten. Nach dem beobachteten Zerfall eines Teilchens sind noch $N_0 - 1$ Teilchen übrig. Einsetzen in das Zerfallsgesetz ergibt:

$$N_0 - 1 = N_0 \cdot e^{-0.69 \cdot 10^{-33} \text{ a}^{-1} \cdot 1 \text{ a}}$$

Bei der Berechnung von $e^{-0.69 \cdot 10^{-33}}$ wird man i.d.R. Opfer des Taschenrechners, denn dieser zeigt für das Ergebnis den Wert 1 an. Durch die Rundung würde das Zerfallsgesetz lauten:

$$N_0 - 1 = N_0$$

Dies ist mathematisch ein Widerspruch. Anschaulich würde man unendlich viele Protonen beobachten müssen. Das ist natürlich Unsinn. Im Exponenten steht jedoch eine äußerst kleine Zahl, so daß man die Approximation $e^x \approx 1+x$ vornehmen darf:

$$N_0 - 1 \approx N_0 \cdot (1 - 0.69 \cdot 10^{-33}) = N_0 - N_0 \cdot 0.69 \cdot 10^{-33} \Rightarrow$$

$$N_0 \cdot 0.69 \cdot 10^{-33} = 1 \Rightarrow N_0 = \frac{1}{0.69} \cdot 10^{33} = 1.45 \cdot 10^{33}$$

Es müssen also ungefähr 10^{33} Protonen beobachtet werden. Dies entspricht etwa einer Gesteinsmasse von 3500 t, wenn man unterstellt, daß Protonen und Neutronen etwa im Verhältnis 1 : 1 in Atomkernen vorkommen.

In den meisten Fällen ist Wachstum nur bis zu einer gewissen Grenze möglich. Die Größe von Tier- oder Pflanzenpopulationen ist durch das Angebot an Nährstoffen oder Lebensraum nach oben beschränkt. Solche Vorgänge können durch eine sog. **Sättigungsfunktion** beschrieben werden:

$$f(x) = y = (y_{max} - y_0) \cdot \left(1 - e^{-\lambda \cdot x}\right) + y_0 =$$
$$= y_{max} - (y_{max} - y_0) \cdot e^{-\lambda \cdot x} \tag{6.53}$$

Dabei ist $\lambda > 0$, y_0 der Wert für $x = 0$ und y_{max} der Sättigungswert.

Beispiele:

1. *Die Stromstärke I eines Gleichstromkreises mit der Spannung U, dem Widerstand R und der Induktivität L verläuft beim Einschalten nach der Funktion (vgl. Bild 6.28):*

$$I(t) = \frac{U}{R} \cdot \left(1 - e^{-R/L \cdot t}\right)$$

Der Maximalstrom $I_{max} = \dfrac{U}{R}$ wird durch den induktiven Widerstand einer Spule erst nach einer gewissen Verzögerung erreicht. Rein mathematisch ist allerdings nur eine beliebige Annäherung möglich. Die Anfangsstromstärke I_0 ist in diesem Fall 0. $\dfrac{L}{R}$ wird auch als Zeitkonstante des Stromkreises bezeichnet.

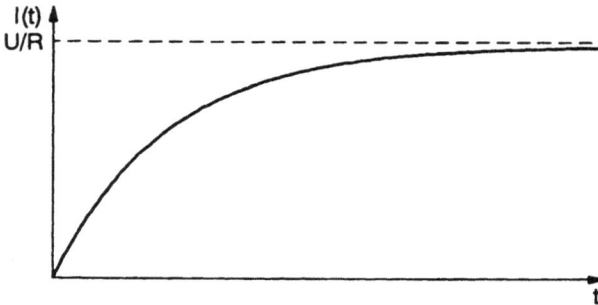

Bild 6.28: Einschaltstrom eines Gleichstromkreises

2. *Die Abhängigkeit des Getreideertrags E in dt/ha von der Kaliumdüngung K in kg/ha kann für Bild 6.29 durch folgende Sättigungsfunktion modelliert werden:*

$$E = 60 \cdot \left(1 - e^{-0.04 \cdot K}\right) + 20$$

*Dabei ist $\Delta E = 60 = 80 - 20 = E_{max} - E_0$ genau der Abstand zwischen den beiden gestrichelten Linien in Bild 6.29. Im vorliegenden Fall drückt die Sättigungsfunktion genau das sog. **Mitscherlich-Gesetz**, bzw. das **Gesetz vom abnehmenden Ertragszuwachs** aus. Der Ertragszuwachs ist bei* *kleinen Düngergaben pro zusätzlich eingesetzter Düngereinheit größer als bei höheren Gaben.*

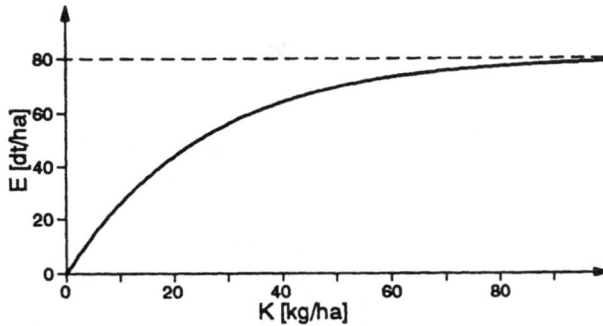

Bild 6.29: Gesetz vom abnehmenden Ertragszuwachs

Häufig liegt in natürlichen Systemen anfangs annähernd exponentielles Wachstum, in einem anschließenden Bereich annähernd lineares Wachstum und darauf folgend abnehmendes Wachstum vor, so daß sich die Funktion einem Sättigungswert nähert. Da das Wachstum nach oben begrenzt ist, gilt: $y \leq y_{max}$, $y_{max} > 0$. Die Wachstumsrate sei proportional zu y und $y_{max} - y$. Für y ergibt sich dann:

$$y = \frac{y_{max}}{1 + \mu \cdot e^{-\lambda y_{max} x}} \qquad (6.54)$$

λ ($\lambda > 0$) ist die Wachstumsrate und μ eine ebenfalls positive Konstante. $y_0 = y(0)$ ergibt sich zu $\frac{y_{max}}{1+\mu}$. Als Graph erhält man S-förmige sog. **sigmoide Funktion**. Diese Funktion wird oft auch als **logistische Funktion** bezeichnet.

Beispiele:

1. *Die Funktion* $y = \dfrac{20}{1 + 40 \cdot e^{-0.5 \cdot x}}$ *ist in Bild 6.30 dargestellt.*

   Man kann den Graphen der Funktion in Bild 6.30 unterteilen in einen exponentiell steigenden Bereich (A), in einen annähernd linearen Bereich (B) und einen Sättigungsbereich (C). Der Funktionswert bei $x = 0$ ist

   $$y_0 = y(0) = \frac{20}{1 + 40 \cdot e^0} = \frac{20}{41} = 0.488 \approx 0.5.$$ *Das asymptotische Maximum ist $y_{max} = 20$, denn für $x \to \infty$ verschwindet $e^{-0.5 \cdot x}$ im Nenner und*

   $$y \to \frac{20}{1} = 20.$$

2. *Die Abhängigkeit des Getreideertrags E in dt/ha von der Phosphordüngung P in kg/ha kann für Bild 6.31 durch folgende Sättigungsfunktion modelliert werden:*

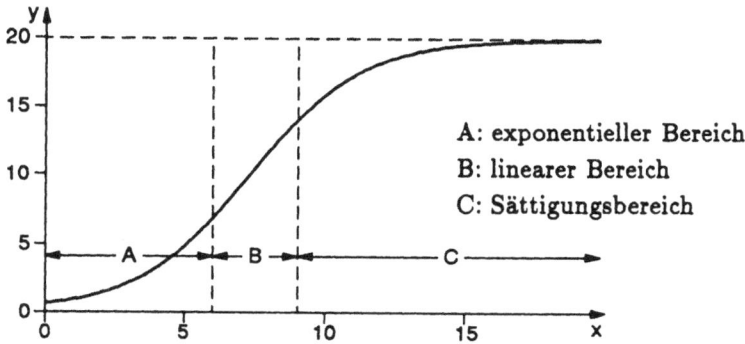

Bild 6.30: Logistische Funktion

$$E = \frac{80}{1 + 7 \cdot e^{-0.08 \cdot P}}$$

Dabei ist $E_{\max} = 80$ *dt/ha und* $E_0 = \dfrac{80}{1 + 7} = 10$ *dt/ha. Der Ertragszuwachs nimmt im Bereich kleiner Düngergaben bei Erhöhung des Düngereinsatzes zunächst zu, bleibt dann in einem gewissen Bereich annähernd konstant und nimmt bei weiterer Steigerung wieder ab.*

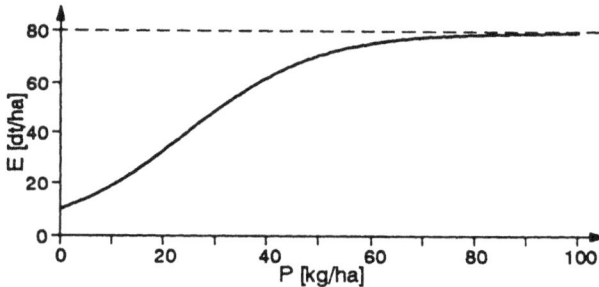

Bild 6.31: Sigmoide Ertragsfunktion

6.8.3   Die Logarithmusfunktion

Die Exponentialfunktion $f(x) = a^x$ ist für jedes positive a ($\neq 1$) eine streng monotone Funktion. Deshalb existiert zur Exponentialfunktion eine Umkehrfunktion, die nur für positive x definiert ist, da die Exponentialfunktion nur positive Werte annimmt. Genauso wie man Potenzen auch für irrationale Exponenten definieren kann, läßt sich der in Band 1 eingeführte Logarithmusbegriff ebenfalls auf ganz $\mathbb{R}$ ausdehnen, so daß für alle $x \in \mathbb{R}$ gilt:

$$y = a^x \quad \Leftrightarrow \quad x = {}^a\!\log y \tag{6.55}$$

Folglich hat die Umkehrfunktion der Exponentialfunktion die Funktionsgleichung:

$$f(x) = {}^a\!\log x \quad (x > 0) \tag{6.56}$$

Diese Funktion wird als **Logarithmusfunktion** zur Basis a bezeichnet. Bild 6.32 zeigt die Graphen einiger Logarithmusfunktionen.

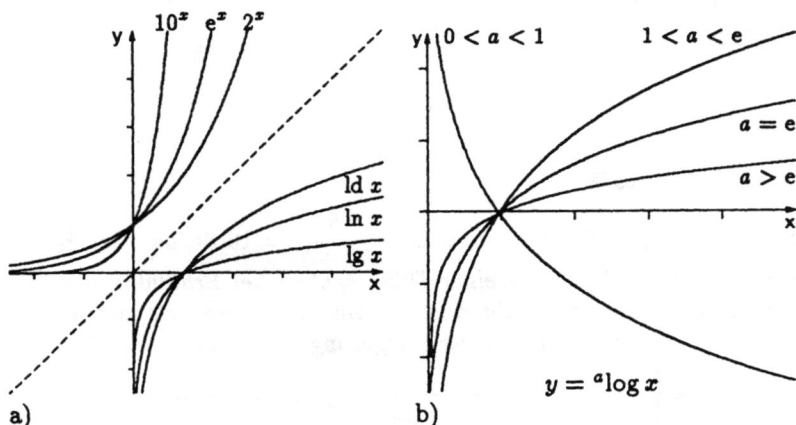

Bild 6.32: Logarithmusfunktionen

Die Umkehrfunktion der e-Funktion $f(x) = \ln x$ wird in der Praxis recht häufig verwendet. Auch die Logarithmusfunktion zur Basis 10, $f(x) = \lg x$, kommt oft vor. Besonders in der Informatik verwendet man manchmal den Logarithmus zur Basis 2: $f(x) = \operatorname{ld} x$.

Beispiel:

Das Weber-Fechnersche Gesetz liefert Aussagen über den Zusammenhang zwischen subjektiv empfundener Lautstärke L und objektiv gemessener Schallintensität I. Die Empfindung ist dem Logarithmus der Schallstärke proportional:

$L = \text{const} \cdot \lg I$

Die Lautstärke ändert sich also im Gehör viel langsamer als der physikalische Reiz. Aufgrund dieses Zusammenhangs wird das Lautstärkemaß definiert. Dazu läßt man einen Normalton von 1000 Hz so stark tönen, daß man ihn als so laut empfindet, wie den zu messenden Klang. Die Intensität I des Normaltons vergleicht man mit der gerade noch hörbaren Intensität I_0 des Normaltons (Hörschwelle $I_0 = 10^{-12} \dfrac{\text{W}}{\text{m}^2}$) und definiert als Lautstärke des Klangs:

$$L = 10 \cdot \lg \frac{I}{I_0} \quad \text{[Phon]}$$

Ein Klang hat die Lautstärke 10 Phon, wenn seine Intensität gleich zehnmal dem Schwellenwert I_0 des Normaltons ist. Eine Geräuschquelle mit $I = 100 \cdot I_0$ hat dann erst die Laustärke 20 Phon. Die Schmerzschwelle liegt bei etwa 130 Phon. Die Intensität dieses Schalls ist 10^{13} mal größer als die des Normaltons.

6.8.4   Darstellung von Potenz- und Exponentialfunktionen als Geraden

Häufig ist es von großem praktischen Nutzen, für bestimmte Funktionen die x- und y-Skala so zu transformieren, daß bei der Auftragung der Funktion im Koordinatensystem eine Gerade entsteht.

Einfach-logarithmische Auftragung

Eine Exponentialfunktion der Form $y = y_0 \cdot a^{\lambda \cdot x}$ läßt sich als Gerade darstellen, wenn man $^a\log y$ gegen x aufträgt, da die Logarithmierung der obigen Gleichung folgenden Ausdruck liefert:

$$\underbrace{^a\log y}_{Y} = \underbrace{^a\log y_0}_{Y_0} + \lambda \cdot x \tag{6.57}$$

Setzt man $Y = {}^a\log y$ und $Y_0 = {}^a\log y_0$, dann erhält man eine lineare Funktion:

$$Y = Y_0 + \lambda \cdot x \tag{6.58}$$

Trägt man die $^a\log y$-Werte gegen die x-Werte in einem Koordinatensystem auf, dann stellt sich die Funktion $y = y_0 \cdot a^{\lambda \cdot x}$ als Gerade $Y = Y_0 + \lambda \cdot x$ mit der Steigung λ und dem Achsenabschnitt $Y_0 = {}^a\log y_0$ dar.

In der Praxis verwendet man aus bereits dargestellten Gründen den Logarithmus zur Basis 10, manchmal auch den natürlichen Logarithmus.

Durch eine einfach-logarithmische Auftragung ist sehr leicht feststellbar, ob der funktionale Zusammenhang zweier Größen exponentiell ist. Kann man bei einer Auftragung mit logarithmischer Einteilung der Ordinate eine Ausgleichsgerade durch die Meßpunkte legen, so existiert eine exponentielle Abhängigkeit. Darüberhinaus können die Parameter y_0 als Achsenabschnitt und λ als Steigung der Geraden bestimmt werden.

Anstelle mit den Logarithmen zu operieren, kann man sog. **einfach-logarith-misches Koordinatenpapier** verwenden, bei dem die Ordinate bereits deka-disch logarithmisch unterteilt ist. Man spart sich in diesem Fall das Logarith-mieren und kann mit Originalwerten arbeiten.

Bild 6.33 zeigt die Konstruktionsweise eines solchen Papiers. Die Abszisse hat eine lineare Einteilung. Die linke Ordinate ist logarithmisch geteilt, es werden also Zehnerpotenzen aufgetragen.

Die Teilstriche zwischen 10^{-1} und 10^0 bedeuten $0.1, 0.2, 0.3, \ldots, 1.0$. Entspre-chend laufen die Linien zwischen 10^1 und 10^2 von $10, 20, 30, \ldots, 100$. Auf der rechten Ordinate sind zum Vergleich die dekadischen Logarithmen der Ordi-natenwerte dargestellt. Die Lage von Werten, die nicht exakt auf einer Linie liegen, muß man ungefähr an die richtige Stelle zwischen die Linien setzen. Das in Schreibwarengeschäften erhältliche Logarithmenpapier hat eine genaue-re Achseneinteilung.

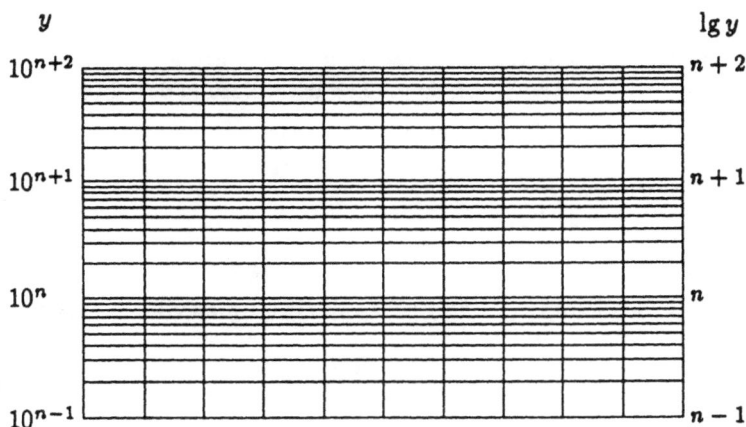

Bild 6.33: Einfach-logarithmisches Papier

Bei vielen praktischen Fragestellungen ist es sinnvoll, die Einheiten der Meß-größen zu berücksichtigen.

Beispiel:

Ein Organismus wurde mit einem Gift kontaminiert. Die Giftkonzentration $c(t)$ in µg/kg Körpermasse wurde zu verschiedenen Zeitpunkten t in Tagen d gemessen. Die folgende Tabelle enthält die Meßwerte $c(t)$ zur Zeit t und die natürlichen Logarithmen der Konzentrationen.

t [d]	20	40	50	70	100
c [µg/kg]	250	70	40	13	2
$\ln c$	5.52	4.25	3.69	2.56	0.69

Um zu prüfen, ob das Gift exponentiell im Körper abgebaut wird, ist in Bild 6.34 a) der natürliche Logarithmus der Körperkonzentrationen über der Zeit aufgetragen.

a)

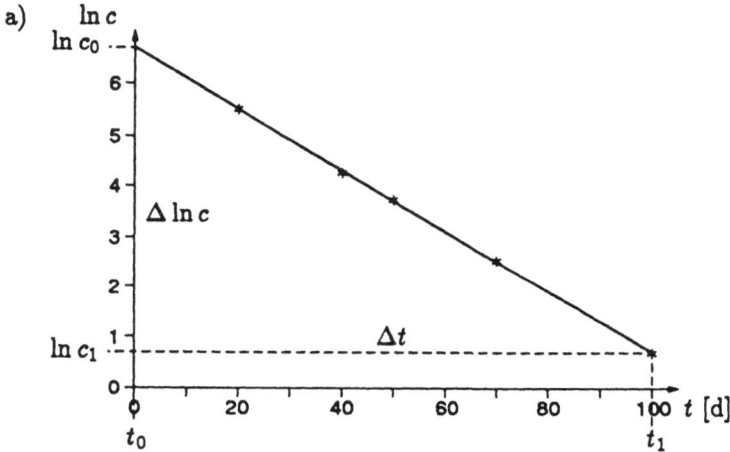

b)

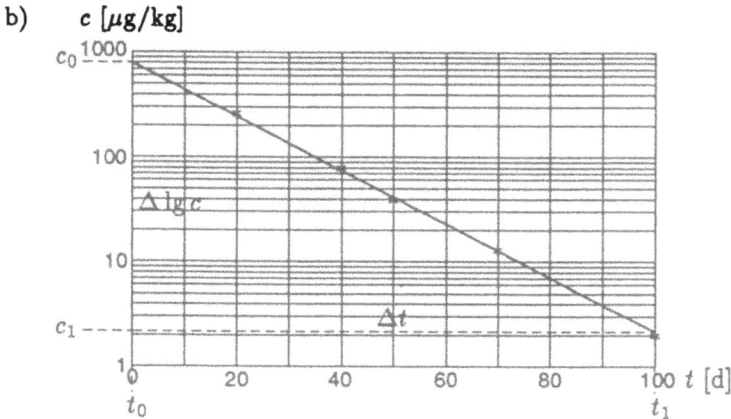

Bild 6.34: Einfach-logarithmische Auftragung

Bild 6.34 b) zeigt die Originalkonzentrationen in einfach-logarithmischer Darstellung. In beiden Fällen wurde die Ausgleichsgerade eingezeichnet. Da die Meßpunkte relativ eng um eine Gerade streuen, wird ein exponentieller Zusammenhang $c = c_0 \cdot e^{\lambda \cdot t}$ bzw. $c = c_0 \cdot 10^{\mu \cdot t}$ angenommen.

Aus Bild 6.34 a) kann der natürliche Logarithmus der Anfangskonzentration c_0 zum Zeitpunkt der Kontamination ($t = 0$) zu $\ln c_0 \approx 6.7$ bestimmt werden. Daraus folgt unmittelbar $c_0 = 812\ \mu g/kg$. In Bild 6.34 b) kann man c_0 direkt zu $800\ \mu g/kg$ ablesen. Die Unterschiede resultieren aus geringfügig verschiedenen Lagen der Ausgleichsgeraden und aus Ablesefehlern.

Die Parameter λ bzw. μ bestimmt man aus einem möglichst großen Steigungsdreieck der Ausgleichsgeraden, um den Ablesefehler auf einen breiten Bereich zu verteilen und so zu minimieren. Niemals dürfen Meßpunkte verwendet werden, außer sie liegen exakt auf der Geraden.

Der Koeffizient λ der Exponentialfunktion $c = c_0 \cdot e^{\lambda \cdot t}$ ist die Steigung der Ausgleichsgeraden $\ln c = \ln c_0 + \lambda \cdot t$ in Bild 6.34 a).

$$\lambda = \frac{\Delta \ln c}{\Delta t} = \frac{\ln c_0 - \ln c_1}{t_0 - t_1} = \frac{6.7 - 0.7}{0\ d - 100\ d} = \frac{6}{-100\ d} = -0.060\ d^{-1}$$

Der Koeffizient μ der Exponentialfunktion $c = c_0 \cdot 10^{\beta t}$ ist die Steigung der Ausgleichsgeraden in Bild 6.34 b).

$$\mu = \frac{\Delta \lg c}{\Delta t} = \frac{\lg c_1 - \lg c_0}{t_1 - t_0} = \frac{\lg 2.1 - \lg 800}{100\ d - 0\ d} = -\frac{0.32 - 2.90}{100\ d} = -0.026\ d^{-1}$$

Damit lautet der funktionale Zusammenhang zwischen der Giftkonzentration c im Körper und der Zeit t:

$$c = 812\ \mu g/kg \cdot e^{-0.060\ d^{-1} \cdot t} \qquad bzw. \qquad c = 800\ \mu g/kg \cdot 10^{-0.026\ d^{-1} \cdot t}$$

Die beiden Exponentialfunktionen sind bis auf Ablesefehler identisch, wie man auch durch Koeffiziententransformation zeigen kann:

$$e^{-0.060} = 10^{\lg e \cdot (-0.060)} = 10^{-0.434 \cdot 0.060} = 10^{-0.26}$$

Bei der Steigungsbestimmung aus dem logarithmischen Papier können die Einheiten unter dem Logarithmus in jedem Fall weggelassen werden, da sie bei der Differenzbildung zweier Logarithmen sowieso wegfallen:

$$\log a\ [\text{Einheit}] - \log b\ [\text{Einheit}] = \log \frac{a\ [\text{Einheit}]}{b\ [\text{Einheit}]} = \log \frac{a}{b} = \qquad (6.59)$$
$$= \log a - \log b$$

Ganz analog kann man eine Logarithmusfunktion der Form

$$y = a + b \cdot \underbrace{\log x}_{}$$
$$y = a + b \cdot \quad X \qquad\qquad (6.60)$$

in einfach logarithmischem Papier ebenfalls als Gerade darstellen. Nur ist in diesem Fall die y-Achse linear und die x-Achse logarithmisch unterteilt.

Doppelt-logarithmische Auftragung

Auch Potenzfunktionen $y = y_1 \cdot x^\alpha$ können durch Koordinatentransformation in eine Gerade überführt werden. Wendet man auf die Funktion den dekadischen Logarithmus an, so erhält man:

$$\underbrace{\lg y}_{Y} = \underbrace{\lg y_1}_{Y_1} + \alpha \cdot \underbrace{\lg x}_{X} \tag{6.61}$$

Setzt man $Y = \lg y$, $X = \lg x$ und $Y_1 = \lg y_1$ und trägt die $\lg y$-Werte gegen die $\lg x$-Werte in einem Koordinatensystem auf, dann stellt sich die Potenzfunktion $y = y_1 \cdot x^\alpha$ als Gerade $Y = Y_1 + \alpha \cdot X$ mit der Steigung α und dem Schnittpunkt $Y_1 = \lg y_1$ mit der Y-Achse dar. Durch eine doppelt-logarithmische Auftragung ist also sehr einfach zu prüfen, ob der funktionale Zusammenhang zweier Größen über ein Potenzgesetz gegeben ist. Resultiert aus einer Auftragung mit logarithmischer Einteilung der Abszisse und Ordinate eine Gerade, dann liegt eine solche Abhängigkeit vor. Auch hier können aus dem Diagramm die Parameter y_1 aus dem Achsenabschnitt und α als Steigung bestimmt werden.

Anstelle mit den Logarithmen zu operieren, kann man sog. **doppelt-logarithmisches Koordinatenpapier** verwenden (Bild 6.35).

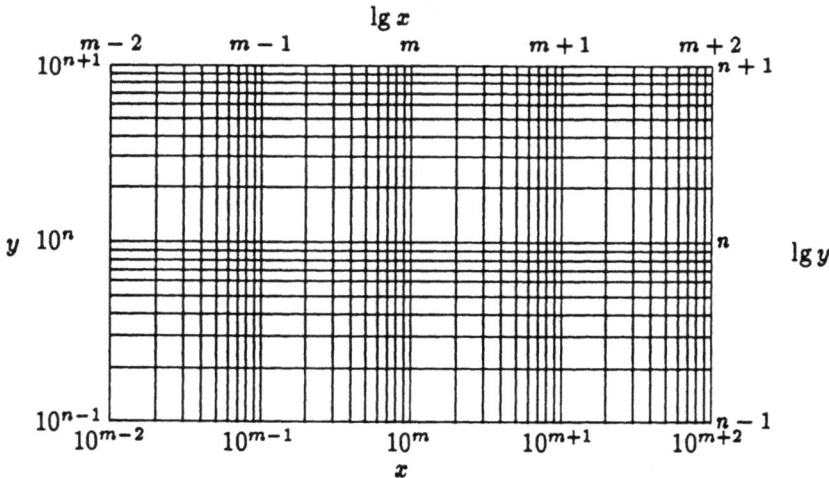

Bild 6.35: Doppelt-logarithmisches Papier

Beim doppelt-logarithmischen Papier sind Abszisse und Ordinate bereits dekadisch logarithmisch unterteilt. Man spart sich wiederum das Logarithmieren und kann mit Originalwerten arbeiten.

Beispiel:

*Der Grundumsatz ist diejenige Energie, die ein Organismus ohne größere Lei-
stung verbraucht. Die folgende Tabelle enthält die Körpermassen einiger Le-
bewesen in kg, deren täglichen Grundumsatz in kJ sowie die logarithmierten
Werte.*

	m [kg]	E [kJ]	$\lg m$	$\lg E$
Maus	0.03	20	−1.52	1.30
Sperling	0.1	50	−1.00	1.70
Huhn	1.5	400	0.18	2.60
Dackel	10	1700	1.00	3.32
Mensch	70	7300	1.85	3.86
Kuh	700	41000	2.85	4.61
Bulle	1000	53000	3.00	4.72

*Um zu prüfen, ob der Grundumsatz E nach der Funktion $E = E_1 \cdot m^{\alpha}$ von
der Körpermasse abhängt, ist in Bild 6.36 a) der dekadische Logarithmus des
Grundumsatzes über dem dekadischen Logarithmus der Körpermasse aufgetragen.*

*Bild 6.36 b) zeigt die Originalwerte in doppelt logarithmischer Darstellung.
In beiden Fällen wurde die Ausgleichsgerade eingezeichnet. Da die Meßpunkte
relativ eng um diese Gerade streuen, ist die Annahmen eines Zusammenhangs
nach einer Potenzfunktion gerechtfertigt.*

*Der Parameter E_1 ist der Grundumsatz bei der Körpermasse $m = 1$ kg, denn
für $m = 1$ kg folgt: $E(1$ kg$) = E_1 \cdot 1^{\alpha} = E_1$ Aus Bild 6.36 b) kann E_1 direkt
zu $E_1 = 300$ kJ abgelesen werden. In Bild 6.36 b) ist der $\lg E_1$ an der Stelle
$\lg m = 0$ abzulesen, denn $\lg 1 = 0$:*

$$\lg E_1 = 2.6 \ \Rightarrow \ E_1 = 10^{2.5} = 316 \ [\text{kJ}]$$

*Der Koeffizient α der Potenzfunktion ist die Steigung der Geraden $\lg E =
\lg E_1 + \alpha \cdot \lg m$. Diese bestimmt man mit einem möglichst großen Steigungs-
dreieck aus zwei Punkten der Ausgleichsgeraden.*

Aus Bild 6.36 a) folgt:

$$\alpha = \frac{\Delta \lg E}{\Delta \lg m} = \frac{\lg E_1 - \lg E_2}{\lg m_1 - \lg m_2} = \frac{1.0 - 4.8}{-2.0 - 3.0} = \frac{-3.8}{-5.0} = 0.76$$

Aus Bild 6.36 b) folgt:

$$\alpha = \frac{\Delta \lg E}{\Delta \lg m} = \frac{\lg E_1 - \lg E_2}{\lg m_1 - \lg m_2} = \frac{\lg 10 - \lg 50000}{\lg 0.01 - \lg 1000} = \frac{1 - 4.7}{-2 - 3} = \frac{-3.7}{-5} = 0.74$$

*Die unterschiedlichen Koeffizienten kommen von geringfügig unterschiedlichen
Lagen der Ausgleichsgeraden und Rundungs- bzw. Ablesefehlern.*

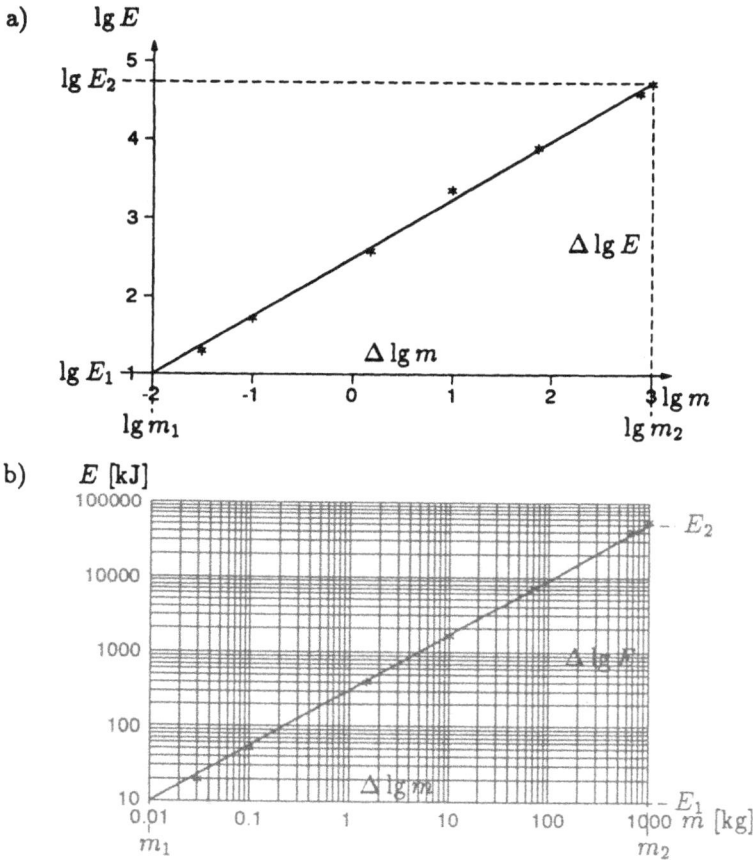

Bild 6.36: Doppelt-logarithmische Auftragung

Der funktionale Zusammenhang zwischen Grundumsatz E und Körpermasse m lautet damit:

$E = 300$ kJ $\cdot m^{0.76}$ (Bild 6.36 a) bzw. $E = 316$ kJ $\cdot m^{0.74}$ (Bild 6.36 b)

In der Literatur findet man die Beziehung $E = 293$ kJ$\cdot m^{0.75}$ und bezeichnet den Ausdruck $m^{0.75}$ als **metabolische Körpergröße**[3]. Der Grundumsatz steigt also überproportional zur Körperoberfläche ($\sim m^{2/3}$), aber unterproportional zum Körpervolumen ($\sim m^1$).

---

[3]KIRCHGESSNER M. 1982: Tierernährung. DLG-Verlag.

Bevor man einen funktionalen Zusammenhang auf Linearität (Gerade), Exponentialfunktion oder Potenzfunktion testet, indem man die Werte in allen drei Darstellungen aufträgt, ist es sinnvoll, sich die Werte erst einmal genau anzusehen. Im Beispiel mit den Giftkonzentrationen liegt mit Sicherheit kein linearer Zusammenhang vor, denn sonst müßte eine Zunahme der Zeit um 20 d immer ungefähr die gleiche Abnahme der Giftkonzentration verursachen. Zwischen dem 20. und 40. Tag fällt die Giftkonzentration jedoch um 180 μg/kg, zwischen dem 50. und 70. Tag jedoch nur um etwa 30 μg/kg. In beiden Zeitintervallen nehmen die Konzentrationen jedoch um einen konstanten Faktor (ca. 3.5) ab. Dies ist genau die Bedingung für eine Exponentialfunktion. Im Beispiel mit dem Grundumsatz treffen beide Bedingungen nicht zu. Wäre der Zusammenhang exponentiell, so müßte die Zunahme des Grundumsatzes zwischen Dackel und Mensch um den Faktor 4 sich alle 60 kg fortsetzen, d.h. bei etwa 200 kg Körpermasse hätte man schon einen Grundumsatz von ca. 60000 kJ. In diesem Fall ist also eine doppelt-logarithmische Auftragung die richtige Wahl.

6.9 Trigonometrie und Winkelfunktionen

6.9.1 Darstellung von Winkeln

Die Darstellung von Winkeln im **Gradmaß** beruht auf einer Einteilung des Vollkreises in 360 Teile. Ein Grad (°) ist also der 360. Teil eines Vollkreises. Zur weiteren Unterteilung wird ein Grad in 60 **Bogenminuten** (') und eine Bogenminute in 60 **Bogensekunden** (") zerlegt.

In der Landvermessung wird häufig das **Neugrad** oder **Gon** verwendet. Der rechte Winkel entspricht 100 gon, der Vollkreis hat also 400 gon. Für die meisten Fragestellungen spielt dieses Winkelmaß keine Rolle.

Bei praktischen Problemen verwendet man meistens das **Bogenmaß**. Das Bogenmaß x eines Winkels φ ist die Länge des Kreisbogens eines Sektors des Einheitskreises (Radius $r = 1$) mit dem Zentriwinkel φ (Bild 6.37). Hat der Kreis eine beliebigen Radius, dann ist x gleich dem Quotienten von Bogenlänge und Radius.

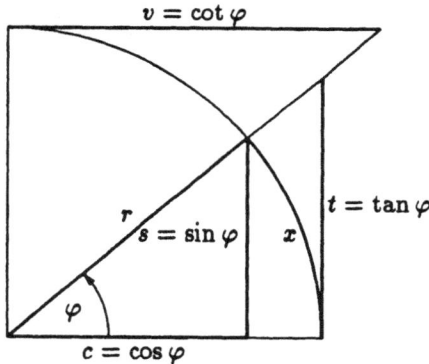

Bild 6.37: Darstellung von Winkeln am Einheitskreis

Der Umfang des Einheitskreises beträgt $2r\pi = 2 \cdot 1 \cdot \pi = 2\pi$. Also hat der Vollwinkel von 360° das Bogenmaß 2π. Damit kann jeder Winkel φ in sein Bogenmaß umgerechnet werden und umgekehrt:

$$\left.\begin{array}{r} 360° \mathrel{\widehat{=}} 2\pi \\ \varphi \mathrel{\widehat{=}} x \end{array}\right\} \Rightarrow \frac{x}{2\pi} = \frac{\varphi}{360°} \Rightarrow \left\{\begin{array}{l} x = \dfrac{\pi}{180°} \cdot \varphi \\[2mm] \varphi = \dfrac{180°}{\pi} \cdot x \end{array}\right. \qquad (6.62)$$

Das Bogenmaß ist eine dimensionslose Größe. Die manchmal verwendete Bezeichnung rad dient ausschließlich zur Kennzeichnung der Größe x als Bogenmaß.

Bei der Verwendung von Taschenrechnern ist darauf zu achten, daß die Art der
Ein- und Ausgabe von Winkeln eingestellt werden kann. Bei manchen Taschenrechnern bedeuten DEG: Winkel in Grad, GRAD: Winkel in Gon und RAD:
Winkel im Bogenmaß (rad), bei anderen Taschenrechnern stimmen die Einstel-
lungen GRAD, RAD und GON mit den hier eingeführten Maßen überein.

Beispiel:

Der Winkel $\alpha = 1°$ *beträgt im Bogenmaß* $x = \dfrac{\pi}{180°} \cdot 1° \approx 0.0175.$

$x = 1$ *im Bogenmaß entspricht einem Winkel* $\beta = \dfrac{180°}{\pi} \cdot 1 \approx 57.3°.$

Als Faustregel gilt: $60°$ *ist ungefähr 1 im Bogenmaß.*

Eine weitere wichtige Charakterisierung von Winkeln erfolgt durch die Anga-
be der Streckenverhältnisse in einem rechtwinkligen Dreieck (Bild 6.38). Die
Dreieckseite, die dem Winkel φ in Grad bzw. x im Bogenmaß anliegt, ist die
Ankathete, entsprechend ist die dem Winkel φ gegenüberliegende Seite die
Gegenkathete. Die längste Seite ist die **Hypotenuse**.

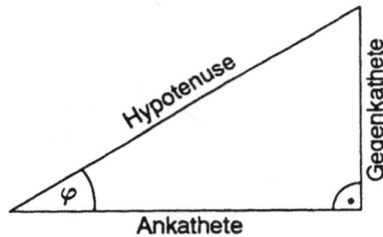

Bild 6.38: Seitenbezeichnungen im rechtwinkligen Dreieck

Der **Sinus** eines Winkels ist das Verhältnis von Gegenkathete und Hypotenuse:

$$\sin\varphi = \frac{\text{Gegenkathete}}{\text{Hypotenuse}} \tag{6.63}$$

Der **Cosinus** eines Winkels ist das Verhältnis von Ankathete und Hypotenuse:

$$\cos\varphi = \frac{\text{Ankathete}}{\text{Hypotenuse}} \tag{6.64}$$

Sinus und Cosinus eines Winkels können auch am Einheitskreis dargestellt werden (Bild 6.37). Die Strecken c, s und r sind die Seiten eines rechtwinkligen
Dreiecks. Der Sinus des Winkels φ ist das Verhältnis $\dfrac{s}{r}$. Da im Einheitskreis

$r = 1$ ist, hat s genau die Länge $\sin \varphi$. Der Cosinus von φ ist das Verhältnis $\dfrac{c}{r}$, d.h. c hat genau die Länge $\cos \varphi$.

Durch Verhältnisbildung der beiden Katheten in einem rechtwinkligen Dreieck erfolgt die Definition des Tangens und Cotangens:

Der **Tangens** eines Winkels ist das Verhältnis von Gegenkathete und Ankathete:

$$\tan \varphi = \frac{\text{Gegenkathete}}{\text{Ankathete}} = \frac{\text{Gegenkathete/Hypotenuse}}{\text{Ankathete/Hypotenuse}} = \frac{\sin x}{\cos x} \qquad (6.65)$$

Der **Cotangens** eines Winkels ist das Verhältnis von Ankathete und Gegenkathete:

$$\cot \varphi = \frac{\text{Ankathete}}{\text{Gegenkathete}} = \frac{1}{\tan x} = \frac{\cos x}{\sin x} \qquad (6.66)$$

Für Tangens und Cotangens werden auch die Bezeichnungen tg x und ctg x verwendet.

Tangens und Cotangens eines Winkels können ebenfalls am Einheitskreis dargestellt werden (Bild 6.37). Die Strecken t und r bzw. v und r sind die Katheten eines rechtwinkligen Dreiecks. Der Tangens des Winkels φ ist das Verhältnis $\dfrac{t}{r}$. Mit $r = 1$ hat t genau die Länge $\tan \varphi$. Der Cotangens ist das Verhältnis $\dfrac{v}{r}$, d.h. v hat genau die Länge $\cot \varphi$.

Im rechtwinkligen Dreieck gilt der **Satz des Pythagoras**: Die Summe der Quadrate der beiden Katheten ist das Quadrat der Hypotenuse.

$$\text{Gegenkathete}^2 + \text{Ankathete}^2 = \text{Hypotenuse}^2 \qquad (6.67)$$

Damit erhält man folgende wichtige Beziehung, die man am Einheitskreis (Bild 6.37) ableiten kann:

$$(\sin \varphi)^2 + (\cos \varphi)^2 = \sin^2 \varphi + \cos^2 \varphi = r^2 = 1^2 = 1 \qquad (6.68)$$

Die folgende Tabelle zeigt einige wichtige Werte für verschiedene Winkel, die leicht aus der Einheitskreisdarstellung in Bild 6.37 zu berechnen sind:

φ	0°	30°	45°	60°	90°	180°	270°	360°
x	0	$\dfrac{\pi}{6}$	$\dfrac{\pi}{4}$	$\dfrac{\pi}{3}$	$\dfrac{\pi}{2}$	π	$\dfrac{3}{2}\pi$	2π
$\sin x$	0	$\dfrac{1}{2}$	$\dfrac{1}{2}\sqrt{2}$	$\dfrac{1}{2}\sqrt{3}$	1	0	-1	0
$\cos x$	1	$\dfrac{1}{2}\sqrt{3}$	$\dfrac{1}{2}\sqrt{2}$	$\dfrac{1}{2}$	0	-1	0	1
$\tan x$	0	$\dfrac{1}{\sqrt{3}}$	1	$\sqrt{3}$	$\pm\infty$	0	$\pm\infty$	0
$\cot x$	$\mp\infty$	$\sqrt{3}$	1	$\dfrac{1}{\sqrt{3}}$	0	$\mp\infty$	0	$\mp\infty$

Für kleine Winkel φ ist in der Darstellung am Einheitskreis (Bild 6.37) die Länge der Strecken s und t sowie die Länge des Kreissegmentbogens x praktisch identisch. Die Länge von c ist ungefähr 1. Daraus folgt eine wichtige Regel:

Bei kleinen Winkel φ sind Bogenmaß x, Sinus und Tangens etwa gleich groß:

$$\sin x \approx x \approx \tan x \qquad \text{für kleine Winkel} \tag{6.69}$$

Außerdem ist für kleine Winkel der Cosinus ungefähr 1:

$$\cos x \approx 1 \qquad \text{für kleine Winkel} \tag{6.70}$$

Beispiele:

1. *Ein Apfelbaum wirft bei einem Sonnenstand von 30° einen Schatten von 7 m (Bild 6.39).*

   Das Verhältnis von Baumhöhe und Schattenlänge s ist der Tangens des Sonnenwinkels. Daraus berechnet sich die Höhe h des Baums zu:

   $$\tan 30° = \frac{h}{7\,\text{m}} \;\Rightarrow\; h = 7\,\text{m} \cdot \tan 30° = 7\,\text{m} \cdot 0.577 \approx 4\,\text{m}$$

   Die Entfernung e der Baumspitze zu ihrem Schattenpunkt läßt sich über den Sinus oder Cosinus berechnen:

   $$\sin 30° = \frac{4\,\text{m}}{e} \;\Rightarrow\; e = \frac{4\,\text{m}}{\sin 30°} = \frac{4\,\text{m}}{0.5} = 8\,\text{m} \qquad \textit{bzw.}$$

   $$\cos 30° = \frac{7\,\text{m}}{e} \;\Rightarrow\; e = \frac{7\,\text{m}}{\cos 30°} = \frac{2 \cdot 7\,\text{m}}{\sqrt{3}} = 8\,\text{m}$$

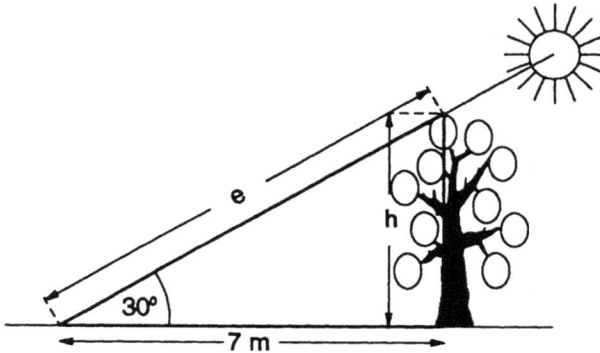

Bild 6.39: Schattenwurf am Apfelbaum

2. *Der Erdradius ist* $R = 6380$ km. *München liegt auf ca.* $48°$ *nördlicher Breite.
   Der Radius* r *diese Breitenkreises ist (vgl. Bild 6.40):*

$$\cos 48° = \frac{r}{R} \;\Rightarrow\; r = R \cos 48° = 6380 \text{ km} \cdot 0.669 \approx 4270 \text{ km}$$

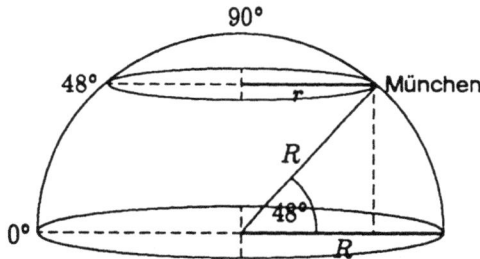

Bild 6.40: Breitenkreis von München

3. *Der mittlere Abstand* a *des Mondes (Radius* $r = 1740$ km*) von der Erde
   beträgt* 384000 km. *Der Sehwinkel* α, *unter dem das menschliche Auge den
   Mond sieht, ist in sehr klein (Bild 6.41).*

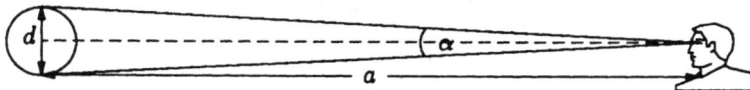

Bild 6.41: Sehwinkel bei der Betrachtung des Monds

*Die Ankathete des rechtwinkligen Dreiecks, das sich vom Auge zu Mond-
mittelpunkt und Mondpol bilden läßt, ist praktisch gleich der Hypotenuse.
Auch der Kreissegmentbogen des betrachteten Bildausschnitts ist praktisch
gleich dem Mondradius. Daher gilt:*

$$\tan \frac{\alpha}{2} \approx \sin \frac{\alpha}{2} \approx \frac{\alpha}{2} = \frac{r}{a} = \frac{1740 \text{ km}}{384000 \text{ km}} = 4.53 \cdot 10^{-3}$$

Die Umrechnung von $x = 0.00453$ *im Bogenmaß in Grad liefert:*

$$\frac{\alpha}{2} = \frac{0.00453}{2\pi} \cdot 360° = 0.26°$$

Der Sehwinkel α ist also etwa $0.5°$.

Wegen der geringen Größe des Sehwinkels kann man auch das ganze Dreieck, das von den Lichtstrahlen eingeschlossen wird, als rechtwinklig betrachten und den Sehwinkel α über Monddurchmesser $d = 2r$ und Abstand a berechnen:

$$\alpha = \frac{d}{a} = \frac{2r}{a} = \frac{2 \cdot 1740 \text{ km}}{384000 \text{ km}} = 9.06 \cdot 10^{-3} \doteq 0.52°$$

6.9.2   Winkelfunktionen

Die in Abschnitt 6.9.1 eingeführten Seitenverhältnisse im rechtwinkligen Dreieck ordnen jedem Winkel x im Bogenmaß eindeutig eine reelle Zahl zu. Sie sind deshalb Funktionen einer reellen Veränderlichen.

Als **Kreisfunktionen** oder **Winkelfunktionen** werden folgende Funktionen bezeichnet, die anhand von Bild 6.37 und 6.38 erklärt werden.

Sinusfunktion: $\sin(x) = \sin x = \dfrac{s}{r}$ $\qquad\qquad\qquad\qquad\qquad\qquad\qquad$ (6.71)

Cosinusfunktion: $\cos(x) = \cos x = \dfrac{c}{r}$ $\qquad\qquad\qquad\qquad\qquad\qquad$ (6.72)

Tangensfunktion: $\cos(x) = \cos x = \dfrac{\sin x}{\cos x} = \dfrac{s}{c} = \dfrac{t}{r}$ $\qquad\qquad\qquad\quad$ (6.73)

Cotangensfunktion: $\cot(x) = \cot x = \dfrac{1}{\tan x} = \dfrac{\cos x}{\sin x} = \dfrac{c}{s} = \dfrac{v}{r}$ $\qquad\quad$ (6.74)

Am Einheitskreis lassen sich die Funktionswerte der Kreisfunktionen für beliebige Werte x mit $0 \le x \le 2\pi$ direkt ablesen. Die Funktionswerte ergeben sich nach Bild 6.42. Ihr Betrag ist jeweils gleich der Länge der markierten Strecken.

Für x-Werte, die größer als 2π sind, werden die Kreisfunktionen einfach durch "periodische Fortsetzung" erklärt: Man zerlegt einen Wert $x > 2\pi$ in ein Vielfaches von 2π und einen Rest $\tilde{x} < 2\pi$, also $x = k \cdot 2\pi + \tilde{x}$, und nimmt als Funktionswert an der Stelle x denjenigen für $\tilde{x}$. Für negative x-Werte wählt man entsprechend dem Uhrzeigersinn orientierte Winkel und geht analog wie oben vor.

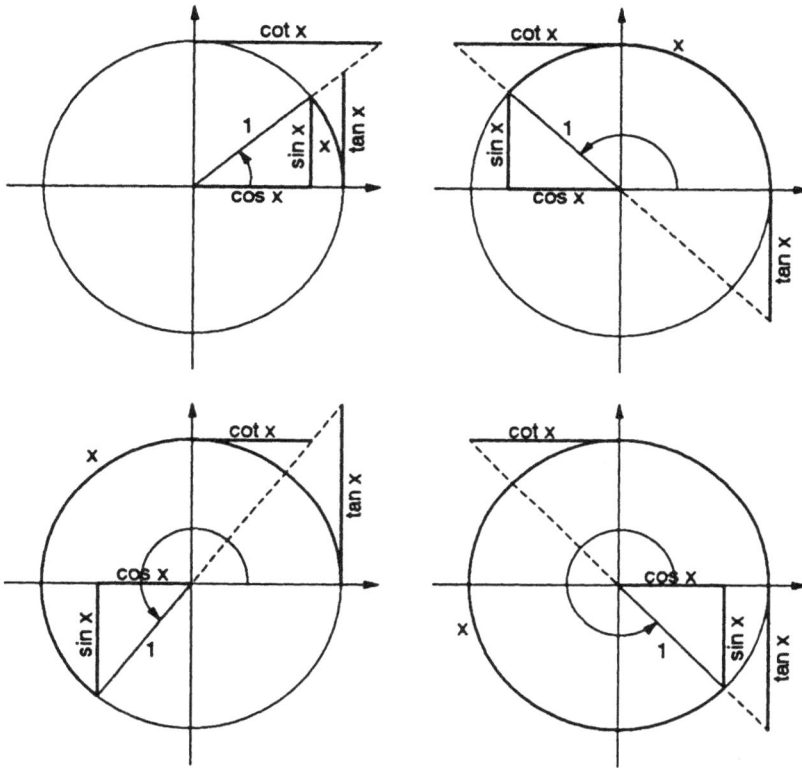

Bild 6.42: Kreisfunktionen am Einheitskreis

Bild 6.43 zeigt die Graphen der Sinus- und Cosinusfunktion.

Man sieht, daß die Funktionen ausschließlich Werte zwischen -1 und 1 annehmen. $y = \sin x$ hat Nullstellen bei $x = \pm k \cdot \pi$ $(k \in \mathbb{Z})$, $y = \cos x$ hat Nullstellen bei $x = \pm \dfrac{k+1}{2}\pi$ $(k \in \mathbb{Z})$.

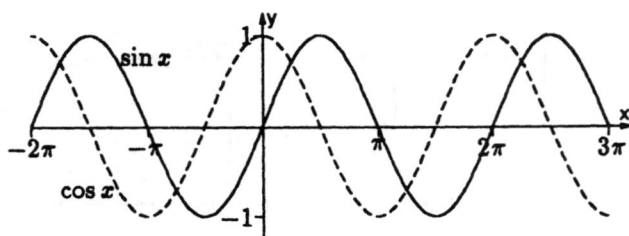

Bild 6.43: Sinus- und Cosinusfunktion

Bild 6.44 zeigt die Graphen der Tangens- und Cotangensfunktion. Der Tangens hat für $x = 0 + k \cdot \pi$ $(k \in \mathbb{Z})$ Nullstellen und der Cotangens $\cot x = \dfrac{1}{\tan x}$ dort Pole. Für $x = \dfrac{1}{2}\pi + k \cdot \pi$ $(k \in \mathbb{Z})$ hat die Tangensfunktion Pole und die Cotangensfunktion Nullstellen. Wegen dieser Polstellen sind Tangens und Cotangens nur stückweise stetig, während Sinus und Cosinus auf ganz $\mathbb{R}$ stetig sind.

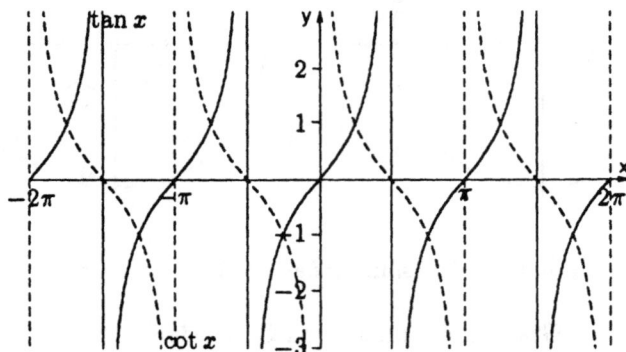

Bild 6.44: Tangens- und Cotangensfunktion

Im Verlauf aller Graphen zeigt sich deutlich eine periodische Wiederholung. Eine Funktion $f : \mathbb{D} \to \mathbb{R}$ heißt **periodisch** mit der Periode p, wenn gilt:

$$f(x + k \cdot p) = f(x) \qquad \forall x \in \mathbb{D}, \forall k \in \mathbb{Z} \tag{6.75}$$

Die Kreisfunktionen sind also periodische Funktionen, wobei $\sin x$ und $\cos x$ die Periode $p = 2\pi$, $\tan x$ und $\cot x$ die Periode $p = \pi$ haben.

Der Graph der Cosinusfunktion ist symmetrisch zur y-Achse, d.h. $\cos x$ ist eine gerade Funktion mit

$$\cos(-x) = \cos x. \tag{6.76}$$

Die übrigen Kreisfunktionen $\sin x$, $\tan x$ und $\cot x$ sind ungerade Funktionen, d.h. ihre Kurven verlaufen symmetrisch bzgl. des Nullpunkts. Es gilt also:

$$\begin{aligned}
\sin(-x) &= -\sin x \\
\tan(-x) &= -\tan x \\
\cot(-x) &= -\cot x
\end{aligned} \qquad (6.77)$$

Aus den Definitionen bzw. aus den Graphen ergeben sich folgende weiteren Eigenschaften:

$$\sin(x+\pi) = -\sin x \quad \text{und} \quad \cos(x+\pi) = -\cos x \qquad (6.78)$$

$$\sin(x+\frac{\pi}{2}) = \cos x \quad \text{und} \quad \cos(x+\frac{\pi}{2}) = -\sin x \qquad (6.79)$$

Die Funktion $y = \sin x$ ist im Intervall $\left[-\frac{\pi}{2},+\frac{\pi}{2}\right]$ injektiv und nimmt dort Werte zwischen -1 und 1 an. Also besitzt $\sin x$ auf $[-1,1]$ eine Umkehrfunktion, die als **Arcussinusfunktion** bezeichnet wird (Bild 6.45). Die Sinusfunktion ist natürlich in jedem Intervall $\left[\frac{2k-1}{2}\pi, \frac{2k+1}{2}\pi\right]$ $(k \in \mathbb{Z})$ injektiv, und es gibt demnach beliebig viele Umkehrfunktionen von $\sin x$, sog. "Zweige" der Arcussinus-Funktion. Im allgemeinen legt man als Bildmenge für $y = \arcsin x$ das eingangs betrachtete Intervall $\left[-\frac{\pi}{2},+\frac{\pi}{2}\right]$ fest und spricht dann vom **Hauptwert** des Arcussinus. $y = \arcsin x$ ist anschaulich die Länge des Kreisbogens (Arcus) für einen Winkel, dessen Sinus den Wert x hat, also $\sin y = x$.

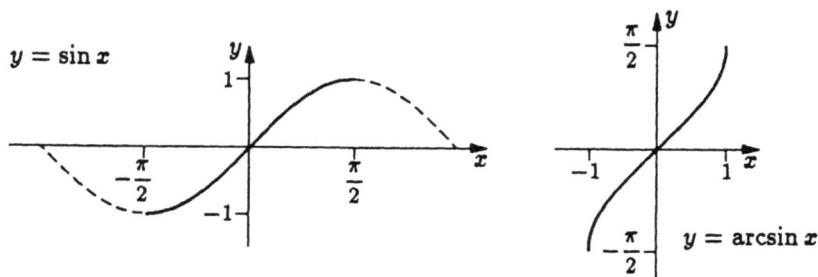

Bild 6.45: Sinus und Arcussinus

Analog kann man bei der Cosinusfunktion vorgehen und für $x \in [-1,1]$ die Umkehrfunktion $y = \arccos x$, die **Arcuscosinusfunktion**, definieren. Auch hier gibt es beliebig viele Zweige. Als Hauptwert des Arcuscosinus wird der Funktionswert aus dem Intervall $[0,\pi]$ genommen (vgl. Bild 6.46).

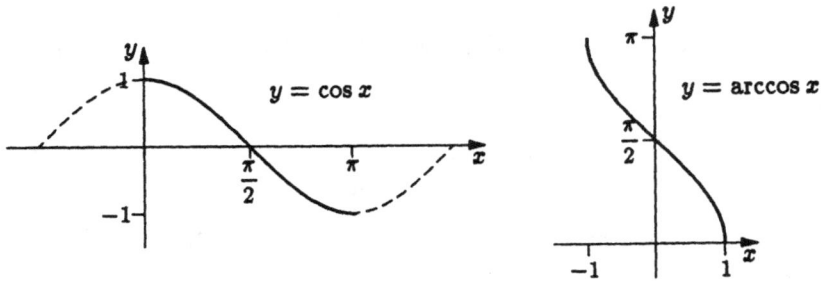

Bild 6.46: Cosinus und Arcuscosinus

Für Tangens- und Cotangensfunktion, deren Graphen sich ebenfalls aus sich periodisch wiederholenden, streng monotonen Ästen zusammensetzen, hat man die Umkehrfunktionen **Arcustangens** $y = \arctan x$ bzw. **Arcuscotangens** $y = \text{arccot } x$. Diese beiden Funktionen sind auf ganz $I\!R$ definiert, da $y = \tan x$ und $y = \cot x$ alle Werte zwischen $-\infty$ und ∞ annehmen. Funktionswerte aus dem Intervall $(-\pi/2, \pi/2)$ für $\arctan x$ bzw. aus $(0, \pi)$ für arccot x sind die Hauptwerte dieser Funktionen (vgl. Bild 6.47).

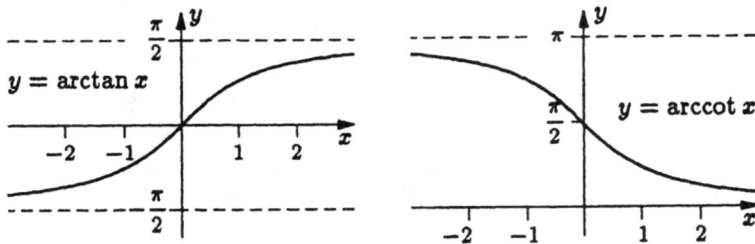

Bild 6.47: Arcustangens und Arcuscotangens

Die Arcusfunktionen liefern also aus den Werten der entsprechenden Winkelfunktionen den Winkel zurück. Bei der Verwendung von Taschenrechnern ist wiederum darauf zu achten, in welchem Winkelmaß das Ergebnis ausgegeben wird.

Zwischen Arcussinus und Arcuscosinus sowie zwischen Arcustangens und Arcuscotangens bestehen folgende Beziehungen:

$$\arccos x = \frac{\pi}{2} - \arcsin x \quad \text{und} \quad \text{arccot } x = \frac{\pi}{2} - \arctan x \qquad (6.80)$$

Beispiele:

1. *Ein 4 m hoher Birnbaum wirft einen Schatten von 4.8 m Länge. Die Sonne steht dann unter einem Winkel von*

$$\alpha = \arctan \frac{4\ m}{4.8\ m} = \arctan 0.833 = 39.8°$$

   am Horizont.

2. *Steigungen von Straßen werden in Prozent angegeben. Eine Steigung von 7% bedeutet eine Höhendifferenz von 7 m auf 100 m. Die Steigung ist genaugenommen der Tangens des Steigungswinkels α, also das Verhältnis von Höhendifferenz Δh zur Grundlinie g des rechtwinkligen Steigungsdreiecks. Da die Steigungswinkel jedoch i.a. klein sind, ist das Verhältnis von Höhendifferenz zur Grundlinie (tan α) nahezu gleich der Höhendifferenz zur Straßenlänge (sin α). Somit kann für solche geringen Steigungen der Steigungswinkel sowohl über den Arcustangens als auch über den Arcussinus bestimmt werden. Für die Steigung von 7% gilt also:*

$$\alpha = \arctan 0.07 = \arcsin 0.07 = 4°$$

6.9.3   Schwingungen

Periodische Vorgänge können häufig durch eine Sinusfunktion beschrieben werden. Die allgemeine Form einer sinusförmigen Schwingung lautet:

$$f(x) = y = y_{\mathrm{a}} \cdot \sin(k \cdot x + \varphi_0) + y_{\mathrm{v}} \tag{6.81}$$

Alle Winkel werden dabei im Bogenmaß angegeben. Man nennt sinusförmige Schwingungen auch **harmonisch**.

Der Parameter y_{a} heißt **Amplitude** der Schwingung. Die Amplitude ist die höchst mögliche **Auslenkung** der Schwingung und verursacht eine Streckung ($y_{\mathrm{a}} > 1$) oder Stauchung ($y_{\mathrm{a}} < 1$) der Sinusfunktion in y-Richtung (Bild 6.48).

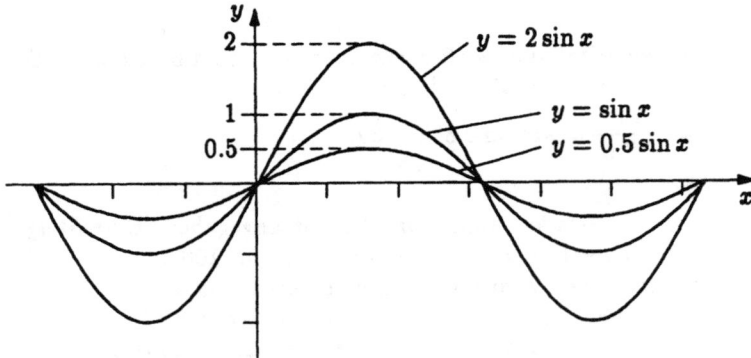

Bild 6.48: Funktionen $y = y_{\mathrm{a}} \cdot \sin x$

Der Parameter k ist die **Kreisfrequenz** der Schwingung. Diese verursacht eine Streckung der Sinusfunktion in x-Richtung für $k < 1$ und eine Stauchung für $k > 1$ (Bild 6.49).

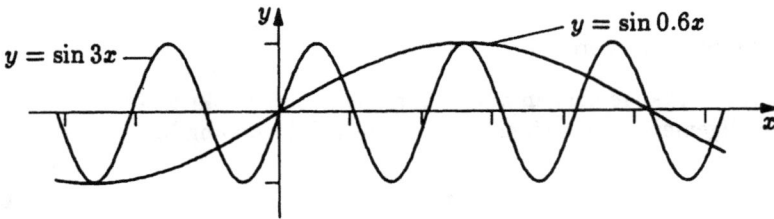

Bild 6.49: Funktionen $y = \sin(k \cdot x)$

Die **Phasenverschiebung** φ_0 bewirkt eine Verschiebung der Sinuskurve nach links für $\varphi_0 > 0$ und nach rechts für $\varphi_0 < 0$ (Bild 6.50). Der Funktionswert des Sinus bei $x = 0$ ist dann $y = \sin \varphi_0$.

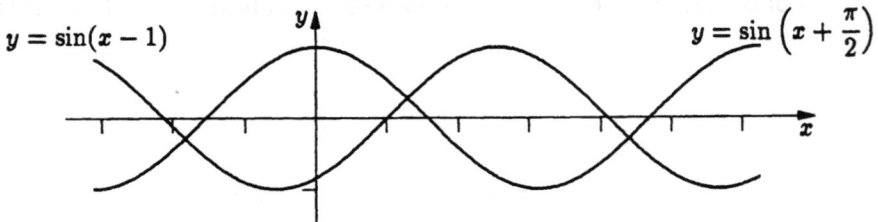

Bild 6.50: Funktionen $y = \sin(x + \varphi_0)$

Bild 6.50 zeigt auch, daß eine Cosinusschwingung lediglich eine um $\frac{\pi}{2}$ nach links verschobene Sinusschwingung ist: $\cos x = \sin\left(x + \frac{\pi}{2}\right)$.

Addiert man zum jeweiligen Wert der Sinusfunktion noch eine Konstante y_v, so erfolgt eine **Vertikalverschiebung** der Kurve um den Betrag y_v (Bild 6.51). Ein $y_v > 0$ verschiebt den Graphen nach oben, ein $y_v < 0$ entsprechend nach unten.

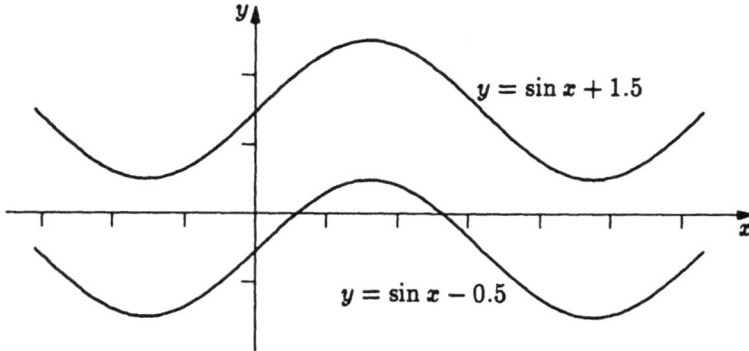

Bild 6.51: Funktionen $y = \sin x + y_v$

Bei praktischen Problemen, die durch Sinusschwingungen beschrieben werden können, ist die unabhängige Variable meistens die Zeit t. Die Schwingungsgleichung lautet dann:

$$f(t) = y = y_a \cdot \sin(\omega \cdot t + \varphi_0) + y_v \tag{6.82}$$

Eine Sinusschwingung kann man als Projektion eines auf einer Kreisbahn umlaufenden Punkts in ein t-y-Koordinatensystem auffassen. In Bild 6.52 rotiert der Punkt P entgegen dem Uhrzeigersinn mit konstantem Geschwindigkeitsbetrag v auf einer Kreisbahn. Trägt man die y-Koordinate als Funktion der Zeit t auf, dann resultiert eine Sinusschwingung.

Die **Amplitude** y_a der Schwingung entspricht dem Bahnradius in Bild 6.52 und hat i.d.R. eine Einheit. Alle Sinuswerte, die zwischen -1 und $+1$ liegen, werden mit dem Faktor y_a multipliziert. Da der Sinus dimensionslos ist, hat die abhängige y-Variable die Einheit der Amplitude.

Die **Kreisfrequenz** ω bezeichnet man auch als **Winkelfrequenz** oder **Winkelgeschwindigkeit**. Die Winkelgeschwindigkeit ist bei Rotationsbewegungen das Analogon zur Geschwindigkeit bei der Translation. Sie gibt also an, welcher Winkel φ (normalerweise im Bogenmaß) pro Zeiteinheit beim Umlauf des

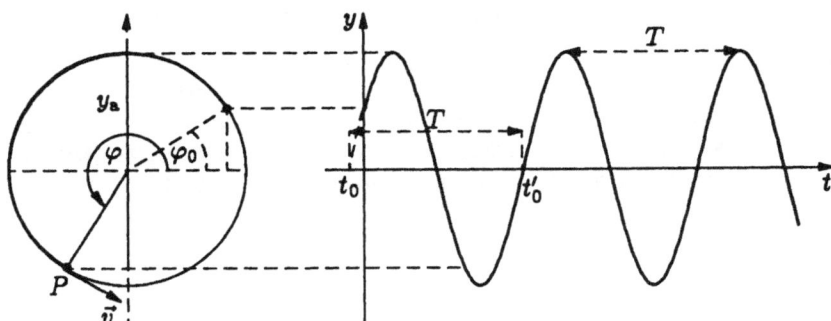

Bild 6.52: Rotation und Sinusschwingung

Punkts P in Bild 6.52 zurückgelegt wird. Die Analogie von Translation und Rotation zeigt Gleichung (6.83):

$$\text{Translation:} \quad v = \frac{\text{zurückgelegter Weg}}{\text{Zeitintervall}} = \frac{\Delta s}{\Delta t}$$

$$\text{Rotation:} \quad \omega = \frac{\text{zurückgelegter Winkel}}{\text{Zeitintervall}} = \frac{\Delta \varphi}{\Delta t} \tag{6.83}$$

Das Zeitintervall, in dem ein ganzer Umlauf des Punkts P in Bild 6.52 vollführt wird, ist die **Schwingungsdauer** T. Diese kann aus der Sinuskurve abgelesen werden als Zeitintervall von einem Wellenberg zum nächsten Wellenberg bzw. von einem Wellental zum nächsten Wellental (vgl. Bild 6.52). Praktischer ist die Bestimmung von T als Differenz der t-Werte zweier gleichgerichteter Nulldurchgänge[4], d.h. die y-Werte wechseln von negativ nach positiv (positiver Nulldurchgang) oder umgekehrt (negativer Nulldurchgang), z.B. ist $T = t'_0 - t_0$ (vgl. Bild 6.52).

Die Winkelgeschwindigkeit ω ist durch die Schwingungsdauer T vollständig bestimmt. Innerhalb einer Schwingungsdauer ist der Punkt P in Bild 6.52 genau einmal umgelaufen, d.h. er ist wieder an derselben Stelle, hat also den Vollwinkel von $360° \,\hat{=}\, 2\pi$ zurückgelegt. Bei konstanter Umlaufgeschwindigkeit v ist demnach die Winkelgeschwindigkeit ω nach Definition (6.83):

$$\omega = \frac{\Delta \varphi}{\Delta t} = \frac{\text{Vollwinkel}}{\text{Schwingungsdauer}} = \frac{2\pi}{T} \tag{6.84}$$

---

[4]Dies gilt nur, wenn keine Vertikalverschiebung der Kurve vorliegt. Ist dies der Fall, dann verschiebt man gedanklich die Abszisse um den Betrag der Vertikalverschiebung y_v und liest T an den gleichgerichteten Nulldurchgängen der transformierten Achse ab.

Bei der Translation mit konstantem Geschwindigkeitsbetrag v ist der zurückgelegte Weg das Produkt aus Geschwindigkeit v und Zeit t. Ganz analog kann
man bei der Rotation mit konstanter Winkelgeschwindigkeit den Winkel φ im
Bogenmaß zur Zeit t als Produkt von Winkelgeschwindigkeit ω und Zeit t aus-
drücken:

$$\begin{aligned} \text{Translation:} \quad & s = v \cdot t \\ \text{Rotation:} \quad & \varphi = \omega \cdot t \end{aligned} \tag{6.85}$$

Es ist zu beachten, daß ω durch Quotientenbildung einer dimensionslosen Größe
mit einer Zeit die Dimension einer reziproken Zeiteinheit hat. Durch die Pro-
duktbildung mit einer Zeit t kürzen sich die Einheiten bei $\omega \cdot t$ heraus. Dies ist
auch notwendig, da das Argument der Sinusfunktion keine Einheiten besitzen
darf.

Neben der Kreisfrequenz ω gibt man häufig auch die **Frequenz** f einer Schwingung an. f ist die Anzahl der Schwingungen in einem Zeitintervall. Innerhalb
einer Schwingungsdauer T wird genau ein Umlauf des Punkts P in Bild 6.52
und damit genau eine Schwingung vollzogen. Die Frequenz f ist deshalb:

$$f = \frac{\text{Anzahl der Schwingungen}}{\text{Zeitintervall}} = \frac{1}{\text{Schwingungsdauer}} = \frac{1}{T} \tag{6.86}$$

Frequenz f und Kreisfrequenz ω unterscheiden sich nur durch den Faktor 2π:

$$\omega = \frac{2\pi}{T} = 2\pi \cdot \frac{1}{T} = 2\pi \cdot f \quad \text{bzw.} \quad f = \frac{\omega}{2\pi} \tag{6.87}$$

Die **Phasenverschiebung** φ_0 ist der Winkel in Bild 6.52, den der umlaufende
Punkt P zur Zeit $t = 0$ bereits mit der Horizontalen einschließt. Aus einem
t-y-Diagramm kann diese Phasenverschiebung nicht direkt als Winkel im Bogenmaß abgelesen werden. Allerdings ist eine Zeitkonstante t_0 ablesbar, an der
die Sinuskurve die Zeitachse schneidet. Mit dieser Zeitkonstanten t_0 kann φ_0
berechnet werden zu:

$$\varphi_0 = -\omega \cdot t_0 \tag{6.88}$$

Da der Wert von t_0 in Bild 6.52 negativ ist, ist das Minuszeichen in Gleichung
(6.88) notwendig, um wieder auf einen positiven Winkel φ_0 bei $t = 0$ zu kommen.

Damit folgen zwei alternative Darstellungen einer harmonischen Schwingung:

$$y = y_a \cdot \sin(\omega \cdot t + \varphi_0) + y_v = y_a \cdot \sin(\omega \cdot (t - t_0)) + y_v \tag{6.89}$$

Man kann jeden beliebigen Zeitwert eines positiven Nulldurchgangs zur Berechnung der Phasenverschiebung φ_0 heranziehen, weil die Sinusfunktion periodisch mit der Periode 2π ist. Es ist nach Bild 6.52 also auch $\varphi_0 = -\omega \cdot t_0'$, denn es gilt:

$$
\begin{aligned}
\varphi_0 &= -\omega \cdot t_0' = -\omega \cdot (t_0 + T) = -\omega \cdot t_0 - \omega \cdot T = \\
&= -\omega \cdot t_0 - \frac{2\pi}{T} \cdot T = -\omega \cdot t_0 - 2\pi = -\omega \cdot t_0
\end{aligned}
\tag{6.90}
$$

Es bereitet erfahrungsgemäß häufig Schwierigkeiten, das richtige Vorzeichen in der Schwingungsgleichung zu finden. Prinzipiell kann man zunächst den Betrag von t_0 oder φ_0 bestimmen, anschließend einen t-Wert (am besten $t = 0$) einsetzen und prüfen, für welches Vorzeichen der Funktionswert mit der Darstellung übereinstimmt.

Statt einer Sinusfunktion wie in Gleichung (6.89) kann auch der Ansatz einer Cosinusfunktion erfolgen, da der Sinus lediglich eine um $\frac{\pi}{2}$ bzw. $\frac{T}{4}$ nach rechts verschobene Cosinusfunktion ist:

$$
\begin{aligned}
y &= y_\mathrm{a} \cdot \sin(\omega \cdot t + \varphi_0) + y_\mathrm{v} = \\
&= y_\mathrm{a} \cdot \cos(\omega \cdot t + (\varphi_0 - 0.5\pi)) + y_\mathrm{v} = \\
&= y_\mathrm{a} \cdot \cos(\omega \cdot t + \varphi_0') + y_\mathrm{v} = \\
&= y_\mathrm{a} \cdot \sin(\omega \cdot (t - t_0)) + y_\mathrm{v} = \\
&= y_\mathrm{a} \cdot \cos(\omega \cdot (t - (t_0 + 0.25T))) + y_\mathrm{v} = \\
&= y_\mathrm{a} \cdot \cos(\omega \cdot (t - t_0')) + y_\mathrm{v}
\end{aligned}
\tag{6.91}
$$

Der **Phasenunterschied** zwischen zwei gleichfrequenten Sinusschwingungen mit den Phasenverschiebungen φ_0 und φ_0' ist:

$$
\varphi_\Delta = |\varphi_0 - \varphi_0'|
\tag{6.92}
$$

Eine **Vertikalverschiebung** y_v würde in Bild 6.52 vorliegen, wenn der Kreismittelpunkt nicht auf dem Niveau $y = 0$ liegt.

Beispiel:

Bild 6.53 zeigt den sinusförmigen Strom- und Spannungsverlauf beim Test eines Elektromotors. Die Spannung eilt dem Strom voraus.

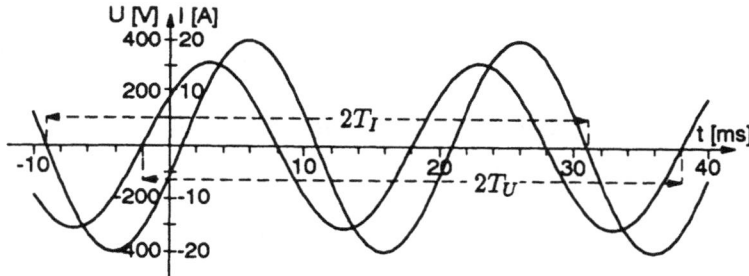

Bild 6.53: Spannung und Strom am Elektromotor

Es sollen die Parameter der Funktionen

$$U = U_{\mathbf{a}} \cdot \sin(\omega_U \cdot t + \varphi_U) + U_{\mathbf{v}} \text{ und } I = I_{\mathbf{a}} \cdot \sin(\omega_I \cdot t + \varphi_I) + I_{\mathbf{v}}$$

bestimmt werden. Diese Funktionen beschreiben den periodischen Spannungs- und Stromverlauf im Elektromotor.

Da die Spannung dem Strom vorauseilt, ist die Spannungskurve die niedrigere Kurve in der Darstellung, denn sie hat ihren Nulldurchgang bereits bei einem negativen t-Wert, während die andere Kurve die t-Achse erst im positiven Bereich schneidet.

Beide Kurven sind nicht vertikal verschoben, denn sie oszillieren um den Wert 0: $U_{\mathbf{v}} = 0$, $I_{\mathbf{v}} = 0$

Die Amplituden ermittelt man an der Ordinate: $U_{\mathbf{a}} = 310$ V, $I_{\mathbf{a}} = 20$ A

Zur Bestimmung der Schwingungsdauer ist die Zeitdifferenz einer möglichst großen Anzahl von Schwingungen zu ermitteln, um den Ablesefehler auf einen breiten t-Bereich zu verteilen:

$$2T_U = 38 \text{ ms} - (-2 \text{ ms}) = 38 \text{ ms} + 2 \text{ ms} = 40 \text{ ms} \Rightarrow T_U = 20 \text{ ms}$$

$$2T_I = 31 \text{ ms} - (-9 \text{ ms}) = 31 \text{ ms} + 9 \text{ ms} = 40 \text{ ms} \Rightarrow T_I = 20 \text{ ms}$$

Da die beiden Schwingungsdauern $T_U = T_I = T$ gleich sind, sind auch die Winkelgeschwindigkeiten gleich:

$$\omega = \omega_U = \omega_I = \frac{2\pi}{T} = \frac{2\pi}{20 \cdot 10^{-3} \text{ s}} = 100\pi \text{ s}^{-1} = 314 \text{ s}^{-1}$$

Die Frequenz f ist die Anzahl der Schwingungen pro Sekunde:

$$f = \frac{1}{T} = \frac{1}{0.02 \text{ s}} = 50 \text{ s}^{-1} = 50 \text{ Hz}$$

Die Einheit s^{-1} *wird in der Elektrotechnik als Hz (Hertz) bezeichnet. Spannung und Strom vollführen also 50 Schwingungen in der Sekunde. 50 Hz ist genau die Frequenz der Wechselspannung des Stromnetzes in Europa, d.h. der Generator im Kraftwerk dreht sich 50 mal pro Sekunde. Dabei legt er in der Sekunde einen Winkel von* $100\,\pi \,\hat{=}\, 18000°$ *zurück.*

Die Phasenverschiebungen von Spannung und Strom sind in Zeiteinheiten:

$t_U = -2$ ms, $t_I = 1$ ms

Daraus folgt für die Phasenverschiebungen im Bogenmaß:

$$\varphi_U = -\omega \cdot t_U = -100\pi \text{ s}^{-1} \cdot (-0.002 \text{ s}) = 0.2\pi = \frac{\pi}{5}$$

$$\varphi_I = -\omega \cdot t_I = -100\pi \text{ s}^{-1} \cdot 0.001 \text{ s} = -0.1\pi = -\frac{\pi}{10}$$

Die Gleichungen für Spannung und Strom lauten:

$$U = 310 \text{ V} \cdot \sin\left(100\pi \text{ s}^{-1} \cdot t + \frac{\pi}{5}\right) = 310 \text{ V} \cdot \sin(100\pi \text{ s}^{-1} \cdot (t + 0.002 \text{ s}))$$

$$I = 20 \text{ A} \cdot \sin\left(100\pi \text{ s}^{-1} \cdot t - \frac{\pi}{10}\right) = 20 \text{ A} \cdot \sin(100\pi \text{ s}^{-1} \cdot t - 0.001 \text{ s}))$$

Wenn man nicht sicher ist, ob die Vorzeichen bei der Phasenverschiebung stimmen, setzt man einen Wert für t *ein und überprüft, ob der berechnete Ordinatenwert mit dem Wert im Diagramm übereinstimmt. Es bietet sich die Überprüfung bei* $t = 0$ *an.*

$$U(0) = 310 \text{ V} \cdot \sin\left(\frac{\pi}{5}\right) = 310 \text{ V} \cdot \sin(100\pi \text{ s}^{-1} \cdot 0.002 \text{ s})) = 182 \text{ V}$$

$$I(0) = 20 \text{ A} \cdot \sin\left(-\frac{\pi}{10}\right) = 20 \text{ A} \cdot \sin(-100\pi \text{ s}^{-1} \cdot 0.001 \text{ s})) = -6.2 \text{ A}$$

Wenn das Vorzeichen falsch wäre, würden die Werte bei $t = 0$ *nicht mit denen in Bild 6.53 übereinstimmen.*

Als Phasenverschiebung können positive und negative Vielfache von 2π *bzw. bzw.* T *addiert werden, da der Sinus periodisch ist, z.B.:*

$$U = 310 \text{ V} \cdot \sin\left(100\pi \text{ s}^{-1} \cdot t - \frac{24}{5}\pi\right), \quad I = 20 \text{ A} \cdot \sin(100\pi \text{ s}^{-1} \cdot t + 0.019 \text{ s}))$$

Auch die Darstellung als Cosinusfunktion ist möglich, wenn man zur Phasenverschiebung φ_U *und* φ_I *den Wert* $\frac{\pi}{2}$ *bzw. zu* t_U *und* t_I *ein Viertel der Periode addiert, z.B.:*

$$U = 310 \text{ V} \cdot \cos\left(100\pi \text{ s}^{-1} \cdot t + \frac{7}{10}\pi\right), \quad I = 20 \text{ A} \cdot \cos(100\pi \text{ s}^{-1} \cdot t + 0.004 \text{ s}))$$

Der Phasenunterschied beträgt:

$$\varphi_{UI} = |\varphi_U - \varphi_I| = \left|\frac{\pi}{5} - \left(-\frac{\pi}{10}\right)\right| = \frac{3}{10}\pi = 0.3\pi \,\hat{=}\, 54°$$

Bei Elektromotoren ist der Phasenunterschied als Cosinus angegeben. Im vorliegenden Beispiel steht auf dem Typenschild: $\cos\varphi = 0.59$

Aufgaben

1. Man bestimme den Definitionsbereich von folgenden Funktionen.

   a) $y = 3x^2 + 1$ b) $y = \sqrt{1 - x^2}$ c) $y = \dfrac{1}{x^2}$

   d) $y = \dfrac{3x}{x^2 + 2}$ e) $y = \dfrac{2x}{(x - 2)(x + 1)}$ f) $y = \sqrt{\dfrac{x}{(2 - x)}}$

2. Ein rechteckiges Stück Land ist von 2000 m Zaun umgeben. Eine der Seiten sei x m lang. Drücken Sie die Fläche F [m²] als Funktion von x aus und bestimmen Sie den Definitionsbereich dieser Funktion.

3. Wie lauten die Umkehrfunktionen zu folgenden Funktionen?

   a) $f(x) = \dfrac{2x - 3}{2}$ b) $f(x) = -\sqrt[3]{3x}$

   c) $f(x) = \dfrac{x + 1}{x - 1}$ d) $f(x) = 4x^2 + 2 \quad (x > 0)$

4. Untersuchen Sie folgende Funktionen auf Symmetrie zur y-Achse und auf Symmetrie zum Nullpunkt (gerade bzw. ungerade Funktion):

   a) $f(x) = 10^{-2}x^4 + 1.5x^2 - 3$ b) $f(x) = \dfrac{1}{2}x^3 - \dfrac{1}{x}$

   c) $f(x) = \dfrac{0.2x}{x^3 - 2x + 3}$

5. Bestimmen Sie das Monotonieverhalten folgender Funktionen:

   a) $f(x) = x - 1$ b) $f(x) = \dfrac{1}{x}$ c) $f(x) = -x$

6. Die folgende Tabelle zeigt Meßwerte der Länge eines Stabs bei verschiedenen Temperaturen:

Temperatur [°C]	20	50	80	120	150
Stablänge [cm]	50.0	50.5	51.5	52.0	52.5

Die Stablänge ist proportional zur Temperatur. Sie kann also durch eine lineare Funktion in Abhängigkeit von der Temperatur dargestellt werden:

$$l = l_0 + \alpha \cdot T$$

Erstellen Sie ein T-l-Diagramm und zeichnen Sie die Ausgleichsgerade ein. Bestimmen Sie aus dem Diagramm die Stablänge l_0 bei $T = 0$ °C und den Ausdehnungskoeffizienten α des Stabmaterials. Geben Sie schließlich die Funktionsgleichung an.

7. Die folgende Tabelle zeigt die durchschnittliche Höhe h von Sonnenblumen in Abhängigkeit der Zeit t nach dem Saattermin.

t [d]	10	20	30	35	40	50
h [cm]	20	70	120	130	160	190

a) Tragen Sie die Meßwerte in ein Streudiagramm ein und zeichnen Sie die Ausgleichskurve.

b) Stellen Sie ein geeignetes mathematisches Modell für die Abhängigkeit der Pflanzenhöhe h von der Zeit t auf und bestimmen Sie die Parameter dieses Modells.

c) Wie hoch sind die Sonnenblumen erwartungsgemäß am 39. Tag?

d) Wie hoch sind die Sonnenblumen nach Ihrem Modell am 0. und am 70. Tag. Halten Sie dies für realistisch?

e) Wie groß ist die mittlere Wachstumsgeschwindigkeit?

f) An welchem Tag sind die Sonnenblumen aufgegangen?

8. Bestimmen Sie das Polynom dritten Grades, dessen Graph die Punkte $(0,1)$, $(1,2)$, $(-1,3)$ und $(-2,-5)$ enthält.

9. An welchen Stellen ihres Definitionsbereichs sind die folgenden abschnittsweise definierten Funktionen unstetig?

$$\text{a) } f(x) = \begin{cases} |x| & \text{für } x < 0 \\ x & \text{für } 0 \leq x < 2 \\ x^2 & \text{für } x \geq 2 \end{cases} \qquad \text{b) } f(x) = \begin{cases} \sqrt{1+x^2} & \text{für } x \leq 0 \\ \sqrt{x+x^2} & \text{für } x > 0 \end{cases}$$

10. Untersuchen Sie bei folgenden Funktionen Definitionslücken, Nullstellen und Symmetrieeigenschaften sowie das Verhalten an den Definitionslücken und für $x \to \pm\infty$.

$$\text{a) } f(x) = \frac{x}{4-x^2} \qquad \text{b) } f(x) = \frac{2x^2}{x^2+1} \qquad \text{c) } f(x) = \frac{1}{|x-2|}$$

11. Bei der Dissoziation einer Substanz beträgt die Halbwertszeit $t_H = 40$ min. Wie groß sind die entsprechenden Zerfallskonstanten zur Basis e und 10? Wie groß ist die Zerfallsrate pro Minute und pro Stunde? Überprüfen Sie ihre Ergebnisse, indem Sie den Anteil der undissoziierten Substanz nach zwei Stunden berechnen.

12. Die Anzahl der Schädlinge einer bestimmten Art vermehre sich ausgehend von einem Elternpaar näherungsweise nach dem Gesetz $n(t) = e^{0.6\cdot(t+1.15)}$, wobei t die Zeit in Monaten ist.

a) Im wievielten Monat überschreitet die Gesamtzahl der Tiere 300 Individuen, falls angenommen wird, daß alle am Leben bleiben?

b) Im wievielten Monat überschreitet die Gesamtzahl der Tiere 300 Individuen, falls angenommen wird, daß die Hälfte des jeweiligen Bestands durch Generationswechsel, Bekämpfung u.ä. ausfällt? Wie lautet die Wachstumsfunktion in diesem Fall?

c) Welcher Prozentsatz muß bei jeder Bekämpfung vernichtet werden, wenn die Behandlungen jeweils nur halbmonatlich durchgeführt werden können, die Anzahl der Schädlinge aber nicht anwachsen soll?

13. Die folgende Tabelle zeigt die Anzahl N der Umläufe pro Minute beim Schwänzeltanz der Bienen in Abhängigkeit von der Entfernung x der Nektarquelle.

x [km]	1	2	3	4	5
N	20	16	12.5	10	8

   a) Prüfen Sie, ob die Anzahl der Umläufe exponentiell mit der Entfernung abnimmt. Tragen Sie dazu die Umlaufzahl über der Entfernung in ein geeignetes Koordinatensystem ein, so daß die Ausgleichskurve durch die Meßpunkte eine Gerade ergibt.

   b) Schätzen Sie die Umlaufzahl einer tanzenden Biene, wenn sie eine Nektarquelle unmittelbar vor dem Bienenstock entdeckt hat?

   c) Bestimmen Sie die Parameter des Modells $N = N_0 \cdot e^{k \cdot x}$.

   d) Wieviele Umläufe pro Minute macht voraussichtlich eine tanzende Biene, wenn sie eine Nektarquelle in 600 m Entfernung entdeckt hat?

   e) Wie groß ist die Halbwertsentfernung x_H der Umlaufzahl N?

   f) Wie lautet der funktionale Zusammenhang zur Basis 10?

14. Die folgende Tabelle enthält je zwei Meßwerte des Bleigehalts von Pflanzen in Abhängigkeit vom Abstand der Meßpunkte von der Autobahn.

x [m]	2	4	6	8	10	12	14	16	18	20
$c(x)$ [mg/kg]	71.4	52.5	34.6	25.3	18.9	13.9	9.4	8.2	5.3	3.8
	70.8	52.3	34.3	24.4	17.1	13.8	8.6	5.1	6.6	4.9

Bild 6.54 zeigt die Kurve einer quadratischen Funktion, die an die Meßwerte angepaßt wurde.

   a) Stellen sie das quadratische Modell in der Scheitelpunktsform dar.

   b) Bestimmen Sie die Parameter des quadratischen Modells durch Einsetzen dreier Parabelpunkte in die Gleichung $c(x) = a_2 x^2 + a_1 x + a_0$.

   c) Passen Sie ein exponentielles Modell an, indem Sie die Daten in einfachlogarithmisches Papier eintragen und daraus die Parameter des Modells bestimmen. Wie groß ist die Halbwertsentfernung?

   d) Vergleichen Sie das exponentielle Modell mit dem quadratischen Modell.

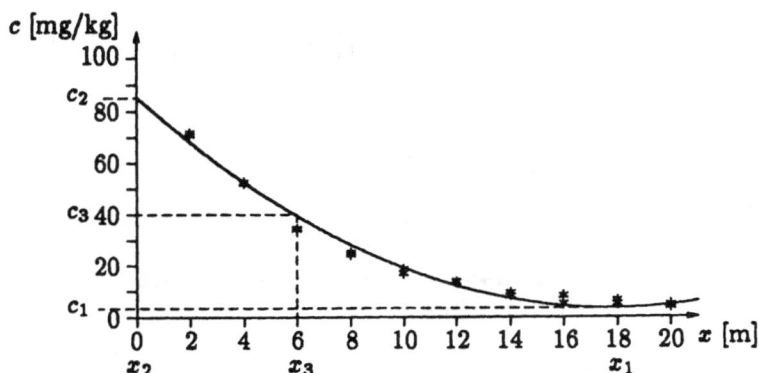

Bild 6.54: Bleigehalt c im Abstand x von der Autobahn (quadratisches Modell)

15. Die folgende Tabelle enthält für die neun Planeten des Sonnensystems die mittlere Entfernung r zur Sonne und die Umlaufzeit T in Jahren. Zusätzlich sind die dekadischen Logarithmen dieser Werte angeführt:

	r [10^6 km]	T [a]	$\lg r$	$\lg T$
Merkur	58	0.24	1.76	−0.62
Venus	108	0.62	2.03	−0.21
Erde	150	1.00	2.18	0.00
Mars	228	1.88	2.36	0.27
Jupiter	778	11.9	2.89	1.08
Saturn	1428	29.5	3.15	1.47
Uranus	2872	84.0	3.46	1.92
Neptun	4490	164.8	3.65	2.22
Pluto	5910	248.3	3.77	2.39

Nach dem dritten Gesetz von Kepler ist das Quadrat der Umlaufdauer eines Planeten proportional zur dritten Potenz seines mittleren Bahnradius, also $T^2 \sim r^3$. Prüfen Sie, ob dieses Gesetz stimmt. Tragen Sie dazu die Werte doppelt-logarithmisch auf.

16. Die folgende Tabelle gibt an, nach welcher Zeit t sich frisch gekochte Kartoffelknödel verschiedener Masse m im Kern auf 50°C abgekühlt haben.

Masse m [g]	30	40	80	130	350	600
Abkühlzeit t [s]	120	150	230	300	600	850

a) Tragen Sie die Abkühlzeit t in Abhängigkeit der Knödelmasse m graphisch so auf, daß eine Gerade entsteht.

b) Wie lautet der mathematische Zusammenhang zwischen Abkühlzeit t und Knödelmasse m?

c) Der Sage nach kochten die Schaffhauser einen Riesenknödel und transportierten ihn mit einem Floß nach Basel, wo er angeblich noch warm (Kerntemperatur 50°C) ankam. Der Transport dauerte 10 Stunden. Welche Masse mußte der Knödel haben?

d) Welchen Durchmesser mußte der Knödel haben, wenn die Knödeldichte ungefähr gleich der Wasserdichte von $\rho = 1 \frac{g}{cm^3}$ angenommen wird?

e) Begründen Sie den gefundenen Zusammenhang.

17. Sie stehen im Sommer auf einer Wiese. Ein 20 m hoher Strommast wirft einen Schatten von 36 m Länge.

   a) Unter welchem Winkel steht die Sonne am Horizont? Wie groß ist dieser Winkel im Bogenmaß?

   b) Wie lang ist Ihr Schatten auf der Wiese?

   c) Welche Entfernung hat der Schatten Ihres Kopfs von Ihren Augen?

   d) In einiger Entfernung von Ihnen ist ein Hang mit einem Gefälle von 40%. Wie groß ist der Hangneigungswinkel?

   e) Am Hang steht eine 25 cm hohe Blume. Wie lang ist deren Schatten am Hang, wenn die Sonne im selben Winkel wie der Neigungswinkel den Hang hinunterscheint?

   f) Wie lang ist der Schatten der Blume am Hang, wenn die Sonne unter 30° den Hang hinunterscheint?

18. Der schiefe Turm von Pisa sei idealisiert ein Zylinder mit einem Durchmesser von $d = 15.48$ m. Er ist nach Süden geneigt und an der Südkante $h = 54.52$ m hoch. Sein Überhang beträgt derzeit $u = 4.27$ m.

   a) Wie groß ist der Neigungswinkel α in Grad und im Bogenmaß?

   b) In welchem Winkel β steht der Turm in Bezug auf den ebenen Erdboden? Geben Sie diesen Winkel auch in Grad, Minuten und Sekunden an.

   c) Wie groß ist die Seitenlänge des Turms?

   d) Um wieviel m ist der Turm an der Nordseite höher als an der Südseite?

   e) Es sei angenommen, daß der Turm kippt, wenn sein Schwerpunkt über den unteren Fußpunkt hinausragt. Bei welchem Neigungswinkel ist dies der Fall?

19. Bild 6.55 zeigt idealisiert den jahreszeitlichen Temperaturverlauf des Ober-
    flächenwassers von künstlich angelegten Wasserbecken zur Erforschung der
    Populationsdynamik in aquatischen Ökosystemen an der TU München-Wei-
    henstephan. Die Wassertemperatur T in °C kann als Sinusfunktion der Zeit
    t in Monaten beschrieben werden:

    $$T = T_a \cdot \sin\left(\omega \cdot (t + t_0)\right) + T_v$$

    Der Zeitpunkt $t = 0$ ist der 1. Januar 1982.

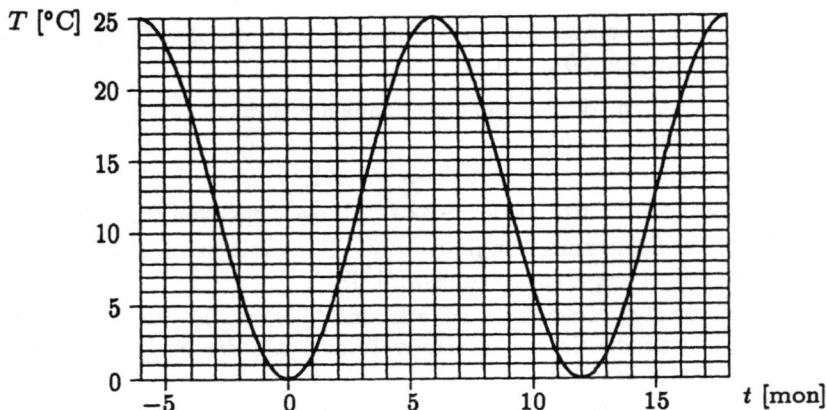

Bild 6.55: Temperaturverlauf im Teich

a) Bestimmen Sie die Schwingungsdauer t_s.

b) Bestimmen Sie die Kreisfrequenz ω und die Frequenz f.

c) Bestimmen Sie die Vertikalverschiebung T_v.

d) Bestimmen Sie die Amplitude T_a.

e) Bestimmen Sie die Phasenverschiebung t_0 und φ_0.

f) Geben Sie die Gleichung der Wassertemperatur als Funktion der Zeit
   an.

g) Schätzen Sie die Wassertemperatur am 1. Mai 1985.

Lösungen

1. a) $D = \mathbb{R}$

   b) $1 - x^2 \geq 0 \Leftrightarrow x^2 \leq 1 \Leftrightarrow x \leq 1 \vee x \geq -1$, also $D = \{x \mid -1 \leq x \leq 1\}$

   c) $D = \mathbb{R} \setminus \{0\}$

   d) $x^2 + 2 > 0 \; \forall x \in \mathbb{R} \Rightarrow D = \mathbb{R}$

   e) $(x - 2)(x + 1) = 0 \Leftrightarrow x = 2 \vee x = -1 \Rightarrow D = \mathbb{R} \setminus \{-1, 2\}$

   f) 1. Bedingung: $2 - x \neq 0 \Leftrightarrow x \neq 2$

   2. Bedingung: $\dfrac{x}{2 - x} \geq 0 \Leftrightarrow x \geq 0 \wedge 2 - x \geq 0$, d.h. $0 \leq x \leq 2$ oder

   $x \leq 0 \wedge 2 - x \leq 0$, d.h. $x \leq 0 \wedge x \geq 2$ (nicht möglich!)

   $D = \{x \mid 0 \leq x < 2\}$

2. Umfang $U = 2(a + b)$. Mit $a = x$ und $U = 2000$ ist $b = 1000 - x$. Die Fläche ist $F(x) = x \cdot (1000 - x)$. Da nur $F(x) > 0$ sinnvoll ist, folgt $x > 0$ und $1000 - x > 0$, also: $D = \{x \mid 0 < x < 1000\}$.

3. a) $y = \dfrac{2x - 3}{2} \Rightarrow 2y = 2x - 3 \Rightarrow 2y + 3 = 2x \Rightarrow x = f^{-1}(y) = \dfrac{2y + 3}{2}$

   b) $y = -\sqrt[3]{2x} \Rightarrow y^3 = -2x \Rightarrow x = f^{-1}(y) = -\dfrac{y^3}{2}$

   c) $y = \dfrac{x + 1}{x - 1} \Rightarrow y \cdot (x - 1) = x + 1 \Rightarrow y \cdot x - x = 1 + y \Rightarrow$

   $x = f^{-1}(y) = \dfrac{y + 1}{y - 1}$

   d) $y = 4x^2 + 2 \Rightarrow 4x^2 = y - 2 \Rightarrow x = f^{-1}(y) = \dfrac{1}{2}\sqrt{y - 2}$

4. a) Es kommen ausschließlich gerade Potenzen von x vor, also folgt Achsensymmetrie zur x-Achse.

   Anders:

   $f(x) = 10^{-2}x^4 + 1.5x^2 - 3 \Rightarrow f(-x) = 10^{-2}(-x)^4 + 1.5(-x)^2 - 3 = 10^{-2}x^4 + 1.5x^2 - 3 = f(x)$, also ist f eine gerade Funktion (symmetrisch zur y-Achse)

   b) Es kommen ausschließlich ungerade Potenzen von x vor, also Punktsymmetrie zum Ursprung.

   Anders:

   $f(x) = \dfrac{x^3}{2} - \dfrac{1}{x} \Rightarrow f(-x) = \dfrac{(-x)^3}{2} - \dfrac{1}{(-x)} = -\dfrac{x^3}{2} + \dfrac{1}{x} = -f(x)$, also ist f eine ungerade Funktion (symmetrisch zum Nullpunkt).

   c) Im Nenner kommen sowohl gerade als auch ungerade Potenzen von x vor. Es existiert also keine Symmetrie zur x-Achse oder zum Ursprung.

Anders:
$$f(x) = \frac{0.2x}{x^3 - 2x + 3} \Rightarrow f(-x) = \frac{-0.2x}{-x^3 + 2x + 3} = \frac{0.2x}{x^3 - 2x - 3}$$
Es gilt: $f(-x) \neq f(x)$ und $f(-x) \neq -f(x)$. Also ist f weder eine gerade noch eine ungerade Funktion.

5. a) $x_1 < x_2 \Rightarrow x_1 - 1 < x_2 - 1 \Rightarrow f$ ist streng monoton steigend

   b) $x_1 < x_2 \Rightarrow \dfrac{1}{x_1} > \dfrac{1}{x_2} \Rightarrow f$ ist streng monoton fallend

   c) $x_1 < x_2 \Rightarrow -x_1 > -x_2 \Rightarrow f$ ist streng monoton fallend.

6. Der funktionale Zusammenhang lautet: $l = 49.6 \text{ cm} + 0.02 \dfrac{\text{cm}}{^\circ\text{C}} \cdot T$.

   Geringe Abweichungen der Parameter sind je nach Lage der Ausgleichsgeraden zulässig. Der Ausdehnungskoeffizient $\alpha = 0.02 \dfrac{\text{cm}}{^\circ\text{C}}$ sagt aus, daß sich der Stab um 0.02 cm pro Temperaturerhöhung um 1 $^\circ$C ausdehnt.

7. a) Das Streudiagramm zeigt Bild 6.56.

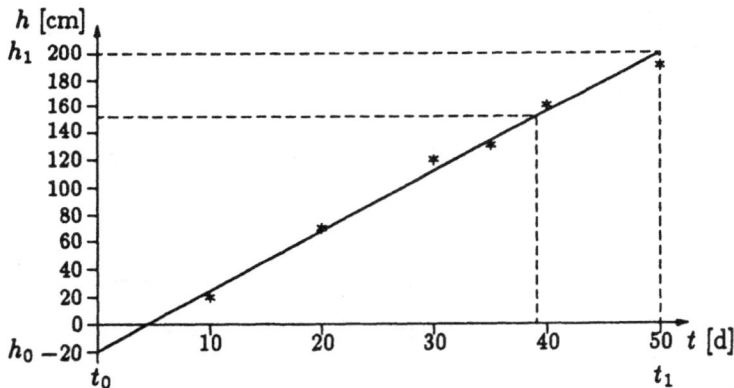

Bild 6.56: Sonnenblumenhöhe in Abhängigkeit der Zeit

   b) $h = h_0 + m \cdot t$

   $h_0 = -20 \text{ cm}$

   $$m = \frac{\Delta h}{\Delta t} = \frac{h_1 - h_0}{t_1 - t_0} = \frac{200 \text{ cm} - (-20 \text{ cm})}{50 \text{ d} - 0 \text{ d}} = \frac{220 \text{ cm}}{50 \text{ d}} = 4.4 \frac{\text{cm}}{\text{d}}$$

   Also: $h(t) = -20 \text{ cm} + 4.4 \dfrac{\text{cm}}{\text{d}} \cdot t$

   c) Die Abschätzung der Pflanzenhöhe bei $t = 39$ d kann entweder direkt aus dem Diagramm zu ca. 150 cm abgelesen werden oder durch Berechnung mit Hilfe des Modells erfolgen:

   $h(39 \text{ d}) = -20 \text{ cm} + 4.4 \dfrac{\text{cm}}{\text{d}} \cdot 39 \text{ d} = 152 \text{ cm}$

d) $h(0\ \mathrm{d}) = -20$ cm

$$h(80\ \mathrm{d}) = -20\ \mathrm{cm} + 4.4\ \frac{\mathrm{cm}}{\mathrm{d}} \cdot 80\ \mathrm{d} = 332\ \mathrm{cm}$$

Die Höhe beim Saattermin $t = 0$ ist unrealistisch, da Sonnenblumen niemals 20 cm tief ausgesät werden. Die Höhe bei $t = 80$ d ist ebenfalls unrealistisch, da Sonnenblumen nicht so hoch werden. Das Modell ist also nur in bestimmten Grenzen brauchbar. Insbesondere darf nicht beliebig extrapoliert werden.

e) Die Wachstumsgeschwindigkeit ist die Höhenzunahme pro Zeiteinheit. Da ein linearer Zusammenhang unterstellt wird, ist die mittlere Wachstumsgeschwindigkeit die Steigung der Ausgleichsgeraden, also $4.4\ \frac{\mathrm{cm}}{\mathrm{d}}$.

f) Der Aufgangstermin ist der Schnittpunkt der Ausgleichsgeraden mit der Abszisse. Durch direktes Ablesen im Diagramm liegt dieser ungefähr zwischen 4. und 5. Tag. Durch Berechnung mit Hilfe des Modells folgt:

$$h = 0 \;\Rightarrow\; t = \frac{20\ \mathrm{cm}}{4.4\ \mathrm{cm/d}} \approx 4.5\ \mathrm{d}$$

8. $f(x) = a_3 x^3 + a_2 x^2 + a_1 x + a_0$

Die unbekannten Koeffizienten a_i $(i = 0, 1, 2, 3)$ sind Lösungen des LGS:

$$\begin{pmatrix} 1 & 0 & 0 & 0 \\ 1 & 1 & 1 & 1 \\ 1 & -1 & 1 & -1 \\ 1 & -2 & 4 & -8 \end{pmatrix} \cdot \begin{pmatrix} a_0 \\ a_1 \\ a_2 \\ a_3 \end{pmatrix} = \begin{pmatrix} 1 \\ 2 \\ 3 \\ -5 \end{pmatrix}$$

Als Lösung dieses Gleichungssystems erhält man:

$$a_3 = \frac{13}{6},\ a_2 = \frac{3}{2},\ a_1 = -\frac{8}{3},\ a_0 = 1$$

Das Polynom dritten Grades lautet: $f(x) = \dfrac{13}{6}x^3 + \dfrac{3}{2}x^2 - \dfrac{8}{3}x + 1$.

9. a) Zu untersuchen sind die "Nahtstellen", da die einzelnen Teilfunktionen $f_1(x) = |x|$, $f_2(x) = x$ und $f_3(x) = x^2$ ohnehin stetig sind.

$x = 0$:

Zu jedem $\varepsilon > 0$ kann ein $\delta > 0$ gefunden werden, so daß $f(0 \pm \delta) < \varepsilon$, z.B. $\delta = \dfrac{\varepsilon}{2}$, denn es ist $f(\pm\dfrac{\varepsilon}{2}) = \dfrac{\varepsilon}{2} < \varepsilon$. Also ist f an der Stelle $x = 0$ stetig.

$x = 2$:

Hier besitzt f eine Sprungstelle, da $f_2(x)$ für x gegen 2 gegen den Wert 2 geht, aber $f_3(2) = 4$ ist.

b) $f_1(x) = \sqrt{1 + x^2}$ ist an der Stelle $x = 0$ gleich 1, $f_2(x) = \sqrt{x + x^2}$ geht für x gegen 0 jedoch gegen 0. Also hat f für $x = 0$ eine Sprungstelle, ist also unstetig.

10. a) f ist nicht definiert für $x = \pm 2$. Eine Nullstelle liegt vor bei $x = 0$.

$f(-x) = \dfrac{(-x)}{4-(-x)^2} = -\dfrac{x}{4-x^2} = -f(x)$, d.h. f ist eine ungerade Funktion. Da im Zählerpolynom nur ungerade und im Nennerpolynom nur gerade Potenzen vorkommen, folgt die Punktsymmetrie auch ohne Berechnung von $f(-x)$.

Läßt man x von links gegen 2 laufen, so steht im Nenner eine sehr kleine positive Zahl. Der Quotient aus Zähler, der annähernd 2 ist, und Nenner ist demnach sehr groß. Die Funktion geht also gegen $+\infty$. Läuft x von rechts gegen 2, dann steht im Nenner eine sehr kleine negative Zahl und die Funktion läuft somit gegen $-\infty$. Das Verhalten für $x \to -2$ ist genauso, da durch das Quadrieren das Vorzeichen positiv wird. $x = \pm 2$ sind also Pole oder senkrechte Asymptoten.

f geht gegen 0 für $x \to \pm\infty$, da die quadratische Funktion im Nenner schneller wächst als der lineare Term im Zähler, d.h. die x-Achse ist horizontale Asymptote.

b) f hat keine Definitionslücken und damit auch keine Pole.

Nullstelle bei $x = 0$.

Sowohl im Zähler als auch im Nenner stehen nur gerade Potenzen von x, d.h. $f(x) = f(-x)$. Die Funktion ist also achsensymmetrisch zur y-Achse.

Nach Umformung erhält man: $f(x) = 2 - \dfrac{2}{x^2+1}$. Für betragsmäßig große x verschwindet also der Bruch und $f(x)$ geht gegen den Wert 2. $y = 2$ ist also waagrechte Asymptote.

c) Definitionslücke bei $x = 2$.

f hat keine Nullstellen.

Da im Nenner ungerade (x^1) und gerade Potenzen ($x^0 = 1$) vorkommen, ist die Funktion weder achsensymmetrisch zur y-Achse noch punktsymmetrisch zum Ursprung. Sie ist jedoch achsensymmetrisch zu $x = 2$, denn es gilt $f(2 + x) = \dfrac{1}{|2+x-2|} = \dfrac{1}{|x|} = \dfrac{1}{|2-x-2|} = f(2 - x)$.

Bei Näherung an den Pol $x = 2$ von links und rechts wird der Nenner sehr klein, bleibt aber aufgrund des Betrags positiv. Die Funktion geht also in beiden Fällen gegen $+\infty$.

Für $x \to \pm\infty$ wird der Nenner sehr groß und die Funktion geht gegen 0.

11. Mit N_0 werde die bei $t = 0$ vorhandene ungelöste Stoffmenge bezeichnet. $N(t)$ sei die zum Zeitpunkt t noch nicht gelöste Menge.

$N(t) = N_0 \cdot e^{-\lambda \cdot t} = N_0 \cdot 10^{-\mu \cdot t}$

Nach der Halbwertszeit ist die Hälfte der Substanz in Lösung dissoziiert, die andere Hälfte ist noch nicht gelöst: Bei t_H ist also die Menge der undissoziierten Substanz noch:

$$N(t_H) = \frac{N_0}{2} = N_0 e^{-\lambda \cdot t_H}$$

$$\frac{1}{2} = e^{-\lambda \cdot t_H} \Rightarrow \ln 0.5 = -\lambda \cdot t_H \Rightarrow \lambda = -\frac{\ln 0.5}{t_H} = -\frac{\ln 0.5}{40 \text{ min}} = 0.0173 \text{ min}^{-1}$$

$$e^x = 10^{k \cdot x} \Rightarrow x \cdot \lg e = k \cdot x \Rightarrow k = \lg e \Rightarrow$$

$$\mu = k \cdot \lambda = \lg e \cdot \lambda = 0.434 \cdot 0.0173 \text{ min}^{-1} = 0.0075 \text{ min}^{-1}$$

Für die Zerfallsrate pro Minute folgt:

$$e^{-\lambda} = (1 - r_{\min}) \Rightarrow r_{\min} = 1 - e^{-\lambda} = 1 - e^{-0.0173} = 0.017 = 1.7\%$$

Die Zerfallsrate beträgt also 1.7% pro Minute.

Bezieht man die Zerfallsfunktion auf die Einheit Stunden, so gilt:

$$N = N_0 \cdot e^{-0.0173 \text{ min}^{-1}} = N_0 \cdot e^{-0.0173 \cdot (1/60 \text{ h})^{-1}} = N_0 \cdot e^{-1.038 \text{ h}^{-1}}$$

Die stündliche Zerfallsrate beträgt dann:

$$r_h = 1 - e^{-1.038} = 1 - 0.35 = 0.65 = 65\%$$

Wenn die Ergebnisse richtig sind, muß nach zwei Stunden der Anteil der undissoziierten Substanz noch $\frac{1}{8} = 12.5\%$ der ursprünglichen Menge betragen, da dann drei Halbwertszeiten verstrichen sind.

$$N(2 \text{ h}) = N_0 \cdot e^{-0.0173 \text{ min}^{-1} \cdot 120 \text{ min}} = N_0 \cdot e^{-1.038} = 0.125 \cdot N_0$$

$$N(2 \text{ h}) = N_0 \cdot 10^{-0.0075 \text{ min}^{-1} \cdot 120 \text{ min}} = N_0 \cdot 10^{-0.9} = 0.126 \cdot N_0$$

$$N(2 \text{ h}) = N_0 \cdot (1 - 0.017)^{120} = N_0 \cdot 0.983^{120} = 0.128 \cdot N_0$$

$$N(2 \text{ h}) = N_0 \cdot (1 - 0.65)^2 = N_0 \cdot 0.35^2 = 0.123 \cdot N_0$$

Die Unterschiede resultieren aus Rundungsfehlern.

12. a) $n(t) = e^{0.6 \cdot (t + 1.15)} = 300 \Rightarrow \ln 300 = 0.6 \cdot (t + 1.15) \Rightarrow$

$$t = \frac{\ln 300}{0.6} - 1.15 = 8.4$$

Im neunten Monat wird also die Zahl 300 überschritten.

b) Neue Wachstumsfunktion: $\tilde{n}(t) = 0.5 \cdot e^{0.6 \cdot (t + 1.15)}$.

$$\tilde{n}(t) = 300 \Leftrightarrow n(t) = 600 \Rightarrow t = \frac{\ln 600}{0.6} - 1.15 = 9.5$$

In diesem Fall wird im zehnten Monat die Zahl 300 überschritten.

c) Es sei $n_1 = n(t)$ und $n_2 = n(t + 0.5)$.

$$\frac{n_2}{n_1} = \frac{e^{0.6 \cdot (t + 0.5 + 1.15)}}{e^{0.6 \cdot (t + 1.15)}} = e^{0.6 \cdot 0.5} = 1.35$$

Innerhalb eines halben Monats nimmt also die Individuenzahl um 35% zu. Dieser Prozentsatz muß vernichtet werden.

13. a) Bild 6.57 zeigt die Auftragung des natürlichen Logarithmus der Umläufe in Abhängigkeit der Entfernung der Nektarquelle. Man kann eine Ausgleichsgerade durch die Punkte legen. Infolgedessen ist die Annahme eines exponentiellen Zusammenhangs gerechtfertigt.

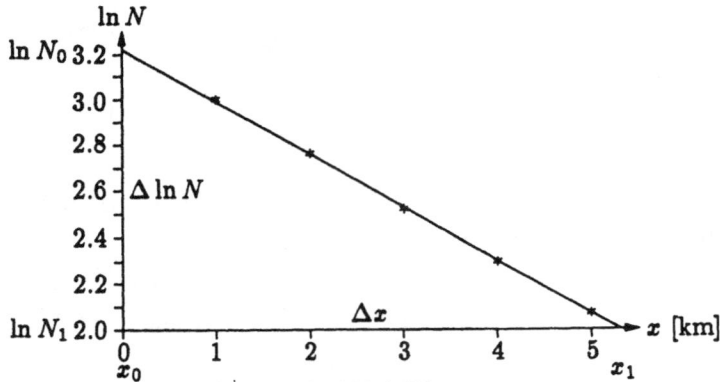

Bild 6.57: $\ln N(x)$-Diagramm

b) $\ln N_0 = 3.22 \Rightarrow N_0 = 25$. In Wirklichkeit wird bei unmittelbarer Nähe der Nektarquelle zum Bienenstock ein Rundtanz aufgeführt.

c) $k = \dfrac{\Delta \ln N}{\Delta \ln x} = \dfrac{\ln N_0 - \ln N_1}{x_0 - x_1} = \dfrac{3.22 - 2.00}{0 \text{ km} - 5.3 \text{ km}} =$

$= -\dfrac{1.22}{5.3 \text{ km}} = -0.23 \text{ km}^{-1}$

$N = 25 \cdot e^{-0.23 \text{ km}^{-1} \cdot x}$

d) $N = 25 \cdot e^{-0.23 \text{ km}^{-1} \cdot 600 \text{ m}} = 25 \cdot e^{-0.23 \text{ km}^{-1} \cdot 0.6 \text{ km}} = 21.7 \approx 22$

e) $\dfrac{N_0}{2} = N_0 \cdot e^{-0.23 \text{ km}^{-1} \cdot x_H} \Rightarrow \ln 2 = 0.23 \text{ km}^{-1} \cdot x_H \Rightarrow$

$x_H = \dfrac{\ln 2}{0.23} \text{ km} = 3.0 \text{ km}$

f) $e^x = 10^{c \cdot x} \Rightarrow x \cdot \lg e = c \cdot x \Rightarrow c = \lg e = 0.434$

$N = 25 \cdot 10^{-0.434 \cdot 0.23 \text{ km}^{-1} \cdot x} = 25 \cdot 10^{-0.01 \text{ km}^{-1} \cdot x}$

14. a) $c(x) = \alpha \cdot (x - 18)^2 + 3$

Um α zu berechnen wird ein weiterer Punkt benötigt, am besten nimmt man den Punkt $(0, 85)$:

$85 = \alpha \cdot (0 - 18)^2 + 3 \Rightarrow \alpha = \dfrac{85 - 3}{18^2} = \dfrac{82}{324} = 0.253$

Damit folgt für c:

$c(x) = 0.253 \cdot (x - 18)^2 + 3 = 0.253 x^2 - 9.11 x + 85.0$

b) Das Gauß-Verfahren liefert:

$$\begin{pmatrix} 36 & 6 & 1 & 40 \\ 324 & 18 & 1 & 3 \\ 0 & 0 & 1 & 85 \end{pmatrix} \rightarrow \begin{pmatrix} 36 & 6 & 1 & 40 \\ 0 & -36 & -8 & -357 \\ 0 & 0 & 1 & 85 \end{pmatrix} \rightarrow \begin{matrix} a_2 = 0.245 \\ a_1 = -8.97 \\ a_0 = 85.0 \end{matrix}$$

Damit lautet das Modell: $c(x) = 0.245x^2 - 8.97x + 85.0$

Die unterschiedlichen Koeffizienten im Vergleich zu a) beruhen auf Rundungsfehlern.

c) Die logarithmische Auftragung der Meßwerte zeigt Bild 6.58.

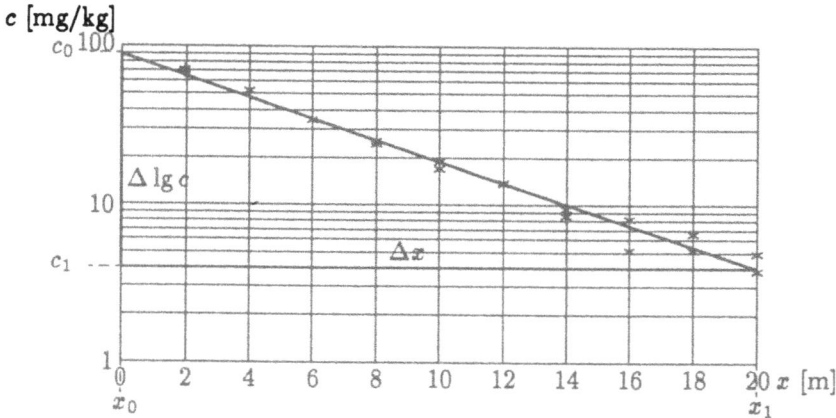

Bild 6.58: $c(x)$ im Logarithmuspapier

$c(x) = c_0 \cdot 10^{k \cdot x}$

$c_0 = 90$ mg/kg

$$k = \frac{\Delta \lg c}{\Delta x} = \frac{\lg c_1 - \lg c_0}{x_1 - x_0} = \frac{\lg 4 - \lg 90}{20\ \text{m} - 0\ \text{m}} =$$

$$= \frac{0.602 - 1.954}{20\ \text{m}} = -0.0676\ \text{m}^{-1} \approx -0.068\ \text{m}^{-1}$$

$c(x) = 90$ mg/kg $\cdot 10^{-0.068\ m^{-1} \cdot x}$

Die Halbwertsentfernung kann man direkt aus der Geraden ableiten. Innerhalb von 4 Halbwertsentfernungen muß die Konzentration um den Faktor $2^4 = 16$ abnehmen. Der Wert $\frac{90}{16}$ mg/kg $= 5.625$ mg/kg $\approx$ 6 mg/kg wird bei $x \approx 17$ m erreicht. Die Halbwertsentfernung ist also $x_H \approx \frac{17}{4}$ m $= 4.25$ m. Dies folgt auch aus der Berechnung:

$$\frac{c_0}{2} = c_0 \cdot 10^{-0.068\ m^{-1} \cdot x_H} \Rightarrow x_H = \frac{\lg 2}{0.068}\ \text{m} = 4.42\ \text{m}$$

d) Das quadratische Modell prognostiziert eine Zunahme der Bleikonzentration bei Abständen über 18 m. Bis zu diesem Abstand ist es relativ gut geeignet. Eine Extrapolation ist jedoch nicht möglich, da der Funktionswert für größere Entfernungen wieder zunähme. Das exponentielle

Modell ist vorzuziehen, da es auch eine weitere Abnahme der Konzentration mit zunehmendem Abstand voraussagt.

15. Bild 6.59 zeigt die Auftragung der logarithmierten Werte, durch die eine Gerade gelegt wurde. Es wird ein Zusammenhang der Form $T \sim r^\alpha$ unterstellt. α ist die Steigung der Ausgleichsgeraden.

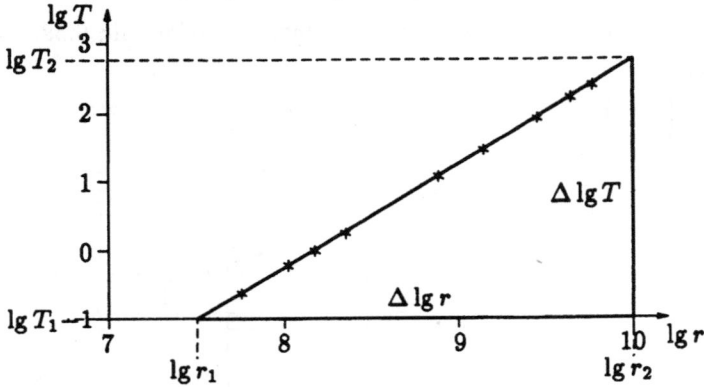

Bild 6.59: $\lg T(\lg r)$-Diagramm

$$\alpha = \frac{\Delta \lg T}{\Delta \lg r} = \frac{\lg T_2 - \lg T_1}{\lg r_2 - \lg r_1} = \frac{2.8 - (-1.0)}{10.0 - 7.5} = \frac{3.8}{2.5} = 1.52 \approx 1.5$$

Bild 6.60 zeigt die Auftragung der Werte im doppelt-logarithmischen Papier.

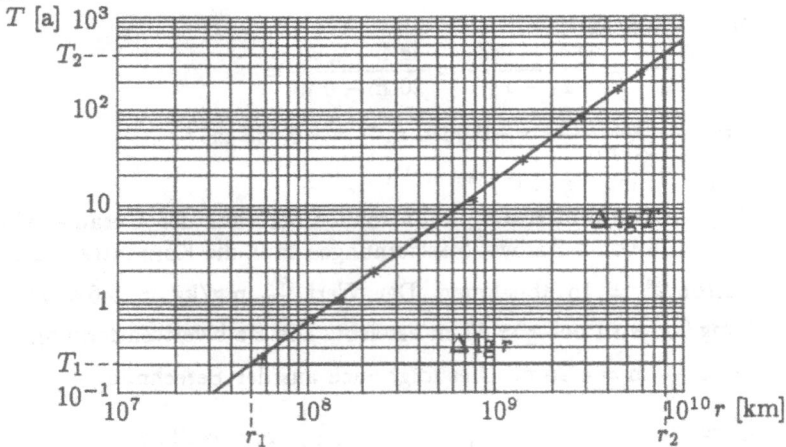

Bild 6.60: $T(r)$ im doppelt-logarithmischen Papier

$$\alpha = \frac{\Delta \lg T}{\Delta \lg r} = \frac{\lg T_2 - \lg T_1}{\lg r_2 - \lg r_1} = \frac{\lg 400 - \lg 0.2}{\lg(8 \cdot 10^9) - \lg(5 \cdot 10^7)} =$$

$$= \frac{2.6 - (-0.7)}{9.9 - 7.7} = \frac{3.3}{2.2} = 1.5$$

Die Beziehung zwischen Umlaufzeit T und Bahnradius r ist also $T \sim r^{1.5}$ und nach Quadrieren auf beiden Seiten $T^2 \sim r^3$. Das Keplersche Gesetz ist damit auch empirisch nachgewiesen.

16. a) Um zu testen, ob ein linearer, exponentieller oder ein Zusammenhang nach einer Potenzfunktion vorliegt, könnte man alle drei möglichen Auftragungen vornehmen und dann das Modell anpassen, bei dem die Werte relativ eng um eine Ausgleichsgerade streuen. Um Arbeit zu sparen, sollten die Werte zunächst näher betrachtet werden.

Liegt ein linearer Zusammenhang vor, dann sollten bei einer Erhöhung der unabhängigen Variablen m um einen konstanten Betrag Δm die Werte für die abhängige Variable t im Mittel um einen konstanten Betrag Δt steigen. Dies ist jedoch nicht der Fall, denn erhöht man m von 30 g auf 40 g, dann steigt die Abkühlzeit um 30 s. Zwischen 40 g und 80 g sollte sie dann um ca. $4 \cdot 30 \, \text{s} = 120 \, \text{s}$ zunehmen. Der Wert bei $m = 80$ g sollte also um $t \approx 270$ s liegen. In Wirklichkeit nehmen die t-Werte jedoch unterproportional zu, sodaß ein linearer Zusammenhang ausgeschlossen werden kann.

Bei einem exponentiellen Zusammenhang ändert sich der Wert der abhängigen Variablen um einen konstanten Faktor, wenn die unabhängige Variable um einen konstanten Betrag steigt. Die Verdopplungsmasse beträgt ungefähr 90 g, da sich die Abkühlzeit zwischen 40 g und 130 g verdoppelt. Die nächste Verdopplung der Abkühlzeit müßte dann bereits bei $m \approx 210$ g erfolgt sein. In Wirklichkeit werden die 600 s jedoch erst bei $m = 350$ g erreicht. Also ist der Zusammenhang auch nicht exponentiell.

Liegt eine Abhängigkeit nach einem Potenzgesetz vor, dann ändert sich die abhängige Variable um einen konstanten Faktor, wenn die unabhängige Variable um einen konstanten Faktor erhöht wird. Die Zeit t erhöht sich bei den vorliegenden Werten um den Faktor $\frac{230 \, \text{s}}{150 \, \text{s}} \approx 1.5$, wenn sich die Masse von $m = 40$ g auf $m = 80$ g um den Faktor 2 erhöht. Bei einer Verdopplung der Masse, also bei $m = 160$ g sollte die Abkühlzeit dann in der Größenordnung von $t = 1.5 \cdot 230 \, \text{s} \approx 350 \, \text{s}$, bei einer weiteren Verdopplung auf $m = 320$ g bei $t = 1.5 \cdot 350 \, \text{s} \approx 530 \, \text{s}$ liegen. Dies scheint mit den gemessenen Werten relativ gut übereinzustimmen. Man setzt also als Modell eine Potenzfunktion an und trägt zur Parameterbestimmung die Werte doppelt-logarithmisch auf (Bild 6.61).

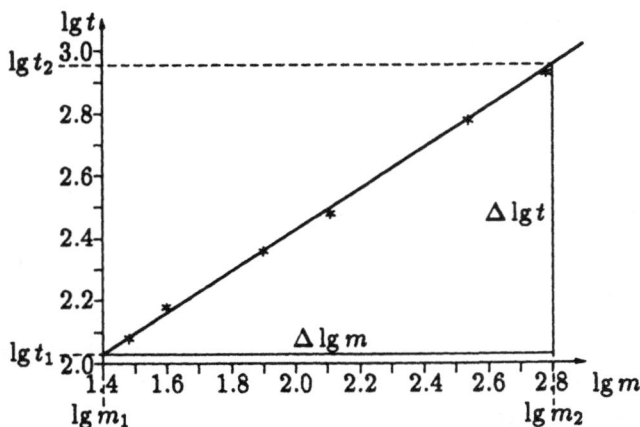

Bild 6.61: $\lg T(\lg m)$-Diagramm

b) $t = t_0 \cdot m^k$

$$k = \frac{\Delta \lg t}{\Delta \lg m} = \frac{\lg t_2 - \lg t_1}{\lg m_2 - \lg m_1} = \frac{2.96 - 2.03}{2.80 - 1.40} = 0.664$$

$\lg t_0$ kann nicht direkt bei $\lg m = 0$ abgelesen werden. Man muß extra-polieren.

$\lg t_0 = \lg t_1 - 1.4 \cdot k = 2.03 - 1.4 \cdot 0.664 = 1.10 \Rightarrow t_0 = 12.6$

$t = 12.6 \cdot m^{0.664}$

c) $$m = \sqrt[k]{\frac{t}{t_0}} = \sqrt[0.664]{\frac{10 \cdot 60 \cdot 60}{12.6}} = \sqrt[0.664]{\frac{36000}{12.6}} =$$

$$= \sqrt[0.664]{2857} = 160208 \, [\text{g}]$$

Der Knödel hatte also eine Masse von ca. 160 kg.

d) $$\rho = \frac{m}{V} \Rightarrow V = \frac{m}{\rho} = \frac{4}{3}r^3\pi \Rightarrow r = \sqrt[3]{\frac{3m}{4\pi\rho}}$$

$$d = 2r = 2 \cdot \sqrt[3]{\frac{3m}{4\pi\rho}} = 2 \cdot \sqrt[3]{\frac{3 \cdot 160 \text{ kg}}{4\pi \cdot 10^3 \, \frac{\text{kg}}{\text{m}^3}}} = 0.67 \text{ m}$$

e) $\Delta E \sim t \sim m^{2/3} \sim O$

Die Energieabgabe ist proportional zur Knödeloberfläche.

17. Bild 6.62 zeigt eine schematische Skizze der Szene.

a) $\tan \alpha = \dfrac{S}{s} \Rightarrow \alpha = \arctan \dfrac{S}{s} = \arctan \dfrac{20 \text{ m}}{36 \text{ m}} = \arctan 0.56 = 29° = 0.51$

b) $\tan \alpha = \dfrac{M}{m} \Rightarrow m = \dfrac{M}{\tan \alpha} = \dfrac{M \cdot s}{S} = \dfrac{1.85 \text{ m} \cdot 36 \text{ m}}{20 \text{ m}} = 3.3 \text{ m}$

c) $M^2 + m^2 = e^2 \Rightarrow e = \sqrt{M^2 + m^2} = \sqrt{1.85^2 \text{ m}^2 + 3.3^2 \text{ m}^2} = 3.8 \text{ m}$

d) $\tan \beta = 40\% = 0.4 \Rightarrow \beta = \arctan 0.4 = 22°$

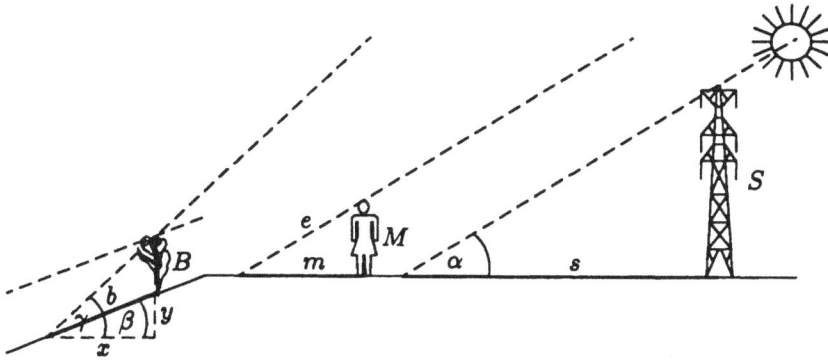

Bild 6.62: Schatten auf der Wiese

e) Es gibt keinen Schatten am Hang, da Lichtstrahlen hangparallel.

f) $\frac{y}{x} = \tan\beta \Rightarrow y = x \cdot \tan\beta$

$\frac{B+y}{x} = \tan\gamma \Rightarrow \frac{B}{x} = \tan\gamma - \tan\beta = \tan 30° - 0.4 = 0.18$

$x = \frac{B}{0.18} = \frac{25 \text{ cm}}{0.18} = 139 \text{ cm}$

$y = x \cdot 0.4 = 139 \text{ cm} \cdot 0.4 = 56 \text{ cm}$

$b^2 = x^2 + y^2 \Rightarrow b = \sqrt{139^2 \text{ cm}^2 + 56^2 \text{ cm}^2} = 150 \text{ cm} = 1.5 \text{ m}$

18. Eine Skizze des schiefen Turms von Pisa zeigt Bild 6.63.

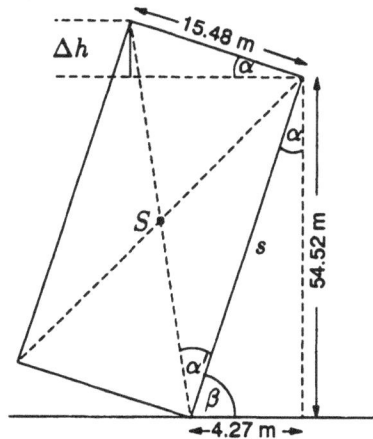

Bild 6.63: Der schiefe Turm von Pisa

a) Der Tangens des Neigungswinkel α ist das Verhältnis von Gegenkathete u zu Ankathete h. Daraus berechnet sich der Neigungswinkel α zu:

$\alpha = \arctan\frac{u}{h} = \arctan\frac{4.27 \text{ m}}{54.52 \text{ m}} = \arctan 0.0783 = 4.48° = 0.0781$

Da der Neigungswinkel relativ klein ist, ist der Winkel im Bogenmaß ungefähr gleich dem Tangens des Winkels.

b) Die Winkelsumme im Dreieck ist 180°. Also folgt:

$$\alpha + \beta + 90° = 180° \Rightarrow \beta = 90° - \alpha = 90° - 4.48° = 85.52° = 85°\,31'\,12''$$

c) Die Seitenlänge s des Turms kann über den Satz von Phythagoras bestimmt werden:

$$s^2 = u^2 + h^2 \Rightarrow s = \sqrt{u^2 + h^2} = \sqrt{4.27^2\,\text{m}^2 + 54.52^2\,\text{m}^2} = 54.69\,\text{m}$$

d) Der Turm ist an der Nordseite um Δh höher als an der Südseite. Der Sinus des Winkels α ist das Verhältnis aus Gegenkathete Δh und Hypotenuse d. Daraus folgt:

$$\sin\alpha = \frac{\Delta h}{d} \Rightarrow \Delta h = d\cdot\sin\alpha = 15.48\,\text{m}\cdot\sin 4.48° = 15.48\,\text{m}\cdot 0.0781 = 1.21\,\text{m}$$

e) Wenn der Schwerpunkt S genau über dem Drehpunkt steht ist $\alpha' = \alpha$. Dann gilt:

$$\tan\alpha' = \frac{d}{s} = \frac{15.48\,\text{m}}{54.69\,\text{m}} = 0.283 \Rightarrow \alpha' = \arctan 0.283 = 15.8°$$

19. a) $t_s = 12\,\text{mon} = 1\,\text{a}$

b) $\omega = \frac{2\pi}{t_s} = \frac{2\pi}{1\,\text{a}} = 2\pi\,\text{a}^{-1} \approx 6.28\,\text{a}^{-1} \Rightarrow f = \frac{1}{t_s} = \frac{1}{1\,\text{a}} = 1\,\text{a}^{-1}$

c) $T_v = 12.5°\text{C}$

d) $T_a = 12.5°\text{C}$

e) $t_0 = -3\,\text{mon} = -0.25\,\text{a}$

Da im allgemeinen Ansatz der Sinusfunktion der Term $\omega\cdot(t + t_0)$ verwendet wird, muß der Wert des Sinus bei $t = 0$ ein negatives Ergebnis haben.

$$\varphi_0 = \omega\cdot t_0 = 2\pi\,\text{a}^{-1}\cdot(-0.25)\,\text{a} = \frac{\pi}{2}$$

f) $T = 12.5°\text{C}\cdot\sin(2\pi\,\text{a}^{-1}\cdot(t - 0.25\,\text{a})) + 12.5°\text{C}$ oder

$$T = 12.5°\text{C}\cdot\sin\left(2\pi\,\text{a}^{-1}\cdot t - \frac{\pi}{2}\right) + 12.5°\text{C}$$

g) Da der Temperaturverlauf periodisch mit einer Periode von einem Jahr ist, kann man die geschätzte Temperatur im Mai direkt aus dem Diagramm zu ca. 19°C ablesen. Berechnung liefert:

$$T(4\,\text{mon}) = 12.5°\text{C}\cdot\sin\left(2\pi\,\text{a}^{-1}\cdot\frac{1}{3}\,\text{a} - \frac{\pi}{2}\right) + 12.5°\text{C} = 18.75°\text{C}$$

Kapitel 7

Folgen, Reihen und Grenzwerte

Folge und Grenzwert sind Begriffe, die in der Mathematik häufig auftauchen und von grundsätzlicher Bedeutung sind. Das Wichtigste hierüber ist in diesem Kapitel kurz zusammengestellt. Als praktische Anwendung werden einige Aspekte der Zins- und Tilgungsrechnung betrachtet.

7.1   Zahlenfolgen

In Intelligenztests findet man häufig Aufgaben folgender Art: Geben Sie die Zahl an, die als nächstes in der Folge $3, 7, 15, 31, \ldots$ auftritt! Man hat es also mit einer Serie von Zahlen zu tun, die beliebig erweitert werden kann.

Eine **Folge** ist eine Abbildung $f : I\!N \to M$, $f(\nu) = a_\nu$ $(\nu = 1, 2, \ldots)$, d.h. jeder natürlichen Zahl wird ein Element aus M zugeordnet.

Meist ist $M = I\!R$, und man spricht von **reellen Zahlenfolgen**. Für eine Folge ist die Schreibweise $(a_\nu)_{\nu \in I\!N}$ üblich. Eine Folge kann man dadurch angeben, daß man die Funktionswerte $f(\nu) = a_\nu$ der Reihe nach für $\nu = 1, 2, \ldots$ aufzählt und in der Form $(a_1, a_2, \ldots)$ anschreibt. Dabei kann man immer nur endlich viele der a_ν explizit anführen und muß durch Punkte andeuten, daß es in der Art weitergehen soll. Somit muß aus den angegebenen **Folgengliedern**, wie die a_ν genannt werden, erkenntlich sein, wie das nächste Folgenelement lauten muß. Bei der Darstellung einer Folge durch Aufzählung der Glieder ist deren Reihenfolge wesentlich, denn damit wird die funktionale Zuordnung wiedergegeben. Neben dieser anschaulichen Beschreibung einer Zahlenfolge, gibt es auch die Möglichkeit, die Funktionsvorschrift $\nu \to a_\nu$ formelmäßig anzugeben.

Beispiele:

1. $(a_\nu)_{\nu \in I\!N} = (1, 2, 3, \ldots) \Leftrightarrow a_\nu = \nu$

2. $(a_\nu)_{\nu \in I\!N} = (1, \dfrac{1}{2}, \dfrac{1}{3}, \ldots) \Leftrightarrow a_\nu = \dfrac{1}{\nu}$

3. $(a_\nu)_{\nu \in I\!N} = (-\dfrac{1}{2}, \dfrac{2}{3}, -\dfrac{3}{4}, \dfrac{4}{5}, \ldots) \Leftrightarrow a_\nu = (-1)^\nu \cdot \dfrac{\nu}{\nu + 1}$

4. $(a_\nu)_{\nu \in I\!N} = (c, c, c, \ldots) \Leftrightarrow a_\nu = c$ (**konstante Folge**)

5. $(a_\nu)_{\nu \in I\!N} = (a, aq, aq^2, \ldots) \Leftrightarrow a_\nu = a \cdot q^{\nu - 1}$

6. $(a_\nu)_{\nu \in I\!N} = (\dfrac{1}{2}, \dfrac{1}{4}, \dfrac{1}{8}, \dfrac{1}{16} \ldots) \Leftrightarrow a_\nu = \dfrac{1}{2^\nu}$

7. $(a_\nu)_{\nu \in I\!N} = (3, 7, 15, 31, \ldots) \Leftrightarrow a_\nu = 2^{\nu + 1} - 1$

Folgen können auch durch eine **induktive Definition** beschrieben werden, d.h. man gibt das Anfangsglied (oder die ersten zwei, drei Glieder) der Folge an und erklärt, wie das allgemeine Folgenglied $a_{\nu+1}$ aus a_ν (und weiteren früheren Werten $a_{\nu-1}$, $a_{\nu-2}$, ...) zu berechnen ist.

Beispiel:

Es ergibt $a_1 = 0$, $a_2 = 1$, $a_{\nu+1} = a_\nu + a_{\nu-1}$ die sog. **Fibonacci-Folge** *$(a_\nu)_{\nu \in N} = (0, 1, 1, 2, 3, 5, 8, \ldots)$, die beispielsweise bei der Blattstellung von Pflanzen eine bedeutende Rolle spielt.*

Man spricht hier auch von einer **rekursiven Definition** und bezeichnet eine Vorschrift wie etwa: $a_{\nu+1} = a_\nu + a_{\nu-1}$ als **Rekursionsformel.**

Im folgenden werden die wesentlichen Eigenschaften von Folgen erläutert.

Eine Zahlenfolge $(a_\nu)_{\nu \in N}$ heißt **beschränkt,** wenn $\forall \nu \in I\!N$ gilt: $|a_\nu| \leq k$ für ein $k \in I\!R$.

Beispiel:

Im Beispiel auf Seite 93 sind die Folgen 2, 3, 4 und 6 beschränkt, 1 und 7 dagegen nicht. Die Folge 5 ist für $0 < q \leq 1$ durch a beschränkt, aber für $q > 1$ unbeschränkt.

Eine Folge $(a_\nu)_{\nu \in N}$ heißt **(streng) monoton,** wenn $\forall \nu \in I\!N$ eine der folgenden Beziehungen gilt:

a) $a_{\nu+1} > a_\nu$ **(streng monoton zunehmend)**

b) $a_{\nu+1} \geq a_\nu$ **(monoton nicht abnehmend)**

c) $a_{\nu+1} < a_\nu$ **(streng monoton abnehmend)**

d) $a_{\nu+1} \leq a_\nu$ **(monoton nicht zunehmend)**

Beispiel:

Streng monoton zunehmende Folgen im Beispiel auf Seite 93 sind die Folgen 1, 5 für $q > 1$ und 7. Streng monoton abnehmend sind 2, 5 für $0 < q \leq 1$ und 6. Die Folge 4 ist sowohl monoton nicht zunehmend als auch monoton nicht abnehmend. Die Folge 3 ist nicht monoton. Wegen des Vorzeichenwechsels von Folgenglied zu Folgenglied spricht man von einer **alternierenden Folge.** *Die Fibonacci-Folge $(0, 1, 1, 2, 3, 5, \ldots)$, die oben induktiv definiert wurde, ist monoton nicht abnehmend. Es gibt auch Folgen, die weder monoton noch alternierend sind, etwa $(a_\nu) = (0, 1, 0, 1, 0, \ldots) = \frac{1}{2} \cdot (1 + (-1)^\nu)$.*

Eine Zahlenfolge, bei der die Differenz zweier aufeinanderfolgender Glieder konstant ist, heißt **arithmetische Folge**:

$$a_{\nu+1} - a_\nu = d = \text{const.} \qquad \forall \nu \in I\!N \tag{7.1}$$

Das allgemeine Glied einer arithmetischen Folge berechnet sich zu:

$$a_\nu = a_1 + (\nu - 1) \cdot d \qquad \nu \in I\!N \tag{7.2}$$

Eine Zahlenfolge, bei der das Verhältnis zweier aufeinanderfolgender Glieder konstant ist, heißt **geometrische Folge**:

$$\frac{a_{\nu+1}}{a_\nu} = q = \text{const.} \qquad \forall \nu \in I\!N \tag{7.3}$$

Das allgemeine Glied einer geometrischen Folge berechnet sich zu:

$$a_\nu = a_1 \cdot q^{\nu-1} \qquad \nu \in I\!N \tag{7.4}$$

Beispiel:

Im Beispiel 1 auf Seite 93 liegt eine arithmetische Folge, in 5 und 6 liegen geometrische Folgen vor.

7.2   Grenzwert und Konvergenz

Eine Folge (a_ν) besteht aus unendlich vielen Gliedern. Es interessiert insbesondere, wie sich eine Folge für immer größere ν verhält. Zunächst werden Situationen betrachtet, in denen die Folgenglieder gegen einen bestimmten Wert streben.

Eine Zahl a heißt **Grenzwert** der Folge $(a_1, a_2, \ldots, a_n, \ldots)$, wenn der Abstand von a_ν und a, also $|a_\nu - a|$ kleiner wird als jede beliebige positive Zahl ε, sobald ν hinreichend groß wird. Man schreibt[1] dafür $\lim\limits_{\nu\to\infty} a_\nu = a$ bzw. einfach $a_\nu \to a$. Man sagt auch, die Folge (a_ν) **konvergiert** gegen a, bzw. die Folge ist **konvergent**. Als **Nullfolge** bezeichnet man Folgen mit dem Grenzwert 0. Folgen, die keinen Grenzwert besitzen, heißen **divergent**.

Beispiele:

1. *Die Folge* $(a_\nu) = \dfrac{1}{\nu}$ *hat den Grenzwert 0.*

   Es gilt $\lim\limits_{\nu\to\infty} a_\nu = \lim\limits_{\nu\to\infty} \dfrac{1}{\nu} = 0$, *weil man die Bedingung* $|a_\nu - a| < \varepsilon$ *bzw.* $\left|\dfrac{1}{\nu} - 0\right| < \varepsilon$ *bei vorgegebenen ε stets erfüllen kann, wenn man* $\dfrac{1}{\nu} < \varepsilon$ *bzw.* $\nu > \dfrac{1}{\varepsilon}$ *wählt.*

2. *Die Folge* $(a_\nu) = \dfrac{\nu}{1+\nu}$ *hat den Grenzwert 1:* $\lim\limits_{\nu\to\infty} a_\nu = \lim\limits_{\nu\to\infty} \dfrac{\nu}{1+\nu} = 1$

   Es ist $|a_\nu - 1| = \left|\dfrac{\nu}{1+\nu} - 1\right| = \left|\dfrac{-1}{1+\nu}\right| = \dfrac{1}{1+\nu} < \varepsilon$, *falls* $\nu > \dfrac{1}{\varepsilon} - 1$ *gewählt wird.*

3. *Die Folgen 5 und 6 der Beispiele auf Seite 93 sind für $0 < q < 1$ Nullfolgen.*

4. *Die Folge* $(a_\nu) = \dfrac{a^\nu}{\nu!}$ *mit $a > 0$ ist eine Nullfolge.*

   Es gibt sicher eine natürliche Zahl m, so daß $m \le a < m + 1$. Dann ist $\dfrac{a}{m+i} < 1$ *für alle $i \in I\!N$. Es ist*

   $$\frac{a^n}{n!} = \frac{a \cdot a \cdot a \cdot \ldots \cdot a}{1 \cdot 2 \cdot 3 \cdot \ldots \cdot m} \cdot \frac{a \cdot a \cdot \ldots \cdot a}{(m+1) \cdot (m+2) \cdot \ldots \cdot n} =$$

   $$= \frac{a^m}{m!} \cdot \frac{a}{m+1} \cdot \frac{a}{m+2} \cdot \ldots \cdot \frac{a}{n} <$$

   $$< \frac{a^m}{m!} \cdot \frac{a}{n} = K \cdot \frac{a}{n},$$

   d.h. für genügend großes n wird $\dfrac{a^n}{n!}$ beliebig klein. Somit gilt: $\lim\limits_{n\to\infty} \dfrac{a^n}{n!} = 0$.

---

[1]Man sagt: Limes von a_ν für ν gegen ∞

Im folgenden wird ohne Beweis ein Satz angeführt, mit dessen Hilfe man häufig die Frage nach der Konvergenz einer Folge leicht entscheiden kann.

a) Eine beschränkte monotone Folge ist konvergent.

b) Jede konvergente Folge ist beschränkt.

Beispiel:

Die Folgen 2, 4 und 6 in den Beispielen auf Seite 93 sind beschränkt und monoton, folglich auch konvergent. Die Umkehrung von obiger Aussage b) besagt, daß unbeschränkte Folgen nicht konvergent sein können, etwa die Folgen 1 und 7.

Die Bestimmung von Grenzwerten bei Zahlenfolgen ist eine nicht immer einfache mathematische Aufgabe. Hilfreich können hier folgende Regeln sein, die es erlauben, ausgehend von einfachen konvergenten Folgen die Grenzwerte komplizierterer Folgen zu berechnen.

Die Folgen (a_ν) und (b_ν) seien konvergent mit den Grenzwerten $\lim\limits_{\nu \to \infty} a_\nu = a$ und $\lim\limits_{\nu \to \infty} b_\nu = b$. Dann gilt:

$$\lim_{\nu \to \infty} |a_\nu| = \left| \lim_{\nu \to \infty} a_\nu \right| = |a| \tag{7.5}$$

$$\lim_{\nu \to \infty} (a_\nu \pm b_\nu) = \lim_{\nu \to \infty} a_\nu \pm \lim_{\nu \to \infty} b_\nu = a \pm b \tag{7.6}$$

$$\lim_{\nu \to \infty} (a_\nu \cdot b_\nu) = \lim_{\nu \to \infty} a_\nu \cdot \lim_{\nu \to \infty} b_\nu = a \cdot b \tag{7.7}$$

$$\lim_{\nu \to \infty} \frac{a_\nu}{b_\nu} = \frac{\lim\limits_{\nu \to \infty} a_\nu}{\lim\limits_{\nu \to \infty} b_\nu} = \frac{a}{b}, \text{ falls } b_\nu \neq 0 \ \forall \nu \in I\!N \text{ und } b \neq 0 \tag{7.8}$$

$$\text{Falls } a_\nu \leq b_\nu \Rightarrow \lim_{\nu \to \infty} a_\nu \leq \lim_{\nu \to \infty} b_\nu \tag{7.9}$$

Auf einen Beweis dieser Aussagen wird hier verzichtet, es sei jedoch auf einige Folgerungen hingewiesen.

Aus (7.7) folgt, daß ein konstanter Faktor k vor das Limes-Zeichen geschrieben werden kann:

$$\lim_{\nu \to \infty} (k \cdot a_\nu) = k \cdot \lim_{\nu \to \infty} a_\nu, \tag{7.10}$$

denn k ist trivialerweise der Grenzwert der Folge $(k, k, k, \ldots)$.

Betrachtet man die drei Folgen (a_ν), (b_ν), (c_ν) mit $a_\nu \le b_\nu \le c_\nu$ und $\lim\limits_{\nu \to \infty} a_\nu =$ $\lim\limits_{\nu \to \infty} c_\nu = a$, so ist nach (7.9) auch $\lim\limits_{\nu \to \infty} b_\nu = a$. Speziell gilt für eine Folge (b_ν) und eine Nullfolge (c_ν), daß aus $0 \le b_\nu \le c_\nu$ folgt: $\lim\limits_{\nu \to \infty} b_\nu = 0$.

Ist beim Produkt zweier Folgen eine der beiden eine Nullfolge und die andere beschränkt, so ist auch das Produkt eine Nullfolge. Aus $\lim\limits_{\nu \to \infty} a_\nu = 0$ und $|b_\nu| \le k$ $\forall \nu \in I\!N$ folgt also: $\lim\limits_{\nu \to \infty} (a_\nu \cdot b_\nu) = 0$. Es genügen hier etwas schwächere Voraussetzungen $((b_\nu)$ muß nicht konvergent sein!) als bei Regel (7.7).

Beispiel:

Ein Test von einer bestimmten Zeitdauer habe die Zuverlässigkeit r mit $(0 < r < 1)$. Ist die Dauer des Tests n-mal so lange, so sei die Zuverlässigkeit $R_n = \dfrac{n \cdot r}{1 + (n-1) \cdot r}$.

Für ein festes r ergibt sich der Grenzwert der Folge (R_n) wie folgt:

$$\lim_{n \to \infty} R_n = \lim_{n \to \infty} \frac{n \cdot r}{1 + (n-1) \cdot r} = \lim_{n \to \infty} \frac{r}{1/n + (1 - 1/n) \cdot r} =$$

$$= \frac{\lim\limits_{n \to \infty} r}{\lim\limits_{n \to \infty} 1/n + (\lim\limits_{n \to \infty} 1 - \lim\limits_{n \to \infty} 1/n) \cdot r} = \frac{r}{0 + (1 - 0) \cdot r} = 1$$

Das bedeutet, daß durch eine Verlängerung der Testdauer eine beliebig nahe an 1 liegende Zuverlässigkeit erreicht werden kann.

Im folgenden werden nun Folgen, die nach oben nicht beschränkt sind, etwa die Folge der natürlichen Zahlen $(n) = (1, 2, 3, \ldots)$ oder die Folge $(2n - 1) = (1, 3, 5, 7, \ldots)$ oder $(n!) = (1, 2, 6, 24, 120, \ldots)$ u.ä. betrachtet. Für all diese divergenten Folgen gilt, daß ihre Glieder ab einem bestimmten Index größer sind als eine beliebig vorgegebene positive reelle Zahl k. Diese Folgen wachsen sozusagen über alle Grenzen. Eine Folge (a_ν) mit der Eigenschaft, daß $\forall k > 0$ gilt: $a_\nu > k$ für fast alle ν, heißt **bestimmt divergent** mit dem **uneigentlichen Grenzwert** ∞, i.Z.: $\lim\limits_{\nu \to \infty} a_\nu = \infty$ bzw. $a_\nu \to \infty$.

Ebenso gibt es auch nach unten unbeschränkt divergente Folgen, d.h. $\forall k > 0$ gilt: $a_\nu < -k$ für fast alle ν, die man als bestimmt divergent mit dem uneigentlichen Grenzwert $-\infty$ bezeichnet, i.Z.: $\lim\limits_{\nu \to \infty} a_\nu = -\infty$ bzw. $a_\nu \to -\infty$.

Beispiele:

1. *Die Folge $a_\nu = \nu^2$ wächst über alle Grenzen, denn: $\nu^2 > k$ falls $\nu > \sqrt{k}$.*

2. *Die Folge $a_\nu = \sqrt{\nu}$ wächst über alle Grenzen, denn: $\sqrt{\nu} > k$, falls $\nu > k^2$.*

3. Es sei $a > 1$. Dann ist $\lim\limits_{\nu \to \infty} a^\nu = \infty$, d.h. die Folge wächst über alle Grenzen. Es sei $a = 1 + b$ mit $b > 0$. Aufgrund des binomischen Lehrsatzes gilt dann:

$$a^\nu = (1+b)^\nu = 1 + \nu \cdot b + \binom{\nu}{2} \cdot b^2 + \ldots + \binom{\nu}{\nu} \cdot b^\nu$$

Alle Glieder auf der rechten Seite sind positiv. Also gilt: $a^\nu > 1 + \nu b > k$, sofern $\nu > \dfrac{k-1}{b}$.

4. Die Folge $a_\nu = 15 - 4\nu$ hat den uneigentlichen Grenzwert $-\infty$. Es ist $15 - 4\nu < -k$, $(k > 0)$, falls $\nu > \dfrac{k+15}{4}$ ist. D.h. ab einem bestimmten Index werden die Folgenglieder kleiner als jede beliebig vorgegebene negative Zahl $-k$.

Die meisten der Gleichungen (7.5) – (7.9) gelten auch für Folgen mit den uneigentlichen Grenzwerten ∞ und $-\infty$. Im folgenden werden diese Regeln kurz als Rechnungen mit dem Symbol ∞ angegeben, dabei sollte man jedoch immer bedenken, daß dies Aussagen über das Grenzwertverhalten von Folgen sind.

$$\infty \pm a = \infty, \quad \infty + \infty = \infty, \quad \infty - \infty \text{ ist unbestimmt} \tag{7.11}$$

$$a \cdot \infty = \begin{cases} \infty & \text{für} \quad a > 0 \\ -\infty & \text{für} \quad a < 0 \\ \text{unbestimmt} & \text{für} \quad a = 0 \end{cases} \tag{7.12}$$

$$\frac{\infty}{a} = \begin{cases} \infty & \text{für} \quad a > 0 \\ -\infty & \text{für} \quad a < 0 \end{cases} \tag{7.13}$$

$$\frac{a}{\infty} = 0 \tag{7.14}$$

$$\infty \cdot \infty = \infty, \quad \frac{\infty}{\infty} \text{ ist unbestimmt} \tag{7.15}$$

$$\frac{a}{0} = \begin{cases} \infty & \text{für} \quad a > 0 \\ -\infty & \text{für} \quad a < 0 \\ \text{unbestimmt} & \text{für} \quad a = 0 \end{cases} \tag{7.16}$$

Diese Regeln können zur Bestimmung von Grenzwerten oft vorteilhaft angewendet werden.

Beispiele:

1. *Für $a > 1$ strebt die Folge $\frac{1}{a^\nu}$ gegen 0:* $\displaystyle\lim_{\nu \to \infty} \frac{1}{a^\nu} = \frac{\displaystyle\lim_{\nu \to \infty} 1}{\displaystyle\lim_{\nu \to \infty} a^\nu} = \frac{1}{\infty} = 0$

2. *Sei $|a| < 1$. Dann ist $\displaystyle\lim_{\nu \to \infty} a^\nu = 0$. Es ist $|a| = \frac{1}{b}$ mit $b > 1$. Mit Beispiel 1 gilt:* $|a^\nu - 0| = |a^\nu| = |a|^\nu = \frac{1}{b^\nu} \to 0$

7.3   Unendliche Reihen

Die im vorherigen Abschnitt eingeführten Zahlenfolgen stehen in enger Beziehung mit dem Begriff einer **Reihe**. Dazu sei zunächst eine Folge $(a_n)_{n \in N_0} = (a_0, a_1, a_2, \ldots)$ gegeben, bei der die Indizierung bei 0 beginnt. Daraus wird eine neue Folge $(s_n)_{n \in N_0}$ mit $s_n = \sum_{i=0}^{n} a_i$ gebildet. Man definiert:

Eine Folge $(s_n)_{n \in N_0}$ mit $s_n = \sum_{i=0}^{n} a_i$ heißt **unendliche Reihe** und wird mit $\sum_{i=0}^{\infty} a_i$ bezeichnet. Die Folgenglieder $s_n = \sum_{i=0}^{n} a_i$ heißen **Partial-** oder **Teilsummen**. Eine Reihe $\sum_{i=0}^{\infty} a_i$ heißt **konvergent**, falls $\lim_{n \to \infty} s_n$ existiert und endlich ist, andernfalls heißt sie **divergent**.

Eine unendliche Reihe ist sozusagen eine Summe mit unendlich vielen Summanden. Man schreibt Reihen meist nicht in der üblichen Folgenschreibweise $(a_0, a_0 + a_1, a_0 + a_1 + a_2, \ldots)$, sondern einfach als $a_0 + a_1 + a_2 + \ldots$, wobei klar sein muß, wie die Summanden a_i allgemein zu bestimmen sind. Bei konvergenten Reihen wird der Grenzwert der Teilsummenfolge meist auch mit $\sum_{i=0}^{\infty} a_i$ bezeichnet, und man spricht vom **Summenwert**, also $\lim_{n \to \infty} s_n = \sum_{i=0}^{\infty} a_i$.

Beispiele:

1. *Gegeben sei die Reihe* $\sum_{i=0}^{n} (-1)^i = 1 - 1 + 1 - 1 + \ldots$. *Ihre n-te Teilsumme hat den Wert:*
$$s_n = \frac{1 + (-1)^n}{2} = \begin{cases} 1 & \text{für } n \text{ gerade} \\ 0 & \text{für } n \text{ ungerade} \end{cases}$$
Somit konvergiert die Folge s_n nicht, und die Reihe ist demnach divergent.

2. *Die **Eulersche Zahl** e spielt in der Mathematik eine große Rolle (z.B. bei Exponentialfunktionen und Logarithmen). Sie ist definiert als die unendliche Reihe:*
$$\text{e} = \sum_{i=0}^{\infty} \frac{1}{i!} = 1 + 1 + \frac{1}{2} + \frac{1}{6} + \ldots + \frac{1}{n!} + \ldots \qquad (7.17)$$

Die Folge (s_n) der Partialsummen ist offensichtlich streng monoton zunehmend. Außerdem ist sie beschränkt, denn es gilt $\forall n \in I\!N$:

$$s_n < 1 + 1 + \frac{1}{2^1} + \frac{1}{2^2} + \ldots + \frac{1}{2^{n-1}} = 1 + \sum_{i=1}^{n-1} \frac{1}{2^i} = 1 + \frac{1 - (1/2)^n}{1 - 1/2} < 3$$

Folglich existiert ein endlicher $\lim_{n \to \infty} s_n$, *d.h.* $\sum_{i=0}^{\infty} \frac{1}{i!}$ *ist konvergent.*

Man kann zeigen, daß e auch Grenzwert von $(t_n)_{n \in N}$ *mit* $t_n = \left(1 + \frac{1}{n}\right)^n$ *ist.*

Gegeben sei die arithmetische Folge $(a_\nu)_{\nu \in N_0}$ mit dem allgemeinen Glied $a_\nu = a_0 + \nu \cdot d$. Die n-te Partialsumme der unendlichen **arithmetischen Reihe** ist:

$$\begin{aligned} s_n &= \sum_{\nu=0}^{n} a_\nu = \sum_{\nu=0}^{n}(a_0 + \nu \cdot d) = \sum_{\nu=0}^{n} a_0 + d \cdot \sum_{\nu=0}^{n} \nu = \\ &= (n+1) \cdot a_0 + d \cdot \frac{n \cdot (n+1)}{2} = \frac{n+1}{2} \cdot (2a_0 + n \cdot d) = \\ &= \frac{n+1}{2} \cdot (a_0 + a_n) \end{aligned} \qquad (7.18)$$

Die n-te Partialsumme einer unendlichen arithmetischen Reihe ist also das Produkt aus der halben Anzahl der Folgenglieder und der Summe des ersten und letzten Folgenglieds.

Die unendliche arithmetische Reihe ist divergent $\forall a_0 \neq 0$, denn es gilt:

$$\begin{aligned} \sum_{\nu=0}^{\infty} a_\nu &= \lim_{n \to \infty} s_n = \lim_{n \to \infty} \left(\frac{(n+1) \cdot a_0}{2} + \frac{(n+1) \cdot a_n}{2} \right) = \\ &= \frac{a_0}{2} \cdot \underbrace{\lim_{n \to \infty} n}_{\infty} + \frac{a_0}{2} + \frac{1}{2} \cdot \lim_{n \to \infty} (n+1) \cdot a_n \end{aligned} \qquad (7.19)$$

Beispiel:

Die Summe der ersten zehn ungeraden Zahlen beträgt:

$$\sum_{i=0}^{9}(2i+1) = \frac{10}{2} \cdot (1 + 19) = 100$$

Die unendliche Reihe ist:

$$\sum_{i=0}^{\infty}(2i+1) = \lim_{n \to \infty} \frac{n+1}{2} \cdot (1 + 2n + 1) = \lim_{n \to \infty} (n+1)^2 = \infty$$

Gegeben sei die geometrische Folge $(a_\nu)_{\nu \in N_0}$ mit dem allgemeinen Glied $a_\nu = a_0 \cdot q^\nu$. Die n-te Partialsumme der unendlichen **geometrischen Reihe** ist:

$$s_n = \sum_{\nu=0}^{n} a_\nu = \sum_{\nu=0}^{n} a_0 \cdot q^\nu = a_0 \cdot \sum_{\nu=0}^{n} q^\nu \qquad (7.20)$$

Bildet man die Differenz $q \cdot s_n - s_n$ so folgt:

$$q \cdot s_n - s_n = a_0 \cdot \sum_{\nu=1}^{n+1} q^\nu - a_0 \cdot \sum_{\nu=0}^{n} q^\nu = a_0 \cdot (q^{n+1} - 1) \qquad (7.21)$$

Für die n-te Partialsumme ergibt sich somit:

$$s_n = a_0 \cdot \frac{q^{n+1} - 1}{q - 1} \qquad (7.22)$$

Die unendliche geometrische Reihe ist:

$$\sum_{\nu=0}^{\infty} a_\nu = \lim_{n \to \infty} s_n = \lim_{n \to \infty} a_0 \cdot \frac{q^{n+1} - 1}{q - 1} = \frac{a_0}{q - 1} \cdot \lim_{n \to \infty} (q^{n+1} - 1) \qquad (7.23)$$

Nun ist $\displaystyle\lim_{n \to \infty} q^{n+1} = \begin{cases} 0 & \text{für } |q| < 1 \\ 1 & \text{für } q = 1 \\ \text{unbestimmt für } q = -1 \text{ und } |q| > 1 \end{cases}$

Also existiert $\displaystyle\lim_{n \to \infty} s_n$ für $|q| < 1$ und es ist:

$$\lim_{n \to \infty} s_n = a_0 \cdot \sum_{\nu=0}^{\infty} a^\nu = a_0 \cdot \frac{1}{1 - q} \qquad \text{für } |q| < 1 \qquad (7.24)$$

Beispiel:

Die unendliche Reihe $\displaystyle\sum_{i=0}^{\infty} (-0.5)^i$ *ist konvergent und hat den Summenwert:*

$$\sum_{i=0}^{\infty} (-0.5)^i = \frac{1}{1 + 0.5} = \frac{2}{3}$$

7.4   Grenzwerte bei Funktionen

Der für Folgen eingeführte Grenzwertbegriff kann auch auf reellwertige Funktionen übertragen werden. Im Kapitel 6 wurden Funktionen vorgestellt, die für bestimmte Punkte nicht definiert sind. Wie verhält sich nun der Funktionswert, wenn man sich einem solchen Punkt beliebig nähert? Dazu führt man den Begriff des Grenzwerts bei Funktionen ein.

Eine Funktion $f(x)$ hat an der Stelle x_0 einen **Grenzwert** g, i.Z. $\lim\limits_{x \to x_0} f(x) = g$ bzw. $f(x) \to g$ für $x \to x_0$, wenn für jede Zahlenfolge $(x_\nu)_{\nu \in N}$ mit x_0 als Grenzwert (also: $\lim\limits_{\nu \to \infty} x_\nu = x_0$) die Folge $(f(x_\nu))_{\nu \in N}$ der Funktionswerte gegen g konvergiert, d.h. $\lim\limits_{\nu \to \infty} f(x) = g$. Man sagt auch, $f(x)$ konvergiert gegen g für $x \to x_0$.

Beispiele:

1. *Die Funktion* $\sin \dfrac{1}{x}$ *ist für alle* $x \neq 0$ *definiert. Dem Wert* $x = 0$ *kann so kein Funktionswert zugeordnet werden. Besitzt* $f(x) = \sin \dfrac{1}{x}$ *für* $x \to 0$ *einen Grenzwert? Daß dies nicht der Fall ist, zeigt die Tatsache, daß es verschiedene Nullfolgen gibt, etwa* $(x_\nu^{(1)})$ *und* $(x_\nu^{(2)})$, *deren Funktionswerte jeweils konstant sind, also* $f(x_\nu^{(1)}) = y_1$ *und* $f(x_\nu^{(2)}) = y_2$ $\forall \nu \in IN$. *Somit konvergieren die Funktionswerte von zwei verschiedenen Nullfolgen gegen zwei verschiedene Punkte* y_1 *und* y_2 *(vgl. Bild 7.1).*

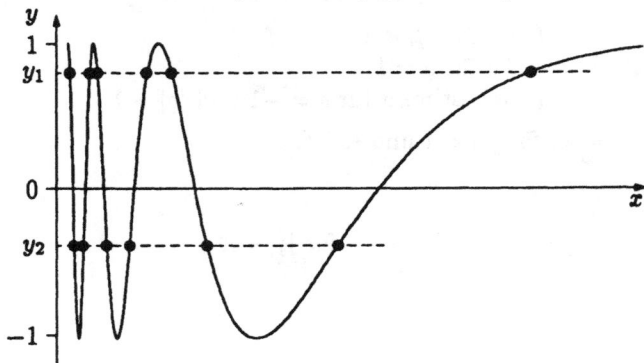

Bild 7.1: $y = \sin \dfrac{1}{x}$

2. *Die Funktion* $f(x) = \dfrac{\sin x}{x}$ *(vgl. Bild 7.2) ist für* $x = 0$ *nicht definiert.*

   Besitzt $f(x) = \dfrac{\sin x}{x}$ *für* $x \to 0$ *einen Grenzwert? Es existiert ein Grenzwert, wie sich aus folgender Überlegung ergibt. Dazu betrachtet man Bild 7.3.*

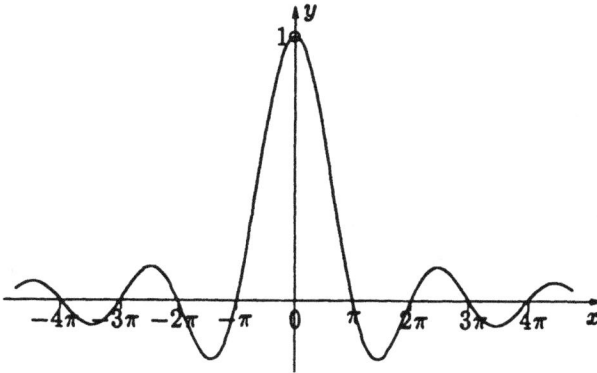

Bild 7.2: $y = \dfrac{\sin x}{x}$

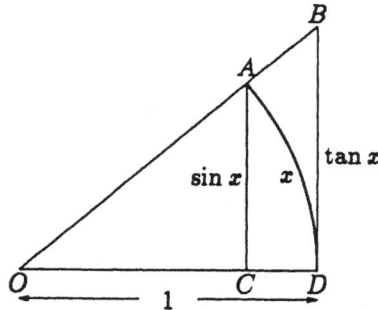

Bild 7.3: "Dreiecke" am Einheitskreis

Für die Flächen der "Dreiecke" OAC, OAD und OBD gilt: $F_{\triangle OAC} <$
$F_{\triangle OAD} < F_{\triangle OBD}$, also: $\dfrac{1}{2}\sin x \cos x < \dfrac{1}{2}x < \dfrac{1}{2}\tan x$.

Dividiert man durch $\dfrac{\sin x}{2}$, so folgt: $\cos x < \dfrac{x}{\sin x} < \dfrac{1}{\cos x}$.

Stürzen der Ungleichung ergibt: $\cos x < \dfrac{\sin x}{x} < \dfrac{1}{\cos x}$.

Die letzte Ungleichung gilt für positive und negative x-Werte. Läßt man nun
x dem Betrag nach immer kleiner werden, also gegen Null gehen ($x \to 0$),
so wird $\cos x$ gleich 1 und somit gilt:

$\dfrac{\sin x}{x} \to 1$ für $x \to 0$, d.h. $\lim\limits_{x \to 0} \dfrac{\sin x}{x} = 1$.

In 6.6 wurde bereits definiert, daß eine Funktion stetig ist, wenn bei geringer
Änderung des Arguments auch der Funktionswert nur wenig variiert. Daß die

Stetigkeit auch mit Hilfe des Limesbegriffs ausgedrückt werden kann, zeigt der folgende Satz:

$$f(x) \text{ ist stetig in } x_0 \quad \Leftrightarrow \quad \lim_{x \to x_0} f(x) = f(x_0) \qquad (7.25)$$

Es müssen also bei einer an der Stelle x_0 stetigen Funktion sowohl der Funktionswert $f(x_0)$ als auch der Grenzwert $\lim\limits_{x \to x_0} f(x)$ existieren, und beide Werte müssen gleich sein. Man kann bei einer stetigen Funktion sozusagen Funktionssymbol und Limeszeichen vertauschen:

$$\lim_{x \to x_0} f(x) = f\left(\lim_{x \to x_0} x\right) = f(x_0) \qquad (7.26)$$

Beispiele:

1. *Die Funktion* $f(x) = \begin{cases} \sin \dfrac{1}{x} & \text{für } x \neq 0 \\ 0 & \text{für } x = 0 \end{cases}$ *ist an der Stelle* $x = 0$ *unstetig,*

    denn es existiert, wie oben gezeigt, für $x \to 0$ *kein Grenzwert von* $y = \sin \dfrac{1}{x}$.

2. *Anders ist die Situation bei der Funktion* $f(x) = \dfrac{\sin x}{x}$, *die für* $x = 0$ *nicht definiert ist, dort jedoch einen Grenzwert besitzt. Setzt man nun für* $x = 0$ *diesen Grenzwert als Funktionswert fest, also* $f(0) = 1$, *so ist diese neue Funktion überall stetig. Man sagt, f wurde zu einer stetigen Funktion "ergänzt".*

Ist eine Funktion $f(x)$ an einer Stelle $x = a$ nicht definiert, existiert jedoch $\lim\limits_{x \to a} f(x)$, so heißt diese Unstetigkeit an der Stelle $x = a$ **hebbar** oder **stetig ergänzbar.**

Normalerweise werden hebbare Unstetigkeitsstellen stets ergänzt.

Wegen Gleichung (7.25) und den Rechenregeln für Grenzwerte (7.5) – (7.9) gilt:

1. Es seien die Funktion $f(x)$ und $g(x)$ für $x = x_0$ stetig, dann sind auch die Funktionen $|f|(x) = |f(x)|$, $(kf)(x) = k \cdot f(x)$, sowie $(f \pm g)(x) = f(x) \pm g(x)$, $(f \cdot g)(x) = f(x) \cdot g(x)$ und $\left(\dfrac{f}{g}\right)(x) = \dfrac{f(x)}{g(x)}$ (falls $g(x) \neq 0$) stetig an der Stelle $x = x_0$.

2. Die Zusammensetzung zweier stetiger Funktionen ist wieder eine stetige Funktion, d.h. wenn $f(x)$ an der Stelle $x = x_0$ stetig ist und $g(t)$ an der Stelle $t = t_0$ mit $g(t_0) = x_0$, so ist $h(t) = (f \circ g)(t) = f(g(t))$ auch stetig für $t = t_0$.

Zum Abschluß dieses Abschnitts sei noch angemerkt, daß auch bei Funktionen die uneigentlichen Grenzwerte $+\infty$ und $-\infty$ als Polstellen eine wichtige Rolle spielen.

Außerdem konvergieren die Funktionswerte $f(x_\nu)$ von Folgen (x_ν) mit dem Grenzwert $\lim\limits_{x \to x_0}$ oft gegen zwei verschiedene Werte, je nachdem, ob die Folgenglieder alle größer als x_0 oder kleiner als x_0 sind, d.h. ob man sich "von rechts"oder "von links" der Stelle x_0 annähert. Dies ist etwa der Fall für $\tan x$ an den Stellen $x = \dfrac{\pi}{2} \pm k\pi$ $(k \in \mathbb{Z})$ oder für $f(x) = \dfrac{x}{|x|}$ für $x \to 0$, wo gilt:

$\lim\limits_{x \to 0; x > 0} \dfrac{x}{|x|} = 1$ und $\lim\limits_{x \to 0; x < 0} \dfrac{x}{|x|} = -1$. In so einem Fall spricht man dann von **rechts-** bzw. **linksseitigem Grenzwert**, i.Z. $\lim\limits_{x \to x_0^+} f(x)$ bzw. $\lim\limits_{x \to x_0^-} f(x)$.

7.5　Zinsrechnung

Die geometrischen Folgen und Reihen spielen eine herausragende Rolle in der Zinsrechnung, deren wesentliche Aspekte hier zusammengestellt sind.

7.5.1　Verzinsung eines Kapitals

Ein Kapital K_0 werde zu $p\%$ Zinsen angelegt. Als **Zinssatz** bezeichnet man den Quotienten $r = \dfrac{p}{100}$. Am Ende des ersten Jahres beträgt der Zins dann $K_0 \cdot r$, und das Kapital K_1 am Ende des ersten Jahres demnach $K_1 = K_0 \cdot (1 + r)$. Das Kapital K_2 am Ende des zweiten Jahres ergibt sich folglich zu $K_2 = K_1 \cdot (1 + r) = K_0 \cdot (1 + r)^2$. Allgemein beträgt das Kapital K_n nach n Jahren:

$$K_n = K_0 \cdot (1 + r)^n = K_0 \cdot q^n \qquad (7.27)$$

K_n ist also Glied einer geometrischen Folge $(K_0 \cdot q^n)_{n \in N}$ mit dem Anfangsglied K_0 und dem **Zinsfaktor** $q = 1 + r$.

Manchmal werden Zinsen nicht erst am Ende eines Jahres, sondern bereits halbjährlich, vierteljährlich usw. kapitalisiert. Man spricht dann von **unterjähriger Verzinsung**. Werden die Zinsen jeweils nach einem m-ten Teil des Jahres zum Kapital geschlagen, dann ergibt sich während eines solchen Zeitraums ein Zins von $K \cdot \dfrac{r}{m}$. In einem Jahr hat man also m Zinsperioden und das Kapital erhöht sich bis zum Ende des ersten Jahres auf $K_0 \cdot \left(1 + \dfrac{r}{m}\right)^m$ bzw. nach n Jahren auf $K_0 \cdot \left(1 + \dfrac{r}{m}\right)^{m \cdot n}$.

In der Zinsformel (7.27) werden K_0 als **Barwert**, K_n als **Endwert** und die Faktoren $q^n = (1 + r)^n$ als **Aufzinsungsfaktoren** bezeichnet.

Löst man Gleichung (7.27) nach K_0 auf, so kann man ein später fälliges Kapital K_n zurückdatieren, **diskontieren**, wie es in der Fachsprache heißt:

$$K_0 = \frac{K_n}{(1 + r)^n} = \frac{K_n}{q^n} \qquad (7.28)$$

Die Faktoren $\dfrac{1}{q^n} = \dfrac{1}{(1 + r)^n}$ nennt man **Abzinsungsfaktoren**.

Beispiele:

1. *Ein Kapital von 2000 DM ist zu 6% angelegt. Auf welche Summe wächst es in 20 Jahren an?*

   $K_{20} = 2000 \cdot (1 + 0.06)^{20} = 2000 \cdot 1.06^{20} = 2000 \cdot 3.207 = 6414$ [DM]

2. *Wie groß ist der Barwert eines nach 30 Jahren fälligen Kapitals von 10000 DM bei 5% Zinseszins?*

$$K_0 = \frac{10000}{1.05^{30}} = \frac{10000}{4.32194} = 2314 \text{ [DM]}$$

3. *Ein junger Wald hat einen Bestand von 90 $\frac{m^3}{ha}$. Nach wievielen Jahren hat sich der Bestand bei einem jährlichen Zuwachs von 3% verdoppelt?*

Hier ist $K_0 = 90$, $K_n = 2 \cdot K_0 = 180$ und $q = 1 + 0.03 = 1.03$. Gesucht ist n.

$$K_n = 2 \cdot K_0 = K_0 \cdot q^n = K_0 \cdot 1.03^n \Rightarrow 2 = 1.03^n$$

Logarithmiert man diese letzte Gleichung, dann erhält man:

$$\log 2 = n \cdot \log 1.03 \Leftrightarrow n = \frac{\log 2}{\log 1.03} = 23.45$$

Der Bestand hat sich also nach gut 23 Jahren verdoppelt.

Aus der Rechnung geht hervor, daß man die Angabe zum Anfangsbestand gar nicht benötigt. Zur Berechnung der Verdopplungszeit ist nur die Zuwachsrate notwendig. Die Begriffe Verdopplungszeit und Wachstumsrate sind bereits im Abschnitt 6.8 erklärt.

4. *Im Agrarbericht 1978 der Bundesregierung findet man folgende Übersicht über das Reineinkommen (Gewinn) je Familienarbeitskraft in den landwirtschaftlichen Vollerwerbsbetrieben.*

Wirtschaftsjahr	DM/AK	Veränderung gegenüber dem Vorjahr in %
1968/69	12151	
1969/70	13175	+ 8.4
1970/71	11907	− 9.6
1971/72	16718	+40.4
1972/73	20031	+19.8
1973/74	19972	− 0.3
1974/75	21221	+ 6.3
1975/76	25488	+20.1
1976/77	21969	−13.8

Die Durchschnittliche jährliche Veränderung zwischen 1976/77 und 1968/69 ist mit +7.7% angegeben. Diese Zahl läßt sich mit der Zinseszinsformel berechnen:

$$K_0 = 12151, \ K_8 = 21969, \ q^8 = \frac{K_8}{K_0} = \frac{21969}{12151} = 1.808 \ q = 1.077, \ also$$

$r = 7.7\%$.

Das Beispiel mit dem Wald zeigt, daß die Zinsrechnung nicht auf Geldbeträge beschränkt ist. Die Formel (7.27) ist in allen Fällen anwendbar, bei denen ein Anfangswert in konstanten Zeitabständen prozentual jeweils gleich vermehrt oder, falls $q < 0$, vermindert wird. Sie ist praktisch identisch mit der Gleichung einer Exponentialfunktion nach Gleichung (6.27) mit der Basis $q = 1 + r$ und dem Exponenten n.

7.5.2   Tilgungsrechnung

Es soll ein Kredit K getilgt werden, bei dem jährlich derselbe Betrag zurückgezahlt wird. Man spricht dann von gleichbleibenden **Annuitäten**. Der Zinssatz $r = p\%$ bleibe über die gesamte Tilgungszeit gleich. Da jeweils nur die Restschuld zu verzinsen ist, werden die Zinsen immer niedriger, und die Tilgungsrate wächst dadurch um die ersparten Zinsen. Es sei T_1 die Tilgungsrate im ersten Jahr, dann beträgt die Tilgungsrate T_2 im zweiten Jahr $T_2 = T_1 \cdot (1+r) = T_1 \cdot q$, usw. Insgesamt bilden die Tilgungsraten T_m eine geometrische Folge mit dem Anfangsglied T_1 und dem Quotienten $q = 1 + r$, d.h.

$$T_m = T_1 \cdot (1 + r)^{m-1} = T_1 \cdot q^{m-1} \qquad (m = 1, 2, \ldots, n), \tag{7.29}$$

wobei T_m die Tilgungsrate am Ende des m-ten Jahres ist und der Kredit nach n Jahren getilgt sein soll. Also muß gelten:

$$K_0 = T_1 + T_2 + \ldots + T_n = T_1 + T_1 \cdot q + \ldots + T_1 \cdot q^{n-1} \tag{7.30}$$

Dies ist die $(n-1)$-te Partialsumme einer geometrischen Reihe, d.h.:

$$K_0 = T_1 \cdot \frac{q^n - 1}{q - 1} \tag{7.31}$$

Ebenso erhält man die Restschuld K_m nach m Jahren als Differenz aus Kreditbetrag minus der Tilgungsraten der ersten m Jahre.

$$K_m = K_0 - \sum_{i=1}^{m} T_i = K_0 - \sum_{i=1}^{m} T_1 \cdot q^i = K_0 - T_1 \cdot \frac{q^m - 1}{q - 1} \tag{7.32}$$

Es sei A die zunächst unbekannte Annuität. Die Restschuld nach einem Jahr ist $K_1 = K_0 \cdot q - A$, und damit die Tilgung $T_1 = K_0 - K_1 = K_0 - K_0 \cdot q + A$. Setzt man dies in Gleichung (7.31) ein, dann erhält man: $K_0 = (K_0 - K_0 \cdot q + A) \cdot \dfrac{q^n - 1}{q - 1}$

$$\Leftrightarrow K_0 \cdot q^n = A \cdot \frac{q^n - 1}{q - 1}$$

Somit gilt:

$$K_0 = \frac{A}{q^n} \cdot \frac{q^n - 1}{q - 1} \quad \text{bzw.} \quad A = K_0 \cdot \frac{q^n(q-1)}{q^n - 1} \tag{7.33}$$

Der Faktor $\frac{q^n(q-1)}{q^n-1}$ bei K_0 heißt auch **Annuitätenfaktor**.

Ganz analog kann man aus Gleichung (7.32) den Faktor T_1 eliminieren, und man erhält dann für die Restschuld K_m nach m Jahren:

$$K_m = K_0 \cdot q^m - A \cdot \frac{q^m - 1}{q - 1} \tag{7.34}$$

Beispiele:

1. Ein Darlehen von 100000 DM *soll innerhalb von 30 Jahren durch gleichbleibende Annuitäten getilgt werden. Der Zinssatz betrage 8%. Zunächst wird die hieraus resultierende Annuität A berechnet:*

$$q = 1.08, \, n = 30, \, \frac{q^n(q-1)}{q^n - 1} = \frac{1.08^{30} \cdot 0.08}{1.08^{30} - 1} = 0.08883$$

$$A = K_0 \cdot \frac{q^n(q-1)}{q^n - 1} = 10^5 \cdot 0.08883 \stackrel{.}{=} 8883 \, [DM]$$

Die Tilgungsrate am Ende des ersten Jahres ist:

$T_1 = A - K_0 \cdot r = 8883 - 10^5 \cdot 0.08 = 8883 - 8000 = 883 \, [DM]$

Für die Restschuld K_{25} nach 25 Jahren und die Tilgungsrate T_{25} im 25. Jahr ergibt sich:

$$K_{25} = K_0 - T_1 \cdot \frac{q^{25} - 1}{q - 1} = 10^5 - 883 \cdot \frac{1.08^{25} - 1}{0.08} =$$

$$= 10^5 - 883 \cdot 73.106 = 100000 - 645553 = 35447 \, [DM]$$

$$T_{25} = T_1 \cdot q^{24} = 883 \cdot 1.08^{24} = 5599 \, [DM]$$

Für die Zinsen im 30. Jahr ergibt sich:

$Z_{30} = A - T_{30} = 8883 - 883 \cdot 1.08^{29} = 656 \, [DM]$

2. Eine Schuld von 12000 DM *soll wie folgt getilgt werden. Im ersten Jahr werden 2000 DM zurückgezahlt und in den folgenden zehn Jahren jeweils ein gleicher Betrag A. Wie groß muß dieser Betrag A sein, wenn ein Zinssatz von 5% angesetzt wird?*

Es ist also $K_0 = 12000$ und $q = 1.05$. Die Restschuld nach einem Jahr beträgt $K_1 = K_0 \cdot q - 2000 = 10600$. Dieses K_1 ist anstelle von K_0 in die Gleichung (7.33) einzusetzen ($n = 10$), und man erhält:

$$A = K_1 \cdot \frac{q^{10}(q-1)}{q^{10} - 1} = \frac{10600 \cdot 1.629 \cdot 0.05}{0.629} = 1373 \, [DM]$$

3. *Der Bestand eines Walds beträgt* 100000 m³, *sein jährlicher Zuwachs* 4%.
   Wieviel ist nach 20 Jahren vorhanden, wenn jährlich 1500 m³ *abgeholzt werden?*

Auch diese Aufgabe kann mit obigen Gleichungen gelöst werden. Es ist
$K_0 = 10^5$ m³, $q = 1.04$ *und* $A = 1500$ m³. *Gesucht ist* K_{20}.

$$K_{20} = K_0 \cdot q^{20} - A \cdot \frac{q^{20} - 1}{q - 1} = 10^5 \cdot 1.04^{20} - 1500 \cdot \frac{1.04^{20} - 1}{0.04} =$$

$$= 219112 - 44667 = 174445 \ [\text{m}^3]$$

Der Waldbestand ist also trotz einer jährlichen Holzentnahme in 20 Jahren um gut 74% gewachsen.

Der Holzbestand bleibt konstant, wenn jedes Jahr soviel Holz geschlagen wird, wie nachwächst, d.h. $A = K_0 \cdot (q - 1) = 10^5 \cdot 0.04 = 4000$ [m³]. *Wird dagegen mehr als* 4000 m³ *Holz pro Jahr geschlagen, so verringert sich der Holzbestand kontinuierlich (Raubbau). Nach wieviel Jahren wäre der Wald abgeholzt, wenn jährlich* 5000 m³ *Holz entnommen werden?*

$$0 = K_0 \cdot q^n - A \cdot \frac{q^n - 1}{q - 1} = 10^5 \cdot 1.04^n - 5000 \cdot \frac{1.04^n - 1}{0.04}$$

$$\frac{10^5 \cdot 0.04}{5000} = \frac{1.04^n - 1}{1.04^n} \quad \Leftrightarrow \quad 0.08 = 1 - \frac{1}{1.04^n} \quad \Leftrightarrow \quad 0.2 = \frac{1}{1.04^n}$$

Logarithmiert man diese Beziehung, so erhält man:

$$\log 5 = n \cdot \log 1.04 \quad \Leftrightarrow \quad n = \frac{\log 5}{\log 1.04} = 41.04$$

Der Wald wäre also nach etwa 41 Jahren vernichtet.

7.5.3   Effektivzinsen

Bei Krediten, insbesondere bei Hypothekendarlehen, sind häufig Bedingungen folgender Art üblich: Zinssatz p%, Auszahlung a%. Beträgt z.B. die Auszahlung 96%, so erhält man bei einem Kredit von 100000 DM nur 96000 DM ausbezahlt. Getilgt werden muß aber die gesamte Kreditsumme zu dem vereinbarten Zinssatz. In diesem Zusammenhang stellt sich die Frage, ob etwa ein Kredit bei 6% Zinsen und 95% Auszahlung günstiger ist, als einer mit 7% Zinsen und 98% Auszahlung.

Die Annuität A beträgt gemäß Gleichung (7.33) bei einer nominalen Kreditsumme K_0 und einem vereinbarten Zinssatz von p% bei n Jahren Laufzeit:
$A = K_0 \cdot \frac{q^n(q - 1)}{q^n - 1}$. Da man aber nur $a\% \cdot K_0$ tatsächlich als Darlehen erhält, ist es von Interesse, welcher Zinssatz $\bar{p}$% zugrundezulegen ist, wenn man mit derselben Annuität und bei gleicher Laufzeit eben nur $a\% \cdot K_0$ zu tilgen hätte.

Man bezeichnet $\bar{p}\%$ als **effektiven Zinssatz**. Mit $\bar{q} = 1 + \dfrac{\bar{p}}{100}$ und $\alpha = \dfrac{a}{100}$ gilt dann:

$$A = \alpha K_0 \cdot \frac{\bar{q}^n(\bar{q}-1)}{\bar{q}^n - 1} \tag{7.35}$$

Durch Gleichsetzen dieser Gleichung mit der obigen erhält man:

$$\frac{q^n(q-1)}{\alpha(q^n - 1)} = \frac{\bar{q}^n(\bar{q}-1)}{\bar{q}^n - 1} \tag{7.36}$$

Hier stehen auf der linken Seite lauter bekannte Größen, während die rechte Seite das unbekannte $\bar{q}$ enthält. Leider kann diese Gleichung nicht auf einfache Weise nach $\bar{q}$ und damit nach dem effektiven Zinssatz $\bar{p}\%$ aufgelöst werden. Es gilt aber folgende äquivalente Beziehung:

$$\bar{q}_1 > \bar{q}_2 \quad \Leftrightarrow \quad \frac{\bar{q}_1^n(\bar{q}_1 - 1)}{\bar{q}_1^n - 1} > \frac{\bar{q}_2^n(\bar{q}_2 - 1)}{\bar{q}_2^n - 1} \tag{7.37}$$

Die Quotienten kann man nach Gleichung (7.36) berechnen und damit zwei Bedingungskombinationen vergleichen.

Beispiel:

Welcher Kredit ist günstiger: 6% Zins bei 95% Auszahlung oder 7% Zins bei 98% Auszahlung?

Zunächst sei die Laufzeit n des Kredits 5 Jahre:

$$q_1 = 1.06, \ \alpha_1 = 0.95, \ \frac{q_1^n(q_1 - 1)}{\alpha_1(q_1^n - 1)} = \frac{1.06^5 \cdot 0.06}{0.95(1.06^5 - 1)} = 0.2499$$

$$q_2 = 1.07, \ \alpha_2 = 0.98 \ \frac{q_2^n(q_2 - 1)}{\alpha_2(q_2^n - 1)} = \frac{1.07^5 \cdot 0.07}{0.98(1.07^5 - 1)} = 0.2489$$

Hieraus ergibt sich $\bar{q}_1 > \bar{q}_2$, d.h. bei einer Laufzeit von 5 Jahren ist der effektive Zinssatz $\bar{p}_2\%$ der zweiten Kombination (7%, 98%) kleiner, dies ist also der günstigere Fall.

Bei einer Laufzeit von $n = 10$ Jahren erhält man:

$$\frac{1.06^{10} \cdot 0.06}{0.95(1.06^{10} - 1)} = 0.1430 \quad und \quad \frac{1.07^{10} \cdot 0.07}{0.98(1.07^{10} - 1)} = 0.1453.$$

Hieraus ergibt sich $\bar{q}_2 > \bar{q}_1$, d.h. bei einer Laufzeit von 10 Jahren ist die erste Kombination (6%, 95%) die bessere.

7.5.4   Prozentannuitäten

Bei der bisherigen Betrachtungsweise der Tilgung eines Kredits K_0 wurde die
Dauer der Rückzahlung festgelegt und daraus die Annuität berechnet. Man
kann auch umgekehrt vorgehen, d.h. man gibt die Annuität vor, etwa als pro-
zentualen Anteil der Kreditsumme (**Prozentannuität**), und bestimmt daraus
die Laufzeit. Ist die Annuität A gegeben, dann erhält man durch Gleichsetzen
von Gleichung (7.31) und (7.33):

$$\frac{A}{q^n} = T_1 \quad \Leftrightarrow \quad q^n = \frac{a}{T_1} \quad \Leftrightarrow \quad n = \frac{\log A - \log T_1}{\log q} \tag{7.38}$$

Im allgemeinen ergibt sich hierbei kein ganzzahliges n. Dann nimmt man die
nächstkleinere natürliche Zahl $\tilde{n}$ als Tilgungsdauer, und es verbleibt ein Restbe-
trag AZ, die sog. **Abschlußzahlung**, die am Ende des $\tilde{n}$-ten Jahres zu leisten
ist. Die Höhe der Abschlußzahlung ist nichts anderes als die Restschuld nach $\tilde{n}$
Jahren, also:

$$AZ = K_0 \cdot q^{\tilde{n}} - A \cdot \frac{q^{\tilde{n}} - 1}{q - 1} \tag{7.39}$$

Beispiel:

*Die Kreditsumme betrage 100000 DM, der Zinssatz sei 8% und es sei eine
Prozentannuität von 9% vereinbart.*

*Es ist also $A = 9000$, $q = 1.08$ und $T_1 = A - Z_1 = 9000 - 8000 = 1000$. Hieraus
ergibt sich die theoretische Laufzeit n zu:*

$$n = \frac{\log 9000 - \log 1000}{\log 1.08} = \frac{\log 9}{\log 1.08} = 28.55$$

*Somit beträgt die Laufzeit 28 Jahre. Am Ende ist dann noch folgende Ab-
schlußzahlung zu leisten:*

$$AZ = K_0 \cdot q^{28} - A \cdot \frac{q^{28} - 1}{q - 1} = 4661.20 \text{ [DM]}$$

Im vorliegenden Abschnitt 7.5 konnten nur wenige grundlegende Aspekte der
Zins- und Tilgungsrechnung behandelt werden. In diesem Zusammenhang gibt
es noch viele weitere Probleme und Stichworte, wie Rentenberechnung, Rendite,
vorschüssige und nachschüssige Verzinsung usw.

Die Behandlung all dieser praktischen Anwendungen bezeichnet man als **Finanzmathematik**. Der interessierte Leser wird auf die Spezialliteratur über
dieses Gebiet verwiesen.

Aufgaben

1. In einem Fußballstadion befinden sich in der untersten Reihe 500 Sitzplätze und in jeder folgenden Reihe 50 Plätze mehr. Wie groß ist das Fassungsvermögen des Stadions, wenn 50 Reihen vorhanden sind? Wie viele Personen können in der obersten Reihe Platz nehmen?

2. Für welche Werte von n ist der Quotient $q_n = \dfrac{1^2 + 2^2 + \ldots + n^2}{1 + 2 + \ldots + n}$ eine ganze Zahl?

3. Bestimmen Sie den Summenwert der Reihe $1 - 2^2 + 3^2 - 4^2 + 5^2 - \ldots + (2n-1)^2$.

4. Einem Liter einer 6%-igen Salzlösung werden 0.5 Liter destilliertes Wasser zugesetzt. Von dieser Mischung wird 1 Liter abgefüllt. Mit der neu entstandenen Lösung wird in gleicher Weise verfahren. Wie oft muß der geschilderte Mischungsvorgang wiederholt werden, damit eine Lösung mit weniger als 0.005% Salzgehalt entsteht?

5. Es sei $S(q) = \displaystyle\sum_{i=0}^{\infty} q^i$ eine geometrische Reihe mit $|q| < 1$. Zeigen Sie, daß bei Ersetzung von $S(q)$ durch die n-te Teilsumme $S_n(q) = \displaystyle\sum_{i=0}^{n} q^i$ der relative Fehler $\dfrac{S(q) - S_n(q)}{S(q)}$ gleich q^{n+1} ist. Bestimmen Sie n so, daß für $q = 0.1$ dieser relative Fehler kleiner als 10^{-4} ist.

6. In wieviel Jahren

   a) verdreifacht sich ein Kapital bei 4% Zinsen?

   b) wachsen 51000 DM bei 4.7% Zinsen auf denselben Betrag an wie 21000 DM bei 5.5% in 20 Jahren?

7. Welche Verzinsung liegt zugrunde, wenn sich ein Kapital in 15 Jahren verdreifacht?

8. a) Ein Darlehen von 120000 DM soll bei 8.5% Zinsen in 30 Jahren zurückgezahlt werden. Wie hoch ist die Annuität?

   b) Wie hoch ist die Annuität, wenn die Rückzahlung erst ab dem sechsten Jahr beginnt, und das Darlehen auch nach 30 Jahren (ab Ausgabe) getilgt sein soll?

   c) Wie lange dauert die Tilgung des Kredits, wenn eine Prozentannuität von 10% gezahlt wird? Wie hoch ist die Abschlußzahlung?

9. Welche der folgenden Konditionen für Baugeld ist bei einer Laufzeit von 15 Jahren günstiger?

   a) Zins: 10.5%, Auszahlung: 95%
   b) Zins: 11.0%, Auszahlung: 97%

10. Für einen Kredit in Höhe von 10000 DM, der in 5 Jahren getilgt werden soll, hat man die Angebote zweier Banken zur Auswahl:

   a) Bank A: Zinssatz 11% p.a., Abrechnung am Ende jedes Jahres
   b) Bank B: Zinssatz 12% p.a., Abrechnung am Ende jedes Vierteljahrs

   Berechnen Sie zu a) die Annuität und zu b) die **Quartalität**, d.h. den vierteljährlich zurückzuzahlenden Betrag. Bei welcher der beiden Banken würden Sie den Kredit nehmen und warum?

11. Ein Waldstück bestehe aus 10^6 Bäumen. Die jährliche Waldsterbensrate sei 11%.

   a) Wieviele Bäume müssen pro Jahr nachgepflanzt werden, um den Bestand konstant zu halten?
   b) Wieviel Prozent des ursprünglichen Bestands sind nach 10 Jahren noch vorhanden, wenn die Nachpflanzung 40000 Bäume pro Jahr beträgt?

Lösungen

1. $a_0 = 500$, $a_1 = 500 + 1 \cdot 50$, $a_2 = 500 + 2 \cdot 50$, $\ldots a_{49} = 500 + 49 \cdot 50 = 2950$, d.h. in der obersten Reihe gibt es 2950 Plätze.

   Es liegt eine arithmetische Reihe vor, deren n-te Partialsumme s_n sich ergibt als $s_n = \dfrac{n+1}{2}(a_0 + a_n)$, also: $s_{49} = 25 \cdot (500 + 2950) = 86250$. Das Stadion faßt demnach 86250 Personen.

2. Es ist $\displaystyle\sum_{i=1}^{n} i = \frac{n(n+1)}{2}$, $\displaystyle\sum_{i=1}^{n} i^2 = \frac{n(n+1)(2n+1)}{6}$, $q_n = \frac{2n+1}{3}$

   $q_n \in \mathbb{Z} \Leftrightarrow 2n+1 = 3k$ mit $k \in \mathbb{Z} \Leftrightarrow n = \dfrac{3k-1}{2}$

   Für $n = 1, 4, 7, \ldots$ ist also q_n eine ganze Zahl.

3. $\displaystyle S_n = \sum_{j=1}^{n}(2j-1)^2 - \sum_{j=1}^{n-1}(2j)^2 = (2n-1)^2 - 4\sum_{j=1}^{n-1} j + (n-1) =$
   $= (2n-1)^2 - 2(n-1)n + (n-1) = n(2n-1)$

4. Die Konzentration nimmt mit jedem Verdünnungsschritt um den Faktor $\frac{2}{3}$ ab, d.h. $q = \frac{2}{3}$. Die Konzentration nach der n-ten Verdünnung ist:

$$c_n = c_0 \cdot q^n = 6\% \cdot \left(\frac{2}{3}\right)^n$$

Gesucht ist n, bei dem die Konzentration unter 0.005% fällt:

$$0.005\% = 6\% \cdot \left(\frac{2}{3}\right)^n \Rightarrow \log 0.005 = \log 6 + n(\log 2 - \log 3)$$

$$n = \frac{\log 0.005 - \log 6}{\log 2 - \log 3} \approx 17.5$$

Die Konzentration von 0.005% wird also nach der 18. Verdünnung unterschritten.

5. $S(q) = \sum_{i=0}^{\infty} q^i$ ist konvergent für $|q| < 1 \Rightarrow S(q) = \frac{1}{1-q}$

$$S_n(q) = \frac{1 - q^{n+1}}{1 - q} \quad \Rightarrow \quad \frac{S(q) - S_n(q)}{S(q)} = q^{n+1}$$

$$0.1^{n+1} < 10^{-4} \Leftrightarrow \left(\frac{1}{10}\right)^{n+1} < \left(\frac{1}{10}\right)^4 \Leftrightarrow 10^4 < 10^{n+1} \Rightarrow n+1 > 4 \Rightarrow$$

$$n > 3$$

6. a) $3K_0 = K_0 \cdot (1 + 0.04)^n \Rightarrow 3 = 1.04^n \Rightarrow \frac{\ln 3}{\ln 1.04} = n \Rightarrow n = 28$

   b) $K = 21000 \cdot 1.055^{20} = 61272.9 = 51000 \cdot 1.047^n$

   $$\ln \frac{K}{51000} = n \cdot \ln 1.047 \Rightarrow n = 4$$

7. $K_{15} = 3K_0 = K_0 \cdot q^{15} \Rightarrow q^{15} = 3 \Rightarrow \ln q = \frac{\ln 3}{15} \Rightarrow q \approx 1.076$, d.h. es liegt ein Zuwachs von 7.6% zugrunde.

8. a) $A = K_0 \cdot \frac{q^n(q-1)}{q^n - 1}$, $K_0 = 120000$, $q = 1.085$, $n = 30 \Rightarrow A = 11166$ DM

   b) In den ersten fünf Jahren wachsen die Schulden auf $K_5 = K_0 \cdot q^5 = 120000 \cdot 1.085^5 = 180439$ [DM]. Die Rückzahlung erfolgt in den verbleibenden 25 Jahren: $A = K_5 \cdot \frac{q^n(q-1)}{(q^n - 1)} = 17631$ [DM].

   c) Die Prozentannuität beträgt $10\% \cdot 120000 = 12000$ [DM].
   $$T_1 = A - Z_1 = 12000 - 120000 \cdot 0.085 = 1800 \text{ [DM]}$$
   $$n = \frac{\lg A - \lg T_1}{\lg q} = \frac{\lg 12000 - \lg 1800}{\lg 1.085} = 23.25 \Rightarrow \tilde{n} = 23$$

$$AZ = K_0 \cdot q^{\tilde{n}} - A \cdot \frac{q^{\tilde{n}} - 1}{q - 1} = 120000 \cdot 1.085^{23} - 12000 \frac{1.085^{23} - 1}{0.085} =$$

2903 [DM]

9. a) $\dfrac{1.105^{15} \cdot 0.105}{0.95 \cdot (1.105^{15} - 1)} = 0.1424$, b) $\dfrac{1.11^{15} \cdot 0.11}{0.97 \cdot (1.11^{15} - 1)} = 0.1434$

Es ist also die unter a) angeführte Bedingungskombination günstiger.

10. a) Bank A: $A = K_0 \cdot \dfrac{q^n(q - 1)}{q^n - 1}$, $K_0 = 10000$, $q = 1.11$, $n = 5 \Rightarrow A = 2705.7$

    In den fünf Jahren sind also $5 \cdot 2705.7 = 13528.50$ DM für den Kredit zu zahlen.

    b) Bank B: $Q = K_0 \cdot \dfrac{\hat{q}^n(\hat{q} - 1)}{\hat{q}^n - 1}$, $K_0 = 10000$, $q = 1 + \dfrac{0.12}{4} = 1.04$, $n = 4 \cdot 5 =$

    $20 \Rightarrow Q = 672.16$ In den fünf Jahren sind also $20 \cdot 672.16 = 13443.2$ DM für den Kredit zu zahlen.

    Der Kredit von Bank B ist also günstiger.

11. a) Die Anzahl der zu pflanzenden Bäume entspricht der Sterberate: $0.11 \cdot 10^6 = 110000$

    b) Das Waldsterben verursacht einen negativen Zinssatz von $r = -0.11 \Rightarrow$ $q = 1 + r = 0.89$. Auch die Annuität ist negativ, da zum Wald Bäume hinzugefügt werden:

$$K_{10} = K_0 \cdot q^{10} - A \cdot \frac{q^{10} - 1}{q - 1} = 10^6 \cdot 0.89^{10} - (-40000) \cdot \frac{0.89^{10} - 1}{-0.11} =$$

$$= 311817 + 250248 = 562065$$

Nach 10 Jahren sind also noch ca. 56% der Bäume vorhanden.

Kapitel 8

Differentialrechnung

Der im Kapitel 6 eingeführte Begriff der Stetigkeit ist besonders wichtig, denn die in der Praxis vorkommenden Funktionen sind i.a. zumindest stückweise stetig. Im folgenden sollen nun stetige Funktionen auf die Änderung der Funktionswerte, wenn das Argument einen bestimmten Bereich durchläuft, untersucht werden. Anders ausgedrückt heißt dies, es interessiert die Stärke der Abhängigkeit der Funktionswerte $f(x)$ von den x-Werten – in anschaulicher, graphischer Betrachtung – die Steigung der Kurve. Zunächst soll die durchschnittliche Änderung betrachtet werden. Dazu nimmt man zwei Argumente im Abstand Δx, etwa x und $x + \Delta x$, und die zugehörigen Funktionswerte $f(x)$ und $f(x + \Delta x)$. Die durchschnittliche Änderung der Funktion f im Intervall $[x, x + \Delta x]$ ist dann der Quotient:

$$\frac{f(x + \Delta x) - f(x)}{(x + \Delta x) - x} = \frac{\Delta f(x)}{\Delta x} \tag{8.1}$$

Man spricht auch vom **Differenzenquotienten** von f an der Stelle x. Läßt man die Intervallänge Δx immer kleiner werden, also gegen Null gehen, so kann der Quotient $\frac{\Delta f(x)}{\Delta x}$ gegen einen Grenzwert streben. Der Grenzwert soll bei Annäherung der Punkte x von rechts an x_0 ($\Delta x > 0$) und bei Annäherung der Punkte x von links an x_0 ($\Delta x < 0$) existieren und jeweils gleich sein. Diese Grenzwerte werden im folgenden Kapitel behandelt.

8.1 Die Ableitung einer Funktion

8.1.1 Der Differentialquotient

Falls für $x = x_0$ der Grenzwert

$$f'(x_0) = \lim_{\Delta x \to 0} \frac{f(x_0 + \Delta x) - f(x_0)}{\Delta x} \tag{8.2}$$

existiert, so heißt $f'(x_0)$ die **Ableitung** der Funktion f an der Stelle $x = x_0$. Man sagt, f ist an der Stelle $x = x_0$ **differenzierbar**.

Ist f an jeder Stelle ihres Definitionsbereichs differenzierbar, so erhält man eine neue Funktion f', die **Ableitung von f**, deren Funktionswerte $f'(x)$ die Grenzwerte $\lim_{\Delta x \to 0} \frac{f(x + \Delta x) - f(x)}{\Delta x}$ sind. Neben $f'(x)$ sind auch noch die

Schreibweisen $\dfrac{df}{dx}$, $\dfrac{d}{dx}f(x)$, $\dfrac{dy}{dx}$ und y' gebräuchlich. Man bezeichnet die Ableitung häufig auch als **Differentialquotient**.

Die Ableitung $f'(x_0)$ kann man geometrisch veranschaulichen. Man betrachtet dazu (siehe Bild 8.1) den Graph einer Funktion $f(x)$. Die Argumente x_0 und $x_0 + \Delta x$ haben den Abstand Δx. Den Abstand der zugehörigen Funktionswerte $f(x_0)$ und $f(x_0 + \Delta x)$ bezeichnet man mit Δy.

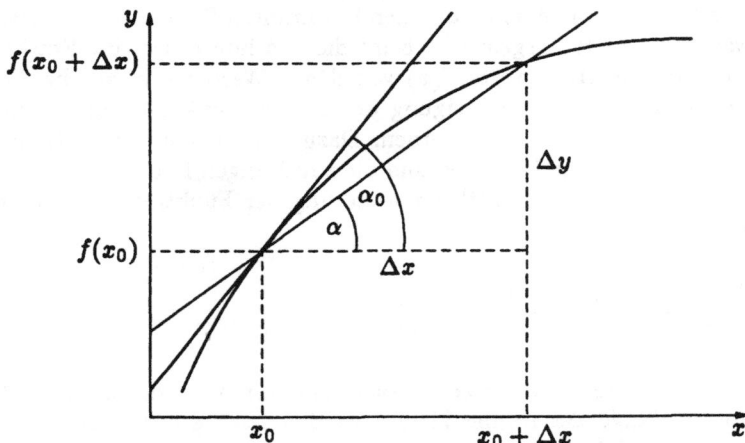

Bild 8.1: Funktion und Ableitung

Verbindet man die Punkte $(x_0, f(x_0))$ und $(x_0 + \Delta x, f(x_0 + \Delta x))$ durch eine Gerade, so ist diese Gerade eine Sekante der Kurve $y = f(x)$ mit der Steigung $\dfrac{f(x + \Delta x) - f(x)}{(x + \Delta x) - x} = \dfrac{\Delta y}{\Delta x} = \tan \alpha$, wobei α der Winkel zwischen der Sekante und der horizontalen Geraden $y = f(x_0)$ ist. Der Differenzenquotient stellt also die Steigung der Kurvensekante dar. Verkleinert man nun Δx, d.h. läßt man den Punkt $(x_0 + \Delta x, f(x_0 + \Delta x))$ auf dem Graphen von f gegen $(x_0, f(x_0))$ wandern, so fallen im Grenzfall $\Delta x = 0$ die beiden Punkte zusammen und die Gerade erreicht eine Grenzlage, sie wird zur **Tangente** an die Kurve im Punkt $(x_0, f(x_0))$. Da die Wanderung genau der Grenzwertbildung $\displaystyle\lim_{\Delta x \to 0} \dfrac{f(x + \Delta x) - f(x)}{\Delta x}$ entspricht, stellt die Ableitung $f'(x_0)$ an der Stelle $x = x_0$ gerade die Steigung der Kurventangente im Punkt $(x_0, f(x_0))$ dar, d.h. $f'(x_0) = \tan \alpha_0$.

Anhand dieser Vorgehensweise wird bereits klar, daß die Stetigkeit eine notwendige Voraussetzung für die Differenzierbarkeit ist. Wenn also eine Funktion an der Stelle $x = x_0$ unstetig ist, so ist sie dort auch nicht differenzierbar.

Jede differenzierbare Funktion ist stetig:

$$f \text{ ist differenzierbar in } x_0 \quad \Rightarrow \quad f \text{ ist stetig in } x_0 \tag{8.3}$$

Die Umkehrung gilt nicht.

Beweis:

Damit ein eigentlicher Grenzwert $\lim\limits_{\Delta x \to 0} \dfrac{f(x + \Delta x) - f(x)}{\Delta x}$ existiert, ist es notwendig, daß $\lim\limits_{\Delta x \to 0} (f(x + \Delta x) - f(x)) = 0$ ist, d.h. daß der Zähler mit $\Delta x \to 0$ auch gegen 0 strebt. Dies ist aber gleichbedeutend mit $\lim\limits_{\Delta x \to 0} f(x + \Delta x) = f(x)$, und das ist genau die Bedingung für die Stetigkeit von f an der Stelle $x = x_0$.

Um zu zeigen, daß die Stetigkeit keine hinreichende Bedingung für die Differenzierbarkeit ist, genügt es, ein Gegenbeispiel anzugeben, also eine stetige Funktion, die nicht überall differenzierbar ist. Dazu nimmt man z.B. die Betragsfunktion $f(x) = |x|$. An der Stelle $x = 0$ ist f stetig, aber nicht differenzierbar, denn für $x > 0$ ist $\lim\limits_{\Delta x \to 0} \dfrac{f(x + \Delta x) - f(x)}{\Delta x} = \lim\limits_{\Delta x \to 0} \dfrac{\Delta x}{\Delta x} = 1$, aber für $x < 0$ und $x + \Delta x < 0$ erhält man $\lim\limits_{\Delta x \to 0} \dfrac{f(x + \Delta x) - f(x)}{\Delta x} = \lim\limits_{\Delta x \to 0} \dfrac{-\Delta x}{\Delta x} = -1$.

Ein ähnliches Ergebnis erhält man für alle Funktionen deren Graph eine Spitze aufweist (vgl. Bild 8.2 a). Aber auch Funktionen deren Kurve glatt verläuft, können nicht differenzierbar sein, etwa wie $g(x) = \sqrt[3]{x}$ an der Stelle $x = 0$ (vgl. Bild 8.2 b), bei der die Tangente an die Kurve eine vertikale Gerade ist, also $\lim\limits_{x \to 0} g'(x) = \infty$.

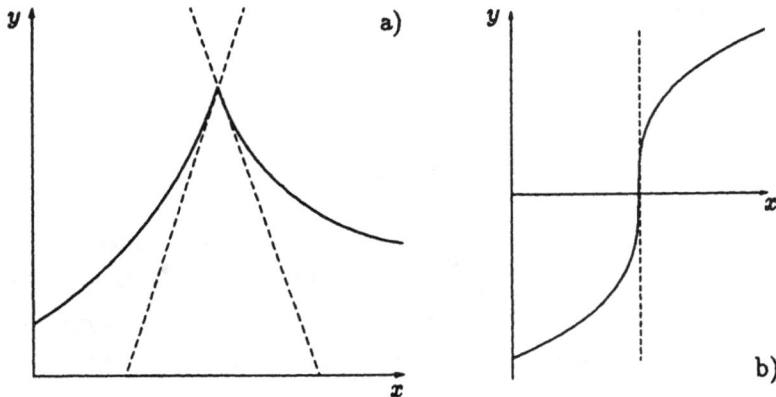

Bild 8.2: Nicht differenzierbare Funktionen

Beispiele:

1. *Die von einem bewegten Körper zurückgelegte Strecke s ist eine Funktion der Zeit t, d.h. man hat eine Funktion s(t). Die durchschnittliche Geschwindigkeit im Zeitintervall Δt gibt der Differenzenquotient $\dfrac{s(t + \Delta t) - s(t)}{\Delta t}$ wieder. Der Grenzübergang $\Delta t \to 0$ liefert die momentane Geschwindigkeit $v(t)$ zur Zeit t:*

$$v(t) = \lim_{\Delta t \to 0} \frac{s(t + \Delta t) - s(t)}{\Delta t} = s'(t)$$

   Die Geschwindigkeit v ist also gerade die Ableitung von s, die Änderung des Weges mit der Zeit. Die Änderung der Geschwindigkeit mit der Zeit ist die Beschleunigung, also der Differentialquotient:

$$a(t) = \frac{dv(t)}{dt} = v'(t)$$

   Ableitungen nach der Zeit t werden meistens durch überpunktete Symbole gekennzeichnet: $v = \dot{s}$ und $a = \dot{v}$.

2. *Die Reaktionsgeschwindigkeit $\dot{c}$ einer chemischen Substanz oder die Lösungsgeschwindigkeit $\dot{m}$ eines Stoffes ist die Ableitung einer Funktion der Substanzkonzentration bzw. der Stoffmasse zur Zeit t.*

3. *Die Wachstumsgeschwindigkeit einer Tierpopulation oder einer Pflanze ist die Ableitung derjenigen Funktion, die die Größe der Population bzw. Pflanze in Abhängigkeit von der Zeit angibt.*

4. *Es sei K(x) die Gesamtkostenfunktion für die Produktion einer bestimmten Ware. Wird die Produktion um Δx Einheiten von x_1 auf $x_2 = x_1 + \Delta x$ Einheiten erhöht, so ergibt sich ein Kostenzuwachs $\Delta K = K(x_2) - K(x_1)$.*

Der Differenzenquotient $\dfrac{\Delta K}{\Delta x}$ stellt den durchschnittlichen Kostenzuwachs dar. Ist $K(x)$ differenzierbar, dann gibt der Differentialquotient $K'(x_1) = \lim\limits_{x_2 \to x_1} \dfrac{K(x_2) - K(x_1)}{x_2 - x_1}$ die sog. **Grenzkosten** bei einer Produktion von x_1 Einheiten wieder. Das bedeutet, $K'(x_1)$ gibt in etwa die Produktionskosten für eine zusätzliche Einheit an, wenn bereits x_1 Einheiten produziert worden sind.

5. Die elektrische Stromstärke I ist die Änderung einer in einem Leiterstück transportierten Ladung Q mit der Zeit t:

$$I(t) = \dot{Q}(t) = \frac{dQ(t)}{dt}$$

6. Die Kraft F ist die Ableitung des Impulses nach der Zeit:

$$F = \dot{I} = m \cdot \dot{v} = m \cdot a.$$

7. Die Zerfallsgeschwindigkeit (Aktivität A) radioaktiver Substanzen ist die Ableitung der Funktion, deren Funktionswerte gleich der Teilchenzahl zur jeweiligen Zeit t ist:

$$A = \dot{N} = \frac{dN}{dt}$$

8.1.2   Ableitungen spezieller Funktionen

Die Ableitungen von Funktionen sind also für die Praxis von großer Bedeutung. Im folgenden wird daher die Berechnung der Ableitung für einige elementare Funktionen durch explizite Grenzwertbildung durchgeführt.

- Konstante Funktion $f(x) = c$

$$f'(x) = \lim_{\Delta x \to 0} \frac{f(x + \Delta x) - f(x)}{\Delta x} = \lim_{\Delta x \to 0} \frac{c - c}{\Delta x} = 0 \qquad (8.4)$$

Die Ableitung und damit die Steigung einer konstanten Funktion ist also in jedem beliebigen Punkt gleich Null.

- Lineare Funktion $f(x) = ax + b$

$$f'(x) = \lim_{\Delta x \to 0} \frac{a(x + \Delta x) + b - (ax + b)}{\Delta x} = \lim_{\Delta x \to 0} \frac{a \cdot \Delta x}{\Delta x} = a \qquad (8.5)$$

Eine lineare Funktion hat also in jedem Punkt eine konstante Steigung.

- Potenzfunktionen mit natürlichen Exponenten $f(x) = x^n$ $(n \in I\!N)$

$$f'(x) = \lim_{\Delta x \to 0} \frac{(x + \Delta x)^n - x^n}{\Delta x} =$$

$$= \lim_{\Delta x \to 0} \frac{1}{\Delta x} \left(x^n + \binom{n}{1} x^{n-1} \cdot \Delta x + \ldots + \Delta x^n - x^n \right) =$$

$$= \lim_{\Delta x \to 0} \left(\binom{n}{1} x^{n-1} + \binom{n}{2} x^{n-2} \cdot \Delta x + \ldots + \Delta x^{n-1} \right) = \qquad (8.6)$$

$$= n \cdot x^{n-1}$$

Die Ableitung einer Potenzfunktion $y = x^n$ mit natürlichem Exponenten bildet man also, indem man den Exponenten als Faktor herunternimmt und im Exponenten 1 subtrahiert. Diese Regel gilt auch für beliebige reelle Exponenten.

- Sinus- und Cosinusfunktion $f(x) = \sin x$ und $f(x) = \cos x$

Mit Hilfe der Beziehung $\sin \alpha - \sin \beta = 2 \cos \dfrac{\alpha + \beta}{2} \sin \dfrac{\alpha - \beta}{2}$

kann man die Ableitung der Sinusfunktion berechnen zu:

$$f'(x) = \lim_{\Delta x \to 0} \frac{\sin(x + \Delta x) - \sin x}{\Delta x}$$

$$= \lim_{\Delta x \to 0} \frac{2 \cos \dfrac{2x + \Delta x}{2} \sin \dfrac{\Delta x}{2}}{\Delta x} =$$

$$= \lim_{\Delta x \to 0} \cos \frac{2x + \Delta x}{2} \cdot \lim_{\Delta x \to 0} \underbrace{\frac{\sin \Delta x/2}{\Delta x/2}}_{= 1} 1 = \qquad (8.7)$$

$$= \lim_{\Delta x \to 0} \cos \frac{2x + \Delta x}{2} =$$

$$= \cos x$$

Die Ableitung des Sinus ist also der Cosinus.

Ebenso kann man zeigen daß $\dfrac{d}{dx} \cos x = -\sin x$ ist.

- Natürliche Logarithmusfunktion $f(x) = \ln(x)$

$$f'(x) = \lim_{\Delta x \to 0} \frac{\ln(x + \Delta x) - \ln x}{\Delta x} = \lim_{\Delta x \to 0} \frac{1}{\Delta x} \cdot \ln \frac{x + \Delta x}{x} =$$

$$= \lim_{\Delta x \to 0} \frac{1}{x} \cdot \frac{x}{\Delta x} \cdot \ln \frac{x + \Delta x}{x} = \frac{1}{x} \cdot \lim_{\Delta x \to 0} \ln \left(\frac{x + \Delta x}{x} \right)^{x/\Delta x} \qquad (8.8)$$

Da die Logarithmusfunktion stetig ist, kann im letzten Ausdruck Limes- und Funktionszeichen vertauscht werden. Außerdem ist:

$$\lim_{\Delta x \to 0} \left(\frac{x + \Delta x}{x} \right)^{x/\Delta x} = \lim_{n \to \infty} \left(1 + \frac{1}{n} \right)^n = e \tag{8.9}$$

Damit folgt:

$$f'(x) = \frac{1}{x} \cdot \ln \left(\lim_{n \to \infty} \left(1 + \frac{1}{n} \right)^n \right) = \frac{1}{x} \cdot \underbrace{\ln e}_{= 1} = \frac{1}{x} \tag{8.10}$$

Wegen dieser einfachen Ableitung wird die natürliche Logarithmusfunktion in der Differentialrechnung bevorzugt verwendet.

- Exponentialfunktion $f(x) = e^x$

$$f'(x) = \lim_{\Delta x \to 0} \frac{e^{x + \Delta x} - e^x}{\Delta x} = \lim_{\Delta x \to 0} \frac{e^x e^{\Delta x} - e^x}{\Delta x} = \lim_{\Delta x \to 0} \frac{e^x (e^{\Delta x} - 1)}{\Delta x} \tag{8.11}$$

Für kleine x gilt aber $e^x \approx 1 + x$ (vgl. Seite 43). Also ist $e^{\Delta x} = 1 + \Delta x$ für $\Delta x \to 0$. Daraus folgt:

$$f'(x) = \lim_{\Delta x \to 0} \frac{e^x (1 + \Delta x - 1)}{\Delta x} = \lim_{\Delta x \to 0} e^x = e^x \tag{8.12}$$

Die Ableitung der e-Funktion ist also die e-Funktion selbst.

Diese Beispiele genügen, da Ableitungen anhand der Differentiationsregeln in Abschnitt 8.4 auf bequeme Art berechnet werden können.

8.2   Das Differential

Die Schreibweise $\frac{dy}{dx}$ für $y' = f'(x)$ wurde bereits bei der Definition der Ablei-
tung angeführt. Die Bezeichnung $\frac{dy}{dx}$ ist demnach eine Kurzform für $\lim\limits_{\Delta x \to 0} \frac{\Delta y}{\Delta x}$.
Dabei ist $\Delta y = f(x + \Delta x) - f(x)$. $\frac{dy}{dx}$ stellt also zunächst keinen Quotienten
dar. Man kann aber die Größen dx und dy wie folgt erklären, so daß deren
Quotient gerade die Ableitung $f'(x)$ ergibt. Dazu setzt man zuerst

$$dx = \Delta x, \tag{8.13}$$

d.h. eine willkürliche Änderung der unabhängigen Variablen x werde mit Δx
oder dx bezeichnet. Man nennt dx das **Differential der unabhängigen Veränderlichen**.

Nun definiert man

$$dy = f'(x) \cdot dx \tag{8.14}$$

und nennt dy das **Differential der Funktion** $y = f(x)$. Hieraus erhält man
die Ableitung $f'(x)$ als Quotient der Differentiale dy und dx, eben als **Differentialquotient**:

$$f'(x) = \frac{dy}{dx} \tag{8.15}$$

Statt dy schreibt man auch oft df oder $df(x)$.

In Bild 8.3 ist die geometrische Bedeutung der Differentiale dargestellt. Δy ist
die Änderung der Funktion, wenn man von der Stelle x zum Argument $x + \Delta x$
übergeht. Das Differential dy ist die Änderung in y-Richtung, wenn man sich
längs der Tangente fortbewegt, d.h. $dy = \tan \alpha \cdot dx = \tan \alpha \cdot \Delta x$. Die Größen
Δy und dy sind also i.a. verschieden. Ihr Zusammenhang ergibt sich aus der
Definition des Differentialquotienten als Grenzwert des Differenzenquotienten:

$$\frac{\Delta y}{\Delta x} = \frac{dy}{dx} + \varepsilon \text{ mit } \varepsilon \to 0 \text{ für } \Delta x \to 0 \tag{8.16}$$

$$\Delta y = dy + \varepsilon \cdot \Delta x \text{ mit } \varepsilon \to 0 \text{ für } \Delta x \to 0 \tag{8.17}$$

Man kann nun für betragsmäßig kleine Δx näherungsweise Δy durch das Differential dy ersetzen:

$$\Delta y \approx dy \tag{8.18}$$

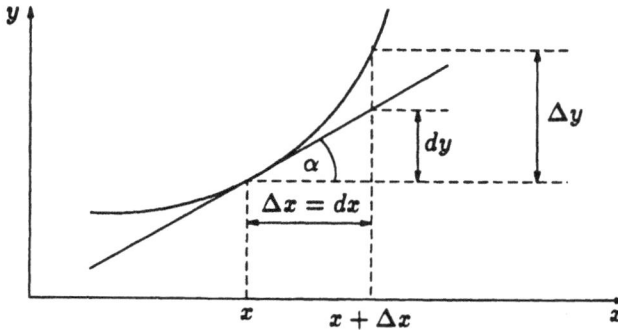

Bild 8.3: Geometrische Bedeutung der Differentiale

und erhält so eine Näherungsformel für $f(x + \Delta x) = f(x + dx) = f(x) + \Delta y$:

$$f(x + \Delta x) \approx f(x) + f'(x) \cdot dx \qquad (8.19)$$

Diese Näherung ist natürlich nur für genügend kleine Argumentänderungen sinnvoll und umso besser, je kleiner Δx dem Betrag nach ist.

Beispiel:

$f(x) = x^2$, $f'(x) = 2x$. Es soll 1.01^2 näherungsweise bestimmt werden. Dazu wählt man $\Delta x = dx = 0.01$ und bestimmt dann

$1.01^2 = f(1.01) \approx f(1) + f'(1) \cdot 0.01 = 1 + 2 \cdot 0.01 = 1.02$

Dies ist eine recht gute Näherung für den wahren Wert 1.0201.

Berechnet man dagegen 1.09^2 auf diese Weise, d.h. mit $\Delta x = dx = 0.09$, so ist das der Näherungswert 1.18 schon wesentlich weniger genau, denn der wahre Wert beträgt 1.1881.

Differentiale kann man sich also als unendlich kleine Größen von Variablen vorstellen. Der Vorteil von Differentialen liegt darin, daß man mit ihnen rechnen kann, wie mit beliebigen reellen Zahlen.

Beispiel:

Die Hubarbeit dW, die verrichtet wird, wenn man einen Körper der Masse m um ein fast unendlich kleines Stückchen dh emporhebt, ist $dW = m \cdot g \cdot dh$, wobei g die Erdbeschleunigung ist. Die mechanische Arbeit ist allgemein definiert als $dW = F \cdot ds$, also das Produkt aus Kraft mal Weg. Im speziellen Fall ist $ds = dh$, also $dW = F \cdot dh$. Bringt man dh auf die linke Seite, so folgt: $\dfrac{dW}{dh} = F$. Die

Kraft ist also die Ableitung der Arbeit nach der zurückgelegten Wegstrecke h.
Es folgt für die Kraft:

$$F = \frac{dW}{dh} = m \cdot g$$

Dies ist genau das Gewicht eines Körpers der Masse m.

8.3   Der Mittelwertsatz der Differentialrechnung

Eine Funktion f sei im Intervall $[a, b]$ stetig und in (a, b) differenzierbar. Verbindet man die Kurvenpunkte $A = (a, f(a))$ und $B = (b, f(b))$ durch eine Gerade, so ist anschaulich klar, daß es dann zwischen A und B einen Kurvenpunkt $C = (\xi, f(\xi))$ gibt, an dem die Tangente an den Graph parallel zur Geraden AB verläuft (vgl. Bild 8.4).

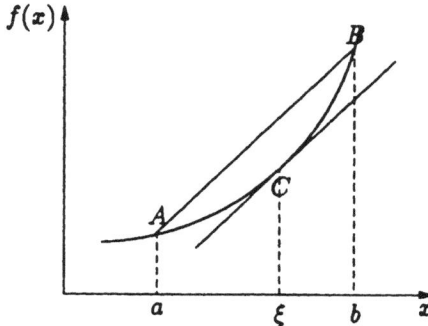

Bild 8.4: Mittelwertsatz der Differentialrechnung

Der Mittelwertsatz der Differentialrechnung lautet:

Eine Funktion f sei stetig in $[a, b]$ und differenzierbar in (a, b). Dann gibt es mindestens eine Zwischenstelle $\xi \in (a, b)$ mit

$$f'(\xi) = \frac{f(b) - f(a)}{b - a}. \tag{8.20}$$

Den Spezialfall $f(a) = f(b)$ beinhaltet der **Satz von Rolle**:

Für eine in $[a, b]$ stetige und in (a, b) differenzierbare Funktion f mit $f(a) = f(b)$ gilt für mindestens ein $\xi \in (a, b)$:

$$f'(\xi) = 0 \tag{8.21}$$

Der Satz von Rolle sagt beispielsweise, daß zwischen zwei Nullstellen x_1 und x_2 einer Funktion f, also $f(x_1) = f(x_2)$, mindestens ein Kurvenpunkt mit horizontaler Tangente, also eine Nullstelle der Ableitung f' liegt.

Man kann die Aussage des Mittelwertsatzes auch etwas anders schreiben. Dazu setzt man $a = x$ und $b = x + h$ und man erhält mit $0 < \delta < 1$

$$f'(x + \delta \cdot h) = \frac{f(x + h) - f(x)}{h} \tag{8.22}$$

oder

$$f(x + h) = f(x) + h \cdot f'(x + \delta \cdot h). \tag{8.23}$$

Ersetzt man $f'(x + \delta \cdot h)$ näherungsweise durch $f'(x)$, dann erhält man die in 8.2 angegebene Näherungsformel für den Funktionswert $f(x + h)$.

Als einfache Folgerungen aus dem Mittelwertsatz ergeben sich die folgende beiden Aussagen:

1. Ist eine Funktion f in einem offenen Intervall differenzierbar und ist dort überall $f'(x) = 0$, so ist f eine konstante Funktion.

2. Sind die Funktionen f und g in einem Intervall I differenzierbar und ist dort überall $f'(x) = g'(x)$, so ist die Funktion $f - g$ eine konstante Funktion.

8.4   Differentiationsregeln

Viele Funktionen sind aus einfachen und elementaren Funktionen durch Rechenoperationen wie $+$, $-$, $\cdot$ und $/$ zusammengesetzt, Deshalb sind die folgenden Rechenregeln für das Differenzieren besonders wichtig.

Es seien f und g zwei differenzierbare Funktionen, d.h. die Ableitungen f' und g' existieren, dann gilt:

$$(f \pm g)' = f' \pm g' \qquad \text{(Summenregel)} \tag{8.24}$$

$$(f \cdot g)' = f' \cdot g + f \cdot g' \qquad \text{(Produktregel)} \tag{8.25}$$

$$\left(\frac{f}{g}\right)' = \frac{f' \cdot g - f \cdot g'}{g^2} \text{ mit } g(x) \neq 0 \qquad \text{(Quotientenregel)} \tag{8.26}$$

Der Beweis dieser Regeln erfolgt mit Hilfe der Definition des Differentialquotienten.

Diese Differentiationsregeln können selbstverständlich auf mehr als zwei Funktionen sukzessive angewandt werden. Man sieht dann leicht, daß sich die Regel (8.24) verallgemeinern läßt zu

$$\left(\sum_{i=1}^{n} f_i\right)' = \sum_{i=1}^{n} f_i' \tag{8.27}$$

Die Produktregel für drei Faktoren $f(x)$, $g(x)$ und $h(x)$ lautet:

$$\begin{aligned}
(f \cdot g \cdot h)' &= ((f \cdot g) \cdot h)' = (f \cdot g)' \cdot h + f \cdot g \cdot h' = \\
&= (f' \cdot g + f \cdot g') \cdot h + f \cdot g \cdot h' = \\
&= f' \cdot g \cdot h + f \cdot g' \cdot h + f \cdot g \cdot h'
\end{aligned} \tag{8.28}$$

Beispiele:

1. $f(x) = x^4 + x^2 - 2$. In 8.1 wurde bereits gezeigt, daß $(x^n)' = n \cdot x^{n-1}$ gilt, und daß die Ableitung einer konstanten Funktion gleich Null ist. Damit gilt nach Regel (8.24): $f'(x) = 4x^3 + 2x$.

2. Ist $g(x) = c \cdot f(x)$, dann ergibt sich nach der Produktregel:

   $g'(x) = 0 \cdot f(x) + c \cdot f'(x) = c \cdot f'(x)$

   D.h. eine multiplikative Konstante bleibt beim Differenzieren erhalten. Damit kann man die Ableitung eines Polynoms n-ten Grades

$$P(x) = a_n x^n + a_{n-1} x^{n-1} + \ldots + a_2 x^2 + a_1 x + a_0 = \sum_{i=0}^{n} a_i x^i$$

berechnen zu:

$$P'(x) = n \cdot a_n x^{n-1} + (n-1) \cdot a_{n-1} x^{n-2} + \ldots + 2a_2 x + a_1 = \sum_{i=1}^{n} i \cdot a_i x^{i-1}$$

3. $f(x) = \dfrac{3x - 2}{x^2 + 1}$. Mit Hilfe der Regel (8.26) ergibt sich:

$$f'(x) = \frac{3 \cdot (x^2 + 1) - (3x - 2) \cdot 2x}{(x^2 + 1)^2} = \frac{-3x^2 + 4x + 3}{(x^2 + 1)^2}$$

4. Für den Spezialfall $g(x) = \dfrac{1}{f(x)}$ erhält man: $g'(x) = -\dfrac{f'(x)}{f^2(x)}$

5. Da $\tan x = \dfrac{\sin x}{\cos x}$ folgt nach der Quotientenregel:

$$\frac{d}{dx} \tan x = \frac{\cos^2 x + \sin^2 x}{\cos^2 x} = \frac{1}{\cos^2 x}$$

Analog berechnet man:

$$\frac{d}{dx} \cot x = \frac{d}{dx} \frac{\cos x}{\sin x} = -\frac{1}{\sin^2 x}$$

6. Für $f(x) = \dfrac{x \cdot \sin x + x^2}{\sqrt{x}}$ mit $x \neq 0$ erhält man als Ableitung:

$$f'(x) = \frac{(x \cdot \sin x + x^2)' \cdot \sqrt{x} - (x \cdot \sin x + x^2) \cdot \sqrt{x}\,'}{\sqrt{x}^2} =$$

$$= \frac{(x' \cdot \sin x + x \cdot (\sin x)' + 2x) \cdot \sqrt{x} - (x \cdot \sin x + x^2) \cdot 0.5 x^{-0.5}}{x} =$$

$$= \frac{(\sin x + x \cdot \cos x + 2x) \cdot \sqrt{x} - 0.5 \sqrt{x} \cdot \sin x - 0.5 x \cdot \sqrt{x}}{x} =$$

$$= \frac{0.5 \cdot \sin x + x \cdot \cos x + 1.5 x}{\sqrt{x}}$$

Man kann aus zwei Funktionen f und g durch Komposition die zusammengesetzte Funktion $f \circ g$ bilden (vgl. 6.1.3), etwa mit $f(x) = x^2$ und $g(x) = \sin x$ die Funktion $f \circ g = f(g(x)) = \sin^2 x$. Sind f und g zwei differenzierbare Funktionen, dann ist die zusammengesetzte Funktion $f \circ g = f(g(x))$ auch differenzierbar. Ihre Ableitung ist:

$$(f \circ g)(x)' = f'(g(x)) \cdot g'(x) \qquad \textbf{(Kettenregel)} \tag{8.29}$$

Um eine zusammengesetzte Funktion $(f \circ g)(x) = f(g(x))$ zu differenzieren, hat man also das Produkt der Ableitungen von äußerer Funktion f und innerer Funktion g zu bilden. Die Multiplikation mit der Ableitung der inneren Funktion bezeichnet man als **Nachdifferenzieren**.

Man kann sich die Kettenregel leicht merken, wenn man sie mit den Differentialquotienten schreibt:

$$\frac{dy}{dx} = \frac{dy}{du} \cdot \frac{du}{dx} \tag{8.30}$$

Betrachtet man die Differentialquotienten als gewöhnliche Quotienten, so sieht man anhand dieser Form sofort die Richtigkeit der Kettenregel. Ein exakter Beweis kann durch Grenzwertbildung erfolgen.

Die folgenden Beispiele verdeutlichen die Anwendung der Kettenregel und zeigen, daß sie auch für zwei und mehr innere Funktionen erweitert werden kann.

Beispiele:

1. $y = \sin 2x \Rightarrow y' = \cos 2x \cdot 2$

2. $y = \sin^2 x \Rightarrow y' = 2 \sin x \cdot \cos x$

3. $y = \sqrt{4x^2 - 3x + 2} \Rightarrow y' = \dfrac{1}{2\sqrt{4x^2 - 3x + 2}} \cdot (8x - 3) = \dfrac{8x - 3}{2\sqrt{4x^2 - 3x + 2}}$

4. $y = \sqrt{\cos(1 - x^2)}$. *y ist eine Komposition aus drei Funktionen. Durch sukzessives Nachdifferenzieren folgt:*

$$y' = \frac{1}{2\sqrt{\cos(1 - x^2)}} \cdot (-\sin(1 - x^2)) \cdot (-2x) = \frac{x \cdot \sin(1 - x^2)}{\sqrt{\cos(1 - x^2)}}$$

Besitzt eine differenzierbare Funktion $y = f(x)$ eine Umkehrfunktion f^{-1}, so gilt: $(f^{-1} \circ f)(x) = f^{-1}(f(x)) = \mathrm{id}(x)$. Die Anwendung der Kettenregel liefert: ${f^{-1}}'(f(x)) \cdot f'(x) = 1$. Die Ableitung der Umkehrfunktion lautet also:

$${f^{-1}}'(y) = \frac{1}{f'(x)} \tag{8.31}$$

Eine mnemotechnisch einprägsame Form erhält man wieder mit Hilfe der Differentialquotienten:

$$\frac{dx}{dy} = \frac{1}{\dfrac{dy}{dx}} \tag{8.32}$$

Beispiele:

1. a) $y = \cos x$, $x = \arccos y$, $\dfrac{dx}{dy} = \dfrac{1}{-\sin x} = -\dfrac{1}{\sqrt{1-\cos^2 x}} = -\dfrac{1}{\sqrt{1-y^2}}$.

   Also gilt $(\arccos x)' = -\dfrac{1}{\sqrt{1-x^2}}$.

   b) Für $x = \arcsin y$ ergibt sich analog $\dfrac{dx}{dy} = \dfrac{1}{\cos x} = \dfrac{1}{\sqrt{1-y^2}}$. Also gilt

   $(\arcsin x)' = \dfrac{1}{\sqrt{1-x^2}}$.

   c) Die Ableitung von $y = \tan x$ ist $y' = \dfrac{\cos^2 x + \sin^2 x}{\cos^2 x} = 1 + \tan^2 x$.

   Folglich ergibt sich $\dfrac{dx}{dy} = \dfrac{1}{1+y^2}$.

   Also gilt $(\arctan x)' = \dfrac{1}{1+x^2}$.

   Genauso erhält man: $(\text{arccot } x)' = -\dfrac{1}{1+x^2}$

2. $y = \ln x$, $x = e^y$, $\dfrac{dx}{dy} = \dfrac{1}{1/x} = x = e^y$. Also gilt: $(e^x)' = e^x$

3. $y = x^n$, $x = y^{1/n}$,

   $\dfrac{dx}{dy} = \dfrac{1}{n} \cdot x^{-(n-1)} = \dfrac{1}{n} \cdot x^{1-n} = \dfrac{1}{n} \cdot (y^{1/n})^{1-n} = \dfrac{1}{n} \cdot y^{1/n-1}$.

   Also ergibt sich $(x^{1/n})' = \dfrac{1}{n} \cdot x^{1/n-1}$ und folglich auch $(x^{m/n})' = \dfrac{m}{n} \cdot x^{m/n-1}$.

8.5 Höhere Ableitungen

Durch Differentiation erhält man aus einer Funktion f eine neue Funktion f'. Diese Funktion kann selbst wieder differenzierbar sein, so daß man ihre Ableitung $(f')'(x) = \dfrac{d}{dx}f'(x)$ bilden kann. Man spricht dann von der **zweiten Ableitung** und schreibt dafür f''. Eine andere Schreibweise für die zweite Ableitung ist $\dfrac{d^2 f(x)}{dx^2}$.

In analoger Weise können weitere, höhere Ableitungen $f^{(3)} = \dfrac{d^3 f(x)}{dx^3}$, $f^{(4)} = \dfrac{d^4 f(x)}{dx^4}$, $f^{(5)} = \dfrac{d^5 f(x)}{dx^5}$, usw. existieren.

Allgemein ist

$$f^{(n)}(x) = \frac{d^n}{dx^n}f(x) = \frac{d}{dx}f^{(n-1)}(x) \tag{8.33}$$

die **n-te Ableitung** bzw. **Ableitung n-ter Ordnung**. Sie existiert, falls die $(n-1)$-te Ableitung eine differenzierbare Funktion ist. Als 0. Ableitung bezeichnet man die Funktion f selbst.

Beispiele:

1. a) $f(x) = 5x^3 - 2x^2 + 3x + 6$. Als Ableitungen erhält man dann:
   $f' = 15x^2 - 4x + 3$, $f'' = 30x - 4$, $f^{(3)} = 30$, $f^{(4)} = 0$
   Alle weiteren Ableitungen $f^{(5)}$, $f^{(6)}$ usw. sind ebenfalls Null.

   b) Genauso ist ein Polynom n-ten Grades
   $$P(x) = a_n x^n + a_{n-1} x^{n-1} + \ldots + a_1 x + a_0$$
   beliebig oft differenzierbar. Die Ableitungen sind ebenfalls Polynome, wobei sich der Grad jeweils erniedrigt. Ab der $(n+1)$-Ableitung erhält man das Nullpolynom.

2. Die Potenzfunktion $f(x) = x^\alpha$ besitzt die Ableitungen:
   $$\frac{dx^\alpha}{dx} = \alpha \cdot x^{\alpha-1}$$
   $$\frac{d^2 x^\alpha}{dx^2} = \alpha \cdot (\alpha - 1) \cdot x^{\alpha-2}$$
   $$\frac{d^3 x^\alpha}{dx^3} = \alpha \cdot (\alpha - 1) \cdot (\alpha - 2) \cdot x^{\alpha-3}$$
   $$\vdots \qquad\qquad \vdots$$
   $$\frac{d^n x^\alpha}{dx^n} = \alpha \cdot (\alpha - 1) \cdot \ldots \cdot (\alpha - n + 1) \cdot x^{\alpha-n}$$

Ist der Exponent α eine natürliche Zahl n, dann gilt:

$$\frac{d^n x^n}{dx^n} = n \cdot (n-1) \cdot \ldots \cdot (n-n+1) \cdot x^{n-n} = n! \text{ und } \frac{d^m x^n}{dx^m} = 0 \text{ für } m > n.$$

3. *Für die Sinusfunktion erhält man* $f^{(0)} = \sin x$, $f^{(1)} = \cos x$, $f^{(2)} = -\sin x$, $f^{(3)} = -\cos x$, $f^{(4)} = \sin x$ *usw. Allgemein gilt:* $f^{(2k)} = (-1)^k \cdot \sin x$ *und* $f^{(2k+1)} = (-1)^k \cdot \cos x$ $(k \in I\!N_0)$

4. *Ein Federpendel schwingt um die Ruhelage. Die Auslenkung ist* x. *Die Schwingungsgleichung mit der Amplitude* x_A, *der Schwingmasse* m *und der Federkonstante* D *lautet:*

$$x(t) = x = x_A \cdot \sin\left(\sqrt{\frac{D}{m}} \cdot t\right)$$

Die Geschwindigkeit v *der Schwingmasse zur Zeit* t *ist die erste Ableitung* $\dot{x}$ *der Auslenkung* x *nach der Zeit* t:

$$v(t) = v = \dot{x} = x_A \cdot \sqrt{\frac{D}{m}} \cdot \cos\left(\sqrt{\frac{D}{m}} \cdot t\right)$$

Die Beschleunigung a *zur Zeit* t *ist die erste Ableitung* $\dot{v}$ *der Geschwindigkeit* v, *also die zweite Ableitung* $\ddot{x}$ *der Auslenkung* x:

$$a(t) = a = \dot{v} = \ddot{x} = -x_A \cdot \frac{D}{m} \cdot \sin\left(\sqrt{\frac{D}{m}} \cdot t\right) = -\frac{D}{m} \cdot x$$

Die rücktreibende Kraft ist:

$$F = m \cdot a = -m \cdot \frac{D}{m} \cdot x = -D \cdot x$$

Dies ist genau das Hooksche Gesetz, das besagt: Die rücktreibende Kraft F *ist proportional zur Auslenkung* x *und dieser entgegengerichtet.*

Besitzt eine Funktion f Ableitungen bis einschließlich der n-ten Ordnung, so sagt man, die Funktion ist **n-mal differenzierbar**. Ist überdies die n-te Ableitung $f^{(n)}$ auch noch stetig, dann heißt f **n-mal stetig differenzierbar**.

Die höheren Ableitungen werden im Kapitel 10 sowie im folgenden Abschnitt bei der Kurvendiskussion noch eine wichtige Rolle spielen.

8.6 Anwendung der Differentialrechnung

Der letzte Abschnitt dieses Kapitels, in dem wesentliche Gesichtspunkte der Differentialrechnung zusammengefaßt sind, soll die praktische Bedeutung der Differentialrechnung behandeln, d.h. aufzeigen, wie Ableitungen zur Lösung von Problemen unterschiedlichster Art verwendet werden können.

8.6.1 Kurvendiskussion

In Bild 8.5 sind einige Stellen x_i des Graphen einer Funktion f gekennzeichnet, an denen die Funktionswerte bzgl. einer bestimmten Umgebung minimal bzw. maximal sind.

Eine Funktion $f(x)$ besitzt an der Stelle $x = x_0$ ein **relatives Extremum**, falls es eine Umgebung $U = [x_0 - h, x_0 + h]$ von x_0 gibt, so daß $\forall x \in U$ gilt $f(x) \geq f(x_0)$ bzw. $f(x) \leq f(x_0)$. Im ersten Fall liegt ein **relatives Minimum**, im zweiten ein **relatives Maximum** vor.

Die in Bild 8.5 graphisch dargestellte Funktion hat also bei x_1, x_3 und x_5 relative Minima, bei x_2 und x_4 relative Maxima.

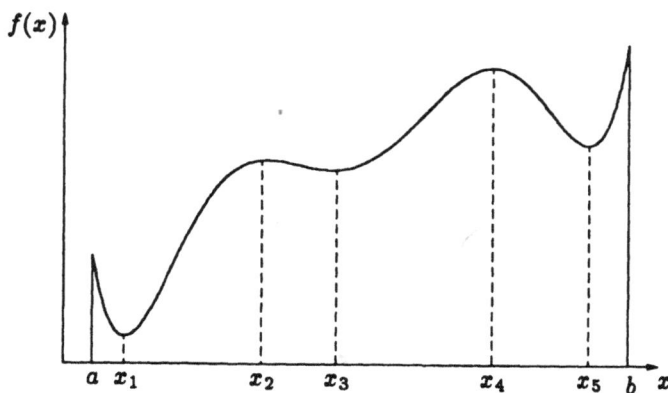

Bild 8.5: Funktion mit Extremwerten x_i

Es sei nochmals darauf hingewiesen, daß es sich bei relativen Extrema um lokale Begriffe handelt, d.h. man hat es mit kleinsten bzw. größten Funktionswerten bzgl. einer genügend kleinen Umgebung zu tun. So kann der Funktionswert eines relativen Minimums durchaus größer sein als der eines relativen Maximums, etwa $f(x_5) > f(x_2)$ in Bild 8.5.

Eine Funktion $f(x)$ besitzt bei $x = x_0$ ein **absolutes Maximum** oder **Minimum** in einem Intervall I, falls für alle $x \in I$ gilt:

$$f(x) \leq f(x_0) \qquad \text{(Maximum)} \tag{8.34}$$

$$f(x) \geq f(x_0) \qquad \text{(Minimum)} \tag{8.35}$$

Insgesamt spricht man von **absoluten Extrema**.

Ein relatives Extremum kann auch ein absolutes sein, muß es jedoch nicht. So besitzt die Funktion in Bild 8.5 an der Stelle $x = x_1$ ein relatives Minimum, das zugleich ein absolutes Minimum im dargestellten Intervall $[a, b]$ ist. Ein absolutes Maximum liegt für diese Funktion bei $x = b$ vor.

Wenn man sich auf die Untersuchung von stetigen Funktionen in einem abgeschlossenen Intervall $I = [a, b]$ beschränkt, dann gibt es für eine solche Funktion immer einen kleinsten und einen größten Wert. Man findet diese Extremalstellen entweder unter den relativen Extrema oder an den Randpunkten a und b des Intervalls. Die Funktionswerte $f(a)$ und $f(b)$ erhält man durch einfache Berechnung, so daß im folgenden nur noch ein Weg zur Bestimmung der Extremwerte gefunden werden muß. Eine erste Aussage über die Bedingungen für das Vorliegen eines relativen Minimums oder Maximums im Innern eines Intervalls beinhaltet folgender Satz:

Es sei f eine im Intervall I differenzierbare Funktion.

$$(x_0, f(x_0)) \text{ ist relatives Extremum} \quad \Rightarrow \quad f'(x) = 0 \tag{8.36}$$

Dieser Satz besagt, daß der Graph von f bei einem relativen Extremum eine waagrechte Tangente besitzt (vgl. Bild 8.6 a). Jedoch handelt es sich hierbei nur um eine notwendige, aber keine hinreichende Bedingung, d.h. die Ableitung einer Funktion kann durchaus auch an einer Nicht-Extremalstelle gleich Null sein, ihr Graph also eine waagrechte Tangente besitzen, wie Bild 8.6 b) zeigt.

Es gibt auch stetige Funktionen, deren Graph an einer Extremalstelle keine waagrechte Tangente besitzt. Dann ist aber die Voraussetzung, daß f in I differenzierbar sein soll, verletzt. Ein Beispiel hierfür ist die Funktion $f(x) = |x|$, die bei $x = 0$ ein Minimum hat. In Bild 8.7 sind die möglichen Situationen für solche Extremalstellen skizziert. In diesen Punkten verläuft die Kurventangente entweder senkrecht, oder sie existiert überhaupt nicht.

Insgesamt kann man festhalten, daß bei einer stetigen Funktion an den Extremalstellen die Ableitung entweder verschwindet oder überhaupt nicht definiert ist. Daß es sich hierbei keineswegs um eine hinreichende Bedingung handelt

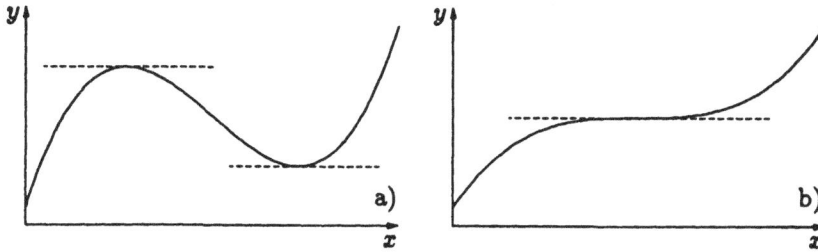

Bild 8.6: Funktionsgraphen mit waagrechter Tangente

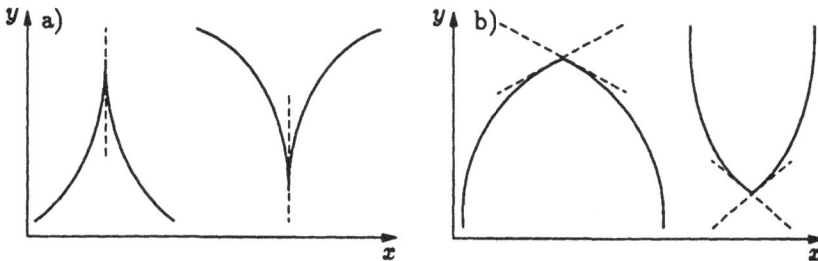

Bild 8.7: Extrema

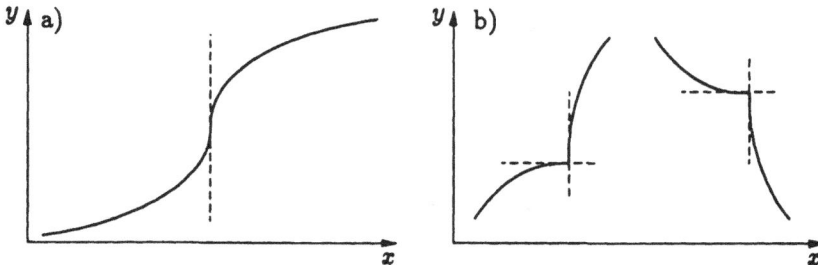

Bild 8.8: Keine Extrema

zeigt bereits Bild 8.6 b). Daß dies auch bei nichtdifferenzierbaren Funktionen der Fall ist, demonstriert Bild 8.8.

Wenn man sich nun auf differenzierbare Funktionen beschränkt, so können relative Maxima bzw. Minima nur an den Stellen auftreten, an denen die Ableitung gleich Null ist. Ob es sich aber wirklich um Extrema handelt, muß noch näher untersucht werden. Dazu bedient man sich der zweiten und eventuell noch höherer Ableitungen.

Ist die Funktion f an der Stelle x_0 mit $f'(x_0) = 0$ genügend oft differenzierbar. Gilt $f'(x_0) = f''(x_0) = \ldots = f^{n-1}(x_0) = 0$ und $f^{(n)} \neq 0$, so besitzt

f bei $x = x_0$ ein relatives Extremum, falls n gerade ist, und zwar ein Maximum, wenn $f^{(n)}(x_0) < 0$ ist, und ein Minimum, wenn $f^{(n)}(x_0) > 0$ ist. Ist die erste, nichtverschwindende Ableitung von ungerader Ordnung, so liegt kein Extremum vor.

Meist gibt schon die zweite Ableitung f'' darüber Auskunft, ob ein Extremum vorliegt oder nicht. Um relative Extrema zu finden, hat man also wie folgt vorzugehen: Man bestimmt alle x-Werte im Innern des interessierenden Intervalls, für die gilt: $f'(x) = 0$. Anschließend setzt man diese x-Werte als Argumente der zweiten Ableitung ein. Es liegt ein relatives Maximum vor, falls $f''(x) < 0$ und ein relatives Minimum, falls $f''(x) > 0$ ist. Nur wenn auch $f''(x) = 0$ ist, muß man weitere Ableitungen heranziehen.

Beispiele:

1. Die Funktion $f(x) = x^2 + 2x$ soll auf relative Extrema untersucht werden. Es ist $f'(x) = 2x + 2$ und $f''(x) = 2$. $f'(x) = 0 \Leftrightarrow 2x + 2 = 0 \Leftrightarrow x = -1$. Da $f''(x) > 0 \ \forall x \in \mathbb{R}$, besitzt f an der Stelle $x = -1$ ein relatives (und absolutes) Minimum.

2. Gesucht sind die relativen Extrema von $f(x) = x^4 - 2x^2 + 1$. Aus $f'(x) = 4x^3 - 4x$ folgt: $f'(x) = 0 \Leftrightarrow 4x^3 - 4x = 0 \Leftrightarrow x \cdot (x^2 - 1) = 0 \Leftrightarrow x = 0$ oder $x^2 - 1 = 0$, d.h. $x = \pm 1$. Es können also höchstens bei den Stellen $x = 0$, $x = -1$ und $x = 1$ relative Extrema vorliegen. Setzt man die Argumente in $f''(x) = 12x^2 - 4$ ein, so ergibt sich: $f''(0) = -4 < 0$. Bei $x = 0$ hat f also ein relatives Maximum. $f''(\pm 1) = 12 - 4 = 8 > 0$. Bei $x = -1$ und $x = +1$ hat f ein relatives Minimum.

3. Die Funktion $f(x) = x^4$ kann wegen $f'(x) = 4x^3$ höchstens bei $x = 0$ ein relatives Extremum haben. Es ist jedoch auch $f''(0) = 0$, so daß man höhere Ableitungen heranziehen muß. Wegen $f^{(3)}(x) = 24x$ verschwindet erstmals die vierte Ableitung an der Stelle $x = 0$ nicht. Da diese Ableitung von gerader Ordnung ist, und weil gilt $f^{(4)}(0) > 0$, hat f für $x = 0$ ein relatives Minimum.

4. Für $f(x) = x^3$ ist $f'(x) = 3x^2$, $f''(x) = 6x$ und $f^{(3)}(x) = 6$. Bei $x = 0$ ist wegen $f'(0) = 0$ höchstens ein Extremum zu finden. $f^{(3)}(0)$ ist erstmals verschieden von Null. Dies ist eine Ableitung ungerader Ordnung, d.h. $f(x) = x^3$ besitzt kein relatives Extremum.

Neben den Extremalpunkten sind bei der Untersuchung von Funktionen auch jene Punkte von Interesse, an denen der Graph der Funktion die Krümmungsrichtung ändert. Dabei spricht man von **Linkskrümmung**, falls für $x_1 < x_2$ gilt $f'(x_1) < f'(x_2)$ und von **Rechtskrümmung**, falls für $x_1 < x_2$ gilt $f'(x_1) > f'(x_2)$. Bild 8.9 veranschaulicht diese Begriffe.

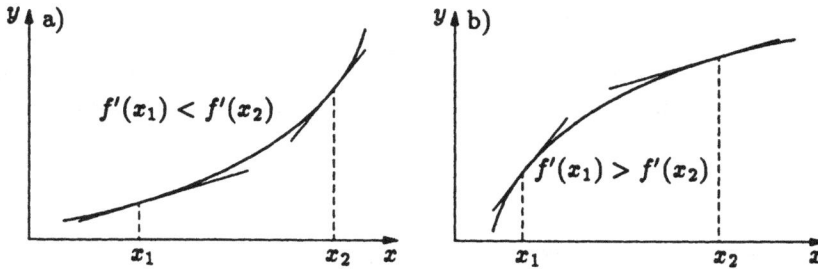

Bild 8.9: Links- und rechtsgekrümmte Funktion

Eine linksgekrümmte Kurve (Bild 8.9 a) heißt auch **konvex**, bei rechtsge-
krümmten Kurven (Bild 8.9 b) spricht man auch von **konkaven** Funktionen.

Bei Linkskrümmung nimmt die Steigung der Kurve monoton zu, d.h. es gilt
$f''(x) > 0$. Umgekehrt nimmt die Steigung bei Rechtskrümmung monoton ab,
also $f''(x) < 0$.

Mit Hilfe der Krümmung kann man anschaulich erklären, warum für $f'(x_0) = 0$
und $f''(x_0) > 0$ (bzw. $f''(x_0) < 0$) ein relatives Minimum (Maximum) vorliegt
(Bild 8.10). In der Umgebung eines relativen Minimums ist die Funktion links-
gekrümmt ($f''(x) > 0$), in der Umgebung eines relativen Maximums rechtsge-
krümmt ($f''(x) < 0$).

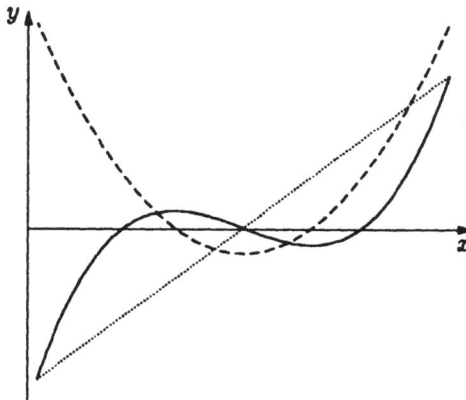

Bild 8.10: $f(x)$ und die ersten beiden Ableitungen $f'(x)$ (gestrichelt) und $f''(x)$
(gepunktet)

Stellen, an denen die Kurve von einer Rechtskrümmung in eine Linkskrümmung übergeht oder umgekehrt, sind gerade die relativen Extrema der ersten
Ableitung. Diese Punkte bezeichnet man als **Wendepunkte** einer Funktion.

Für einen Wendepunkt x_0 einer Funktion gilt dann notwendigerweise $f''(x_0) = 0$. Eine hinreichende Bedingung ergibt sich, wie bei den Extrema, mit Hilfe von höheren Ableitungen. Eine Stelle x_0 mit $f''(x_0) = 0$ ist genau dann ein Wendepunkt, wenn die Ableitung, die für x_0 erstmalig nicht verschwindet, von ungerader Ordnung ist.

Beispiele:

1. *Die Funktion* $f(x) = \dfrac{1}{9}x^3 - \dfrac{1}{3}x$ *hat an der Stelle* $x = 0$ *einen Wendepunkt. Im Bereich* $-\infty < x \leq 0$ *ist sie konkav, für* $0 \leq x < \infty$ *konvex.*

2. *Für die Funktion* $f(x) = x^4 - 2x^2 + 1$*, die früher bereits auf Extrema untersucht wurde, erhält man als zweite Ableitung* $f''(x) = 12x^2 - 4$. $f''(x) = 0$ *ist für* $x = \pm\dfrac{1}{3}\sqrt{3}$ *erfüllt. Da* $f^{(3)} = 24x$ *für* $x = \pm\dfrac{1}{3}\sqrt{3}$ *ungleich Null ist, hat* f *für* $x = \dfrac{1}{3}\sqrt{3}$ *und* $x = -\dfrac{1}{3}\sqrt{3}$ *je einen Wendepunkt.*

3. *Die Funktion* $f(x) = x^3$ *hat bei* $x = 0$ *einen Wendepunkt, wie man leicht erkennt. An dieser Stelle ist auch der Wert der ersten Ableitung gleich Null, d.h. die Kurve besitzt am Wendepunkt eine waagrechte Tangente. Solche Wendepunkte bezeichnet man auch als* **Terassenpunkte** *einer Funktion.*

Bei stetigen Funktionen liegt zwischen einem relativen Minimum und einem relativen Maximum stets ein Wendepunkt.

Relative Maxima und Minima wechseln einander ab, d.h. zwischen zwei benachbarten Minima liegt immer ein Maximum und umgekehrt.

Wendepunkte und relative Extrema sind neben Nullstellen und Polen wesentliche Punkte einer Funktionskurve. Die Bestimmung solcher charakteristischer Merkmale bezeichnet man als **Kurvendiskussion**. Sie dient dazu, sich schnell einen Überblick darüber zu verschaffen, wie der Graph einer Funktion in etwa verläuft. I.a. beinhaltet eine Kurvendiskussion die Untersuchung folgender Punkte: Definitionsbereich, Symmetrie, Nullstellen, Pole und Asymptoten, Extrema und Wendepunkte, Monotonie, Skizze, Wertebereich.

Beispiele:

1. $f(x) = x^4 - 2x^2 + 1$

   • *Definitionsbereich* $\mathbb{R}$.
   • *Achsensymmetrie zur* y-*Achse, da ausschließlich gerade Potenzen vorkommen.*
   • *Nullstellen:*
   $$f(x) = x^4 - 2x^2 + 1 = (x^2)^2 - 2x^2 + 1 = (x^2 - 1)^2 = 0 \Rightarrow x^2 = 1 \Leftrightarrow x = \pm 1$$

- Keine Pole, da keine Definitionslücken vorhanden sin.
- Keine Asymptoten, da $f(x)$ ganz-rational ist.
- Extrema:

  $f'(x) = 4x^3 - 4x = 0 \Leftrightarrow x = 0 \vee 4x^2 - 4 = 0 \Rightarrow x^2 = 1 \Rightarrow x = \pm 1$

  $f''(x) = 12x^2 - 4$

  $f''(0) = -4 < 0 \Rightarrow \text{Max}(0, 1),\ f''(\pm 1) = 8 > 0 \Rightarrow \text{Min}(\pm 1, 0)$

- Wendepunkte:

  $f''(x) = 12x^2 - 4 = 0 \Rightarrow x^2 = \dfrac{1}{3} \Rightarrow x = \pm\dfrac{1}{\sqrt{3}} \approx 0.58$

  $f'''(x) = 24x$

  $f'''\left(\pm\dfrac{1}{\sqrt{3}}\right) = \pm\dfrac{24}{\sqrt{3}} \neq 0 \Rightarrow \text{Wp}\left(\pm\dfrac{1}{\sqrt{3}}, \dfrac{4}{9}\right)$

- Nicht monoton im gesamten Definitionsbereich, da positive und negative erste Ableitungen vorkommen.
- Eine Skizze der Funktion $f(x)$ zeigt Bild 8.11 a).
- Wertebereich $\mathbb{R}_+$.

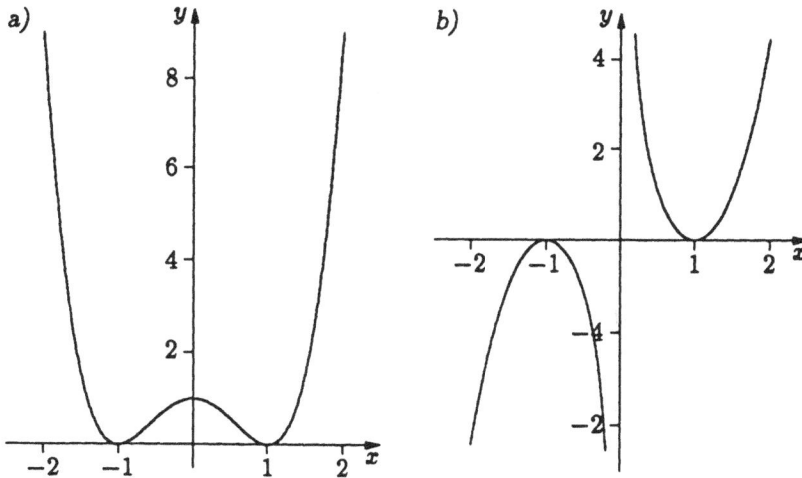

Bild 8.11: Funktion a) $f(x) = x^4 - 2x^2 + 1$ und b) $g(x) = \dfrac{f(x)}{x}$

2. $g(x) = \dfrac{x^4 - 2x^2 + 1}{x} = \dfrac{f(x)}{x}$ *mit* $f(x)$ *aus Beispiel 1.*

- *Definitionsbereich* $\mathbb{R} \setminus \{0\}$.
- *Punktsymmetrie zum Ursprung, da* $f(-x) = -f(x)$
- *Nullstellen* $x = \pm 1$ *(vgl. Beispiel 1).*
- *Pol bei* $x = 0$, *denn*

$$\lim_{x \to \pm 0} \left(x^3 - 2x + \frac{1}{x} \right) = \underbrace{\lim_{x \to \pm 0} x^3}_{0} - \underbrace{\lim_{x \to \pm 0} 2x}_{0} + \underbrace{\lim_{x \to \pm 0} \frac{1}{x}}_{\pm\infty} = \pm\infty.$$

- *Asymptote* $y = x^3 - 2x$, *denn*

$$\lim_{x \to \pm\infty} \left(x^3 - 2x + \frac{1}{x} \right) = \underbrace{\lim_{x \to \pm\infty} (x^3 - 2x)}_{\pm\infty} + \underbrace{\lim_{x \to \pm\infty} \frac{1}{x}}_{0} = \pm\infty.$$

- *Extrema:*

$$g'(x) = \frac{(4x^3 - 4x) \cdot x - (x^4 - 2x^2 + 1) \cdot 1}{x^2} = \frac{3x^4 - 2x^2 - 1}{x^2} = 0$$

$$z = x^2 \Rightarrow z_{1/2} = \frac{2 \pm \sqrt{4 + 12}}{6} = \frac{2 \pm 4}{6} \Rightarrow z_1 = 1, \ z_2 = -\frac{1}{3}$$

$$x^2 = 1 \ \Rightarrow \ x = \pm 1, \ x^2 = -\frac{1}{3} \ \text{geht nicht}$$

$$g''(x) = \frac{(12x^3 - 4x) \cdot x^2 - (3x^4 - 2x^2 - 1) \cdot 2x}{x^4} = \frac{6x^5 + 2x}{x^4} = \frac{6x^4 + 2}{x^3}$$

$g''(\pm 1) = \pm 8 \ \Rightarrow \ \text{Min}(1, 0), \ \text{Max}\,(-1, 0)$

- *Keine Wendepunkte, da* $g''(x) \neq 0 \ \forall x \in \mathbb{D}$
- *Nicht monoton, da positive und negative erste Ableitungen vorkommen.*
- *Die Skizze zeigt Bild 8.11 b).*
- *Wertebereich* $\mathbb{R}$.

3. $f(x) = ax \cdot e^{-bx}$ *mit* $a, b > 0$

- *Definitionsbereich* $\mathbb{R}$.
- *Keine Symmetrie.*
- *Nullstelle bei* $x = 0$
- *Keine Pole.*
- *Keine Asymptoten.*
- *Extrema:*

$$f'(x) = a \cdot e^{-bx} + ax \cdot e^{-bx} \cdot (-b) = (a - abx) \cdot e^{-bx} = 0$$

$$a - abx = 0 \ \Rightarrow \ a = abx \ \Rightarrow \ 1 = bx \ \Rightarrow \ x = \frac{1}{b}$$

$$f''(x) = -ab \cdot e^{-bx} + (a - abx) \cdot e^{-bx} \cdot (-b) = (ab^2x - 2ab) \cdot e^{-bx}$$

$$f''\left(\frac{1}{b}\right) = \left(ab^2\frac{1}{b} - 2ab\right)\cdot e^{-b/b} = -ab\cdot e^{-1} = -\frac{ab}{e} < 0 \ \Rightarrow$$

$$\text{Max}\left(\frac{1}{b}, \frac{a}{b\cdot e}\right)$$

- Wendepunkte:

$$f''(x) = (ab^2x - 2ab)\cdot e^{-bx} = 0 \Rightarrow ab^2x = 2ab \ \Rightarrow \ bx = 2 \ \Rightarrow \ x = \frac{2}{b}$$

$$f'''(x) = ab^2\cdot e^{-bx} + (ab^2x - 2ab)\cdot e^{-bx}\cdot(-b) = (3ab^2 - ab^3x)\cdot e^{-bx}$$

$$f'''\left(\frac{2}{b}\right) = \left(3ab^2 - ab^3\frac{2}{b}\right)\cdot e^{-2b/b} = ab^2\cdot e^{-2} = \frac{ab^2}{e^2} \neq 0 \ \Rightarrow$$

$$\text{Wp}\left(\frac{2}{b}, \frac{2a}{b\cdot e^2}\right)$$

- Nicht monoton.
- Die Funktionsgraphen für ausgewählte Kombinationen von a und b zeigt Bild 8.12.
- Wertebereich $-\infty < y \leq \dfrac{a}{b\cdot e}$.

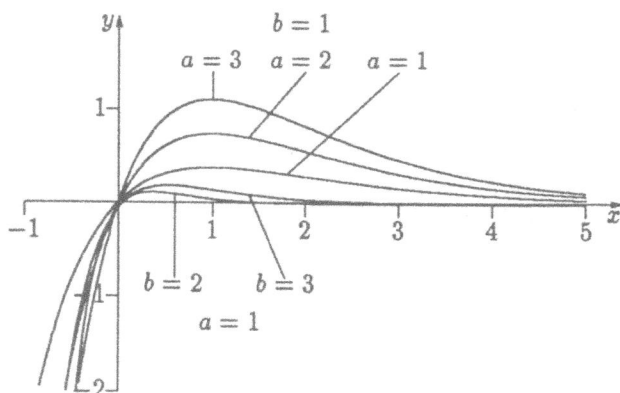

Bild 8.12: $y = ax\cdot e^{-bx}$

8.6.2   Extremwertaufgaben

Häufig treten in der Praxis Probleme auf, bei denen es darauf ankommt, einen optimalen Wert zu bestimmen, etwa den maximalen Gewinn, einen minimalen Materialaufwand, ein kleinstes oder größtes Volumen u.v.a. Meistens können solche Aufgaben mit Hilfe der Differentialrechnung gelöst werden, indem man Extrema von Funktionen bestimmt.

Beispiele:

1. *Gesucht ist das Rechteck, das bei gegebenen Umfang den größten Flächeninhalt hat.*

   Es sei u der Umfang und x die Länge einer Seite. Die Länge der anderen Seite ist dann $\frac{1}{2}u - x$. Als Fläche, die natürlich von x abhängt, erhält man dann:

   $$F(x) = x \cdot \left(\frac{1}{2}u - x \right) = \frac{1}{2}ux - x^2.$$

   Differenziert man F(x), dann erhält man:

   $$F'(x) = \frac{1}{2}u - 2x$$

   Die Extremwerte werden nun durch Nullsetzen der ersten Ableitung ermittelt:

   $$F'(x) = \frac{1}{2}u - 2x = 0 \Rightarrow x = \frac{1}{4}u$$

   Es existiert also nur ein Extremwert. Da

   $$F''(x) = -2 \; \forall x,$$

   liegt auch tatsächlich ein Maximum vor. $x = \frac{1}{4}u$ bedeutet, daß man einen maximalen Flächeninhalt für ein Quadrat vom Umfang u erhält.

2. *Bei Konservendosen ist es wünschenswert, daß für eine vorgegebene Inhaltsmenge der Blechverbrauch möglichst gering ist. Dies wird anhand einer zylinderförmigen Dose untersucht.*

   Es sei also das Volumen V der Dose fest gegeben, der Radius r des Grundkreises und die Höhe h der Dose sind nun so zu bestimmen, daß die Zylinderoberfläche F minimal wird. Die Formel für die Oberfläche lautet:

   $$F(r, h) = 2\pi r h + 2\pi r^2$$

   Aus $V = \pi r^2 h$ ergibt sich $h = \dfrac{V}{\pi r^2}$. Nach Einsetzen dieser Beziehung erhält man:

   $$F(r) = \frac{2V}{r} + 2\pi r^2$$

   Durch Differenzieren ergibt sich:

   $$F'(r) = -\frac{2V}{r^2} + 4\pi r \quad \text{und} \quad F''(r) = \frac{4V}{r^3} + 4\pi$$

   Die notwendige Bedingung für ein Extremum ist $F'(r) = 0$, also:

   $$4\pi r - \frac{2V}{r^2} = 0 \quad \Rightarrow \quad 4\pi r^3 - 2V = 0 \quad \Rightarrow \quad r^3 = \frac{V}{2\pi}$$

D.h. für $r = \sqrt[3]{\dfrac{V}{2\pi}}$ *kann ein Extremum vorliegen. Dieser Wert wird deshalb in die zweite Ableitung eingesetzt.*

$$F''\left(\sqrt[3]{\frac{V}{2\pi}}\right) = 8\pi + 4\pi = 12\pi > 0$$

Also liegt tatsächlich ein Minimum vor. Für $r = \sqrt[3]{\dfrac{V}{2\pi}}$ *ist demnach der Blechverbrauch minimal. Das zugehörige* h *ist:*

$$h = \frac{V}{\pi r^2} = \frac{V(2\pi)^{2/3}}{\pi V^{2/3}} = \left(\frac{4V}{\pi}\right)^{1/3} = \sqrt[3]{\frac{4V}{\pi}}$$

Bei einer Literdose $(V = 1000\ \text{cm}^3)$ *wird der Blechverbrauch für* $r = \sqrt[3]{\dfrac{500}{\pi}} \approx \sqrt[3]{159.15} \approx 5.42\ [\text{cm}]$ *und* $h = \sqrt[3]{\dfrac{4000}{\pi}} \approx \sqrt[3]{1273.24} \approx 10.84\ [\text{cm}]$ *am geringsten sein.*

3. *Eine Größe wird n-mal gemessen. Man erhält n Meßwerte* $a_1, a_2, \ldots, a_n$, *die sich wegen unvermeidlicher Meßfehler unterscheiden. Man sucht nun als "beste" Näherung für den tatsächlichen Wert* a_0 *der zu bestimmenden Größe einen Wert* a, *für den gilt:* $Q = \sum\limits_{i=1}^{n}(a_i - a)^2$ *ist minimal. Man hat also ein Minimum der Funktion* $Q(a) = \sum\limits_{i=1}^{n}(a_i - a)^2$ *zu suchen. Dazu differenziert man* $Q(a)$.

$$Q'(a) = \frac{d}{da}\sum_{i=1}^{n}(a_i - a)^2 = \sum_{i=1}^{n}\frac{d}{da}(a_i - a)^2 = \sum_{i=1}^{n}(2(a_i - a)\cdot(-1)) =$$

$$= -2\sum_{i=1}^{n}(a_i - a) = -2\sum_{i=1}^{n}a_i + 2na$$

Setzt man $Q'(a) = 0$, *so folgt:*

$$-2\sum_{i=1}^{n}a_i + 2na = 0 \Rightarrow 2na = 2\sum_{i=1}^{n}a_i \Rightarrow a = \frac{1}{n}\sum_{i=1}^{n}a_i$$

Die zweite Ableitung

$$Q''(a) = \frac{d}{da}\left(-2\sum_{i=1}^{n}(a_i - a)\right) = -2\sum_{i=1}^{n}\frac{d}{da}(a_i - a) = -2\sum_{i=1}^{n}(-1) = 2n$$

ist stets größer als Null. Also liegt für ein a *mit* $Q'(a) = 0$ *ein Minimum von* $Q(a)$ *vor.*

Für das arithmetische Mittel $a = \dfrac{1}{n}\displaystyle\sum_{i=1}^{n} a_i$ *wird die Summe der Abweichungsquadrate also minimal.*

4. *Untersucht wird das Problem der optimalen Nutzungsdauer einer Maschine. Dazu sei S der insgesamt abzuschreibende Betrag. Die Funktion B(t) beschreibe die Betriebskosten bei t Nutzungseinheiten. Je länger eine Maschine im Einsatz ist, desto höher sind i.a. die Reparaturkosten. Deshalb wird für B(t) folgende Funktion zugrundegelegt:*

$$B(t) = at^2 + bt + c \qquad a, b, c > 0$$

Die Kostenfunktion, die die je Nutzungseinheit (z.B. ein Jahr) entstehenden mittleren Kosten wiedergibt, lautet:

$$K(t) = \frac{S + B(t)}{t} = \frac{S + at^2 + bt + c}{t}$$

Die optimale Nutzungsdauer ist der Wert t, für den diese Kostenfunktion minimal wird. Differenzieren ergibt:

$$K'(t) = a - \frac{S + c}{t^2} \quad \text{und} \quad K''(t) = 2 \cdot \frac{S + c}{t^3}$$

Aus $K'(t) = 0$ erhält man mögliche Extremalstellen für $t = \pm\sqrt{\dfrac{S + c}{a}}$.

In diesem Zusammenhang interessieren jedoch ausschließlich Extremalstellen für $t > 0$. Da $K''(t) > 0$ für alle $t > 0$ gilt, liegt für $t_0 = \sqrt{\dfrac{S + c}{a}}$ ein Minimum der Kostenfunktion vor, d.h. t_0 ist die optimale Nutzungsdauer.

Dazu werde folgendes Zahlenbeispiel betrachtet: Es wird ein Schlepper für 50000 DM angeschafft, der vollständig abzuschreiben ist, also $S = 50000$. Als Funktion für die Betriebskosten wird $B(t) = 400t^2 + 2500t + 2000$ zugrunde gelegt. Damit erhält man als optimale Nutzungsdauer:

$$t_0 = \sqrt{\frac{50000 + 2000}{400}} = \sqrt{130} \approx 11.4$$

Der Schlepper sollte demnach nach 11.4 Jahren durch einen neuen ersetzt werden, um die Kosten minimal zu halten.

8.6.3   Das Newton-Verfahren

Will man die Lösungen einer Gleichung $f(x) = 0$ bestimmen, so treten oft schon bei relativ einfachen Funktionen Schwierigkeiten auf, denn es gibt kein allgemeines Lösungsverfahren für beliebige Gleichungen. Bei einer differenzierbaren Funktion f kann man mit dem **Newtonschen Iterationsverfahren** zumindest Näherungslösungen berechnen. Dazu geht man wie folgt vor: Man setzt voraus, daß man eine erste, grobe Näherung x_0 für die gesuchte Nullstelle $\hat{x}$, d.h. $f(\hat{x}) = 0$, vorliegen hat. Eine i.a. bessere Näherung erhält man, indem man im Punkt $(x_0, f(x_0))$ die Tangente an die Kurve $y = f(x)$ legt und als x_1 deren Schnittpunkt mit der x-Achse nimmt (vgl. Bild 8.13).

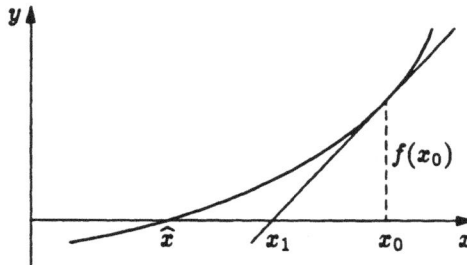

Bild 8.13: Das Newton-Verfahren

Die Gleichung für diese Tangente lautet:

$$y = f(x_0) + m(x - x_0) \tag{8.37}$$

Die Steigung m ist aber gerade der Wert der Ableitung von f an der Stelle x_0. Somit erhält man folgende Tangentengleichung:

$$y = f(x_0) + f'(x_0) \cdot (x - x_0) \tag{8.38}$$

x_1 ist eine Nullstelle dieser Funktion, d.h. eine Lösung von (8.38). Daraus erhält man:

$$x_1 = x_0 - \frac{f(x_0)}{f'(x_0)} \tag{8.39}$$

Nun kann man wieder so vorgehen, also bei $(x_1, f(x_1))$ die Tangente an die Kurve legen und eine neue Näherung x_2 als $x_2 = x_1 - \dfrac{f(x_1)}{f'(x_1)}$ errechnen. So läßt sich die gesuchte Nullstelle $\hat{x}$ beliebig genau annähern.

Eine Nullstelle $\hat{x}$ einer differenzierbaren Funktion f (mit $f'(x) \neq 0$ und $f''(x) \neq 0$ für alle x aus einer Umgebung U von $\hat{x}$) läßt sich also mit Hilfe des **Newton-Verfahrens** gemäß folgender Vorschrift iterativ beliebig annähern:

Man wähle ein $x_0 \in U$ als Startwert und berechne iterativ bis zur gewünschten Genauigkeit:

$$x_{i+1} = x_i - \frac{f(x_i)}{f'(x_i)} \tag{8.40}$$

Beispiele:

1. Zu $f(x) = x^3 - 3x - 3$ ist eine Näherung für die Nullstelle zu bestimmen.
   Dazu berechnet man $f'(x) = 3x^2 - 3$. Wegen $f(2) = -1$ und $f(3) = 15$ muß
   zwischen $x = 2$ und $x = 3$ ein Wert $\hat{x}$ mit $f(\hat{x}) = 0$ liegen. Als Startwert
   kann man z.B. den Wert $x_0 = 2.2$ nehmen. $f(2.2) = 2.2^3 - 3 \cdot 2.2 - 3 = 1.048$
   und $f'(2.2) = 3 \cdot 2.2^2 - 3 = 11.52$. Damit erhält man:

$$x_1 = 2.2 - \frac{1.048}{11.52} \approx 2.109$$

$$x_2 = 2.109 - \frac{f(2.109)}{f'(2.109)} \approx 2.109 - \frac{0.0536}{10.344} \approx 2.104$$

$$x_3 = 2.104 - \frac{f(2.104)}{f'(2.104)} \approx 2.104 - \frac{0.00202}{10.2804} \approx 2.104$$

   Mit $x = 2.104$ erhält man also eine auf drei Stellen genaue Näherung für
   die gesuchte Nullstelle.

2. Gesucht ist der Wert von $\sqrt[3]{30}$. Dazu setzt man $x = \sqrt[3]{30}$, dies ist äquivalent
   zu $x^3 = 30$ oder $f(x) = x^3 - 30 = 0$. Für diese Funktion kann man das
   Newton-Verfahren anwenden. Dazu sei $x_0 = 3$.

$$x_1 = 3 - \frac{f(3)}{f'(3)} = 3 - \frac{-3}{27} \approx 3.1111$$

$$x_2 = 3.1111 - \frac{f(3.1111)}{f'(3.1111)} \approx 3.1111 - \frac{0.1122}{29.037} \approx 3.1072$$

$$x_3 = 3.1072 - \frac{f(3.1072)}{f'(3.1072)} \approx 3.1072 - \frac{-0.00094}{28.964} \approx 3.1072$$

   3.1072 ist somit ein auf vier Stellen genauer Wert für $\sqrt[3]{30}$.

Auf einem Computer kann man mit Hilfe des Newton-Verfahrens sehr rasch
derartige Berechnungen durchführen.

8.6.4   Die Regel von de l'Hospital

Bei einer rationalen Funktion $f(x) = \dfrac{u(x)}{v(x)}$ kann es vorkommen, daß man für
bestimmte Argumente als Funktionswerte Ausdrücke der Form $\dfrac{0}{0}$ oder $\dfrac{\infty}{\infty}$ erhalten würde. Dies sind unbestimmte Ausdrücke, und f ist an einer solchen
Stelle nicht definiert, die Funktion hat eine Lücke. Es ist jedoch möglich, daß
für eine Definitionslücke $x = x_0$ der Grenzwert $\lim\limits_{x \to x_0} f(x)$ existiert, und sich die
Lücke beheben läßt. Mit dem im folgenden vorgestellten Verfahren kann dieser
Grenzwert ermittelt werden.

Es sei also $f(x) = \dfrac{u(x)}{v(x)}$ mit $u(x_0) = v(x_0) = 0$. Betrachtet man diese Funktion für das Argument $x_0 + \Delta x$, dann erhält man:

$$
\begin{aligned}
f(x + \Delta x) &= \frac{u(x_0 + \Delta x)}{v(x_0 + \Delta x)} = \frac{u(x_0 + \Delta x) - u(x_0)}{v(x_0 + \Delta x) - v(x_0)} = \\
&= \frac{(u(x_0 + \Delta x) - u(x_0))/\Delta x}{(v(x_0 + \Delta x) - v(x_0))/\Delta x}
\end{aligned}
\tag{8.41}
$$

Im letzten Ausdruck stehen im Zähler und im Nenner die Differenzenquotienten von $u(x)$ und $v(x)$ für $x = x_0$. Unter der Voraussetzung der Differenzierbarkeit von $u(x)$ und $v(x)$ an der Stelle x_0 liefert der Grenzübergang $\Delta x \to 0$:

$$
\begin{aligned}
f(x_0) &= \lim_{\Delta x \to 0} f(x + \Delta x) = \lim_{\Delta x \to 0} \frac{(u(x_0 + \Delta x) - u(x_0))/\Delta x}{(v(x_0 + \Delta x) - v(x_0))/\Delta x} = \\
&= \frac{u'(x_0)}{v'(x_0)}
\end{aligned}
\tag{8.42}
$$

Man erhält also den Grenzwert, indem man Zähler und Nenner differenziert und den Quotienten dieser Ableitungen für $x = x_0$ bildet. Sollte sich auch hier wieder der unbestimmte Ausdruck $\dfrac{0}{0}$ ergeben, so muß erneut differenziert werden.

Ganz analog verfährt man, falls Zähler und Nenner für $x = x_0$ unendlich groß werden, also sich der Ausdruck $\dfrac{\infty}{\infty}$ ergibt.

Damit folgt die **Regel von de l'Hospital**:

Es sei $f(x) = \dfrac{u(x)}{v(x)}$ und $u(x_0) = v(x_0) = 0$ bzw. $u(x_0) = v(x_0) = \infty$. Den Grenzwert $\lim\limits_{x \to x_0} f(x)$ erhält man als:

$$
\lim_{x \to x_0} \frac{u(x)}{v(x)} = \frac{u'(x)}{v'(x)}
\tag{8.43}
$$

Ist $\dfrac{u'(x)}{v'(x)}$ auch ein unbestimmter Ausdruck, so bilde man den Quotienten aus $u''(x_0)$ und $v''(x_0)$ usw.

Für andere unbestimmte Ausdrücke, wie z.B. $0 \cdot \infty$, ∞^0, 0^0 u.ä. läßt sich diese Regel auch anwenden, wenn man diese Ausdrücke zuerst auf die Form $\dfrac{0}{0}$ oder $\dfrac{\infty}{\infty}$ bringt.

Beispiele:

1. $f(x) = \dfrac{x^3 - 6x^2 + 11x - 6}{3x^2 - 15x + 18}$ ergibt für $x = 3$ den unbestimmten Ausdruck

   $\dfrac{0}{0}$. Differenziert man Zähler und Nenner, so erhält man:

   $$\lim_{x \to 3} f(x) = \lim_{x \to 3} \frac{3x^2 - 12x + 11}{6x - 15} = \frac{2}{3}$$

2. Auch das Verhalten von $\dfrac{x^n}{e^x}$ $(n \in \mathbb{N})$ für $x \to \infty$ kann mit der l'Hospital-schen Regel ermittelt werden.

   $$\lim_{x \to \infty} \frac{x^n}{e^x} = \lim_{x \to \infty} \frac{n \cdot x^n}{e^x} = \ldots = \lim_{x \to \infty} \frac{n \cdot (n-1) \cdot \ldots \cdot 2 \cdot 1}{e^x} = 0$$

   Die l'Hospitalsche Regel muß hier mehrfach angewendet werden. $\lim\limits_{x \to \infty} \dfrac{x^n}{e^x} = 0$ heißt: Die Funktion $y = e^x$ wächst stärker als jede Potenzfunktion $y = x^n$.

3. Gesucht ist $\lim\limits_{x \to 0}(x \cdot \ln x)$. Es ergibt sich die Form $0 \cdot (-\infty)$. Durch Umformen erhält man:

   $$\lim_{x \to 0}(x \cdot \ln x) = \lim_{x \to 0} \frac{\ln x}{1/x} = \lim_{x \to 0} \frac{(\ln x)'}{(1/x)'} = \lim_{x \to 0} \frac{1/x}{-1/x^2} = -\lim_{x \to 0} x = 0$$

Aufgaben

1. Man bestimme die 1. Ableitung folgender Funktionen.

a) $f(x) = \dfrac{1}{2}x^2 + 2\sqrt{x}$ 　　　　 b) $f(x) = \dfrac{1}{e^x + 1}$

c) $f(x) = e^{-3x(x+2)}$ 　　　　 d) $f(x) = \ln(x^2)$

e) $f(x) = (\ln x)^2$ 　　　　 f) $f(x) = 10^x$

g) $f(x) = \displaystyle\sum_{k=1}^{10}(kx^k + 2)$ 　　　　 h) $f(x) = \dfrac{x^2 + 5x + 1}{1/x}$

i) $f(x) = \dfrac{\ln x \cdot \sin x}{\cos x \cdot e^x}$ 　　　　 j) $f(x) = \lg x$

2. Bestimmen Sie die relativen Extrema für die Funktionen:

a) $f(x) = \dfrac{2x - 2}{2x^2 + 1}$ 　　　　 b) $f(x) = \dfrac{3x^2 - 12x}{2x^2 - 6x + 9}$

3. Gegeben ist die Funktionenschar

$$f_k(x) = \frac{x^2 + kx - 1}{x - 1} \quad (k \in I\!R).$$

a) Bestimmen Sie den Definitionsbereich von $f_k(x)$.

b) Sind die Funktionen $f_k(x)$ symmetrisch?

c) Hat jede Funktion $f_k(x)$ Nullstellen?

d) Bestimmen Sie die Pole von $f_k(x)$. Für welches $k \in I\!R$ ist $f_k(x)$ in der Definitionslücke stetig ergänzbar?

e) Bestimmen Sie die Asymptoten von $f_k(x)$, insbesondere von $f_0(x)$ und $f_1(x)$.

f) Bestimmen Sie die Nullstellen von $f_0(x)$ und $f_1(x)$.

g) Bestimmen Sie Extrema und Wendepunkte von $f_0(x)$ und $f_1(x)$.

h) Sind die Funktionen $f_0(x)$ und $f_1(x)$ monoton?

i) Skizzieren Sie die Funktionen $f_0(x)$ und $f_1(x)$.

4. Ein Körper verliert durch Abstrahlung umso weniger Wärme, je kleiner die Oberfläche ist. Wie hat man infolgedessen einen Quader von quadratischer Grundfläche bei konstantem Volumen V zu dimensionieren, damit der Wärmeverlust minimal wird?

5. Es sei die Gesamtkostenfunktion $K(x)$ eine Parabel dritten Grades:

$$K(x) = a + bx - cx^2 + dx^3 \quad (a, b, c, d > 0)$$

Man untersuche die Existenz von Maxima, Minima und Wendepunkten und unterscheide dabei die drei Fälle: $c^2 > 3bd$, $c^2 = 3bd$ und $c^2 < 3bd$.

6. Die Gesamtkostenfunktion $K(x)$ sei linear mit $K(x) = \alpha + \beta x$, wobei α die Fix- und β die Grenzkosten darstellen. Die Nachfragefunktion sei $x = \gamma p^\delta$ ($\delta < 0$) mit $p = $ Preis pro Produktionseinheit. Der Gewinn G ist festgelegt als die Differenz zwischen Erlös px und den Kosten $K(x)$ zu $G = px - K(x)$. Wann hat die Gewinnfunktion ein Maximum und bei welchem Preis p_0?

7. Gegeben sei die logistische Funktion $f(t) = \dfrac{A}{1 + e^{A + bt}}$ ($b < 0, A > 0$)
   Man untersuche, ob f einen Wendepunkt besitzt, und wenn ja, zu welchem Zeitpunkt er erreicht wird, und wie groß die Steigung der Tangente im Wendepunkt ist.

8. Die Abhängigkeit des Kartoffelertrags E in t/ha von der K-Düngung x in kg/ha sei durch folgende Funktion modellierbar:

   $E = 30 \cdot (1 - e^{-0.03x}) + 20$

   a) Welcher Kartoffelertrag ist ohne K-Düngung zu erwarten?
   b) Welcher Kartoffelertrag ist bei einer K-Düngung von 50 kg/ha zu erwarten?
   c) Gegen welchen Grenzwert strebt der Kartoffelertrag, wenn die K-Düngung sehr groß wird, also für $x \to \infty$?
   d) Der Grenzertrag ist der zusätzliche Ertrag pro zusätzlich eingesetzter Einheit K-Dünger. Bestimmen Sie den Grenzertrag als Funktion der K-Düngung.
   e) Bei welcher K-Düngung beträgt der Ertragszuwachs 0.27 t/kg K?

9. Eine harmonische Schwingung sei gedämpft. Die Abnahme der Amplitude x_A ist exponentiell mit der Dämpfungskonstanten λ. Die Schwingungsgleichung für die Auslenkung x lautet:

   $x = x(t) = x_A \cdot e^{-\lambda \cdot t} \cdot \sin(\omega t)$

   Bestimmen Sie die Geschwindigkeit v und die Beschleunigung a zur Zeit t.

Lösungen

1. a) $f'(x) = x + \dfrac{1}{\sqrt{x}}$
   b) $f'(x) = -\dfrac{e^x}{(e^x + 1)^2}$
   c) $f'(x) = -6(x + 1)e^{-3x(x+2)}$
   d) $f'(x) = \dfrac{2}{x}$

e) $f'(x) = \dfrac{2\ln x}{x}$

f) $f(x) = e^{\ln 10 \cdot x} \Rightarrow f'(x) = \ln 10 \cdot e^{\ln 10 \cdot x} = \ln 10 \cdot 10^x$

g) $f'(x) = \displaystyle\sum_{k=1}^{10} k^2 x^{k-1} = \sum_{k=0}^{9} (k+1)^2 x^k$

h) $f(x) = x^3 + 5x^2 + x \Rightarrow f'(x) = 3x^2 + 10x + 1$

i) $f'(x) = \dfrac{\sin x(1/x - \ln x)}{\cos x \cdot e^x} + \dfrac{\ln x}{\cos^2 x \cdot e^x}$

j) $f(x) = y = \lg x \Leftrightarrow x = 10^y$

$\dfrac{dx}{dy} = \ln 10 \cdot 10^y = \ln 10 \cdot 10^{\lg x} = \ln 10 \cdot x \Rightarrow$

$\Rightarrow f'(x) = \dfrac{dy}{dx} = \dfrac{1}{x \cdot \ln 10}$

2. a) $f'(x) = -2 \cdot \dfrac{2x^2 - 4x - 1}{(2x^2 + 1)^2} = 0 \Leftrightarrow 2x^2 - 4x - 1 = 0 \Leftrightarrow$

$(x-1)^2 = 1.5 \Rightarrow x_{1/2} = 1 \pm 0.5\sqrt{6} \Rightarrow x_1 = 2.22, \; x_2 = -0.22$

$f''(x) = 8 \cdot \dfrac{2x^3 - 6x^2 - 3x + 1}{(2x^2 + 1)^3}$

$f''(x_1) < 0 \Rightarrow \max(2.22, 0.22), \; f''(x_2) > 0 \Rightarrow \min(-0.22, -2.22)$

b) $f'(x) = -6 \cdot \dfrac{x-6}{(x-3)^3} = 0 \Leftrightarrow x - 6 = 0 \Leftrightarrow x = 6$

$f''(x) = 6 \cdot \dfrac{2x - 15}{(x-3)^4}, \; f''(6) < 0 \Rightarrow \max(6, 4)$

3. a) $D = \mathbb{R} \setminus \{1\}$

b) Nicht symmetrisch zur y-Achse bzw. zum Ursprung, da sowohl im Zähler als auch im Nenner gerade und ungerade Hochzahlen vorkommen.

c) $x_{1/2} = \dfrac{-k \pm \sqrt{k^2 + 4}}{2}$. Jede Funktion hat Nullstellen, da die Diskriminante $k^2 + 4 > 0$ für alle $k \in \mathbb{R}$.

d) Pol bei $x = 1$ wegen der Definitionslücke, außer für $k = 0$, da Nennernullstelle auch Zählernullstelle. $f_0(x)$ ist also stetig ergänzbar zu

$f_0(x) = \dfrac{x^2 - 1}{x - 1} = \dfrac{(x+1)(x-1)}{x-1} = x + 1$

e) $f_k(x) = x + (k+1) + \dfrac{k}{x-1}$

$\displaystyle\lim_{x \to \pm\infty} f_k(x) = x + k + 1, \; \lim_{x \to \pm\infty} f_0(x) = x + 1, \; \lim_{x \to \pm\infty} f_1(x) = x + 2$

f) $f_0(x): x = -1$

$f_1(x): x_{1,2} = \dfrac{-1 \pm \sqrt{5}}{2}$, also 0.62 bzw. -1.62.

g) $f_0(x) = x + 1$ ist eine Gerade ohne Extrema und Wendepunkte.

$$f_1'(x) = \frac{x(x-2)}{(x-1)^2} = 0 \Leftrightarrow x = 0 \vee x = 2$$

$$f_1''(x) = \frac{2}{(x-1)^3}, \; f_1''(0) < 0 \; \Rightarrow \; \max(0,1), \; f_1''(2) > 0 \; \Rightarrow \; \min(2,4).$$

Keine Wendepunkte, da $f_1''(x) \neq 0 \; \forall x \in I\!\!D$.

h) $f_0(x)$ monoton steigend, da $f_0'(x) = 1 > 0 \; \forall x \in I\!\!D$
   $f_1(x)$ nicht monoton.

i) Eine Skizze der Funktionen f_0 und f_1 zeigt Bild 8.14.

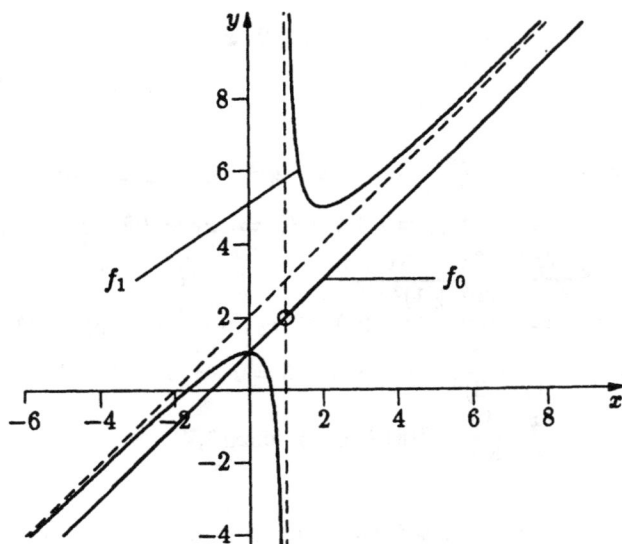

Bild 8.14: $f_0(x)$ und $f_1(x)$

4. Die Kantenlänge der Grundfläche des Quaders sei mit a und die Höhe des Quaders mit h bezeichnet.

$$V = a^2 \cdot h \Rightarrow h = \frac{V}{a^2}$$

$$O = 2 \cdot a^2 + 4 \cdot a \cdot h = 2 \cdot a^2 + \frac{4 \cdot V}{a}$$

$$\frac{dO}{da} = 4 \cdot a - \frac{4 \cdot V}{a^2} = 0 \; \Rightarrow \; V = a^3 \Rightarrow h = a$$

Der gesuchte Körper ist also ein Würfel.

5. $K'(x) = b - 2cx + 3dx^2$, $K''(x) = -2c + 6dx$

$$K'(x) = 0 \Leftrightarrow x = \frac{c \pm \sqrt{c^2 - 3bd}}{3d}$$

$c^2 > 3bd$:

Maximum für $x = \dfrac{c - \sqrt{c^2 - 3bd}}{3d}$, Minimum für $x = \dfrac{c + \sqrt{c^2 - 3bd}}{3d}$.

$c^2 = 3bd$: Ein mögliches Extremum für $x = \dfrac{c}{3d}$. Da aber $K''(x) = 0$ und $K'''(x) = 6d > 0$ für $x = \dfrac{c}{3d}$, existiert für $x = \dfrac{c}{3d}$ ein Wendepunkt.

$c^2 < 3bd$: Kein Extremum.

6. $G(x) = px - K(x) \Rightarrow G(p) = \gamma p^{\delta+1} - \beta\gamma p^\delta - \alpha$, $G'(p) = \gamma(\delta + 1)p^\delta - \beta\gamma\delta p^{\delta-1} = 0$

$\gamma(\delta + 1)p^\delta = \beta\gamma\delta p^{\delta-1} \Leftrightarrow \delta + 1 = \beta\delta p^{-1} \Rightarrow p_0 = \dfrac{\beta\delta}{\delta + 1}$

Falls $-1 < \delta < 0$, wird p_0 negativ, für $\delta = -1$ also kein Maximum und für $\delta < -1$ Maximum bei $p_0 = \dfrac{\beta\delta}{\delta + 1}$.

7. $f'(t) = \dfrac{-Abe^{A+bt}}{(1 + e^{A+bt})^2}$, $f''(t) = Ab^2 e^{A+bt}\dfrac{e^{A+bt} - 1}{(1 + e^{A+bt})^4}$

$f''(t) = 0 \Leftrightarrow e^{A+bt} = 1 \Leftrightarrow A + bt = \ln 1 = 0 \Rightarrow t = -\dfrac{A}{b} \Rightarrow$

$f\left(-\dfrac{A}{b}\right) = \dfrac{A}{2}$, $f'\left(-\dfrac{A}{b}\right) = -\dfrac{Ab}{4}$

Die logistische Funktion hat einen Wendepunkt bei $\left(-\dfrac{A}{b}, \dfrac{A}{2}\right)$ mit der Steigung $-\dfrac{Ab}{4}$.

8. a) $E(0) = 20$ [t/ha]

   b) $E(50) = 43.3$ [t/ha]

   c) $\lim\limits_{x \to \infty} E = 30 \cdot (1 - 0) + 20 = 50$ [t/ha]

   d) $\dfrac{dE}{dx} = (-30)(-0.03) \cdot e^{-0.03x} = 0.9 \cdot e^{-0.03x}$

   e) $0.9 \cdot e^{-0.03x} = 0.27 \Leftrightarrow e^{-0.03x} = 0.3 \Leftrightarrow -0.03x = \ln 0.3 \Leftrightarrow x = \dfrac{\ln 0.3}{-0.03} \approx 40.1$ [kg/ha]

9. Die Geschwindigkeit v ist die erste Ableitung $\dot{x}$ der Auslenkung x:

$v = \dot{x} = x_A \cdot e^{-\lambda} \cdot (\omega \cos \omega t - \lambda \sin \omega t)$

Die Beschleunigung a zur Zeit t ist die zweite Ableitung $\ddot{x}$ der Auslenkung x:

$a = \ddot{x} = x_A \cdot e^{-\lambda t}\left((\lambda^2 - \omega^2)\sin \omega t - 2\lambda\omega \cos \omega t\right)$

Kapitel 9

Integralrechnung

In Kapitel 8 über die Differentialrechnung wurde gezeigt, wie man zu einer gegebenen Funktion $y = f(x)$ die Ableitung $f'(x)$ ermittelt. Im folgenden wird jetzt die umgekehrte Fragestellung betrachtet. Gegeben ist die Ableitung und gesucht ist die dazugehörige Funktion. Diese Aufgabe führt zum Begriff des unbestimmten Integrals.

9.1 Das unbestimmte Integral

Unbestimmtes Integral einer Funktion $f(x)$ heißt jede Funktion $F(x)$, deren Ableitung gleich $f(x)$ ist. Gesucht ist also eine Funktion $F(x)$ mit $F'(x) = f(x)$. Die Lösung $F(x)$ bezeichnet man mit:

$$F(x) = \int f(x)\, dx \qquad\qquad (9.1)$$

$F(x)$ wird auch als **Integralfunktion** und die graphische Darstellung als **Integralkurve** bezeichnet. Die Berechnung des Integrals bezeichnet man als "integrieren". Das Integralzeichen $\int$ soll ein längliches S symbolisieren und auf "Summe" hinweisen. In Abschnitt 9.4 wird gezeigt, daß die geometrische Aufgabe, den Flächeninhalt zwischen einer Kurve $y = f(x)$ und der x-Achse zu bestimmen, auf die Berechnung des Grenzwerts einer Summe hinausläuft. Dieser Flächeninhalt kann jedoch wesentlich einfacher über das unbestimmte Integral ausgerechnet werden. Das Differential dx im Integral deutet auf die Integrationsvariable x hin, über die integriert wird.

Statt von einem unbestimmten Integral spricht man oft auch von einer **Stammfunktion** $F(x)$ zu einer gegebenen Funktion $f(x)$. Unbestimmtes Integral und Stammfunktion sind also synonyme Begriffe für Funktionen $F(x)$ mit $F'(x) = f(x)$.

Beispiel:

Gegeben ist die Funktion $f(x) = x^2$, gesucht ist ein zugehöriges unbestimmtes Integral bzw. eine Stammfunktion. Aufgrund der Differentiationsregel $(x^n)' = n \cdot x^n$ findet man die Lösung $F(x) = \frac{1}{3}x^3$, denn es gilt: $F'(x) = \frac{1}{3}(x^3)' = \frac{1}{3} \cdot 3x^2 = x^2$.

Dreht man also die Differentiationsregel $(x^{n+1})' = (n+1) \cdot x^n$ *um, dann erhält man allgemein für die Funktion* $f(x) = x^n$ *ein unbestimmtes Integral* $F(x)$.

Da $\left(\dfrac{x^{n+1}}{n+1}\right)' = \dfrac{1}{n+1} \cdot (n+1) \cdot x^n = x^n$ $(n \in \mathbb{R} \setminus \{-1\})$, *ist die Funktion*

$F(x) = \dfrac{x^{n+1}}{n+1}$ *für* $n \neq -1$ *ein unbestimmtes Integral von* $f(x) = x^n$. *Der Fall*

$f(x) = x^{-1} = \dfrac{1}{x}$ *wird in Abschnitt 9.7 behandelt.*

Sind $F(x)$ und $G(x)$ zwei unbestimmte Integrale von $f(x)$, dann unterscheiden sie sich nur durch eine Konstante.

Ist nämlich eine Funktion H die Differenz der Funktionen F und G, also $H(x) = F(x)-G(x)$ und differenziert man $H(x)$, so erhält man $H'(x) = F'(x)-G'(x) = f(x) - f(x) = 0$. Nach Folgerung 2 auf Seite 130 gilt dann: $H(x) = C = $ const., also: $H(x) = F(x) - G(x) = $ const. oder $F(x) = G(x) + $ const.. Man findet also die Lösung des eingangs gestellten Integralproblems, indem man irgendein unbestimmtes Integral $G(x)$ sucht und eine Konstante C dazuaddiert:

$$F(x) = G(x) + C \tag{9.2}$$

In dieser Form bezeichnet man $F(x)$ als das unbestimmte Integral von $f(x)$, obwohl $F(x)$ eine ganze Schar von Integralfunktionen darstellt.

9.2 Grundintegrale und Rechenregeln

Aufgrund der im Kapitel 8 berechneten Ableitungen und der dort angegebenen Differentiationsregeln gewinnt man durch Umkehrung die folgenden **Grundintegrale**:

$$(x^{n+1})' = (n+1)x^n \quad \longrightarrow \quad \int x^n \, dx = \frac{1}{n+1}x^{n+1} + C \quad (n \neq -1)$$

$$(\sin x)' = \cos x \quad \longrightarrow \quad \int \cos x \, dx = \sin x + C$$

$$(\cos x)' = -\sin x \quad \longrightarrow \quad \int \sin x \, dx = -\cos x + C$$

$$(\tan x)' = \frac{1}{\cos^2 x} \quad \longrightarrow \quad \int \frac{1}{\cos^2 x} \, dx = \tan x + C \tag{9.3}$$

$$(\cot x)' = -\frac{1}{\sin^2 x} \quad \longrightarrow \quad \int \frac{1}{\sin^2 x} \, dx = -\cot x + C$$

$$(\arctan x)' = \frac{1}{1+x^2} \quad \longrightarrow \quad \int \frac{1}{1+x^2} \, dx = \arctan x + C$$

$$(\arcsin x)' = \frac{1}{\sqrt{1-x^2}} \quad \longrightarrow \quad \int \frac{1}{\sqrt{1-x^2}} \, dx = \arcsin x + C$$

Auch die beiden folgenden Rechenregeln für die Integralrechnung sind leicht einzusehen.

$$\int c \cdot f(x) \, dx = c \cdot \int f(x) \, dx \tag{9.4}$$

d.h. einen konstanten Faktor darf man vor das Integralzeichen ziehen.

$$\int (f(x) \pm g(x)) \, dx = \int f(x) \, dx \pm \int g(x) \, dx \tag{9.5}$$

d.h. das Integral einer Summe oder Differenz von zwei Funktionen ist gleich der Summe bzw. Differenz der beiden Integrale.

Mit diesen Rechenregeln und der vorher aufgestellten Tabelle von Grundintegralen kann man eine ganze Reihe von Funktionen integrieren.

Beispiele:

1. $$\int (5x^7 - 3x^3 - 2) \, dx = 5 \int x^7 \, dx - 3 \int x^3 \, dx - 2 \int 1 \, dx = \frac{5}{8}x^8 - \frac{3}{4}x^4 - 2x + C$$

2. $$\int \frac{x^3 + 2x^2 + 3}{x^2} \, dx = \int x \, dx + 2 \int 1 \, dx + 3 \int \frac{1}{x^2} \, dx = \frac{x^2}{2} + 2x - \frac{3}{x} + C$$

3. $$\int \frac{3x + 4}{\sqrt{x}} \, dx = 3 \int x^{1/2} \, dx + 4 \int x^{-1/2} \, dx = 2x^{3/2} + 8x^{1/2} + C$$

9.3   Partielle Integration und Substitution

Häufig reichen die Rechenregeln (9.3) – (9.5) nicht aus, um selbst einfachere
Funktionen zu integrieren. In solchen Fällen muß man das Integral so umformen, daß das gesuchte Integral auf bekannte Integrale zurückgeführt werden
kann. Dazu dienen die beiden folgenden beiden Integrationsverfahren.

9.3.1   Partielle Integration

Die Methode der **partiellen Integration** ist die Umkehrung der Regel über
die Differentiation eines Produkts (Gleichung (8.25)). Es seien $u = u(x)$ und
$v = v(x)$ zwei differenzierbare Funktionen, dann gilt:

$$(u \cdot v)' = u' \cdot v + u \cdot v' \quad \text{bzw.} \quad u \cdot v' = (u \cdot v)' - u' \cdot v \tag{9.6}$$

Hieraus folgt:

$$\int u \cdot v' \, dx = \underbrace{\int (u \cdot v)' \, dx}_{u \cdot v} - \int u' \cdot v \, dx = u \cdot v - \int u' \cdot v \, dx \tag{9.7}$$

Setzt man für $u' = \dfrac{du}{dx}$ und für $dv = \dfrac{dv}{dx}$, so lautet Gleichung (9.7):

$$\int u \, dv = u \cdot v - \int v \, du \tag{9.8}$$

Es wird also die Berechnung des Integrals $\int u \, dv$ auf das Integral $\int v \, du$
zurückgeführt. Dies ist dann sinnvoll, wenn das Integral rechts einfacher ist, als
das Integral auf der linken Seite.

Beispiele:

1. $\displaystyle\int x \cos x \, dx = ?$

   $u = x \;\Rightarrow\; u' = 1, \; v' = \cos x \;\Rightarrow\; v = \sin x$

   $\displaystyle\int x \cos x \, dx = x \sin x - \int \sin x \, dx = x \sin x + \cos x + C$

2. $\displaystyle\int x^2 \sin x \, dx = ?$

   $u = x^2 \;\Rightarrow\; u' = 2x, \; v' = \sin x \;\Rightarrow\; v = -\cos x$

$$\int x^2 \sin x \, dx = -x^2 \cos x - \int -2x \cos x \, dx = -x^2 \cos x + 2 \int x \cos x \, dx$$

Nun integriert man das Integral $\displaystyle\int x \cos x \, dx$ nochmals partiell, mit $u = x$ und $v' = \cos x$. und erhält:

$$\int x \cos x \, dx = x \sin x - \int \sin x \, dx = x \sin x + \cos x + C$$

Damit folgt:

$$\int x^2 \sin x \, dx = -x^2 \cos x + 2x \sin x + 2 \cos x + C$$

Die Konstante C ist beliebig aus $\mathbb{R}$ wählbar. Aus diesem Grund ist es egal, ob sie bei der Angabe des unbestimmten Integrals mit 2 multipliziert wird oder nicht.

3. $\displaystyle\int \sin^2 x \, dx = ?$

$$u = \sin x \ \Rightarrow \ u' = \cos x, \ v' = \sin x \ \Rightarrow \ v = -\cos x$$

$$\int \sin^2 x \, dx = -\sin x \cos x - \int -\cos^2 x \, dx$$

$$\sin^2 x + \cos^2 x = 1 \ \Rightarrow \ \cos^2 x = 1 - \sin^2 x$$

$$\int \sin^2 x \, dx = -\sin x \cos x + \int 1 \, dx - \int \sin^2 x \, dx$$

$$2 \int \sin^2 x \, dx = -\sin x \cos x + x + C \ \Rightarrow \ \int \sin^2 x \, dx = \frac{x - \sin x \cos x}{2} + C$$

9.3.2   Integration durch Substitution

Ein Integral läßt sich manchmal leichter ausrechnen, wenn man anstelle von x eine neue Integrationsveränderliche z verwendet, also eine **Substitution** $z = g(x)$ durchführt und die Stammfunktion $F\big(g(x)\big)$ sucht.

Differenziert man $z = g(x)$ nach dx, dann gilt:

$$\frac{dz}{dx} = z' = g'(x) \ \Rightarrow \ dz = z' \, dx \tag{9.9}$$

Die Differentiation von $F(z)$ nach dx mit Hilfe der Kettenregel (8.29) liefert:

$$\frac{dF(z)}{dx} = \frac{dF\big(g(x)\big)}{dx} = F'\big(g(x)\big) \cdot g'(x) = F'(z) \cdot z' = f(z) \cdot z' \tag{9.10}$$

Durch Integration nach dx auf beiden Seiten folgt:

$$F(z) = \int f(z) \cdot \underbrace{z'\,dx}_{dz} = \int f(z)\,dz \qquad\qquad (9.11)$$

Beispiele:

1. $\displaystyle\int \sqrt{1+x}\,dx = ?$

   Substitution: $z = 1 + x \;\Rightarrow\; \dfrac{dz}{dx} = 1 \;\Rightarrow\; dz = dx$.

   $$\int \underbrace{(1+x)^{1/2}}_{z}\,\underbrace{dx}_{dz} = \int z^{1/2}\,dz = \frac{2}{3}\cdot z^{3/2} + C = \frac{2}{3}\cdot(1+x)^{3/2} + C$$

2. $\displaystyle\int (4+3x)^5\,dx = ?$

   Substitution: $z = 4 + 3x \;\Rightarrow\; \dfrac{dz}{dx} = 3 \;\Rightarrow\; dx = \dfrac{dz}{3}$.

   $$\int \underbrace{(4+3x)^5}_{z}\,\underbrace{dx}_{dz/3} = \frac{1}{3}\int z^5\,dz = \frac{1}{18}z^6 + C = \frac{(4+3x)^6}{18} + C$$

3. $\displaystyle\int \sin^2 x \cdot \cos x\,dx = ?$

   Substitution: $z = \sin x \;\Rightarrow\; \dfrac{dz}{dx} = \cos x \;\Rightarrow\; dz = \cos x\,dx$.

   $$\int \underbrace{\sin^2 x}_{z^2} \cdot \underbrace{\cos x\,dx}_{dz} = \int z^2\,dz = \frac{z^3}{3} + C = \frac{\sin^3 x}{3} + C$$

4. $\displaystyle\int \frac{x}{\sqrt{2x-3}}\,dx = ?$

   Substitution: $z = \sqrt{2x-3} \;\Rightarrow\; z^2 = 2x - 3 \;\Rightarrow\; x = \dfrac{z^2+3}{2}$.

   Die Ableitung nach z liefert: $\dfrac{dx}{dz} = z \;\Rightarrow\; dx = z\,dz$.

   $$\int \frac{x}{\sqrt{2x-3}}\,dx = \int \frac{z^2+3}{2z}\cdot z\,dz = \frac{1}{2}\left(\frac{1}{3}z^3 + 3z\right) + C =$$

   $$= \frac{1}{6}(2x-3)^{3/2} + \frac{3}{2}(2x-3)^{1/2} + C$$

9.4   Das bestimmte Integral

Sei $f(x)$ eine auf dem Intervall $[a, b]$ stetige Funktion. Gesucht ist der Flächeninhalt des von der Kurve $y = f(x)$, den Geraden $x = a$, $x = b$ und der x-Achse begrenzten Bereichs A (vgl. Bild 9.1). In der elementaren Geometrie sind Flächeninhalte nur für Rechtecke und Dreiecke definiert. Daher versucht man den Bereich A mit Hilfe von Rechteckinhalten zu erfassen.

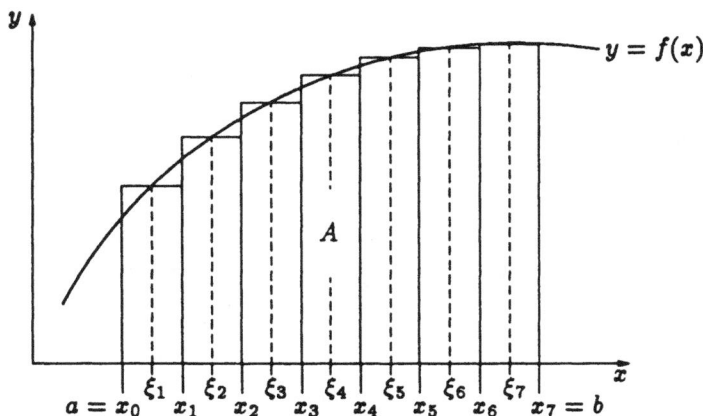

Bild 9.1: Bestimmung der Fläche unter $f(x)$ über Rechtecke

Man unterteilt dazu das Intervall $[a, b]$ in Teilintervalle $[x_{k-1}, x_k]$ und wählt Zwischenpunkte $\xi_k \in (x_{k-1}, x_k)$, so daß gilt:

$$a = x_0 < \ldots \leq x_{k-1} < \xi_k \leq x_k < \ldots \leq x_n = b$$

ξ_k kann zum Beispiel in der Mitte zwischen x_{k-1} und x_k liegen, also $\xi_k = \dfrac{x_{k-1} + x_k}{2}$.

Mit $\Delta x_k = x_k - x_{k-1}$ ergibt sich dann der Flächeninhalt des in Bild 9.1 eingezeichneten Treppenpolygons zu:

$$A_n = f(\xi_1)\Delta x_1 + f(\xi_2)\Delta x_2 + \ldots + f(\xi_n)\Delta x_n = \sum_{k=1}^{n} f(\xi_k)\Delta x_k \qquad (9.12)$$

Man betrachtet nun eine Folge mit immer feinerer Unterteilung des Intervalls $a \leq x \leq b$, d.h. für $n \to \infty$ sollen alle Δx_k gegen Null gehen. Man kann zeigen, daß die Folge der Flächeninhalte A_n einen Grenzwert hat, der für alle möglichen Folgen von Treppenpolygonen der gleiche ist:

$$\lim_{\substack{n \to \infty \\ \Delta x_k \to 0}} A_n = \lim_{\substack{n \to \infty \\ \Delta x_k \to 0}} \sum_{k=1}^{n} f(\xi_k)\Delta x_k = A \qquad (9.13)$$

Der Summengrenzwert A entspricht dem Flächeninhalt. Unabhängig von der geometrischen Interpretation bezeichnet man den Summengrenzwert A als be- **stimmtes Integral** der Funktion $f(x)$ zwischen a und b und schreibt:

$$A = \int_a^b f(x)\, dx \qquad\qquad\qquad (9.14)$$

Den Prozeß der Summengrenzwertbildung nennt man auch **Integration**.

Bisher wurde angenommen, daß $f(x) > 0 \; \forall \; x \in [a, b]$. Es sei nun $f(x) < 0$ in $a \le x \le b$ wie in Bild 9.2 dargestellt.

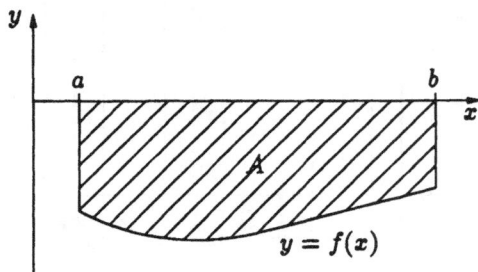

Bild 9.2: Bestimmtes Integral für $f(x) < 0 \;\forall x \in [a, b]$

Definiert man wie oben $A_n = \sum_{k=1}^{n} f(\xi_k)\Delta x_k$, so gilt $A_n < 0$, da $f(x) < 0 \;\forall x \in [a, b]$ und $\Delta x_k > 0$. Bildet man den Grenzwert $A = \lim_{\substack{n \to \infty \\ \Delta x_k \to 0}} A_n$, so ist auch

$$A = \int_a^b f(x)\, dx < 0.$$

Flächeninhalte über der x-Achse sind also positiv, solche unterhalb der x-Achse negativ.

Wenn man die absolute Fläche unter einer Funktion $f(x)$ im Intervall $a \le x \le b$ berechnen will, so ist das Integral

$$\int_a^b |f(x)|\, dx \qquad\qquad\qquad (9.15)$$

zu berechnen (vgl. Bild 9.3).

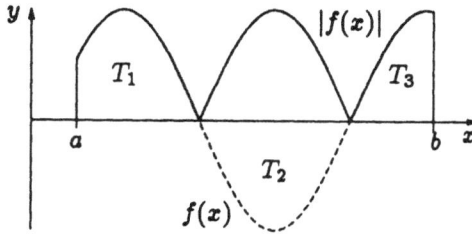

Bild 9.3: Bestimmung der absoluten Fläche unter einer Kurve

In der Praxis wird man das Intervall $[a, b]$ an den Stellen, an denen $f(x)$ das Vorzeichen wechselt, in n Teilintervalle zerlegen und die Beträge der einzelnen Teilflächen T_i $(i = 1, 2, \ldots n)$ addieren (vgl. Bild 9.3):

$$\int_a^b |f(x)|\, dx = \sum_{i=1}^n |T_i| \qquad (9.16)$$

Die Zerlegung einer Fläche in Teilflächen und deren sukzessiver Addition führt bereits zu einer wichtigen Rechenregel für bestimmte Integrale. Man kann also ein bestimmtes Integral in zwei bestimmte Integrale aufspalten bzw. zwei bestimmte Integrale, deren eine obere Grenze die untere Grenze des anderen ist, zusammenfassen:

$$\int_a^b f(x)\, dx + \int_b^c f(x)\, dx = \int_a^c f(x)\, dx \qquad (9.17)$$

Vertauscht man die Integrationsgrenzen a und b, d.h. berechnet man das Integral $\int_b^a f(x)\, dx$, dann sind die Teilflächen in der umgekehrten Reihenfolge von b nach a zu indizieren (vgl. Bild 9.1). Die Summe der n Teilflächen $A_n = \sum_{i=1}^n f(\xi_k)\Delta x_k$ mit $\Delta x = x_k - x_{k-1} < 0$ hat dann den gleichen Zahlenwert wie bei der Indizierung von a nach b, jedoch das umgekehrte Vorzeichen, da $\Delta x < 0$ ist. Dies gilt natürlich auch beim Grenzübergang $n \to \infty$, also für das bestimmte Integral. Der Wert des bestimmten Integrals ändert daher bei Vertauschung der Integrationsgrenzen a und b nur sein Vorzeichen:

$$\int_a^b f(x)\, dx = -\int_b^a f(x)\, dx \qquad (9.18)$$

Daraus folgt für ein Integral, dessen obere und untere Integrationsgrenze identisch ist:

$$\int_a^a f(x)\, dx = 0 \qquad\qquad (9.19)$$

Diese Regel resultiert natürlich direkt aus der Definition des bestimmten Integrals als Fläche unter einer Kurve. Bei gleicher oberer und unterer Grenze
reduziert sich das bestimmte Integral auf eine Linie, deren Fläche 0 ist.

Darüberhinaus gelten folgende Rechenregeln:

$$\int_a^b c \cdot f(x)\, dx = c \cdot \int_a^b f(x)\, dx \quad \text{für } c = \text{const.} \qquad\qquad (9.20)$$

$$\int_a^b (f(x) \pm g(x))\, dx = \int_a^b f(x)\, dx \pm \int_a^b g(x)\, dx \qquad\qquad (9.21)$$

$$\left| \int_a^b f(x)\, dx \right| \le \int_a^b |f(x)|\, dx \quad \text{für } a < b \qquad\qquad (9.22)$$

Ist $f(x) \ge g(x)\ \forall x \in [a,b]$, dann gilt folgende Beziehung:

$$\int_a^b f(x)\, dx \ge \int_a^b g(x)\, dx \qquad\qquad (9.23)$$

9.5   Der Mittelwertsatz der Integralrechnung

Der **Mittelwertsatz der Integralrechnung** sagt aus, daß die Fläche, die
von der Kurve $f(x)$, der x-Achse und den beiden Ordinaten $x = a$ und $x = b$
begrenzt wird, gleich der Fläche eines Rechtecks mit der Länge $b - a$ und der
Höhe $f(\xi)$ mit $a \leq \xi \leq b$ ist. In Bild 9.4 diese Rechtecksfläche schräg schraffiert.
Die senkrecht schraffierte Fläche oberhalb der Linie $y = f(\xi)$ ist gleich der
waagrecht schraffierten Fläche unterhalb dieser Linie.

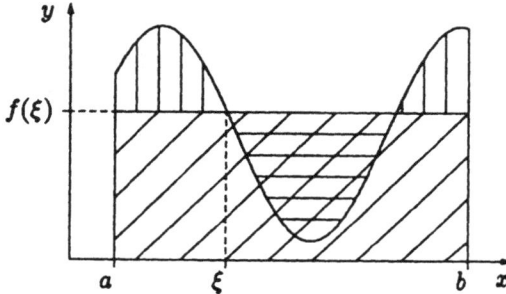

Bild 9.4: Mittelwertsatz der Integralrechnung

Mathematisch formuliert lautet der Satz:

Ist $f(x)$ im Intervall $a \leq x \leq b$ stetig, dann gibt es ein $\xi \in [a, b]$ für das gilt:

$$\int_a^b f(x)\, dx = (b - a) \cdot f(\xi) \tag{9.24}$$

Zum Beweis des Satzes sei $m = \min\limits_{a \leq x \leq b} \left(f(x) \right)$ und $M = \max\limits_{a \leq x \leq b} \left(f(x) \right)$. Dann gilt
$m \leq f(x) \leq M$ und nach Gleichung (9.23)

$$m \cdot (b - a) \leq \int_a^b f(x)\, dx \leq M \cdot (b - a)$$

und damit für ein α mit $m \leq \alpha \leq M$

$$\alpha \cdot (b - a) = \int_a^b f(x)\, dx.$$

Da f stetig ist, werden alle Werte zwischen m und M als Funktionswerte angenommen. Es gibt also mindestens ein ξ mit $a \leq \xi \leq b$ und $f(\xi) = \alpha$, d.h.
die Aussage des Satzes ist erfüllt. Die Eigenschaft einer stetigen Funktion, alle
Zwischenwerte zwischen einem minimalen und einem maximalen Funktionswert

anzunehmen, ist unmittelbar einleuchtend, wenn man sich die stetige Funktion als eine zusammenhängende Kurve vorstellt.

Anhand des Mittelwertsatzes der Integralrechnung definiert man den **Mittelwert einer Funktion** einer Funktion $y = f(x)$ im einem Intervall $[a, b]$ als:

$$\bar{y} = \frac{1}{b-a} \cdot \int_a^b f(x)\, dx \qquad\qquad (9.25)$$

Der Mittelwert $\bar{y}$ wird also so gewählt, daß die Fläche unter dem Graphen der Funktion gleich der Rechtecksfläche über $[a, b]$ mit der Höhe $\bar{y}$ ist.

9.6   Die Integralfunktion

Im folgenden wird nun der Zusammenhang zwischen dem unbestimmten und dem bestimmten Integral dargestellt. Bereits im Abschnitt 9.1 wurde auf Fälle verwiesen, bei denen mit den bisher vorgestellten Methoden eine Berechnung des gewünschten unbestimmten Integrals nicht möglich war. So konnte z.B. für die Funktion $f(x) = \dfrac{1}{x}$ das unbestimmte Integral $\displaystyle\int \dfrac{1}{x}\, dx$ nicht ermittelt werden. Das bestimmte Integral wurde bisher als konstante Größe eingeführt. Es hängt selbstverständlich von den Integrationsgrenzen a und b sowie von der Funktion $f(x)$ ab. Man kann jedoch eine der beiden Grenzen, z.B. die obere Grenze b, als veränderlich betrachten, so daß dann das bestimmte Integral bzw. die Fläche eine Funktion der oberen Grenze wird. Man erhält dann die sog. **Integralfunktion** $F_a(x)$, die den Flächeninhalt unter der Kurve $f(x)$ zwischen a und x angibt (vgl. Bild 9.5):

$$F_a(x) = \int\limits_a^x f(t)\, dt \qquad\qquad (9.26)$$

Um die variable obere Grenze x von der Integrationsvariablen zu unterscheiden, wird für diese ein anderer Buchstabe (hier t) gewählt.

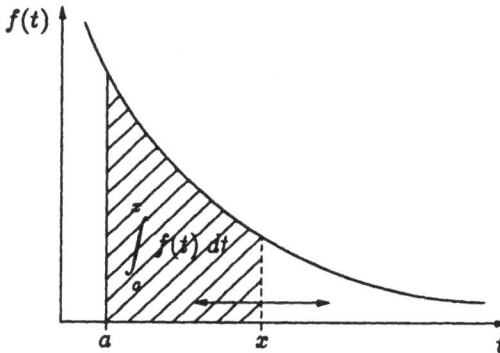

Bild 9.5: Veranschaulichung der Integralfunktion

In welcher Beziehung die Integralfunktion F_a zum unbestimmten Integral von f steht, zeigt der **Hauptsatz der Differential- und Integralrechnung:**

Die Funktion $F_a(x) = \displaystyle\int_a^x f(t)\,dt$ ist ein unbestimmtes Integral von $f(x)$, d.h. es gilt:

$$F_a'(x) = \frac{d}{dx}\int_a^x f(t)\,dt = f(x) \tag{9.27}$$

Beweis:

Berechnet man den Differenzenquotienten für $F_a(x)$, dann erhält man mit Hilfe der Gleichungen (9.18) und (9.17):

$$\frac{F_a(x+\Delta x) - F_a(x)}{\Delta x} = \frac{1}{\Delta x}\cdot\left(\int_a^{x+\Delta x} f(t)\,dt - \int_a^x f(t)\,dt\right) =$$

$$= \frac{1}{\Delta x}\cdot\left(\int_a^x f(t)\,dt + \int_{x+\Delta x}^a f(t)\,dt\right) =$$

$$= \frac{1}{\Delta x}\int_x^{x+\Delta x} f(t)\,dt$$

Aufgrund des Mittelwertsatzes der Integralrechnung (9.24) existiert ein ξ zwischen x und $x + \Delta x$, also $x \leq \xi \leq x + \Delta x$, so daß

$$\int_x^{x+\Delta x} f(t)\,dt = f(\xi)\cdot(x - \Delta x - x) = f(\xi)\cdot\Delta x, \text{ also}$$

$$\frac{1}{\Delta x}\cdot\int_x^{x+\Delta x} f(t)\,dt = f(\xi).$$

Da $f(x)$ stetig ist, gilt $f(\xi) \to f(x)$ für $\Delta x \to 0$, und man erhält:

$$\frac{d}{dx}F_a(x) = \lim_{\Delta x \to 0}\frac{F_a(x+\Delta x) - F_a(x)}{\Delta x} = f(x) \quad \diamond$$

Den Zusammenhang zwischen dem Integranden $f(x)$ und der Integralfunktion $F_a(x) = \displaystyle\int_a^x f(t)\,dt$ zeigt Bild 9.6.

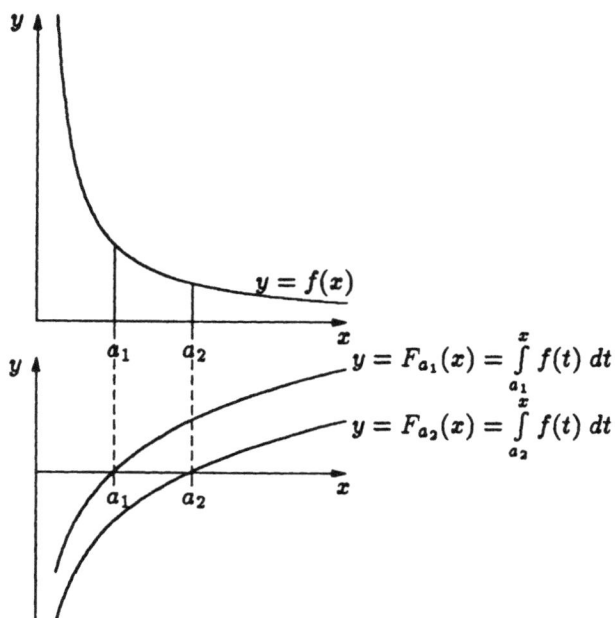

Bild 9.6: Integrand und Integralfunktion

Das bestimmte Integral $\int\limits_a^b f(x)dx$ soll nun mit Hilfe des unbestimmten Integrals $F(x)$ von $f(x)$ berechnet werden. Da aufgrund des Hauptsatzes der Differential- und Integralrechnung (9.27) auch $\int\limits_a^x f(t)\,dt$ ein unbestimmtes Integral von $f(x)$ ist, und sich zwei unbestimmte Integrale nur durch eine Konstante C unterscheiden, muß gelten:

$$\int\limits_a^x f(t)\,dt = F(x) + C \tag{9.28}$$

Die Konstante C kann bestimmt werden, indem man $x = a$ setzt:

$$0 = \int\limits_a^a f(t)\,dt = F(a) + C \quad \Rightarrow \quad C = -F(a) \tag{9.29}$$

Den Wert des bestimmten Integrals erhält man dann durch Einsetzen von $x = b$:

$$\int_a^b f(t)\,dt = F(b) - F(a) \tag{9.30}$$

Bild 9.7 veranschaulicht, daß mit Hilfe einer beliebigen Stammfunktion $F(x)$ das bestimmte Integral $\int_a^b f(x)dx$, das ist die schraffierte Fläche A, als Differenz $F(b) - F(a)$ berechnet werden kann.

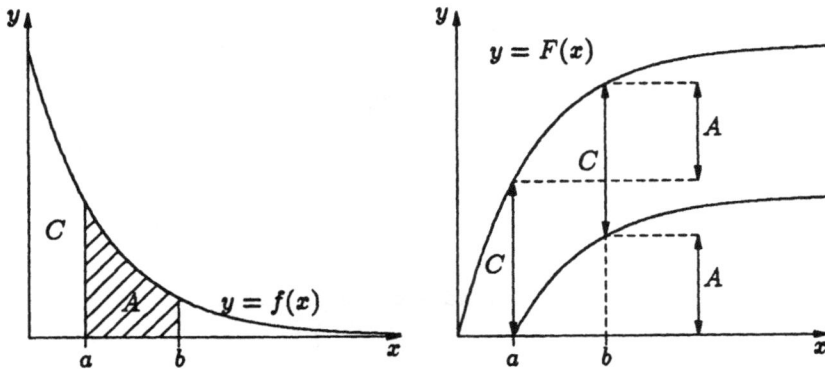

Bild 9.7: Bestimmtes Integral und Stammfunktion

Da sich die Stammfunktionen nur durch eine Konstante unterscheiden, kann eine beliebige Stammfunktion herangezogen werden. Man setzt dann obere und untere Grenze ein und erhält die Fläche aus der Differenz F(obere Grenze) − F(untere Grenze).

Es ist also möglich, das bestimmte Integral, das als Summengrenzwert, der oft nur mühsam zu berechnen ist, eingeführt wurde, mit Hilfe des unbestimmten Integrals relativ einfach zu ermitteln. Für viele stetige Funktionen kann man aus der Tabelle der differenzierten Funktionen eine Stammfunktion ablesen, denn wenn man die Ableitung $F'(x)$ einer Funktion $F(x)$ kennt, dann ist $F(x)$ ein unbestimmtes Integral zu $F'(x)$, bzw. $F(x)+C$ ist das unbestimmte Integral zu $F'(x) = f(x)$.

Beispiele:

1. *Gesucht ist die Fläche F, die von den Geraden $f(x) = 2$, $x = a$ und $x = b$ eingeschlossen wird. Diese Rechtecksfläche ist das Produkt der beiden Rechtecksseiten:*

$$F = 2 \cdot (b - a)$$

Die Flächenberechnung ist auch mit Hilfe des bestimmten Integrals möglich:

$$F = \int_a^b f(x)\, dx = \int_a^b 2\, dx = [2x]_a^b = 2b - 2a = 2 \cdot (b - a)$$

2. *Gesucht ist die Fläche zwischen der x-Achse und der Funktion $y = x^3$ im Intervall $[-2, 2]$.*

$$\int_{-2}^{2} x^3\, dx = \left[\frac{1}{4} x^4 \right]_{-2}^{2} = 4 - 4 = 0$$

Da Flächen unterhalb der x-Achse als negativ gelten, sind die Integrale aller zum Ursprung symmetrischen Funktionen in einem Intervall $[-a, a]$ gleich Null.

3. *Will man die absolute Fläche unter einer Funktion berechnen, so kann man das Integral aufteilen, wie etwa bei der Bestimmung der Fläche unter der Sinuskurve im Intervall $[0, 2\pi]$:*

$$\int_0^{2\pi} |\sin x|\, dx = \int_0^{\pi} \sin x\, dx + \left| \int_{\pi}^{2\pi} \sin x\, dx \right| = [-\cos x]_0^{\pi} + [\cos x]_{\pi}^{2\pi} =$$

$$= -\cos \pi + \cos 0 + \cos 2\pi - \cos \pi = 1 + 1 + 1 + 1 = 4$$

4. *In der Physik ist die mechanische Arbeit W definiert als das Produkt aus Kraft F und Weg x. Da F im allgemeinen nicht unabhängig von x ist, kann man eine konstante Kraft eigentlich nur für ein infinitesimal kleines Wegstückchen dx voraussetzen. Die über dx geleistete Arbeit dW ist dann $dW = F\, dx$. Um die Gesamtarbeit W_{ges} über der ganzen Strecke x_{ges} zu bekommen, muß man alle dW's addieren. Die Addition unendlich kleiner Größen (Infinitesimale) ist die Integration:*

$$W_{ges} = \int_0^{W_{ges}} dW = \int_0^{x_{ges}} F\, dx$$

Die Summe aller dW's ist natürlich auch anschaulich die Gesamtarbeit W_{ges}.

W_{ges} folgt auch rein formal aus dem Integral $\int_0^{W_{ges}} dW$, wenn man dieses als

$$\int_0^{W_{ges}} 1 \, dW \quad \text{schreibt und integriert:}$$

$$\int_0^{W_{ges}} 1 \, dW = [W]_0^{W_{ges}} = W_{ges} - 0 = W_{ges}$$

Nach dem Hookschen Gesetz ist bei einem Federpendel die Kraft F, die für eine bestimmte Auslenkung x gegen die Nullage aufgewandt werden muß, proportional zu x: $F = Dx$, wobei D die Federkonstante ist. Die geleistete Arbeit $W(x)$ für eine beliebige Auslenkung x ist dann die Integralfunktion:

$$W(x) = \int_0^W d\omega = \int_0^x F \, d\xi = \int_0^x D\xi \, d\xi = \left[\frac{1}{2}D\xi^2\right]_0^x = \frac{1}{2}Dx^2$$

9.7   Natürliche Logarithmus- und Exponentialfunktion

Mit den bisherigen Regeln können Integrale der Form $\int x^n \, dx$ nur für ganze

Zahlen $n \neq -1$ berechnet werden. Die Formel $\int x^n \, dx = \dfrac{x^{n+1}}{n+1} + C$ versagt

für $n = -1$. Daher definiert man eine neue Funktion.

$\displaystyle\int_1^x \frac{1}{t} \, dt$ bezeichnet man als den **Logarithmus naturalis** oder **natürlichen**

Logarithmus von x und schreibt:

$$\int_1^x \frac{1}{t} \, dt = \ln x \qquad \text{mit } x > 0 \tag{9.31}$$

Geometrisch bedeutet $\ln x$ den in Bild 9.8 a schraffierten Flächeninhalt. Man erkennt, daß $\ln x$ monoton steigend ist (Bild 9.8 b).

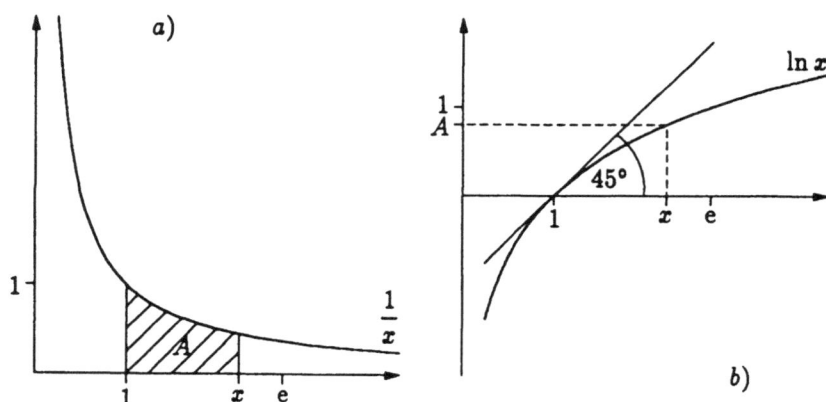

Bild 9.8: Die natürliche Logarithmusfunktion

Die Funktion $y = \ln x$ ist eine für $x > 0$ stetige, differenzierbare, monoton steigende Funktion. Es gilt:

$$\ln x \begin{cases} > 0 & \text{für } x > 1 \\ = 0 & \text{für } x = 1 \\ < 0 & \text{für } 0 < x < 1 \end{cases} \tag{9.32}$$

Da $(\ln x)' = \dfrac{1}{x}$, ist die Funktion $\ln x$ beliebig oft differenzierbar. Daher gilt:

$$\int \frac{1}{x} \, dx = \ln x + C \quad \text{für } x > 0 \tag{9.33}$$

Diese Gleichung kann auch auf negative x-Werte erweitert werden. Um das unbestimmte Integral für $x < 0$ zu bestimmen, setzt man $x = -u$ ($u > 0$):

$$\int \frac{dx}{x} = \int \frac{-du}{-u} = \int \frac{du}{u} = \ln u + C = \ln(-x) + C = \ln|x| + C \qquad (9.34)$$

Allgemein gilt also:

$$\int \frac{1}{x}\, dx = \ln|x| + C \quad \text{für } x \neq 0 \qquad (9.35)$$

Im folgenden werden nun einige Rechenregeln für die neu eingeführte Logarithmusfunktion abgeleitet:

$$\ln a \cdot b = \int\limits_{1}^{a \cdot b} \frac{1}{t}\, dt = \int\limits_{1}^{a} \frac{1}{t}\, dt + \int\limits_{a}^{a \cdot b} \frac{1}{t}\, dt \quad \text{für } a, b > 0 \qquad (9.36)$$

Substituiert man im letzten Integral $t = a \cdot u$, dann erhält man:

$$\ln a \cdot b = \int\limits_{1}^{a} \frac{1}{t}\, dt + \int\limits_{1}^{b} \frac{1}{u}\, du \qquad (9.37)$$

Da es gleichgültig ist, wie die Integrationsvariable in einem bestimmten Integral bezeichnet wird, folgt daraus unmittelbar:

$$\ln a \cdot b = \ln a + \ln b \qquad (9.38)$$

Dieses Ergebnis läßt sich sofort verallgemeinern zu:

$$\ln \prod_{i=1}^{n} a_i = \sum_{i=1}^{n} \ln a_i \quad \text{für } a_i > 0 \quad (i = 1, 2, \ldots, n) \qquad (9.39)$$

Setzt man speziell alle $a_i = a$, so erhält man:

$$\ln a^n = n \cdot \ln a \quad \text{für } a > 0 \qquad (9.40)$$

Aus der letzten Regel erkennt man, daß für $x \to \infty$ gilt: $\ln x \to \infty$, denn nimmt man z.B. $a = 2$, so ist $\ln 2^n = n \cdot \ln 2$, und da $\ln 2$ ein fester endlicher Wert ist, wächst $n \cdot \ln 2$ mit n über alle Grenzen.

Aus der Beziehung $0 = \ln 1 = \ln\left(a \cdot \dfrac{1}{a}\right) = \ln a + \ln \dfrac{1}{a}$ folgt:

$$\ln \frac{1}{a} = -\ln a \qquad\qquad (9.41)$$

Außerdem gilt:

$$\ln \frac{a}{b} = \ln\left(a \cdot \frac{1}{b}\right) = \ln a + \ln \frac{1}{b} = \ln a - \ln b \qquad\qquad (9.42)$$

Nach Gleichung (9.40) und (9.42) gilt außerdem:

$$\ln a^{-n} = \ln\left(\frac{1}{a^n}\right) = \ln 1 - \ln a^n = -n \cdot \ln a \qquad\qquad (9.43)$$

Ist $\sqrt[n]{a} = b$ bzw. $a = b^n$, dann gilt $\ln a = \ln b^n = n \cdot \ln b$, also:

$$\ln \sqrt[n]{a} = \ln a^{1/n} = \frac{1}{n} \cdot \ln a \qquad\qquad (9.44)$$

Somit gilt allgemein für ganze Zahlen m und n ($n \neq 0$):

$$\ln a^{m/n} = \ln(a^{1/n})^m = m \cdot \ln a^{1/n} = \frac{m}{n} \cdot \ln a \qquad\qquad (9.45)$$

bzw.

$$\ln a^r = r \cdot \ln a \quad \text{für } a > 0,\ r \in \mathbb{Q} \qquad\qquad (9.46)$$

Man kann darüberhinaus zeigen (vgl. Abschnitt 9.8), daß Gleichung (9.46) auch für irrationale Exponenten und damit für alle reellen Exponenten gilt.

Da $y = \ln x$ streng monoton wachsend ist, existiert eine Umkehrfunktion. Die Umkehrfunktion von $y = \ln x$ bezeichnet man als $y = \exp x$ und nennt sie **Exponentialfunktion**.

Wie aus Bild 9.9 ersichtlich, entsteht der Graph von $y = \exp x$ aus $y = \ln x$ durch Spiegelung an der Geraden $y = x$. Es ist also $x = \ln y$, und es gelten für alle $x \in \mathbb{R}$ und $y > 0$ die Identitäten $x = \ln(\exp x)$ und $y = \exp(\ln y)$.

Die Funktion $y = \exp x$ ist für alle reellen Zahlen x definiert, ihr Wertebereich besteht aus allen positiven reellen Zahlen. Es ist $\exp 0 = 1$, $\lim\limits_{x \to -\infty} \exp x = 0$ und $\lim\limits_{x \to +\infty} \exp x = +\infty$.

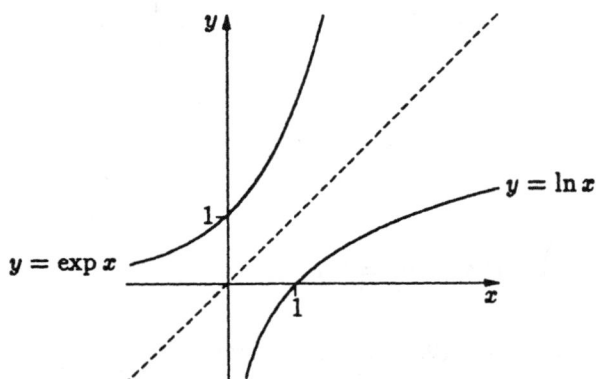

Bild 9.9: Die Exponentialfunktion

Es sei $\ln a = \alpha$ und $\ln b = \beta$. Dann folgt aus $\alpha + \beta = \ln a + \ln b = \ln(a \cdot b)$:
$\exp(\alpha + \beta) = \exp(\ln(a \cdot b)) = a \cdot b = \exp \alpha \cdot \exp \beta$, d.h.:

$$\exp(\alpha + \beta) = \exp \alpha \cdot \exp \beta \qquad\qquad\qquad (9.47)$$

Man bezeichnet diejenige reelle Zahl, deren natürlicher Logarithmus den Wert
1 hat, mit e. Man kann zeigen, daß diese Zahl e mit der in Kap. 7.3 definierten
transzendenten Zahl e = 2.71828... übereinstimmt, d.h. $\ln e = 1$ bzw. $\exp 1 = e$.
Für rationale x gilt: $\ln e^x = x$ bzw. $\exp x = e^x$. Links steht die für alle reellen
x definierte Funktion $\exp x$ (d.h. die Umkehrfunktion des ln). Man kann nun
diese Gleichung benutzen, um die Potenzen e^x zur Basis e für alle reellen x zu
definieren. e^x wird damit eine für alle reellen x definierte, eindeutige, stetige
und stets positive Funktion:

$$\exp x = e^x \qquad\qquad\qquad (9.48)$$

Die Exponentialfunktion ist also eine Potenz mit der Basis e und dem variablen
Exponenten x.

Das Multiplikationstheorem ist die bekannte Regel für das Rechnen mit Potenzen: $e^\alpha \cdot e^\beta = e^{\alpha+\beta}$. Es gilt:

$$\frac{de^x}{dx} = (e^x)' = e^x \qquad \text{und} \qquad \int e^x \, dx = e^x + C, \qquad\qquad (9.49)$$

denn $y = e^x \Rightarrow x = \ln y, \dfrac{dx}{dy} = \dfrac{1}{y} \Rightarrow \dfrac{dy}{dx} = \dfrac{1}{dx/dy} = \dfrac{1}{1/y} = y = e^x$.

9.8   Allgemeine Logarithmus- und Exponentialfunktion, Potenzen mit beliebigen Exponenten

Die allgemeine Exponentialfunktion $y = a^x$ mit $a > 0$ ist bisher nur für rationale x definiert. Für $a = e$ ist die Exponentialfunktion e^x als Umkehrfunktion des $\ln$ für alle reellen x definiert. Für $y = a^x$ kann man in bezug auf rationale x schreiben:

$$\ln y = \ln a^x = x \cdot \ln a \quad \text{bzw.} \quad a^x = e^{x \cdot \ln x} \tag{9.50}$$

Die Umkehrfunktion von $y = a^x$ lautet also:

$$x = \frac{\ln y}{\ln a} \tag{9.51}$$

In derselben Weise wie in Abschnitt 9.7 kann man nun über die Umkehrfunktion die allgemeine Exponentialfunktion auch für nichtrationale Exponenten x definieren.

Die **allgemeine Exponentialfunktion** $f(x) = a^x$ $(a > 0)$ ist erklärt durch:

$$y = a^x = e^{x \cdot \ln a} \quad x \in \mathbb{R} \tag{9.52}$$

Aus $a^x = e^{x \cdot \ln a}$ folgt, daß die in Abschnitt 9.7 angeführte Beziehung $\ln a^r = r \cdot \ln a$ für alle reellen r, also auch für irrationale Exponenten gilt.

Die Umkehrfunktion $x = \dfrac{\ln y}{\ln a}$ bezeichnet man mit $^a\log y$ (i.W. Logarithmus von y zur Basis a). Dann gilt:

$$x = {}^a\log y = \frac{\ln y}{\ln a} \quad \text{bzw.} \quad y = a^x = e^{x \cdot \ln a} \quad (a > 0) \tag{9.53}$$

$a = e$ liefert die **natürlichen Logarithmen**: $^e\log y = \dfrac{\ln y}{\ln e} = \ln y$. $a = 10$ liefert die **dekadischen** oder **Briggschen Logarithmen**: $^{10}\log y = \lg y$.

Für die Umrechnung der Logarithmen mit verschiedener Basis ergeben sich aus $^a\log b = \dfrac{\ln b}{\ln a}$ bzw. $^b\log c = \dfrac{\ln c}{\ln b}$ folgende Umrechnungsformeln:

$$^a\log b \cdot {}^b\log c = {}^a\log c \quad \text{bzw.} \quad {}^b\log c = \frac{^a\log c}{^a\log b} \tag{9.54}$$

$$^a\log b \cdot {}^b\log a = {}^a\log a = 1 \tag{9.55}$$

Speziell gilt für die Umrechnung der dekadischen in natürliche Logarithmen und umgekehrt:

$$\begin{aligned} \lg x &= \lg e \cdot \ln x \quad \approx 0.43 \cdot \ln x \\ \ln x &= \ln 10 \cdot \lg x \approx 2.3 \cdot \lg x \end{aligned} \tag{9.56}$$

Mit der Beziehung $a^x = e^{x \cdot \ln a}$ kann man die Potenzfunktion $y = x^\alpha$ ($x > 0$), die bisher nur für rationale $\alpha = \pm\frac{p}{q}$ erklärt war, für beliebige reelle Exponenten definieren. Die allgemeine Potenzfunktion $f(x) = x^\alpha$ ($\alpha \in \mathbb{R}$, $x \geq 0$) ist definiert durch:

$$y = x^\alpha = e^{\alpha \cdot \ln x} \tag{9.57}$$

Alle Regeln für Potenzen mit rationalen Exponenten gelten auch für die neu definierten Potenzen mit beliebig reellen Exponenten.

Für die Ableitung der allgemeinen Logarithmusfunktion folgt:

$$y = {}^a\log x = \frac{\ln x}{\ln a} = \frac{1}{\ln a} \cdot \ln x \quad \Rightarrow \quad y' = \frac{1}{\ln a} \cdot \frac{1}{x} = \frac{1}{x \cdot \ln a} \tag{9.58}$$

Die Ableitung der allgemeinen Exponentialfunktion ist:

$$y = a^x = e^{x \cdot \ln a} \quad \Rightarrow \quad y' = \ln a \cdot \underbrace{e^{x \cdot \ln a}}_{a^x} = \ln a \cdot a^x \tag{9.59}$$

Das Integral der allgemeinen Exponentialfunktion lautet:

$$\int a^x \, dx = \int e^{x \cdot \ln a} \, dx = \frac{1}{\ln a} \cdot \underbrace{e^{x \cdot \ln a}}_{a^x} + C = \frac{a^x}{\ln a} + C \tag{9.60}$$

Es ist $x^r = e^{r \cdot \ln x}$ für beliebige reelle r. Daher gilt für die Ableitung beliebiger Potenzfunktionen:

$$y = x^r = e^{r \cdot \ln x} \quad \Rightarrow \quad y' = r \cdot \frac{1}{x} \cdot \underbrace{e^{r \cdot \ln x}}_{x^r} = r \cdot x^{r-1} \quad \text{für } x \geq 0 \tag{9.61}$$

Für das Integral einer Potenzfunktion mit beliebigem reellen Exponenten folgt also:

$$\int x^r \, dx = \frac{x^{r+1}}{r+1} + C \quad \text{für } x \geq 0, \ r \neq -1 \tag{9.62}$$

9.9   Anwendung der Integralrechnung

Die Möglichkeit, Probleme aus der Praxis und den angewandten Naturwissenschaften mit Hilfe der Integralrechnung auf elegante Art zu lösen, soll an folgenden Beispielen demonstriert werden.

Beispiele:

1. *Das Volumen von Rotationskörpern:*

   Entsteht ein Körper durch Rotation einer Kurve $y = f(x)$ um die x-Achse (vgl. Bild 9.10), so sind seine Querschnitte Kreise vom Radius y.

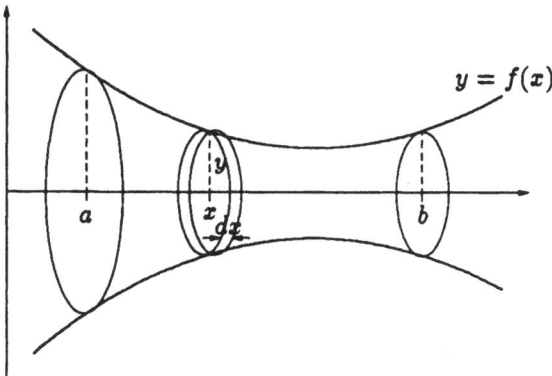

Bild 9.10: Volumen eines Rotationskörpers

Das Volumen V zwischen den Ordinaten $x = a$ und $x = b$ kann man sich aus unendlich vielen infinitesimal kleinen Zylindern mit dem Radius $y = f(x)$ und der Höhe dx zusammengesetzt denken. Dieses Zylindervolumen beträgt $dV = y^2 \pi \, dx$.

Summiert man diese dV's zwischen a und b, so erhält man das Gesamtvolumen V. Die Summe von infinitesimal kleinen Größen ist das Integral:

$$V = \int_0^V d\eta = \int_a^b y^2 \pi \, dx = \pi \int_a^b (f(x))^2 \, dx$$

Das Volumen V_a eines Rotationsellipsoids, das durch Rotation der Ellipse $\frac{x^2}{a^2} + \frac{y^2}{b^2} = 1 \ (a > b)$ um die längere Achse a der Ellipse entsteht, berechnet sich zu:

$$V_a = \pi \int_{-a}^{a} y^2 \, dx = \pi \int_{-a}^{a} b^2 \left(1 - \frac{x^2}{a^2}\right) \, dx = \pi b^2 \left[x - \frac{x^3}{3a^2}\right]_{-a}^{a} = \frac{4}{3}\pi ab^2$$

*Analog dazu kann man das Volumen V_b berechnen, das durch Rotation um
die kleinere Achse b entsteht:*

$$V_b = \frac{4}{3}\pi b a^2$$

*Für $a = b$ geht ein Ellipsoid in eine Kugel über, deren Volumen bekanntlich
gleich $\frac{4}{3}\pi a^3$ ist.*

2. *Ein Satellit, der von der Erde zu einem anderen Planeten fliegen soll, muß
   eine bestimmte Fluchtgeschwindigkeit v besitzen, um das Gravitationsfeld
   der Erde zu überwinden. Die Erdanziehungkraft $F = F(r)$ im Abstand r
   vom Erdmittelpunkt beträgt $F = \gamma\frac{mM}{r^2}$, wobei $\gamma = 6.7 \cdot 10^{-11}\ \frac{m^3}{kg\ s^2}$ die
   Gravitationskonstante, m die Satellitenmasse und $M = 6.0 \cdot 10^{24}$ kg die Erd-
   masse ist. Der Satellit muß die kinetische Energie $E_{kin} = \frac{1}{2}mv^2$ haben, um
   die potentielle Gravitationsenergie zu kompensieren. Die Gravitationskraft
   ist eine Funktion von r. Innerhalb eines infinitesimal kleinen Abschnitts
   dr kann sie jedoch als konstant angenommen werden. Die Arbeit dW, die
   verrichtet werden muß, um den Satelliten ein Stückchen dr nach oben zu
   bewegen, ist $dW = F \cdot dr$. Um die Gesamtarbeit W zu berechnen, muß die
   Summe aller dW's gebildet werden, d.h. das Integral:*

$$\int_0^W d\omega = \int_R^\infty F\, dr$$

*Auf der linken Gleichungsseite wird über $d\omega$ summiert. Die untere Inte-
grationsgrenze ist 0, da auf der Erdoberfläche noch keine Arbeit verrichtet
wurde. Die obere Integrationsgrenze ist die gesuchte Gesamtarbeit W. Die
untere Integrationsgrenze der rechten Gleichungsseite ist der Erdradius R
($R = 6400$ km), weil der Satellit von dort aus gestartet wird. Die obere
Grenze ist ∞, da das Gravitationsfeld der Erde unendlich weit reicht. Gra-
vitationsfelder anderer Planeten kann man vernachlässigen, da sie sich erst
bei größeren Erdabständen bemerkbar machen. Daraus folgt:*

$$W = \int_0^W d\omega = \int_R^\infty \gamma\frac{mM}{r^2}\, dr = \gamma mM \int_R^\infty \frac{1}{r^2}\, dr = \gamma mM \left[-\frac{1}{r}\right]_R^\infty =$$

$$= \gamma mM \left(-\frac{1}{\infty} + \frac{1}{R}\right) = \gamma\frac{mM}{R}$$

*Setzt man diesen Ausdruck gleich der kinetischen Energie E_{kin} des Satelli-
ten, so folgt für die Fluchtgeschwindigkeit v:*

$$\frac{1}{2}mv^2 = \gamma\frac{mM}{R} \quad \Rightarrow \quad v = \sqrt{\frac{2\gamma M}{R}}$$

Die Fluchtgeschwindigkeit ist also unabhängig von der Satellitenmasse m, die sich herauskürzt. Einsetzen der Werte liefert:

$$v = \sqrt{\frac{2\gamma M}{R}} = \sqrt{\frac{2 \cdot 6.7 \cdot 10^{-11} \frac{m^3}{kg\, s^2} \cdot 6.0 \cdot 10^{24}\, kg}{6.4 \cdot 10^6\, m}} = \sqrt{1.26 \cdot 10^8 \frac{m^2}{s^2}} =$$

$$= 11200\,\frac{m}{s} = 40320\,\frac{km}{h} \approx 40000\,\frac{km}{h}$$

3. *Beim schiefen Wurf wird ein Körper in einer bestimmten Höhe $\hat{y}$ über dem Erdboden mit einer Geschwindigkeit $\hat{v}$ unter einem Winkel $\hat{\alpha}$ abgeworfen (Bild 9.11). Sei x die horizontale und y die vertikale Ortskoordinate. Die Bewegungsgleichungen in beiden Richtungen lassen sich mit Hilfe der Integralrechnung einfach bestimmen.*

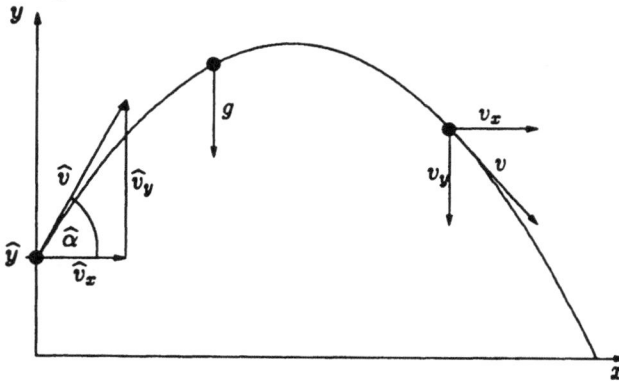

Bild 9.11: Der schiefe Wurf

Die Beschleunigung des Körpers nach dem Abwurf in x-Richtung ist bei Vernachlässigung der Luftreibung gleich Null:

$a_x = \ddot{x} = 0$

Die Beschleunigung ist die Ableitung der Geschwindigkeit nach der Zeit. Die Geschwindigkeit ist also das Integral der Beschleunigung. Um die Geschwindigkeit in x-Richtung zu bestimmen, sucht man sich eine Funktion von t, die abgeleitet die Beschleunigung liefert. Im speziellen Fall mit $a_x = 0$ folgt:

$v_x = \dot{x} = v_{\text{const.}}$

$\hat{v}_x = \hat{v}\cos\hat{\alpha}$ *ist die Geschwindigkeitskomponente in x-Richtung zur Zeit des Abwurfs ($t = 0$). Da in x-Richtung während der gesamten Flugzeit des Körpers keine Beschleunigung auftritt, bleibt auch die Geschwindigkeit in dieser Richtung konstant:*

$v_x = v_{\text{const.}} = \hat{v}\cos\hat{\alpha}$

Die Geschwindigkeit ist die Ableitung des Weges nach der Zeit. Der Weg ist also das Integral der Geschwindigkeit. Um die Ortskoordinate s_x in x-Richtung zu bestimmen, sucht man sich eine Funktion von t, die abgeleitet die Geschwindigkeit liefert. Im speziellen Fall ist $v_x = \widehat{v}\cos\widehat{\alpha}$. Also folgt:

$$s_x = x = \widehat{v}\cos\widehat{\alpha}\cdot t + s_{const.}$$

$s_{const.}$ *ist die Abweichung des Abwurfortes in x-Richtung vom Nullpunkt des Koordinatensystems, also die Ortskoordinate zum Zeitpunkt des Abwurfs ($t = 0$). Meistens legt man das Koordinatensystem so, daß diese Abweichung Null ist.*

Also folgt für die Bewegungsgleichung in x-Richtung:

$$s_x = x = \widehat{v}\cos\widehat{\alpha}\cdot t$$

Mit den gleichen Überlegungen leiten sich die Bewegungsgleichungen in y-Richtung her.

Die Beschleunigung in y-Richtung ist die Erdbeschleunigung g, die der Ortskoordinate y entgegengerichtet ist:

$$a_y = \ddot{y} = -g$$

Gesucht ist nun eine Funktion von t, deren Ableitung $-g$ ist:

$$v_y = \dot{y} = -g\cdot t + v_{const.}$$

Zur Zeit $t = 0$ verschwindet der Term $-g\cdot t$ und die gesuchte Geschwindigkeitskonstante ergibt sich als Anfangsgeschwindigkeit in y-Richtung:

$$v_{const.} = \widehat{v}_y = \widehat{v}\sin\widehat{\alpha}$$

Damit folgt für die Geschwindigkeit in y-Richtung zu einem beliebigen Zeitpunkt t:

$$v_y = -g\cdot t + \widehat{v}\sin\widehat{\alpha}$$

Nun braucht man noch eine Funktion, deren Ableitung die Geschwindigkeit ergibt:

$$s_y = y = -\frac{1}{2}g\cdot t^2 + \widehat{v}\sin\widehat{\alpha}\cdot t + s_{const.}$$

$s_{const.}$ *ist die Höhe des Körpers zum Zeitpunkt $t = 0$, also die Abwurfhöhe $\widehat{y}$.*

Die Bewegungsgleichung in y-Richtung lautet dann:

$$s_y = y = -\frac{1}{2}g\cdot t^2 + \widehat{v}\sin\widehat{\alpha}\cdot t + \widehat{y}$$

4. Das Trägheitsmoment bei der Rotation eines Körpers ist das Analogon zur Masse eines Körpers bei der Translation. Es ist definiert als:

$$\Theta = \int_{r_1}^{r_2} r^2 \, dm$$

Bestimmt werden soll das Trägheitsmoment eines Stabes mit der Querschnittsfläche A und der Länge L, der sich um seinen Endpunkt dreht.

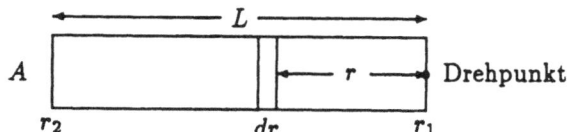

Zunächst betrachtet man ein infinitesimal dünnes Stückchen des Stabes mit der Dicke dr im Abstand r vom Drehpunkt. Die Masse dm dieses Stückchens wird durch die Dichte ρ und dessen Volumen dV ausgedrückt:

$dm = \rho \, dV = \rho A \, dr$

Dieses setzt man in das Integral ein und überlegt sich, über welche Grenzen man integrieren muß. $r_1 = 0$, da dort der Drehpunkt liegt. r_2 ist am Stabende, also integriert man bis zur Stablänge L:

$$\Theta = \int_0^L r^2 \rho A \, dr = \rho A \int_0^L r^2 \, dr = \rho A \left[\frac{1}{3} r^3 \right]_0^L = \rho A \frac{1}{3} L^3 = \frac{1}{3} m L^2,$$

da $m = \rho V = \rho A L$.

Das Trägheitsmoment eines Stabes, der um seinen Mittelpunkt rotiert, ist:

$$\Theta = \int_{r_1}^{r_2} r^2 \, dm = 2 \int_0^{L/2} r^2 \rho A \, dr = 2\rho A \int_0^{L/2} r^2 \, dr = 2\rho A \left[\frac{1}{3} r^3 \right]_0^{L/2} =$$

$$= 2\rho A \cdot \frac{1}{3} \cdot \frac{L^3}{8} = \frac{1}{12} \rho A L^3 = \frac{1}{12} m L^2$$

5. In der Statistik kommen häufig sog. **Dichtefunktionen** einer Zufallsvariablen vor. Die Bedingung für eine Dichtefunktion ist, daß die Funktion stetig ist, und die Fläche unter der Kurve den Wert 1 hat. Es soll der Parameter a folgender Funktion (vgl. Bild 9.12) bestimmt werden, für den $f(x)$ Dichtefunktion einer Zufallsvariablen ist.

$$f(x) = \begin{cases} (x+1)^2 & \text{für } -1 < x \le 0 \\ -\dfrac{1}{a} x + 1 & \text{für } 0 < x \le a \\ 0 & \text{sonst} \end{cases}$$

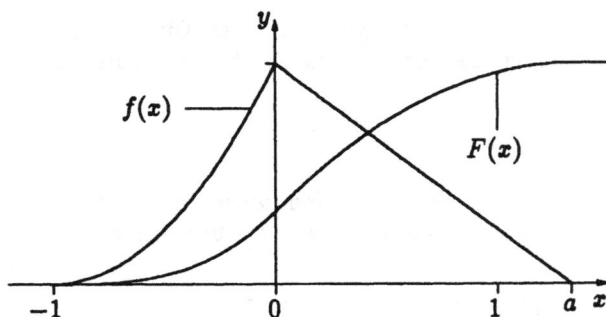

Bild 9.12: Dichte- $f(x)$ und Verteilungsfunktion $F(x)$

Es muß also gelten: $\displaystyle\int\limits_{-\infty}^{+\infty} f(x)\,dx = 1$

Das Integral läßt sich in Teilintegrale zerlegen. Dies entspricht einer Auftei-lung der Gesamtfläche in Teilflächen:

$$\int\limits_{-\infty}^{+\infty} f(x)\,dx = \underbrace{\int\limits_{-\infty}^{-1} 0\,dx}_{0} + \int\limits_{-1}^{0}(x+1)^2\,dx + \int\limits_{0}^{a}\left(-\frac{1}{a}x+1\right)dx + \underbrace{\int\limits_{a}^{+\infty} 0\,dx}_{0} =$$

$$= \left[\frac{1}{3}x^3 + x^2 + x\right]_{-1}^{0} + \left[-\frac{1}{2a}x^2 + x\right]_{0}^{a} = \frac{1}{3} - 1 + 1 - \frac{a}{2} + a =$$

$$= \frac{a}{2} + \frac{1}{3} = 1 \Rightarrow a = \frac{4}{3}$$

Damit lautet die Dichtefunktion:

$$f(x) = \begin{cases} (x+1)^2 & \text{für } -1 < x \le 0 \\[2mm] -\dfrac{3}{4}x + 1 & \text{für } 0 < x \le \dfrac{4}{3} \\[2mm] 0 & \text{sonst} \end{cases}$$

*Die **Verteilungsfunktion** der Zufallsvariablen ist definiert als die Inte-gralfunktion* $F(x) = \displaystyle\int\limits_{-\infty}^{x} f(t)\,dt$. *Sie liefert also die Fläche unter der Kurve*

$f(x)$ *für einen bestimmten x-Wert. Zur Bestimmung der Verteilungsfunkti-on muß die x-Achse in Teilintervalle zerlegt werden.*

$$x \leq -1: \quad F(x) = \int_{-\infty}^{x} 0 \, dt = 0$$

$$-1 < x \leq 0: \quad F(x) = \int_{-\infty}^{-1} f(t) \, dt + \int_{-1}^{x} (t^2 + 2t + 1) \, dt =$$

$$= F(-1) + \left[\frac{1}{3} t^3 + t^2 + t \right]_{-1}^{x} =$$

$$= 0 + \frac{1}{3} x^3 + x^2 + x + \frac{1}{3} - 1 + 1 =$$

$$= \frac{1}{3} x^3 + x^2 + x + \frac{1}{3}$$

$$0 < x \leq \frac{4}{3}: \quad F(x) = \int_{-\infty}^{0} f(t) \, dt + \int_{0}^{x} \left(-\frac{3}{4} t + 1 \right) dt =$$

$$= F(0) + \left[-\frac{3}{8} t^2 + t \right]_{0}^{x} =$$

$$= \frac{1}{3} + \left(-\frac{3}{8} x^2 + x \right) =$$

$$= -\frac{3}{8} x^2 + x + \frac{1}{3}$$

$$x > \frac{4}{3}: \quad F(x) = \int_{-\infty}^{4/3} f(t) \, dt + \int_{4/3}^{x} 0 \, dt = F\left(\frac{4}{3} \right) + 0 = 1$$

Damit lautet die Verteilungsfunktion $F(x)$ (vgl. Bild 9.12):

$$F(x) = \begin{cases} 0 & \text{für } x \leq -1 \\[2mm] \frac{1}{3} x^3 + x^2 + x + \frac{1}{3} & \text{für } -1 < x \leq 0 \\[2mm] -\frac{3}{8} x^2 + x + \frac{1}{3} & \text{für } 0 < x \leq \frac{4}{3} \\[2mm] 1 & \text{für } x > \frac{4}{3} \end{cases}$$

Mit Hilfe der Verteilungsfunktion kann die Wahrscheinlichkeit, daß die Zufallsvariable in einem vorgegebenen Intervall liegt, berechnet werden.

Aufgaben

1. Diskutieren Sie die Funktion $y(x) = \ln \dfrac{4x-1}{2x+1}$.

2. Bestimmen Sie das unbestimmte Integral folgender Funktionen:

   a) $f(x) = \dfrac{1}{ax+b}$ b) $f(x) = \dfrac{x}{ax+b}$

   c) $f(x) = xe^x$ d) $f(x) = x^2e^x$

3. Bestimmen Sie folgende Integrale:

   a) $\displaystyle\int_1^{10} e^{\ln x}\, dx$ b) $\displaystyle\int_{-\infty}^{\infty} 2x\, dx$ c) $\displaystyle\int \frac{\ln t}{t^2}\, dt \quad (t > 0)$

   d) $\displaystyle\int_{-1}^2 |x^3|\, dx$ e) $\displaystyle\int_0^x 10^{2t}\, dt$ f) $\displaystyle\int_0^{\pi/2} \cos^5 x \sin x\, dx$

4. Gegeben ist die Funktion $f(x) = \dfrac{\ln x}{(x-1)^{3/2}}$ für $x > 1$.

   a) Ermitteln Sie die Grenzwerte von f für $x \to 1$ und $x \to \infty$ und fertigen Sie eine Skizze der Funktion an.

   b) Berechnen Sie das unbestimmte Integral $\displaystyle\int f(x)\, dx$.

   c) Bestimmen Sie den Flächeninhalt A, der von der Kurve, der x-Achse und den Geraden $x = a > 1$ und $x = b > a$ eingeschlossen wird. Gegen welchen Wert strebt A für $a \to 1$ und $b \to \infty$?

5. Ein Heuhaufen soll die Form des Rotationskörpers einer Parabel haben, deren Scheitelpunkt auf der y-Achse liegt und die um die y-Achse rotiert. Der Radius der Grundfläche sei r, die Höhe h.

   a) Bestimmen Sie das Volumen des Heuhaufens allgemein für beliebiges r und h.

   b) Wie groß ist das Volumen eines 2 m hohen Heuhaufens mit einem Grundflächendurchmesser von 4 m?

   c) Um wieviel % weicht dieser Wert vom Volumen eines halbkugelförmigen Heuhaufens mit denselben Maßen ab?

6. Gegeben ist die Funktion $f(x) = \begin{cases} k\cos x & \text{für} \quad -\dfrac{\pi}{2} \le x \le \dfrac{\pi}{2} \\[2mm] 0 & \text{sonst} \end{cases}$

   a) Für welches k ist $f(x)$ Dichtefunktion einer Zufallsvariablen?

   b) Bestimmen Sie die Verteilungsfunktion $F(x)$.

7. Bestimmen Sie das Trägheitsmoment

   a) einer zylinderförmigen Töpferdrehscheibe der Masse m mit dem Radius R und der Höhe h, die sich um ihren Mittelpunkt dreht.

   b) eines Fahrradreifens der Masse m mit dem Radius r.

8. Der Wärmestrom $\frac{dQ}{dt}$ [W] durch eine Mauer der Dicke d ist proportional zur Mauerquerschnittsfläche A und zum Temperaturgradienten $\frac{dT}{dx}$:

   $\frac{dQ}{dt} = \lambda A \frac{dT}{dx}$, wobei λ die Wärmeleitfähigkeit des Mauermaterials ist (Bild 9.13).

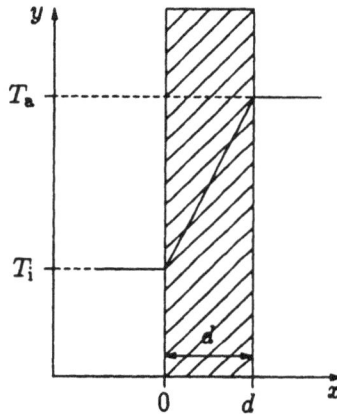

Bild 9.13: Temperaturgradient an einer Mauer

   a) Bestimmen Sie die Wärmemenge Q, die in einem Kühlhaus in der Zeit t verlorengeht, wenn die Außentemperatur T_a und die Innentemperatur T_i als konstant angenommen werden.

   b) Welcher stündliche Energieverlust liegt bei einem quaderförmigen Kühlhaus der Länge 10 m, der Breite 5 m und der Höhe 3 m bei einer Innentemperatur von 5°C und einer Außentemperatur von 25°C vor? Die Mauer ist 30 cm dick. Das Mauermaterial hat eine Wärmeleitfähigkeit von 0.8 $\frac{W}{m\,K}$.

9. Sie stehen auf dem schiefen Turm von Pisa in etwa 50 m Höhe und werfen den Fotoapparat eines Touristen mit einer Geschwindigkeit von 36 $\frac{km}{h}$ unter einem Winkel von 30° in Bezug auf den ebenen Boden vom Turm. Nach welcher Zeit schlägt der Apparat wie weit vom Turm entfernt am Boden auf?

Lösungen

1. Für den Definitionsbereich D muß gelten: $\dfrac{4x-1}{2x+1} > 0$, d.h. entweder ist
   sowohl $4x - 1 > 0$ als auch $2x + 1 > 0$ oder sowohl $4x - 1 < 0$ als auch
   $2x + 1 < 0$.

$$\left. \begin{array}{l} 4x - 1 > 0 \Leftrightarrow 4x > 1 \Leftrightarrow x > 0.25 \\ 2x + 1 > 0 \Leftrightarrow 2x > -1 \Leftrightarrow x > -0.5 \end{array} \right\} \Rightarrow x > 0.25$$

$$\left. \begin{array}{l} 4x - 1 < 0 \Leftrightarrow 4x < 1 \Leftrightarrow x < 0.25 \\ 2x + 1 < 0 \Leftrightarrow 2x < -1 \Leftrightarrow x < -0.5 \end{array} \right\} \Rightarrow x < -0.5$$

Damit erhält man: $D = \{x | x < -0.5 \text{ oder } x > 0.25\} = \mathbb{R} \setminus [-0.5, 0.25]$.

Der ln wird 0, wenn das Argument den Wert 1 annimmt:

$$\frac{4x-1}{2x+1} = 1 \Rightarrow 4x - 1 = 2x + 1 \Rightarrow 2x = 2 \Rightarrow x = 1$$

Die Funktion hat also eine Nullstelle bei $x = 1$.

Pole bei $x = 0.25$ und $x = -0.5$.

$$\lim_{x \to \pm\infty} \ln \frac{4x-1}{2x+1} = \lim_{x \to \pm\infty} \ln \frac{4 - \dfrac{1}{x}}{2 + \dfrac{1}{x}} = \ln 2$$

Daher ist $y = \ln 2$ eine horizontale Asymptote.

$$y \;\; = \ln \frac{4x-1}{2x+1} = \ln(4x - 1) - \ln(2x + 1)$$

$$y' \;\; = \frac{4}{4x-1} - \frac{2}{2x+1} = \frac{6}{(4x-1)\cdot(2x+1)} \neq 0 \quad \forall x \in D$$

$$y'' = \frac{-16}{(4x-1)^2} + \frac{4}{(2x+1)^2} = \frac{-12 \cdot (8x+1)}{(4x+1)^2 \cdot (2x+1)^2} \neq 0 \quad \forall x \in D$$

Folglich existieren weder Extrema noch Wendepunkte.

Der Graph der Funktion ist in Bild 9.14 skizziert.

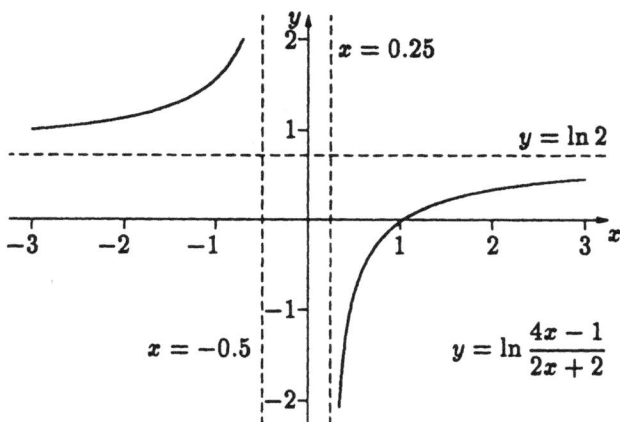

Bild 9.14: Graph der Funktion $f(x) = \ln \dfrac{4x-1}{2x+2}$

2. a) $\displaystyle \int \frac{dx}{ax+b} = \frac{1}{a} \cdot \int \frac{a}{ax+b}\, dx = \frac{1}{a} \cdot \ln|ax+b| + C$

   b) $\displaystyle \int \frac{x}{ax+b}\, dx = \frac{x}{a} - \frac{b}{a^2} \cdot \ln|ax+b| + C$, denn:

   $\displaystyle \left(\frac{x}{a} - \frac{b}{a^2} \cdot \ln|ax+b| \right)' = \frac{1}{a} - \frac{b}{a^2} \cdot \frac{a}{ax+b} = \frac{x}{ax+b}$

   c) Partielle Integration mit $u(x) = x$, $u'(x) = 1$ und $v(x) = v'(x) = e^x$.

   $\displaystyle \int x \cdot e^x\, dx = x \cdot e^x - \int e^x\, dx = x \cdot e^x - e^x + C = e^x \cdot (x-1) + C$

   d) Partielle Integration mit $u(x) = x^2$, $u'(x) = 2x$ und $v(x) = v'(x) = e^x$.

   $\displaystyle \int x^2 \cdot e^x\, dx = x^2 \cdot e^x - 2\int x \cdot e^x\, dx = x^2 \cdot e^x - 2 \cdot e^x \cdot (x-1) = e^x \cdot (x^2 - 2x + 2)$

3. a) $\displaystyle \int_{1}^{10} e^{\ln x}\, dx = \int_{1}^{10} x\, dx = \left[\frac{1}{2}x^2 \right]_{1}^{10} = 50 - 0.5 = 49.5$

   b) $\displaystyle \int_{-\infty}^{+\infty} 2x\, dx = 0$, da $f(x) = 2x$ punktsymmetrisch zu $(0,0)$

   c) $u = \ln t \;\Rightarrow\; u' = \dfrac{1}{t},\; v' = \dfrac{1}{t^2} \;\Rightarrow\; v = -\dfrac{1}{t}$

   $\displaystyle \int \frac{\ln t}{t^2}\, dt = -\frac{\ln t}{t} + \int \frac{1}{t^2}\, dt = -\frac{\ln t}{t} - \frac{1}{t} + C = \frac{1 - \ln t}{t} + C$

d) $\displaystyle\int_{-1}^{2} |x|^3\, dx = -\int_{-1}^{0} x^3\, dx + \int_{0}^{2} x^3\, dx = -\left[\frac{1}{4}x^4\right]_{-1}^{0} + \left[\frac{1}{4}x^4\right]_{0}^{2} =$

$$= \frac{1}{4} + 4 = 4.25$$

e) $\displaystyle\int_{0}^{x} 10^{2t}\, dt = \int_{0}^{x} e^{(2\ln 10)\cdot t}\, dt = \frac{1}{2\ln 10} \cdot \left[e^{(2\ln 10)\cdot t}\right]_{0}^{x} = \left[10^{2t}\right]_{0}^{x} =$

$$= \frac{1}{2\ln 10} \cdot 10^{2x} - \frac{1}{2\ln 10} = \frac{1}{2\ln 10} \cdot (10^{2x} - 1)$$

f) $z = \cos x \;\Rightarrow\; \dfrac{dz}{dx} = -\sin x \;\Rightarrow\; dz = -\sin x\, dx$

$$\int_{1}^{\pi/2} \cos^5 x \sin x\, dx = -\int_{1}^{0} z^5\, dz = \int_{0}^{1} z^5\, dz = \left[\frac{1}{6}z^6\right]_{0}^{1} = \frac{1}{6}$$

4. a) Anwendung der l'Hospitalschen Regel:

$$\lim_{x\to 1} \frac{\ln x}{(x-1)^{3/2}} = \lim_{x\to 1} \frac{1/x}{3/2\sqrt{x-1}} = \infty$$

$$\lim_{x\to\infty} \frac{\ln x}{(x-1)^{3/2}} = \lim_{x\to\infty} \frac{1/x}{3/2\sqrt{x-1}} = 0$$

b) Anwendung der partiellen Integration ergibt:

$$\int \underbrace{\ln x}_{u} \cdot \underbrace{(x-1)^{-3/2}}_{v'}\, dx = \ln x \cdot \frac{-2}{\sqrt{x-1}} + 2\int \frac{dx}{x\cdot\sqrt{x-1}}$$

$\displaystyle\int \frac{dx}{x\cdot\sqrt{x-1}}$ wird durch Substitution gelöst:

$z = \sqrt{x-1} \;\Rightarrow\; z^2 = x - 1 \;\Rightarrow\; x = z^2 + 1 \;\Rightarrow$

$dz = \dfrac{1}{2}\cdot(x-1)^{-1/2}\, dx \;\Rightarrow\; dx = 2z\, dz$

$$2\int \frac{dx}{x\cdot\sqrt{x-1}} = 4\int \frac{dz}{z^2+1} = 4\arctan z + C = 4\arctan\sqrt{x-1} + C$$

$$\int \frac{\ln x}{(x-1)^{3/2}}\, dx = -2\frac{\ln x}{\sqrt{x-1}} + 4\arctan\sqrt{x-1} + C$$

c) $A = \left[-2\dfrac{\ln x}{\sqrt{x-1}} + 4\arctan\sqrt{x-1}\right]_{a}^{b} =$

$$= -2\left(\frac{\ln b}{\sqrt{b-1}} - \frac{\ln a}{\sqrt{a-1}}\right) + 4\left(\arctan\sqrt{b-1} - \arctan\sqrt{a-1}\right)$$

$$\lim_{\substack{a \to 1 \\ b \to \infty}} A = -2 \left(\underbrace{\lim_{b \to \infty} \frac{\ln b}{\sqrt{b-1}}}_{= \, 0} - \underbrace{\lim_{a \to 1} \frac{\ln a}{\sqrt{a-1}}}_{= \, 0} \right) +$$

$$+ 4 \left(\underbrace{\lim_{b \to \infty} \arctan \sqrt{b-1}}_{= \, \pi/2} - \underbrace{\arctan 0}_{= \, 0} \right) =$$

$$= 4 \cdot \frac{\pi}{2} = 2\pi$$

5. Der Heuhaufen entsteht durch Rotation einer Parabel, die durch die Punkte $(-r, 0)$, $(r, 0)$ und $(0, h)$ geht (Bild 9.15).

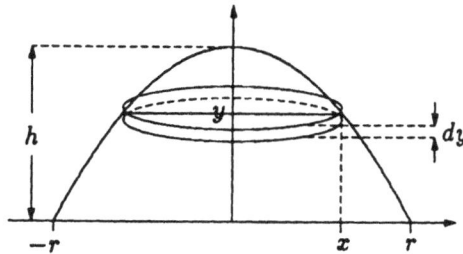

Bild 9.15: Heuhaufen

Man findet leicht die Parabelgleichung:

$$y = -\frac{h}{r^2} x^2 + h \;\Rightarrow\; x^2 = -\frac{r^2}{h}(y - h)$$

a) Das Volumen dV eines Zylinders an der Stelle x mit einer infinitesimal kleinen Höhe dy ist $dV = x^2 \pi \, dy$. Das Gesamtvolumen ist dann die Summe dieser Volumeneinheiten:

$$V = \int_0^h x^2 \pi \, dy = -\frac{r^2 \pi}{h} \int_0^h (y - h) \, dy = -\frac{r^2 \pi}{h} \left[\frac{1}{2} y^2 - hy \right]_0^h =$$

$$= -\frac{r^2 \pi}{h} \left(\frac{h^2}{2} - h^2 \right) = \frac{r^2 \pi h}{2}$$

b) $V_P = \dfrac{(2 \text{ m})^2 \cdot \pi \cdot 2 \text{ m}}{2} = 4\pi \text{ m}^3 = 12.6 \text{ m}^3$

c) $V_K = \dfrac{2}{3} r^3 \pi = \dfrac{16}{3} \pi \text{ m}^3 = 16.8 \text{ m}^3$

Der parabelförmige Heuhaufen hat also nur $\dfrac{4\pi}{16/3\pi} = \dfrac{3}{4} = 75\%$ des Volumens eines kugelförmigen Heuhaufens.

6. a) $\displaystyle\int_{-\infty}^{+\infty} f(x)\,dx = k \cdot \int_{-\pi/2}^{+\pi/2} \cos x \, dx = k \cdot \Big[\sin x\Big]_{-\pi/2}^{+\pi/2} = k\cdot(1+1) = 2k = 1$

$\Rightarrow k = \dfrac{1}{2}$

b) $x < -\dfrac{\pi}{2}$: $F(x) = \displaystyle\int_{-\infty}^{x} 0\,dt = 0$

$-\dfrac{\pi}{2} \le x \le \dfrac{\pi}{2}$: $F(x) = F\left(\dfrac{-\pi}{2}\right) + \dfrac{1}{2}\displaystyle\int_{-\pi/2}^{x}\cos t\,dt =$

$\qquad\qquad\qquad = \dfrac{1}{2}\Big[\sin t\Big]_{-\pi/2}^{x} = \dfrac{1}{2}\sin x + \dfrac{1}{2}$

$x > \dfrac{\pi}{2}$: $F(x) = F\left(\dfrac{\pi}{2}\right) + \displaystyle\int_{\pi/2}^{x} 0\,dt = 1$

Damit lautet die Verteilungsfunktion:

$$F(x) = \begin{cases} 0 & \text{für } -\infty < x < -\dfrac{\pi}{2} \\[2mm] \dfrac{1}{2}\sin x + \dfrac{1}{2} & \text{für } -\dfrac{\pi}{2} \le x \le \dfrac{\pi}{2} \\[2mm] 1 & \text{für } \dfrac{\pi}{2} < x < +\infty \end{cases}$$

7. Das Trägheitsmoment ist allgemein: $\Theta = \displaystyle\int_{r_1}^{r_2} r^2\,dm$

a) Um dm durch r und dr auszudrücken, betrachtet man ein Scheibenstück im Abstand r vom Mittelpunkt mit der Dicke dr:

$dm = \rho\,dV = \rho\left((r+dr)^2 - r^2\right)\pi h =$
$\qquad = \rho\,(r^2 + 2r\,dr + dr^2 - r^2)\,\pi h \approx 2\,\rho\,r\,dr\,\pi h,$

da dr^2 praktisch gleich Null ist. Damit folgt für das Trägheitsmoment:

$\Theta = \displaystyle\int_{r_1}^{r_2} r^2\,dm = 2\,\rho\,\pi\,h\int_{0}^{R} r^3\,dr = 2\,\rho\,\pi\,h\left[\dfrac{1}{4}r^4\right]_{0}^{R} =$

$\qquad = \dfrac{1}{2}\,\rho\,\pi\,h\,R^4 = \dfrac{1}{2}\,m\,R^2$

b) Bei einem Fahrradreifen denkt man sich die gesamte Masse m idealisiert auf einem Kreis im Abstand R von der Drehachse verteilt. Das Trägheitsmoment Θ kann dann abgeschätzt werden zu $\Theta \approx m\,R^2$.

8. a) Die Temperatur in der Mauer nimmt linear von T_i nach T_a zu, d.h. der Temperaturgradient beträgt $\dfrac{T_a - T_i}{d}$. Daraus folgt:

$$\frac{dQ}{dt} = A\,\lambda\,\frac{dT}{dx} = A\,\lambda\,\frac{T_a - T_i}{d} = A\,\lambda\,\frac{\Delta T}{d}$$

In der Zeit dt geht die Wärmemenge $dQ = A\lambda\dfrac{\Delta T}{d}\,dt$ verloren. Summiert man alle infinitesimalen dQ's und dt's auf, so folgt:

$$\int_0^Q dQ = A\,\lambda\,\frac{\Delta T}{d}\int_0^t dt \;\Leftrightarrow\; Q = A\,\lambda\,\frac{\Delta T}{d}\,t$$

b) Die Gebäudefläche A, die in Kontakt zur Außenluft ist, beträgt:
$A = 2\cdot 3\text{ m}\cdot 10\text{ m} + 2\cdot 3\text{ m}\cdot 5\text{ m} + 5\text{ m}\cdot 10\text{ m} = 140\text{ m}^2$.
In einer Stunde geht die Energie

$$Q = 140\text{ m}^2 \cdot 0.8\,\frac{\text{W}}{\text{m K}}\cdot\frac{20\text{ K}}{0.3\text{ m}}\cdot 3600\text{ s} \approx 8\cdot 10^6\text{ Ws} = 8\text{ MJ}$$

verloren.

9. Die Bewegungsgleichungen in y-Richtung lauten:

$$a_y \;=\; \ddot{y} = -g$$
$$v_y \;=\; \dot{y} = -gt + v_0\sin\alpha$$
$$s_y \;=\; y = -\frac{1}{2}gt^2 + v_0\sin\alpha\cdot t + y_0 = 0 \Rightarrow$$

$$t_{1/2} = \frac{-v_0\sin\alpha \pm \sqrt{v_0^2\sin^2\alpha + 2gy_0}}{-g} =$$

$$= \frac{10\,\dfrac{\text{m}}{\text{s}}\cdot 0.5 \pm \sqrt{100\cdot 0.25\,\dfrac{\text{m}^2}{\text{s}^2} + 2\cdot 9.81\,\dfrac{\text{m}}{\text{s}^2}\cdot 50\text{ m}}}{9.81\,\dfrac{\text{m}}{\text{s}^2}} =$$

$$= \frac{5\,\dfrac{\text{m}}{\text{s}} \pm \sqrt{10006\,\dfrac{\text{m}^2}{\text{s}^2}}}{9.81\,\dfrac{\text{m}}{\text{s}^2}} \Rightarrow$$

$t_1 \approx 3.7$ s, $t_2 \approx -2.7$ s

Der gesuchte Wert ist der positive von beiden. Diesen setzt man in die Bewegungsgleichung für die x-Richtung ein:

$$a_x \qquad = \ddot{x} = 0$$
$$v_x \qquad = \dot{x} = v_0\cos\alpha$$
$$s_x \qquad = x = v_0\cos\alpha\cdot t \Rightarrow$$

$$s_x(3.7\text{ s}) = 10\,\frac{\text{m}}{\text{s}}\cdot 0.5\cdot 3.7\text{ s} = 18.5\text{ m}$$

Kapitel 10

Taylorentwicklung und Potenzreihen

Polynome sind besonders gut zur Approximation einer gegebenen Funktion f geeignet, da sie relativ einfach handzuhabende Funktionen sind. Mit Hilfe von Taylor-Polynomen können viele Funktionen beliebig genau in einem Intervall angenähert werden. Darüberhinaus ist häufig die Darstellung einer Funktion als konvergente unendliche Reihe möglich.

10.1 Taylor-Polynome

Es sei eine Funktion f in einer Umgebung des Arguments x_0 durch Polynome zu approximieren. Dabei sollen diese Polynome mit f den Funktionswert $f(x_0)$ und möglichst viele Ableitungen an der Stelle $x = x_0$ gemeinsam haben. Sei f in x_0 mindestens n-mal differenzierbar. Die Koeffizienten des approximierenden Polynoms n-ten Grades

$$P_n(x) = a_0 + a_1(x - x_0) + a_2(x - x_0)^2 + \ldots + a_n(x - x_0)^n \qquad (10.1)$$

sind nun so zu bestimmen, daß obige Forderungen erfüllt sind. Dazu betrachtet man zunächst die Ableitungen von P_n:

$$
\begin{aligned}
P_n'(x) &= a_1 + 2a_2(x - x_0) + 3a_3(x - x_0)^2 + 4a_4(x - x_0)^3 + \\
&\quad + \ldots + na_n(x - x_0)^{n-1} \\
P_n''(x) &= 2a_2 + 6a_3(x - x_0) + 12a_4(x - x_0)^2 + \\
&\quad + \ldots + (n-1)na_n(x - x_0)^{n-2} \\
P_n^{(3)}(x) &= 6a_3 + 24a_4(x - x_0) + \\
&= \quad + \ldots + (n-2)(n-1)na_n(x - x_0)^{n-3} \\
&\vdots \\
P_n^{(n)}(x) &= n!a_n
\end{aligned}
\qquad (10.2)
$$

Allgemein lautet die m-te Ableitung von P_n $(m = 0, 1, \ldots, n)$:

$$P_n^{(m)}(x) = \sum_{k=0}^{n-m} a_{m+k} \frac{(m+k)!}{k!} (x - x_0)^k \qquad (10.3)$$

Die Forderungen $P_n^{(m)}(x_0) = f^{(m)}(x_0) \ \forall m \in \{0, 1, \ldots, n\}$, also $P_n(x_0) = f(x_0)$, $P_n'(x_0) = f'(x_0)$, $P_n''(x_0) = f''(x_0)$, $\ldots$, $P_n^{(n)}(x_0) = f^{(n)}(x_0)$ ergeben:

$$P_n^{(m)}(x_0) = m! \cdot a_m = f^{(m)}(x_0) \qquad (10.4)$$

Somit erhält man folgende Koeffizienten für P_n:

$$a_0 = f(x_0), \ a_1 = f'(x_0), \ a_2 = \frac{f''(x_0)}{2!}, \ a_3 = \frac{f^{(3)}(x_0)}{3!}, \ldots \qquad (10.5)$$

Allgemein:

$$a_i = \frac{f^{(i)}(x_0)}{i!} \quad (i = 0, 1, \ldots, n) \qquad (10.6)$$

P_n hat dann die Darstellung:

$$P_n(x) = f(x_0) + \frac{f'(x_0)}{1!}(x - x_0) + \frac{f''(x_0)}{2!}(x - x_0)^2 +$$
$$+ \ldots + \frac{f^{(n)}(x_0)}{n!}(x - x_0)^n \qquad (10.7)$$

Dieses Polynom hat, wie verlangt, den Funktionswert und die ersten n Ableitungen an der Stelle $x = x_0$ mit f gemeinsam. Man bezeichnet ein solches Polynom als **Taylor-Polynom** n-ten Grades von f in x. Seine Kurve nennt man **Schmiegeparabel** n-ten Grades. Für $n = 1$ erhält man gerade die Tangente an die Kurve $y = f(x)$ im Punkt $(x_0, f(x_0))$. Aus dem Taylor-Polynom n-ten Grades entsteht ganz einfach das Taylor-Polynom $(n + 1)$-ten Grades durch Anfügen des Terms $\frac{f^{(n+1)}(x_0)}{(n + 1)!}(x - x_0)^{n+1}$. Die anderen Koeffizienten $a_0, a_1, \ldots, a_n$ sind unverändert zu übernehmen.

Beispiel:

Berechnung der Taylor-Polynome zu $f(x) = \dfrac{1}{x}$ *für* $x_0 = 1$.

$f'(x) \quad = (-1) \cdot x^{-2}$
$f''(x) \quad = (-1)^2 \cdot 2 \cdot x^{-3}$
$f^{(3)}(x) = (-1)^3 \cdot 2 \cdot 3 \cdot x^{-4}$

$\qquad \vdots$

$f^{(k)}(x) = (-1)^k \cdot k! \cdot x^{-(k+1)}$

Für $x_0 = 1$ *erhält man also:*

$f^{(k)}(x_0) = f^{(k)}(1) = (-1)^k \cdot k!$

Demnach ist das Taylor-Polynom n-ten Grades in $x_0 = 1$:

$$P_n = 1 - \frac{1!}{1!} \cdot (x - 1) + \frac{2!}{2!} \cdot (x - 1)^2 + \ldots + (-1)^n \cdot \frac{n!}{n!} \cdot (x - 1)^n =$$
$$= 1 - (x - 1) + (x - 1)^2 + \ldots + (-1)^n \cdot (x - 1)^n$$

Für $n = 1, 2, 3, 4$ lauten dann die Taylor-Polynome:

$P_1(x) = 2 - x$
$P_2(x) = 3 - 3x + x^2$
$P_3(x) = 4 - 6x + 4x^2 - x^3$
$P_4(x) = 5 - 10x + 10x^2 - 5x^3 + x^4$

Diese Schmiegeparabeln sind in Bild 10.1 gezeichnet.

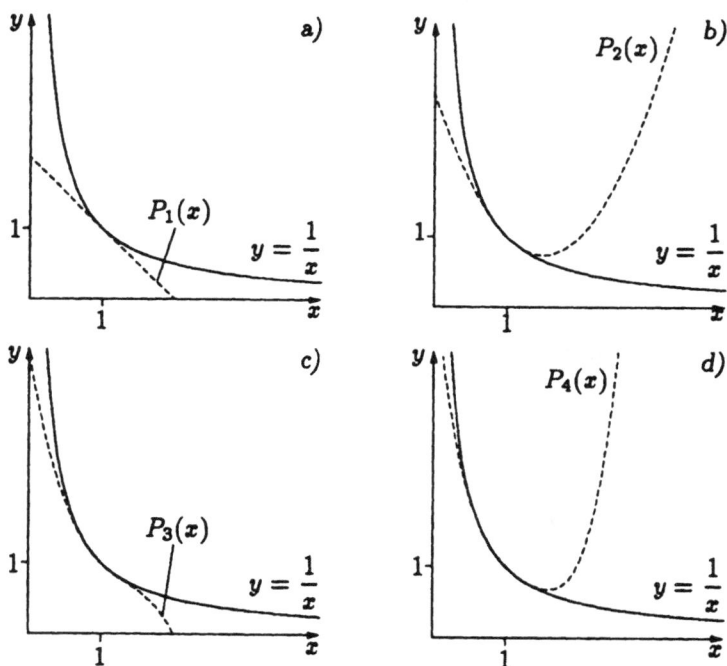

Bild 10.1: Schmiegeparabeln P_1 bis P_4 für $f(x) = \dfrac{1}{x}$ bei $x = 1$

10.2   Der Satz von Taylor

Wenn eine Funktion $f(x)$ durch das Taylor-Polynom $P_n(x)$ in x_0 approximiert wird, so ist es natürlich interessant, wie gut f in einer Umgebung $U(x_0)$ durch P_n angenähert wird. Eine Auskunft hierüber gibt der **Satz von Taylor**, der hier nicht bewiesen werden soll.

Es sei P das Taylor-Polynom n-ten Grades von f in x_0, und es existiere die $(n+1)$-te Ableitung von f in einer Umgebung $U(x_0)$. Für $x \in U(x_0)$ gilt dann:

$$f(x) = P_n(x) + R_n(x) \quad \text{mit } R_n(x) = \frac{f^{(n+1)}(\xi)}{(n+1)!} \cdot (x - x_0)^{n+1}, \tag{10.8}$$

wobei ξ zwischen x_0 und x liegt.

Der Taylorsche Satz besagt also, daß sich die Funktion f und das Taylor-Polynom P durch das sog. **Restglied** $R_n(x) = \dfrac{f^{(n+1)}(\xi)}{(n+1)!} \cdot (x - x_0)^{n+1}$ unterscheiden. Dabei liegt ξ zwischen x_0 und x, d.h. ξ kann in der Form $\xi = x_0 + \theta \cdot (x - x_0)$ mit $0 < \theta < 1$ geschrieben werden. Setzt man $h = x - x_0$, so erhält man eine andere Formulierung der Taylorschen Formel:

$$\begin{aligned}
f(x_0 + h) = f(x_0) &+ \frac{f'(x_0)}{1!} \cdot h + \frac{f''(x_0)}{2!} \cdot h^2 + \ldots + \\
&+ \frac{f^{(n)}(x_0)}{n!} \cdot h^n + \frac{f^{(n+1)}(\xi)}{(n+1)!} \cdot h^{n+1}
\end{aligned} \tag{10.9}$$

mit ξ zwischen x_0 und $x_0 + h$, also $\xi = x_0 + \theta \cdot h$ $(0 < \theta < 1)$.

Bemerkungen:

1. Für $n = 0$ geht der Taylorsche Satz in den Mittelwertsatz über.

2. Die obige Darstellung des Restglieds R_n stammt von Lagrange. Nach Cauchy kann man R_n auch wie folgt darstellen:

$$R_n(x) = \frac{(1 - \theta)^n \cdot f^{(n+1)} \cdot (x_0 + \theta h)}{n!} \cdot h^{n+1} \tag{10.10}$$

mit $0 < \theta < 1$ und $h = x - x_0$.

Hat man nun eine Funktion f vorliegen, die mindestens $(n+1)$-mal in einer Umgebung $U(x_0)$ differenzierbar ist, und ersetzt man f in $U(x_0)$ durch das Taylor-Polynom n-ten Grades in x, so kann mit Hilfe des Restglieds R_n der Betrag des Fehlers nach oben abgeschätzt werden. Dazu muß man eine obere Schranke für den Betrag der $(n+1)$-ten Ableitung $f^{(n+1)}(x)$ für $x \in U(x_0)$

kennen, also ein M, für das gilt: $|f^{(n+1)}(x)| \leq M \; \forall x \in U(x_0)$. Dann ist mit $|x - x_0| \leq d$:

$$|R_n(x)| = \left| \frac{f^{(n+1)}(\xi)}{(n+1)!} \right| \cdot |x - x_0|^{n+1} \leq \frac{M}{(n+1)!} \cdot d^{n+1} \qquad (10.11)$$

Beispiele:

1. $f(x) = \sqrt{x}$ soll im Intervall $[3, 5]$ durch das Taylor-Polynom zweiten Grades in $x_0 = 4$ ersetzt werden.

   Die Ableitungen von $f(x) = x^{1/2}$ sind:

   $$f'(x) = \frac{1}{2}x^{-1/2} = \frac{1}{2\sqrt{x}}, \; f'' = -\frac{1}{4}x^{-3/2} = -\frac{1}{4x\sqrt{x}}, \; f^{(3)} = \frac{3}{8}x^{-5/2} = \frac{3}{8x^2\sqrt{x}}$$

   Wegen $f(4) = 2$, $f'(4) = \frac{1}{4}$ und $f''(4) = -\frac{1}{32}$ erhält man:

   $$P_2(x) = 2 + \frac{1}{4}(x - 4) - \frac{1}{64}(x - 4)^2$$

   In Tab. 10.1 werden einige Werte der Funktion $f(x) = \sqrt{x}$ und des Taylor-Polynoms $P_2(x)$ gegenübergestellt.

x	$P_2(x)$	$\sqrt{x}$	$\lvert P_2(x) - f(x) \rvert$	$R_2(x) = \dfrac{1}{144 \cdot \sqrt{3}} \cdot \lvert x - 4 \rvert^3$
3.00	1.734375	1.732051	$2.32 \cdot 10^{-3}$	$4 \cdot 10^{-3}$
3.50	1.871094	1.870829	$2.65 \cdot 10^{-4}$	$5 \cdot 10^{-4}$
3.90	1.974844	1.974842	$1.99 \cdot 10^{-6}$	$4 \cdot 10^{-6}$
3.99	1.997498	1.997498	$2.50 \cdot 10^{-9}$	$4 \cdot 10^{-9}$
4.00	2.000000	2.000000	0	0
4.01	2.002498	2.002498	$1.50 \cdot 10^{-9}$	$4 \cdot 10^{-9}$
4.30	2.073594	2.073644	$5.04 \cdot 10^{-5}$	$1 \cdot 10^{-4}$

Tabelle 10.1: Vergleich von $f(x) = \sqrt{x}$ mit deren Taylor-Polynom $P_2(x)$

Zur Abschätzung des Restglieds sucht man zunächst eine obere Schranke für $f^{(3)}(x)$ mit $x \in [3, 5]$. Da x nur im Nenner vorkommt, gilt:

$$|f^{(3)}(x)| \leq |f^{(3)}(3)| = \frac{3}{8 \cdot 9 \cdot \sqrt{3}} = \frac{1}{24 \cdot \sqrt{3}} = M$$

Da $|x - x_0| \leq 1 = d$ ist, erhält man:

$$|R_2(x)| \leq \frac{1}{3!} \cdot \frac{1}{24 \cdot \sqrt{3}} \cdot 1^3 = \frac{1}{144} \cdot \sqrt{3} \approx 0.004 = 4 \cdot 10^{-3}$$

2. *Für die Funktion $f(x) = \sin x$ lauten die ersten fünf Ableitungen:*

$f'(x) = \cos x,\ f''(x) = -\sin x,\ f^{(3)}(x) = -\cos x,\ f^{(4)}(x) = \sin x,$
$f^{(5)} = \cos x$

Als Taylor-Polynom vierten Grades erhält man dann für $x_0 = 0$:

$$P_4(x) = \sin(0) + \frac{\cos(0)}{1!}x + \frac{-\sin(0)}{2!}x^2 + \frac{-\cos(0)}{3!}x^3 + \frac{\sin(0)}{4!}x^4$$

Da $\sin(0) = 0$ und $\cos(0) = 1$ ist, vereinfacht sich dieser Ausdruck zu:

$$P_4(x) = x - \frac{x^3}{3!}$$

Im folgenden werden nun die Argumente gesucht, für die $\sin x$ durch $P_4(x)$ mit einem maximalen Fehler von 0.001 ersetzt werden kann. Dazu schätzt man $R_4(x)$ ab:

$$|R_4| = \frac{|\cos \xi|}{5!} \cdot |x|^5 \leq \frac{1}{5!} \cdot |x|^5$$

Es soll also gelten:

$$\frac{|x|^5}{5!} \leq 0.001 \quad \Rightarrow \quad |x|^5 \leq 0.001 \cdot 5!$$

Als Lösung dieser Ungleichung erhält man $-0.65 \leq x \leq 0.65$. Berechnet man näherungsweise $\sin x \approx x - \frac{x^3}{3!}$, so bleibt der Betrag des Fehlers immer kleiner als 0.001, falls $x \in [-0.65, 0.65]$.

10.3   Taylorreihen, Potenzreihen

Um für Funktionen, die an einer Stelle $x = x_0$ beliebig oft differenzierbar sind,
die Taylor-Formel für $n \rightarrow \infty$ näher untersuchen zu können, ist zunächst einmal der Polynombegriff zu verallgemeinern. Dazu wird eine Reihe der Gestalt
$\sum\limits_{k=0}^{\infty} a_k x^k = a_0 + a_1 x + a_2 x^2 + \dots$ betrachtet. Eine solche Reihe wird als **Potenz-**
reihe bezeichnet. Die n-te Teilsumme einer Potenzreihe ist ein Polynom n-ten
Grades. Eine Reihe heißt bekanntlich konvergent, falls die Folge der Partialsummen gegen einen endlichen Wert konvergiert. Hinsichtlich der Konvergenz
gilt: Zu jeder Potenzreihe gibt es eine Zahl $r \geq 0$, so daß $\sum\limits_{k=0}^{\infty} a_k x^k$ für $|x| < r$
konvergiert und für $|x| > r$ divergiert. Dieses r nennt man den **Konvergenz-**
radius der Reihe.

Beispiel:

Die geometrische Reihe $\sum\limits_{i=0}^{\infty} x^i$ hat den Konvergenzradius $r = 1$. In Kap. 7.3
wurde bereits gezeigt, daß diese Reihe genau für $|x| < 1$ konvergiert.

Häufig werden Potenzreihen nicht in Potenzen von x, sondern in Potenzen von
$(x - x_0)$ dargestellt. Eine solche Reihe der Form

$$\sum_{k=0}^{\infty} a_k (x - x_0)^k = a_0 + a_1 (x - x_0) + a_2 (x - x_0)^2 + a_3 (x - x_0)^3 + \dots \quad (10.12)$$

bezeichnet man auch als Potenzreihe um x_0. Setzt man $z = x - x_0$, so hat man
wieder eine Potenzreihe der anfangs angegebenen Gestalt.

Ist nun eine Funktion f an der Stelle $x = x_0$ beliebig oft differenzierbar, so kann
man für jedes beliebige $n \in I\!N$ das Taylor-Polynom P_n n-ten Grades zu f in
x_0 bilden. Wenn dabei in einer Umgebung $(x_0 - r, x_0 + r)$ von x_0 das Restglied
$R_n(x)$ für $n \rightarrow \infty$ gegen 0 konvergiert, so liefern die Taylor-Polynome eine in
$(x_0 - r, x_0 + r)$ konvergente Potenzreihe. Der Wert dieser Potenzreihe ist der
Funktionswert $f(x)$. Man hat also unter der Voraussetzung $\lim\limits_{n \rightarrow \infty} R_n(x) = 0$ die
Darstellung:

$$f(x) = \sum_{k=0}^{\infty} \frac{f^{(k)}(x_0)}{k!} \cdot (x - x_0) \quad \text{für } |x - x_0| < r \qquad (10.13)$$

Man bezeichnet diese Reihe $\sum\limits_{k=0}^{\infty} \dfrac{f^{(k)}(x_0)}{k!}$ als **Taylor-Reihe** bzw. **Taylorent-wicklung** von f um x_0. Wenn die Taylor-Reihe für $|x-x_0| < r$ konvergiert, sagt man, die Funktion $f(x)$ wird dort durch ihre Taylor-Reihe um x_0 dargestellt.

Die Entwicklung in eine Taylor-Reihe wird im Folgenden für einige Funktionen durchgeführt.

Beispiele:

1. *Die geometrische Reihe* $\sum\limits_{i=0}^{\infty} x^i$ *konvergiert für* $|x| < 1$ *und hat dort den Wert* $\dfrac{1}{1-x}$, *d.h. durch* $1 + x + x^2 + x^3 + \ldots$ *wird im Intervall* $(-1,1)$ *die Funktion* $f(x) = \dfrac{1}{1-x}$ *dargestellt.*

2. *Gesucht sei die Reihenentwicklung von* $f(x) = e^x$ *in* $x_0 = 0$. *Es ist* $e^x = f(x) = f'(x) = f''(x) = \ldots = f^{(k)}(x)\ \forall k \in I\!N$, *also* $e^0 = f(0) = f'(0) = f''(0) = \ldots = f^{(k)}(0) = 1$. *Daher ist* $f(x) = e^x = 1 + \dfrac{x}{1!} + \dfrac{x^2}{2!} + \ldots + \dfrac{x^n}{n!} + \dfrac{x^{n+1}}{(n+1)!} \cdot e^{\theta x}$ *mit* $0 < \theta < 1$. *Man untersucht nun, ob das Restglied* $R_n(x) = \dfrac{x^{n+1}}{(n+1)!} \cdot e^{\theta x}$ *für* $n \to \infty$ *gegen* 0 *konvergiert.* $e^{\theta x}$ *hängt nicht von* n *ab. Für* $x > 0$ *ist* $e^{\theta x} < e^x$ *und für* $x < 0$ *ist* $e^{\theta x} < 1$. *Ferner ist* $\lim\limits_{n \to \infty} \dfrac{x^{(n+1)}}{(n+1)!} = \lim\limits_{n \to \infty} \dfrac{x^n}{n!} = 0$ *und damit gilt:* $\lim\limits_{n \to \infty} R_n(x) = e^{\theta x} \lim\limits_{n \to \infty} \dfrac{x^n}{n!} = 0\ \forall x \in I\!R$. *Die Funktion* $f(x) = e^x$ *läßt sich also für beliebiges* x *als Potenzreihe darstellen:*

$$e^x = 1 + \frac{x}{1!} + \frac{x^2}{2!} + \frac{x^3}{3!} + \ldots = \sum_{i=0}^{\infty} \frac{x^i}{i!}$$

Insbesondere ist $e = e^1 = 1 + \dfrac{1}{1!} + \dfrac{1}{2!} + \dfrac{1}{3!} + \ldots = \sum\limits_{i=0}^{\infty} \dfrac{1}{i!}$. *Mit Hilfe dieser Reihendarstellung kann die Zahl* e *auf beliebig viele Stellen genau berechnet werden. Im folgenden wird abgeschätzt, wieviele Glieder der Reihe man benötigt, um* e *auf sechs Stellen genau zu erhalten, d.h. der Fehler soll kleiner als* $0.5 \cdot 10^{-6} = 5 \cdot 10^{-7}$ *sein. Man setzt also* $e \approx 2 + \dfrac{1}{2!} + \dfrac{1}{3!} + \ldots + \dfrac{1}{n!}$. *Den Fehler schätzt man direkt über die Reihendarstellung ab.*

$$\frac{1}{(n+1)!} + \frac{1}{(n+2)!} + \dots =$$

$$= \frac{1}{(n+1)!} \cdot \left(1 + \frac{1}{n+2} + \frac{1}{(n+2)(n+3)} + \dots\right) <$$

$$< \frac{1}{(n+1)!} \cdot \underbrace{\left(1 + \frac{1}{n+1} + \frac{1}{(n+1)^2} + \dots\right)}_{\text{geometrische Reihe}} = \frac{1}{(n+1)!} \cdot \frac{1}{1 - \frac{1}{n+1}} =$$

$$= \frac{1}{(n+1)!} \cdot \frac{n+1}{n} = \frac{1}{n! \cdot n}$$

Mit Hilfe der Lagrangeschen Restgliedformel erhält man die Abschätzung:

$$R_n(1) = \frac{f^{(n+1)}(\xi)}{(n+1)!} \cdot (1-0)^{n+1} < \frac{e}{(n+1)!} < \frac{1}{n!} \cdot \frac{3}{n+1}$$

Die direkte Abschätzung ist also etwas besser, weil $\frac{1}{n} < \frac{3}{n+1} \ \forall n \in I\!N$.

Für $n = 10$ ist der Abbruchfehler kleiner als $\frac{1}{10! \cdot 10} < 3 \cdot 10^{-8}$. Man kann in der Näherungsdarstellung $e \approx 2 + \frac{1}{2!} + \frac{1}{3!} + \dots + \frac{1}{10!}$ die ersten beiden Summanden exakt angeben. Wenn man die restlichen acht Summanden auf sieben Stellen genau berechnet, so ist der Fehler jeweils kleiner als $0.5 \cdot 10^{-7}$. Insgesamt ergibt sich dann als Fehlerschranke:

$$\text{Fehler bei } \frac{1}{3!} + \frac{1}{4!} + \dots + \frac{1}{10!} \ : \quad 8 \cdot 0.5 \cdot 10^{-7} = \quad 4 \cdot 10^{-7}$$

$$+ \text{ Abbruchfehler} \qquad\qquad\qquad : \qquad\qquad\qquad \frac{3 \cdot 10^{-8}}{\overline{4.3 \cdot 10^{-7}}} < 5 \cdot 10^{-7}$$

Man erhält also mit $\displaystyle\sum_{k=0}^{10} \frac{1}{k!}$ eine auf sechs Stellen genaue Näherung der Eulerschen Zahl e.

3. Reihenentwicklung von $f(x) = \sin x$ und $g(x) = \cos x$ in $x_0 = 0$. Es ist:

$$
\begin{array}{llll}
f(x) & = & \sin x & \\
f'(x) & = & \cos x = g(x) & \\
f''(x) & = & -\sin x = g'(x) & \\
f^{(3)}(x) & = & -\cos x = g''(x) & \\
f^{(4)}(x) & = & \sin x = g^{(3)}(x) & \\
f^{(5)}(x) & = & \cos x = g^{(4)}(x) &
\end{array}
\qquad
\begin{array}{lll}
f(0) & = & 0 \\
f'(0) & = & 1 = g(0) \\
f''(0) & = & 0 = g'(0) \\
f^{(3)}(0) & = & -1 = g''(0) \\
f^{(4)}(0) & = & 0 = g^{(3)}(0) \\
f^{(5)}(0) & = & 1 = g^{(4)}(0)
\end{array}
$$

usw.

Allgemein gilt:

$$f^{(2m)}(0) = 0 = g^{(2m+1)}(0) \text{ und } f^{(2m+1)}(0) = (-1)^m = g^{(2m)}(0)$$

Also ist:

$$\sin x = x - \frac{x^3}{3!} + \frac{x^5}{5!} \mp \dots = \sum_{k=0}^{\infty} (-1)^k \frac{x^{2k+1}}{(2k+1)!}$$

$$\cos x = 1 - \frac{x^2}{2!} + \frac{x^4}{4!} \mp \dots = \sum_{k=0}^{\infty} (-1)^k \frac{x^{2k}}{(2k)!}$$

Die Folge der Restglieder ist auch hier für alle $x \in \mathbb{R}$ eine Nullfolge, so daß $\sin x$ und $\cos x$ auf ganz $\mathbb{R}$ durch diese Reihen dargestellt werden können.

4. **Eulersche Formel:**

   Die Reihenentwicklungen für e^x, $\sin x$ und $\cos x$ stellen auch für komplexe Argumente konvergente Potenzreihen dar. Es ist also $e^{ix} = \sum_{k=0}^{\infty} \frac{(ix)^k}{k!}$. Man faßt bei dieser Reihe die Summanden mit geraden und ungeraden Indizes jeweils zusammen. Es ist

   für $k = 2m$: $(ix)^{2m} = (i^2)^m \cdot x^{2m} = (-1)^m \cdot x^{2m}$
   für $k = 2m+1$: $(ix)^{2m+1} = i(i^2)^m \cdot x^{2m+1} = i(-1)^m \cdot x^{2m+1}$

   Also gilt:

$$e^{ix} = \sum_{n \text{ gerade}} \frac{(ix)^n}{n!} + \sum_{n \text{ ungerade}} \frac{(ix)^n}{n!} =$$

$$= \sum_{m=0}^{\infty} (-1)^m \frac{x^{2m}}{(2m)!} + i \cdot \sum_{m=0}^{\infty} (-1)^m \frac{x^{2m+1}}{(2m+1)!}$$

$$= \cos x + i \cdot \sin x$$

Damit ist gezeigt, daß die von Euler stammende Formel gilt:

$$e^{ix} = \cos x + i \cdot \sin x$$

Kapitel 11

Funktionen von zwei oder mehr Veränderlichen

Bisher wurden ausschließlich Funktionen einer Veränderlichen betrachtet. In der Praxis hängt jedoch eine Zielvariable meist von mehreren Veränderlichen ab. So wird z.B. der Getreideertrag pro Hektar, aufgefaßt als abhängige Variable z, nicht nur vom Düngungsaufwand an Stickstoff ($= x_1$), sondern auch vom Aufwand an Kali ($= x_2$) und Phosphor ($= x_3$) abhängen. Der Zusammenhang zwischen Düngung und Ertrag müßte daher durch eine Funktion $z = f(x_1, x_2, x_3)$ von wenigstens drei unabhängigen Veränderlichen beschrieben werden. Ein noch realitätsnäheres Ertragsmodell würde weitere Einflußfaktoren als sog. unabhängige Veränderliche berücksichtigen, z.B. Niederschlagsmenge, Sonnenscheindauer, Bodenbeschaffenheit, Bodengüte u.a. Auch die Nachfrage N nach einem bestimmten Gut hängt nicht nur vom Preis $P_{\bullet}$ des Gutes, sondern vom verfügbaren Pro-Kopf-Einkommen KE und den Preisen $P_1, P_2, \ldots, P_m$ anderer Güter ab. Man kann die Nachfrage N also als Funktion von mehreren Veränderlichen auffassen, i.Z. $N = f(P_{\bullet}, KE, P_1, P_2, \ldots, P_m)$. Diese Beispiele sollen zeigen, daß man zur Beschreibung komplexer Vorgänge in der Praxis Funktionen von mehreren Veränderlichen braucht.

11.1 Definition von Funktionen mehrerer Veränderlicher

Der Definitionsbereich D einer Funktion mit n Veränderlichen besteht aus einer Teilmenge der kartesischen Produktmenge $\mathbb{R} \times \mathbb{R} \times \mathbb{R} \times \ldots \times \mathbb{R} = \mathbb{R}^n$. Unter einer Funktion $f(x_1, x_2, \ldots, x_n)$ von n reellen Veränderlichen $x_1, x_2, \ldots, x_n$ versteht man eine Abbildung f, welche jedem n-Tupel $(x_1, x_2, \ldots, x_n) \in D \subseteq \mathbb{R}^n$ eindeutig eine Zahl $f(x_1, x_2, \ldots, x_n) = z \in \mathbb{R}$ zuordnet. Die Veränderlichen $x_1, x_2, \ldots, x_n$ heißen **unabhängige Veränderliche** oder **Variablen**, während z als **abhängige Veränderliche** oder **Variable** bezeichnet wird.

Beispiele:

1. *Das geometrische Mittel z von n positiven Zahlen $x_1, x_2, \ldots, x_n$ ist eine Funktion von n Veränderlichen $z = \sqrt[n]{x_1 \cdot x_2 \cdot \ldots \cdot x_n}$ mit dem Definitionsbereich $D = \{x_1, x_2, \ldots, x_n | x_1 \geq 0, x_2 \geq 0, \ldots, x_n \geq 0\}$.*

2. *Das Ohmsche Gesetz lautet $I = \dfrac{U}{R}$. Die Stromstärke I ist also eine Funktion der beiden unabhängigen Variablen Spannung U und Widerstand R. Der Definitionsbereich könnte durch $D = \{U, R | 0 \leq U \leq U_{\max}, 0 \leq R \leq R_{\max}\}$ gegeben sein.*

3. *Die Zustandsgleichung idealer Gase stellt ebenfalls eine Funktion mehrerer Veränderlicher dar:*

$$p = f(n, T, V) = R \cdot n \cdot \frac{T}{V},$$

wobei p der Druck, n die Molzahl, T die absolute Temperatur, V das Volumen und R die allgemeine Gaskonstante ist.

Als Definitionsbereich erhält man: $D = \{n, T, V | n, T, V > 0\}$.

4. *Sei $G(x, y)$ die Gewinnfunktion eines Betriebs, der zwei verschiedene Produkte herstellt. x sei die Mengeneinheit des 1. Produkts, y die Mengeneinheit des 2. Produkts. Der Betrieb habe wöchentliche Kosten in Höhe von $K(x, y) = 100 + 5x + 6y$ Geldeinheiten. Der Verkaufserlös sei $E(x, y) = 10x + 14y$ Geldeinheiten. Die Gewinnfunktion ist dann $G(x, y) = E(x, y) - K(x, y) = -100 + 5x + 8y$. Der Definitionsbereich D sei durch die betrieblichen Kapazitäten festgelegt, z.B. $0 \le x \le 150, 0 \le y \le 200$ und $x + y < 275$.*

Die obigen Beispiele stellen die abhängige Veränderliche z als eindeutige explizite Funktion der unabhängigen Veränderlichen $x_1, x_2, \ldots, x_n$ dar.

Manchmal ist eine Funktion in impliziter Form gegeben. So können die $n + 1$ Veränderlichen $x_1, x_2, \ldots, x_n, z$ durch die Gleichung

$$F(x_1, x_2, \ldots, x_n, z) = 0 \tag{11.1}$$

miteinander verknüpft sein. Aus einer solchen Gleichung gehen verschiedene explizite Funktionen hervor, je nachdem nach welcher Variablen man die Gleichung auflöst.

Beispiele:

1. *Durch $F(x, y, z) = ax + by + cz + d = 0$ wird eine Ebene im dreidimensionalen Raum definiert. Man kann $F(x, y, z) = 0$ z.B. nach z auflösen und erhält:*

$$z = -\frac{ax + by + d}{c}$$

2. *Löst man die Gleichung $x^2 - 2xz + yz - z = 0$ nach z auf, erhält man:*

$$z = \frac{x^2}{2x - y + 1}$$

Auflösung nach y ergibt:

$$y = 1 + 2x - \frac{x^2}{z}$$

Dagegen liefert eine Auflösung nach x eine zweideutige Funktion von y und z:

$$x = \pm\sqrt{z^2 + z - yz} + z$$

3. Die implizite Gleichung $x^2 + y^2 + z^2 = 9$ stellt die Oberfläche einer Kugel
   im Raum mit Mittelpunkt im Ursprung und Radius 3 dar. Auflösen dieser
   Gleichung nach irgendeiner Variablen ergibt eine zweideutige Funktion der
   beiden anderen Variablen.

Funktionen $z = f(x,y)$ von zwei Veränderlichen lassen sich als Flächen im
dreidimensionalen Raum auffassen und entweder perspektivisch oder durch
Projektionen auf eine Ebene darstellen. Die entsprechende Fläche zu einer
Funktion $z = f(x,y)$ ist durch die Menge der Punkte (x_0, y_0, z_0) im dreidimensionalen kartesischen Koordinatensystem gegeben, für welche die Gleichung
$z_0 = f(x_0, y_0)$ gilt (vgl. Bild 11.1).

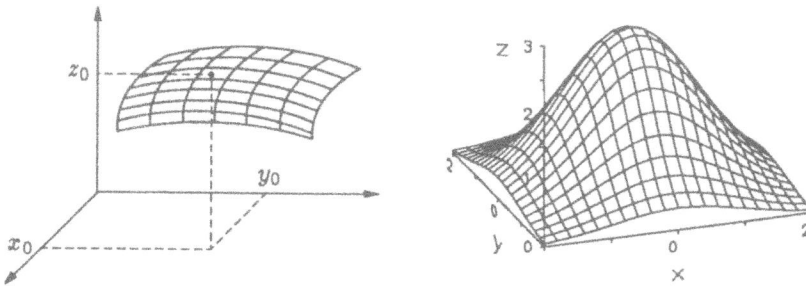

Bild 11.1: Funktionen zweier Veränderlicher

Ist eine Funktion implizit durch $F(x, y, z) = 0$ gegeben, dann besteht die Fläche
aus allen Punkten (x_0, y_0, z_0) mit $F(x_0, y_0, z_0) = 0$. So wird z.B. durch $ax +$
$by + cz + d = 0$ eine Ebene definiert. Durch eine Gleichung der Form

$a_{11}x^2 + a_{22}y^2 + a_{33}z^2 + 2a_{12}xy + 2a_{23}yz + 2a_{31}zx+$
$\quad +2a_{14}x + 2a_{24}y + 2a_{34}z + a_{44} = 0$

wird eine sog. Fläche 2. Ordnung definiert.

Beispiel:

a) Ellipsoid: $\dfrac{x^2}{a^2} + \dfrac{y^2}{b^2} + \dfrac{z^2}{c^2} - 1 = 0$

b) *elliptisches Paraboloid:* $\dfrac{x^2}{a^2} + \dfrac{y^2}{b^2} - 2pz = 0$

c) *einschaliges Hyperboloid:* $\dfrac{x^2}{a^2} + \dfrac{y^2}{b^2} - \dfrac{z^2}{c^2} - 1 = 0$

d) *hyperbolisches Paraboloid:* $\dfrac{x^2}{a^2} - \dfrac{y^2}{b^2} - 2pz = 0$

Löst man die implizite Darstellung dieser Beispiele z.B. nach z auf, so erhält
man nur für b) und d) eindeutige Funktionen $z = f(x, y)$, in den anderen Fällen

sind die Funktionen zweideutig (vgl. Bild 11.2).

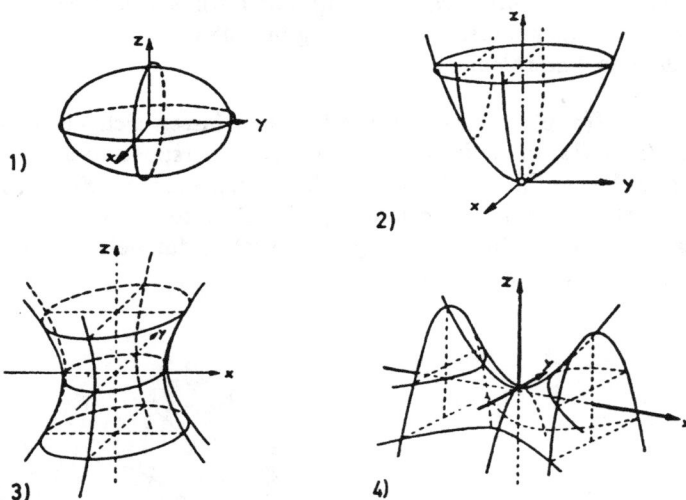

Bild 11.2: Funktionen zweier Veränderlicher: Flächen 2. Ordnung

Die perspektivische Darstellung der Fläche einer Funktion $z = f(x, y)$ ist zwar anschaulich, aber mühsam zu konstruieren. Etwas einfacher ist die **kotierte Projektion** oder **Höhenliniendarstellung**, die z.B. auch bei Bergwanderkarten verwendet wird.

Die Fläche der Funktion $z = f(x, y)$ wird auf die Ebene projiziert, indem die Grundrisse der Höhenlinien oder **Koten** $z = $ const. für eine Reihe interessierender Werte $z_1, z_2, \ldots$ in die xy-Ebene eingezeichnet werden. Meist haben $z_1, z_2, \ldots$ gleichen Abstand voneinander. Den Funktionswert $z = f(x, y)$ kann man anhand der beiden Geradenscharen $x = $ const. und $y = $ const. sowie der Höhenlinien $z = $ const., welche i.a. krummlinige Kurven darstellen, evtl. mit Hilfe von Interpolation, ablesen (vgl. Bild 11.3).

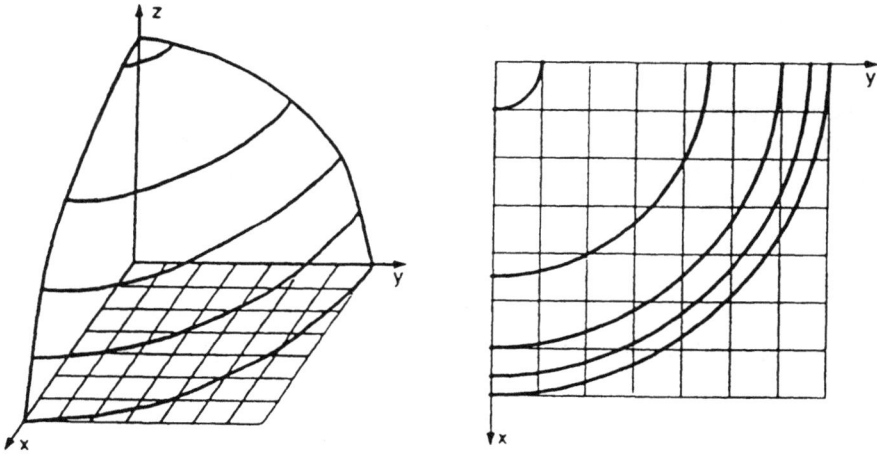

Bild 11.3: Höhenliniendarstellung

11.2   Stetigkeit und partielle Differenzierbarkeit

Man sagt, eine Funktion $z = f(x, y)$ ist stetig, wenn die sie darstellende Fläche "zusammenhängend" ist, oder anschaulich ausgedrückt, wenn man sich auf dieser Fläche überall bewegen und jeden Punkt erreichen kann, ohne in eine "Schlucht abzustürzen" oder sich "in die Luft erheben" zu müssen. Mathematisch drückt dies folgende Definition aus.

Eine Funktion $z = f(x, y)$ heißt **stetig** im Punkt $P_0 = (x_0, y_0)$, wenn es zu jedem $\varepsilon > 0$ ein $\delta = \delta(\varepsilon, x_0, y_0) > 0$ gibt, so daß gilt: $|f(x, y) - f(x_0, y_0)| < \varepsilon$ für $|x - x_0| < \delta$ und $|y - y_0| < \delta$.

Ist f stetig im Punkt $P_0 = (x_0, y_0)$, dann schreibt man dafür auch

$$\lim_{P_n \to P_0} f(x_n, y_n) = f(x_0, y_0) \tag{11.2}$$

und meint damit, daß für jede Punktfolge $P_n(x_n, y_n)$ mit $n = 1, 2, 3, \ldots$, welche gegen $P_0(x_0, y_0)$ strebt, auch die entsprechenden Funktionswerte $f(x_n, y_n)$ gegen $f(x_0, y_0)$ konvergieren.

Die Summe, das Produkt und der Quotient von stetigen Funktionen ist wieder stetig, der Quotient selbstverständlich nur unter der Voraussetzung, daß der Nenner von Null verschieden ist.

Man kann sich leicht überlegen, daß eine Funktion $f(x, y)$, welche im Punkt $P_0 = (x_0, y_0)$ stetig ist, auch in jeder einzelnen Veränderlichen stetig ist. Dagegen folgt aus der Stetigkeit bzgl. jeder einzelnen Veränderlichen noch nicht die Stetigkeit in beiden Veränderlichen.

Beispiele:

1. $z = f(x, y) = x^2 + y^2$ ist überall in der xy-Ebene stetig.

2. $z = f(x, y) = \begin{cases} 1 & \text{falls } x^2 = y \text{ und } x > 0 \\ 0 & \text{sonst} \end{cases}$

   Hier sind zwar die "Schnittfunktionen" $g(x) = f(x, 0)$ in $x_0 = 0$ und $h(y) = f(0, y)$ in $y_0 = 0$ stetig, aber $f(x, y)$ ist nicht stetig im Punkt $(0, 0)$. Dazu betrachtet man die Punktfolge $(1/n, 1/n^2)$, welche für $n \to \infty$ gegen den Ursprung $(0, 0)$ strebt. Es ist $\lim\limits_{n \to \infty} f(1/n, 1/n^2) = 1 \neq f(0, 0) = 0$.

Der Begriff der Stetigkeit bedeutet also mehr als die Forderung, daß die Funktion für jede einzelne Variable stetig ist, d.h. stetig bzgl. x bei festem $y = y_0$ und bzgl. y bei festem $x = x_0$.

Es sollen nun Funktionen von zwei Veränderlichen auf die Eigenschaft der Differenzierbarkeit untersucht werden. Dazu wählt man einen bestimmten Punkt

(x_0, y_0) und betrachtet die "Schnittfunktionen" $g(x) = f(x, y_0)$ und $h(y) = f(x_0, y)$. Für solche Funktionen $g(x)$ und $h(y)$ wurde der Begriff "Differenzierbarkeit" bereits im Kapitel 8 eingeführt. Z.B. ist $g(x)$ im Punkt x_0 differenzierbar, wenn der Grenzwert $\lim\limits_{x \to x_0} \dfrac{g(x) - g(x_0)}{x - x_0} = g'(x_0)$ existiert. $g'(x_0)$ heißt dann Ableitung von g in x_0. Setzt man für $g(x)$ wieder $f(x, y_0)$, so erhält man folgende Definition:

Die Funktion $z = f(x, y)$ ist im Punkt (x_0, y_0) **partiell nach x differenzierbar**, wenn bei konstantem y_0 der Grenzwert

$$\lim\limits_{x \to x_0} \frac{f(x, y_0) - f(x_0, y_0)}{x - x_0} \tag{11.3}$$

existiert. Man bezeichnet diesen Grenzwert als **partielle Ableitung** von f nach x im Punkt (x_0, y_0) und schreibt dafür abkürzend:

$$\left(\frac{\partial f}{\partial x} \right)_{x_0, y_0} = f_x(x_0, y_0) \tag{11.4}$$

Analog heißt $z = f(x, y)$ im Punkt (x_0, y_0) partiell nach y differenzierbar, wenn für konstantes x_0 der Grenzwert

$$\lim\limits_{y \to y_0} \frac{f(x_0, y) - f(x_0, y_0)}{y - y_0} \tag{11.5}$$

existiert. Man bezeichnet diesen Grenzwert als partielle Ableitung von f nach y im Punkt (x_0, y_0) und schreibt dafür:

$$\left(\frac{\partial f}{\partial y} \right)_{x_0, y_0} = f_y(x_0, y_0) \tag{11.6}$$

Die Schreibweise $\dfrac{\partial f}{\partial x}$ bzw. $\dfrac{\partial f}{\partial y}$ soll im Unterschied zu $\dfrac{df}{dx}$ augenfällig darauf hinweisen, daß es sich um eine partielle Ableitung einer Funktion von zwei (oder mehreren) Veränderlichen handelt.

Der tiefgestellte Index x bzw. y der äquivalenten Schreibweise $f_x(x_0, y_0)$ bzw. $f_y(x_0, y_0)$ weist auf die Variable hin, nach der partiell differenziert wurde.

Geometrisch bedeuten die partiellen Ableitungen $f_x(x_0, y_0)$ und $f_y(x_0, y_0)$ die Steigungen $\tan \alpha$ und $\tan \beta$ der Tangenten an die Schnittfunktionen $g(x)$ und $h(y)$ (vgl. Bild 11.4).

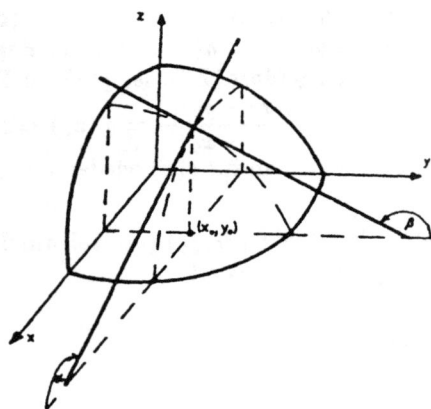

Bild 11.4: Geometrische Darstellung der partiellen Ableitungen

Die Funktion $f(x, y)$ heißt **partiell differenzierbar**, wenn $f(x, y)$ partiell nach x und nach y differenzierbar ist. Existieren die partiellen Ableitungen $f_x(x_0, y_0)$ bzw. $f_y(x_0, y_0)$ für alle Punkte aus einem gewissen Bereich, so kann man die partiellen Ableitungen wieder als Funktion zweier Variablen auffassen. Man schreibt dann auch:

$$\frac{\partial f}{\partial x}(x, y) = f_x(x, y) \quad \text{bzw.} \quad \frac{\partial f}{\partial y}(x, y) = f_y(x, y) \tag{11.7}$$

Beispiel:

Gegeben sei die Gewinn-Funktion $z = g(x, y) = -100 + 5x + 8y$ des Beispiels auf Seite 210.

Wie groß ist die Änderungsrate des Gewinns im Punkt $(x_0 = 50, y_0 = 60)$ in x-Richtung und in y-Richtung? Die Antwort erhält man durch die entsprechenden partiellen Ableitungen. Es ist:

$$\frac{\partial g}{\partial x} = \frac{\partial}{\partial x}(-100 + 5x + 8y) = 5$$

$$\frac{\partial g}{\partial y} = \frac{\partial}{\partial y}(-100 + 5x + 8y) = 8$$

Die partiellen Ableitungen und damit die Änderungsraten des Gewinns sind jeweils konstant. Dies gilt für alle inneren Punkte des Definitionsbereichs.

Existieren die partiellen Ableitungen $f_x(x, y)$ und $f_y(x, y)$ für alle (x, y) aus einen Bereich, so kann man weiter untersuchen, ob diese Funktionen f_x und f_y

wieder partiell differenzierbar sind. Für solche partielle Ableitungen 2. Ordnung einer Funktion $z = f(x, y)$ gibt es folgende Möglichkeiten:

$$\frac{\partial}{\partial x}\left(\frac{\partial z}{\partial x}\right) = f_{xx} = \frac{\partial^2 z}{\partial x^2} \qquad \frac{\partial}{\partial y}\left(\frac{\partial z}{\partial y}\right) = f_{yy} = \frac{\partial^2 z}{\partial y^2}$$

$$\frac{\partial}{\partial y}\left(\frac{\partial z}{\partial x}\right) = f_{xy} = \frac{\partial^2 z}{\partial x \partial y} \qquad \frac{\partial}{\partial x}\left(\frac{\partial z}{\partial y}\right) = f_{yx} = \frac{\partial^2 z}{\partial y \partial x} \tag{11.8}$$

Die beiden letzten Ableitungen 2. Ordnung heißen auch **gemischte Ableitungen**.

Bei der Bildung dieser partiellen Ableitungen gelten dieselben Regeln wie beim Differenzieren von Funktionen einer Veränderlichen. Es ist nur zu beachten, daß man beim Differenzieren nach einer bestimmten Variablen die andere Variable, bzw. im Falle von Funktionen mit mehr als zwei Veränderlichen, die anderen Variablen als konstant betrachtet.

Beispiele:

1. $f(x, y)\ \ = x^m \cdot y^n$
    $f_x(x, y)\ \ = m \cdot x^{m-1} \cdot y^n \qquad\qquad f_y(x, y)\ \ = x^m \cdot n \cdot y^{n-1}$
    $f_{xx}(x, y) = m(m-1) \cdot x^{m-2} \cdot y^n \qquad f_{yy}(x, y) = x^m \cdot n(n-1) \cdot y^{n-2}$
    $f_{xy}(x, y) = m \cdot x^{m-1} \cdot n \cdot y^{n-1} \qquad f_{yx}(x, y) = m \cdot x^{m-1} \cdot n \cdot y^{n-1}$

2. $f(x, y)\ \ = -3x^2 + x \cdot e^y$
    $f_x(x, y)\ \ = -6x + e^y \qquad\qquad f_y(x, y)\ \ = x \cdot e^y$
    $f_{xx}(x, y) = -6 \qquad\qquad\qquad f_{yy}(x, y) = x \cdot e^y$
    $f_{xy}(x, y) = e^y \qquad\qquad\qquad f_{yx}(x, y) = e^y$

3. $z = f(x, y) = \exp(ax^2 + bxy + cy^2)$
    $f_x(x, y)\ \ \ \ = (2ax + by) \cdot z$
    $f_y(x, y)\ \ \ \ = (bx + 2cy) \cdot z$
    $f_{xx}(x, y)\ \ = 2a \cdot z + (2ax + by)^2 \cdot z = (2a + (2ax + by)^2) \cdot z$
    $f_{yy}(x, y)\ \ = 2c \cdot z + (bx + 2cx)^2 \cdot z = (2c + (2ax + cx)^2) \cdot z$
    $f_{xy}(x, y)\ \ = b \cdot z + (2ax + by)(bx + 2cy) \cdot z$
    $f_{yx}(x, y)\ \ = b \cdot z + (2ax + by)(bx + 2cy) \cdot z$

Diese Beispiele legen die Vermutung nahe, daß stets $f_{xy} = f_{yx}$ gilt. Das ist zwar nicht allgemein richtig, es gilt aber folgender Satz:

Sind die gemischten Ableitungen 2. Ordnung f_{xy} und f_{yx} im Punkt (x_0, y_0) stetig, so gilt:

$$f_{xy}(x_0, y_0) = f_{yx}(x_0, y_0) \tag{11.9}$$

Aus der partiellen Differenzierbarkeit einer Funktion $f(x, y)$ an (x_0, y_0) folgt nicht immer die Stetigkeit in diesem Punkt. Besitzt jedoch $f(x, y)$ im Innern eines gewissen Bereichs beschränkte partielle Ableitungen, so ist die Funktion $f(x, y)$ im Innern dieses Bereichs stetig.

11.3   Das vollständige Differential

Bei Funktionen einer Veränderlichen ist das Differential dy in einer gewissen Umgebung eines Punktes x_0 eine Näherung für den Zuwachs oder die Abnahme Δy der Funktion $y = f(x)$, wenn man vom Punkt x_0 zum Punkt $x_0 + \Delta x$ übergeht. Geometrisch bedeutet dy den "Höhenzuwachs" der Tangente in x_0 an die Kurve $y = f(x)$ von x_0 bis $x_0 + \Delta x$.

In ähnlicher Weise soll das sog. vollständige Differential eine Näherung für die Änderung des Funktionswerts bei einer Funktion von zwei Veränderlichen liefern, wenn man von einem Punkt (x_0, y_0) zu einem Nachbarpunkt $(x_0 + \Delta x, y_0 + \Delta y)$ übergeht.

11.3.1   Der Begriff des vollständigen Differentials

Sei $z = f(x, y)$ eine Funktion, deren partielle Ableitungen 1. Ordnung in einer Umgebung des Punktes (x_0, y_0) existieren und stetig sind. Dann existiert, was hier nicht bewiesen wird, die **Tangentialebene** im Punkt $P_0 = (x_0, y_0, z_0)$ an die Fläche von f (vgl. Bild 11.5).

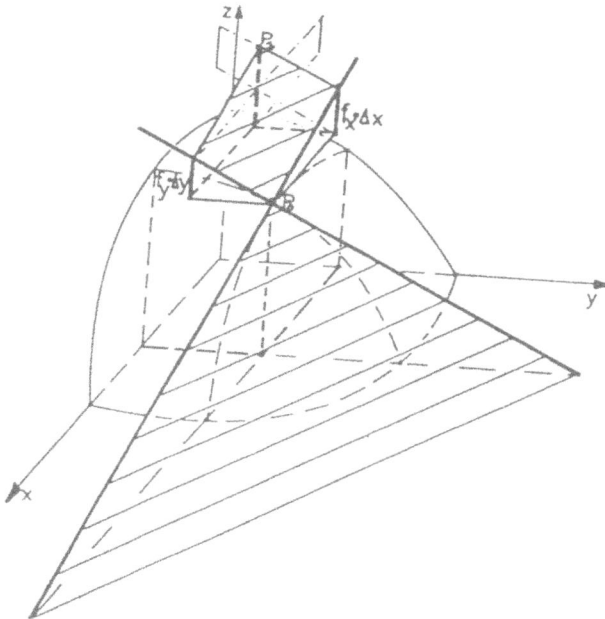

Bild 11.5: Geometrische Darstellung des vollständigen Differentials

Diese Tangentialebene geht durch den Punkt P_0 und wird von den beiden Tangenten an die Schnittfunktionen $g(x) = f(x, y_0)$ und $h(y) = f(x_0, y)$ aufgespannt.

Unter dem vollständigen Differential dz versteht man den Höhenzuwachs der Tangentialebene, wenn man um Δx bzw. Δy in x- bzw. y-Richtung fortschreitet. Man setzt $dx = \Delta x$, $dy = \Delta y$ und bestimmt dz wie folgt:

Durch den Punkt $P_0 = (x_0, y_0, z_0)$ werden zwei Ebenen gelegt, und zwar parallel zur xz- bzw. zur yz-Ebene. Der Schnitt dieser Ebenen mit der Fläche von f ergibt jeweils eine Kurve durch den Punkt P_0, und die Tangenten jeweils in der Schnittebene an diese Kurven in P_0 haben die Steigungen $f_x(x_0, y_0)$ bzw. $f_y(x_0, y_0)$. Diese Tangenten spannen gerade die Tangentialebene an die Fläche $f(x, y)$ in P_0 auf. Der Höhenzuwachs der Tangentialebene von P_0 bis P_2 (vgl. Bild 11.5) setzt sich also aus den Strecken $f_x(x_0, y_0) \cdot dx$ und $f_y(x_0, y_0) \cdot dy$ zusammen.

Das **vollständige Differential** dz einer Funktion $z = f(x, y)$ ist durch den folgenden Ausdruck gegeben:

$$dz = f_x \cdot dx + f_y \cdot dy \quad \text{bzw.} \quad dz = \frac{\partial z}{\partial x} dx + \frac{\partial z}{\partial y} dy \qquad (11.10)$$

Anstelle von dz kann man auch df schreiben. Ähnlich wie im Falle einer Funktion einer Veränderlichen gilt die Beziehung:

$$\begin{aligned} \Delta z &= f(x_0 + \Delta x, y_0 + \Delta y) - f(x_0, y_0) = \\ &= (f_x(x_0, y_0) + \varepsilon) \cdot dx + (f_y(x_0, y_0) + \eta) \cdot dy = \\ &= dz + \varepsilon \cdot \Delta x + \eta \cdot \Delta y \end{aligned} \qquad (11.11)$$

Für $\Delta x \to 0$ und $\Delta y \to 0$ gehen $\varepsilon \to 0$ und $\eta \to 0$, also gilt für "kleine" Zuwächse Δx und Δy die Näherungsformel:

$$\Delta z \approx f_x \cdot \Delta x + f_y \cdot \Delta y \qquad (11.12)$$

Beispiel:

Die Gewinnfunktion in Abhängigkeit von der produzierten Menge zweier Güter innerhalb eines gewissen Bereiches sei:

$$g(x) = -100 + 0.8x^2 + 6.5y^{3/2}$$

Wie ändert sich der Gewinn wenn die Produktion von $x_0 = 100$ und $y_0 = 400$ Einheiten geringfügig um $\Delta x = \Delta y = 10$ Einheiten ausgeweitet wird?

$$\Delta g \approx \frac{\partial g}{\partial x}(100, 400) \cdot \Delta x + \frac{\partial g}{\partial y}(100, 400) \cdot \Delta y$$

Mit $\frac{\partial g}{\partial x}(x, y) = 1.6x$ *und* $\frac{\partial g}{\partial y}(x, y) = 6.5 \cdot 1.5 \cdot \sqrt{y}$ *gilt dann:*

$$\Delta g \approx 160 \cdot \Delta x + 195 \cdot \Delta y = 3550$$

11.3.2   Anwendungen des vollständigen Differentials

Kettenregel

Die Funktion $z = f(x, y)$ sei in $\mathbb{D}$ partiell differenzierbar. Durch differenzierbare Funktionen $x = x(t)$ und $y = y(t)$ werde eine "mittelbare" Funktion $f(t) = f(x(t), y(t))$ festgelegt. Die Ableitung $\frac{df}{dt}$ wird dann folgendermaßen bestimmt. Nach den obigen Überlegungen ist mit $dx = \Delta x$, $dy = \Delta y$:

$$\Delta z = \frac{\partial f}{\partial x}\Delta x + \frac{\partial f}{\partial y}\Delta y + \varepsilon \cdot \Delta x + \eta \cdot \Delta y \qquad \text{also}$$

$$\frac{\Delta z}{\Delta t} = \frac{\partial f}{\partial x}\frac{\Delta x}{\Delta t} + \frac{\partial f}{\partial y}\frac{\Delta y}{\Delta t} + \varepsilon \cdot \frac{\Delta x}{\Delta t} + \eta \cdot \frac{\Delta y}{\Delta t} \tag{11.13}$$

Für $\Delta t \to 0$ gilt: $\frac{\Delta z}{\Delta t} \to \frac{dz}{dt}$, $\frac{\Delta x}{\Delta t} \to \frac{dx}{dt}$, $\frac{\Delta y}{\Delta t} \to \frac{dy}{dt}$, $\varepsilon \to 0$ und $\eta \to 0$.
Man erhält damit die **Kettenregel**:

$$\frac{df}{dt} = \frac{\partial f}{\partial x} \cdot \frac{dx}{dt} + \frac{\partial f}{\partial y} \cdot \frac{dy}{dt} \tag{11.14}$$

Beispiel:

Es sei $z = 0.2x^{0.3}y^{0.5}$ *eine Produktionsfunktion in Abhängigkeit von zwei Produktionsfaktoren* ($x =$ *Rohstoffmenge,* $y =$ *Arbeitszeitstunden). Für einen gewissen Zeitraum seien diese Faktoren durch die folgenden Funktionen der Zeit darstellbar:*

$$x = 1000 + 500 \cdot \sin t \qquad y = 800 + 200 \cdot \sqrt{t}$$

Gesucht ist die Ableitung $\frac{dz}{dt}$, *die als zeitliche Zuwachsrate der Produktion interpretiert werden kann.*

Die Anwendung der Kettenregel liefert:

$$\frac{dz}{dt} = 0.2 \cdot 0.3x^{-0.7}y^{0.5} \cdot 500 \cdot \cos t + 0.2 \cdot 0.5x^{0.3}y^{-0.5} \cdot \frac{100}{\sqrt{t}} \quad \Rightarrow$$

$$\frac{dz}{dt} = 30 \cdot \frac{\sqrt{800 + 200 \cdot \sqrt{t}} \cdot \cos t}{(1000 + 500 \cdot \sin t)^{0.7}} + 10 \cdot \frac{(1000 + 500 \cdot \sin t)^{0.3}}{\sqrt{t} \cdot \sqrt{800 + 200 \cdot \sqrt{t}}}$$

Die Gleichung der Tangentialebene

Zur Herleitung der Tangentialebene im Punkt $P_0 = (x_0, y_0)$ an die Fläche $z = f(x, y)$ geht man von der Gleichung (11.10) aus:

$$dz = \frac{\partial f}{\partial x} dx + \frac{\partial f}{\partial y} dy \qquad (11.15)$$

Man setzt $dz = z - z_0$, $dx = x - x_0$, $dy = y - y_0$. Als Gleichung der Tangentialebene erhält man:

$$z - z_0 = f_x(x_0, y_0) \cdot (x - x_0) + f_y(x_0, y_0) \cdot (y - y_0) \qquad (11.16)$$

Der Normalenvektor in P_0 hat die Koordinaten $(f_x(x_0, y_0), f_y(x_0, y_0), -1)$.

Beispiel:

Für die Funktion $z = f(x, y) = 2x + y - (x^2 + y^2)/4$ soll die Gleichung der Tangentialebene im Punkt $P_0 = (5, 2)$ bestimmt werden (vgl. Bild 11.6).

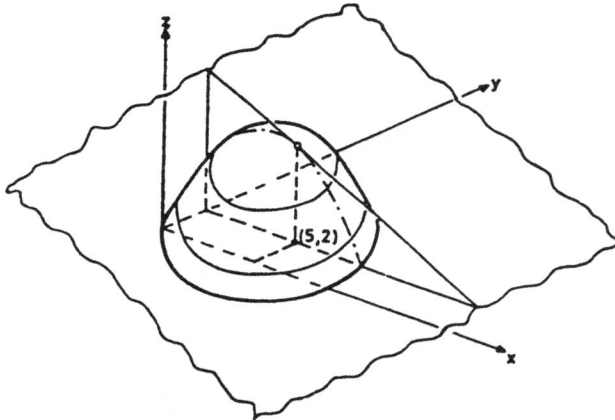

Bild 11.6: Darstellung der Tangentialebene

$x_0 = 5$, $y_0 = 2 \Rightarrow z_0 = 10 + 2 - (25 + 4)/4 = 12 - 29/4 = 19/4$

$\dfrac{\partial f}{\partial x}(x, y) = 2 - x/2 \Rightarrow \dfrac{\partial f}{\partial x}(5, 2) = -1/2$

$\dfrac{\partial f}{\partial y}(x, y) = 1 - y/2 \Rightarrow \dfrac{\partial f}{\partial y}(5, 2) = 0$

$z - z_0 = \dfrac{\partial f}{\partial x}(x_0, y_0) \cdot (x - x_0) + \dfrac{\partial f}{\partial y}(x_0, y_0) \cdot (y - y_0) \Rightarrow$

$z - 19/4 = (-1/2) \cdot (x - 5)$ oder $x + 2z - 29/2 = 0$

11.3.3   Fehlerrechnung

In Band 1 wurde bereits das Rechnen mit Näherungswerten bei Meßvorgängen und die Fortpflanzung des absoluten bzw. relativen Fehlers behandelt. Im folgenden wird die Abschätzung des sog. **Maximalfehlers** und die statistische Fehlerbehandlung bei Mehrfachmessungen mit Hilfe des vollständigen Differentials vorgestellt.

Abschätzung des Maximalfehlers bei einer Meßgröße

In vielen Fällen erhält man ein **Meßergebnis** y aus einem **Meßwert** x durch eine Berechnung $y = f(x)$. Zu einem bestimmten Meßwert x_0 folgt durch Berechnung ein bestimmtes Meßergebnis y_0. Ist x_0 mit den Fehlergrenzen $\pm\Delta x$ behaftet, so überträgt sich der Fehler auf das Meßergebnis (Bild 11.7).

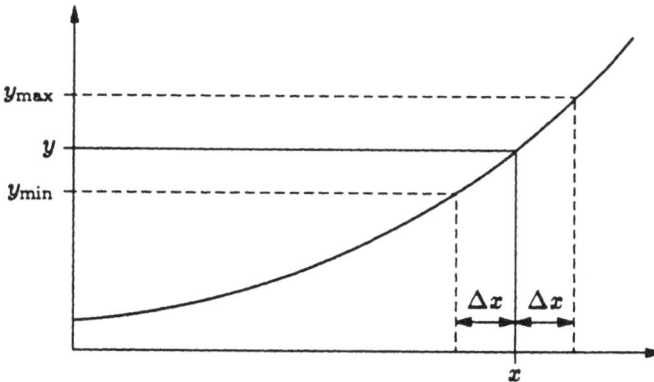

Bild 11.7: Minimal- und Maximalwert eines Meßergebnisses

Der wahre Wert von y liegt dann zwischen $y_{\min}$ und $y_{\max}$. Man gibt nun y mit Fehlergrenzen in der Form $y \pm \Delta y$ an, wobei man $\Delta y = \max(y_{\max} - y, y - y_{\min})$ wählt.

Beispiel:

Die Falltiefe s eines Steins, der in einen Brunnen fällt, kann aus der Fallzeit t über die Beziehung $s = \dfrac{1}{2}gt^2$ berechnet werden. Ein Meßwert $t = 8$ s sei mit den Fehlergrenzen $\Delta t = \pm 0.1$ s behaftet. Als Meßergebnis erhält man:

$$s = \frac{1}{2} \cdot 9.81\,\frac{\mathrm{m}}{\mathrm{s}^2} \cdot (8\text{ s})^2 = 314\text{ m}$$

Für den Minimal- und Maximalwert folgt:

$$s_{\min} = \frac{1}{2}g(t - \Delta t)^2 = \frac{1}{2} \cdot 9.81\,\frac{\mathrm{m}}{\mathrm{s}^2} \cdot (7.9\text{ s})^2 = 306\text{ m}$$

$$s_{max} = \frac{1}{2}g(t + \Delta t)^2 = \frac{1}{2} \cdot 9.81 \, \frac{m}{s^2} \cdot (8.1 \, s)^2 = 322 \, m$$

Mit $\Delta s = \max(8 \, m, 8 \, m) = 8 \, m$ *kann man* s *angeben als* $s = 314 \, m \pm 8 \, m$.

Eine elegante Möglichkeit zur Approximation des Maximalfehlers Δy besteht darin, die Kurve $y = f(x)$ in der Nähe des Punktes (x, y) durch ihre Tangente zu ersetzen (Bild 11.8).

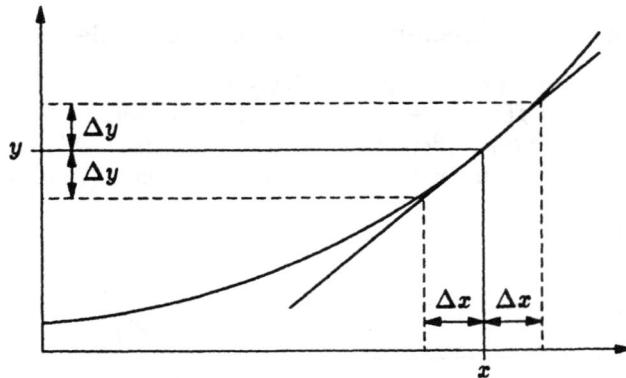

Bild 11.8: Approximation durch die Tangente

Die Ableitung y', d.h. die Steigung $\dfrac{dy}{dx}$ der Kurve $y = f(x)$ im Berührpunkt (x, y) ist identisch mit der Steigung $\dfrac{\Delta y}{\Delta x}$ der Tangente:

$$y' = \frac{dy}{dx} = \frac{\Delta y}{\Delta x} \qquad (11.17)$$

Der Meßfehler Δx und die Ableitung der Funktion $y = f(x)$ sind bekannt. Löst man nach Δy auf und nimmt den Absolutbetrag als Fehlergrenze des Meßergebnisses, so erhält man:

$$\Delta y = \left| \frac{dy}{dx} \right| \cdot \Delta x = |y'| \cdot \Delta x \qquad (11.18)$$

Man kann also den Maximalfehler Δy abschätzen, indem man die Funktion $y = f(x)$ nach der Meßgröße differenziert und den Betrag der Ableitung an der betreffenden Stelle mit dem Fehler der Meßgröße multipliziert.

Beispiel:

Die Abschätzung des Maximalfehlers der Falltiefe s im vorangehenden Beispiel liefert mit Hilfe der Differentialrechnung:

$$\Delta s = \left| \frac{ds}{dt} \right| \cdot \Delta t = g \cdot t \cdot \Delta t = 9.81 \, \frac{m}{s^2} \cdot 8 \, s \cdot 0.1 \, s = 7.85 \, m$$

Damit bei der Angabe des Meßergebnisses nur die letzte Ziffer ungenau ist, rundet man Δs auf 8 m auf und schreibt:

$s = 314 \, m \pm 8 \, m$ oder $s = (314 \pm 8) \, m$

Abschätzung des Maximalfehlers bei mehreren Meßgrößen

Meistens erhält man ein Meßergebnis durch Berechnung aus mehreren Meß-größen. Gemessen werden die Größen x_i ($i = 1, 2, \ldots, n$) mit den Fehlergrenzen Δx_i ($i = 1, 2, \ldots, n$). Das Meßergebnis y ist durch den funktionalen Zusammenhang $y = f(x_1, x_2, \ldots, x_n)$ gegeben. Um zu ermitteln, wie sich die Fehler-grenzen der einzelnen Meßgrößen auf die Fehlergrenze Δy des Meßergebnisses auswirken, erweitert man das oben beschriebene Verfahren zur Approximation des Maximalfehlers durch Differentiation auf mehrere Meßgrößen: Die Funkti-on $y = f(x_1, x_2, \ldots, x_n)$ wird nach allen Meßgrößen partiell differenziert, die Absolutbeträge der partiellen Ableitungen werden mit den zugehörigen Fehler-grenzen multipliziert und die entstehenden Produkte addiert, also:

$$\Delta y = \left| \frac{\partial y}{\partial x_1} \right| \Delta x_1 + \left| \frac{\partial y}{\partial x_2} \right| \Delta x_2 + \ldots + \left| \frac{\partial y}{\partial x_n} \right| \Delta x_n = \sum_{i=1}^{n} \left| \frac{\partial y}{\partial x_i} \right| \Delta x_i \qquad (11.19)$$

Es erfolgt eine Addition der Absolutbeträge, weil die Fehler im ungünstigsten Fall in einer Richtung wirken können.

Bei dieser Methode zur Abschätzung des Maximalfehlers erkennt man, wie groß der Anteil des Fehlers einer Meßgröße x_i am Gesamtfehler ist.

Beispiele:

1. *Die Erdbeschleunigung g kann aus der Schwingungsdauer T und der Pen-dellänge L eines Fadenpendels berechnet werden. Die Meßwerte T und L seien zu $T = (2.60 \pm 0.05) \, s$ und $L = (1.711 \pm 0.001) \, m$ bestimmt worden. Das Meßergebnis g lautet:*

$$g = 4\pi^2 \cdot \frac{L}{T^2} = 4\pi^2 \cdot \frac{1.711 \, m}{(2.60 \, s)^2} = 9.99 \, \frac{m}{s^2}$$

Die Fehlergrenze Δg der Erdbeschleunigung berechnet sich zu:

$$\Delta g = \left|\frac{\partial g}{\partial L}\right| \cdot \Delta L + \left|\frac{\partial g}{\partial T}\right| \cdot \Delta T = \left|\frac{4\pi^2}{T^2}\right| \cdot \Delta L + \left|4\pi^2 \cdot L \cdot \left(-\frac{2}{T^3}\right)\right| \cdot \Delta T =$$

$$= \frac{4\pi^2}{(2.60 \text{ s})^2} \cdot 0.001 \text{ m} + 8\pi^2 \cdot 1.711 \text{ m} \cdot \frac{1}{(2.60 \text{ s})^3} \cdot 0.05 \text{ s} =$$

$$= 0.0058 \frac{\text{m}}{\text{s}^2} + 0.3843 \frac{\text{m}}{\text{s}^2} = 0.39 \frac{\text{m}}{\text{s}^2}$$

Der von der Zeitmessung verursachte Fehler von ca. 0.38 m/s^2 ist etwa 60 mal größer als der von der Längenmessung verursachte Fehler von ca. 0.006 m/s^2. Um die Erdbeschleunigung genauer zu bestimmen, wäre es also sinnvoll, zunächst die Zeitmessung zu verbessern.

Die Angabe des Meßergebnisses mit Fehlergrenzen lautet:

$$g = (10.0 \pm 0.4) \frac{\text{m}}{\text{s}^2}$$

2. *Nach dem Reaktorunglück von Tschernobyl wurde die durch das radioaktive Nuklid ${}_{137}^{55}$Cs verursachte Aktivität A_0 eines Bodens zu $(40 \pm 2) \cdot 10^3$ Bq[1] bestimmt. Die Halbwertszeit von ${}_{137}^{55}$Cs sei $t_H = 30$ a $\pm$ 1 a. Nach 50 a berechnet sich eine Aktivität A von:*

$$A = A_0 \cdot e^{-\ln 2 \cdot \frac{t}{t_H}} = 40 \cdot 10^3 \text{ Bq} \cdot e^{-\ln 2 \cdot \frac{50 \text{ a}}{30 \text{ a}}} = 12.6 \cdot 10^3 \text{ Bq}$$

Der Fehler ΔA nach 50 a wird abgeschätzt zu:

$$\Delta A = \left|\frac{\partial A}{\partial A_0}\right| \cdot \Delta A_0 + \left|\frac{\partial A}{\partial t_H}\right| \cdot \Delta t_H$$

$$= \left|e^{-\ln 2 \cdot \frac{t}{t_H}}\right| \cdot \Delta A_0 + \left|A_0 \cdot \frac{\ln 2 \cdot t}{t_H^2} \cdot e^{-\ln 2 \cdot \frac{t}{t_H}}\right| \cdot \Delta t_H$$

$$= \left|e^{-\ln 2 \cdot \frac{50 \text{ a}}{30 \text{ a}}}\right| \cdot 2 \cdot 10^3 \text{ Bq} + \left|40 \cdot 10^3 \text{ Bq} \cdot \frac{\ln 2 \cdot 50 \text{ a}}{(30 \text{ a})^2} \cdot e^{-\ln 2 \cdot \frac{50 \text{ a}}{30 \text{ a}}}\right| \cdot 1 \text{ a}$$

$$= 630 \text{ Bq} + 97 \text{ Bq} = 727 \text{ Bq}$$

Damit beträgt die zu erwartende Aktivität nach 50 Jahren $(12.6 \pm 0.8) \cdot 10^3$ Bq.

Relativer Fehler beim reinen Produkt

Erfolgt die Berechnung des Meßergebnisses über ein sog. **reines Produkt**, also über eine Beziehung, die ausschließlich Faktoren enthält, so kann man den relativen Fehler $\frac{\Delta y}{y}$ des Meßergebnisses einfach bestimmen.

Sei $y = \text{const.} \cdot x_1^k \cdot x_2^l \cdot \ldots \cdot x_n^m$ $(k, l, \ldots, m \in \mathbb{Z})$, dann gilt:

---

[1]Die Einheit Bq = s^{-1} (Bequerel) bedeutet Zerfälle pro Sekunde

$$\Delta y = \left| \frac{\partial y}{\partial x_1} \right| \cdot \Delta x_1 + \left| \frac{\partial y}{\partial x_2} \right| \cdot \Delta x_2 + \ldots + \left| \frac{\partial y}{\partial x_n} \right| \cdot \Delta x_n =$$

$$= \left| \text{const.} \cdot k \cdot x_1^{k-1} \cdot x_2^l \cdot \ldots \cdot x_n^m \right| \cdot \Delta x_1 +$$
$$+ \left| \text{const.} \cdot l \cdot x_1^k \cdot x_2^{l-1} \cdot \ldots \cdot x_n^m \right| \cdot \Delta x_2 + \ldots$$
$$\ldots + \left| \text{const.} \cdot m \cdot x_1^k \cdot x_2^l \cdot \ldots \cdot x_n^{m-1} \right| \cdot \Delta x_n =$$

$$= \text{const.} \cdot x_1^k \cdot x_2^l \cdot \ldots \cdot x_n^m \cdot \left(\left| k \cdot \frac{\Delta x_1}{x_1} \right| + \left| l \cdot \frac{\Delta x_2}{x_2} \right| + \ldots + \left| m \cdot \frac{\Delta x_n}{x_n} \right| \right) =$$

$$= y \cdot \left(\left| k \cdot \frac{\Delta x_1}{x_1} \right| + \left| l \cdot \frac{\Delta x_2}{x_2} \right| + \ldots + \left| m \cdot \frac{\Delta x_n}{x_n} \right| \right)$$

Der relative Fehler $\frac{\Delta y}{y}$ ist dann:

$$\frac{\Delta y}{y} = \left| k \cdot \frac{\Delta x_1}{x_1} \right| + \left| l \cdot \frac{\Delta x_2}{x_2} \right| + \ldots + \left| m \cdot \frac{\Delta x_n}{x_n} \right| \qquad (11.20)$$

Die relativen Fehler der einzelnen Meßgrößen werden also mit den Exponenten der Meßgrößen gewichtet und anschließend aufaddiert.

Merkregel:

• Konstanten wegfallen lassen

• Hochzahl mal relativer Fehler der Meßgröße

• Addition der Absolutbeträge

Der absolute Fehler läßt sich durch Auflösen nach Δy aus dem relativen Fehler berechnen. Man spart sich beim reinen Produkt also das partielle Differenzieren.

Auch bei dieser Methode kann man die Anteile der Fehler der einzelnen Meßgrößen am Gesamtfehler leicht erkennen.

Beispiel:

Die Berechnung der Erdbeschleunigung aus der Pendellänge L und der Schwingungsdauer T eines Fadenpendels erfolgt über ein reines Produkt:

$$g = 4\pi^2 \cdot \frac{L}{T^2} = 4\pi^2 \cdot L \cdot T^{-2}$$

Der relative Fehler ist:

$$\frac{\Delta g}{g} = \left| \frac{\Delta L}{L} \right| + \left| -2 \cdot \frac{\Delta T}{T} \right| = \left| \frac{0.001 \text{ m}}{1.711 \text{ m}} \right| + \left| -2 \cdot \frac{0.05 \text{ s}}{2.61 \text{ s}} \right| =$$
$$= 0.0006 + 0.0385 = 0.0391 = 3.91\%$$

Daraus kann der absolute Fehler bestimmt werden:

$$\Delta g = 0.0391 \cdot g = 0.0391 \cdot 9.99 \, \frac{\text{m}}{\text{s}^2} = 0.39 \, \frac{\text{m}}{\text{s}^2}$$

Statistische Fehlerrechnung bei Mehrfachmessungen

Bei der experimentellen Bestimmung von Größen unter gleichen Bedingungen treten häufig zufällige Fehler auf, die beispielsweise durch Ableseungenauigkeiten oder Temperaturschwankungen verursacht sein können. Deshalb werden in solchen Fällen meist **Mehrfachmessungen** durchgeführt.

Wird eine Meßgröße n-mal gemessen, so erhält man für den wahren, aber unbekannten Wert x_0 eine Reihe von Näherungswerten $x_1, x_2, \ldots, x_n$. Aus dieser Meßreihe berechnet man als besten Schätzwert von x_0 das **arithmetische Mittel** $\overline{x}$:

$$\overline{x} = \frac{1}{n} \sum_{i=1}^{n} x_i \tag{11.21}$$

Die Meßwerte $x_1, x_2, \ldots, x_n$ werden um den wahren Wert x_0 mehr oder weniger streuen. Ein Maß für diese Streuung der Einzelwerte um den wahren Wert x_0 ist die **Varianz** s^2:

$$s^2 = \frac{1}{n-1} \sum_{i=1}^{n} (x_i - \overline{x})^2 \tag{11.22}$$

Anschaulicher ist die **Standardabweichung** s, da sie die gleiche Einheit wie die Meßwerte und das arithmetische Mittel hat:

$$s = \sqrt{s^2} = \sqrt{\frac{1}{n-1} \sum_{i=1}^{n} (x_i - \overline{x})^2} \tag{11.23}$$

Werden sehr viele Messungen durchgeführt, so erhält man als Häufigkeitsverteilung der Meßwerte in den meisten Fällen eine **Gaußsche Glockenkurve** (Bild 11.9). Das Maximum dieser Kurve liegt bei $\overline{x}$, die Wendepunkte bei $\overline{x} \pm s$. Im Intervall $[\overline{x} - s, \overline{x} + s]$ liegen ca. 68% aller Meßwerte, im Intervall $[\overline{x} - 2s, \overline{x} + 2s]$ ca. 95%. Kleines s bedeutet also eine hohe schlanke Kurve, großes s eine breite niedrige Kurve.

Es kann nun gedanklich eine beliebige Anzahl von Meßreihen gewonnen und dazu jeweils das arithmetische Mittel berechnet werden. Man erhält eine Folge von Mittelwerten, die selbst wieder eine gewisse Varianz bzw. Standardabweichung haben. Der beste Schätzwert dafür ist die **Standardabweichung des arithmetischen Mittels** oder der **Standardfehler** $s_{\overline{x}}$, der mit der Standardabweichung s der Meßwerte in folgendem einfachen Zusammenhang steht:

$$s_{\overline{x}} = \frac{s}{\sqrt{n}} \tag{11.24}$$

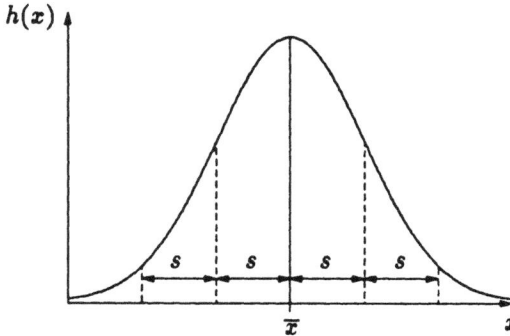

Bild 11.9: Gaußsche Glockenkurve

Der Standardfehler nimmt mit zunehmender Anzahl der Messungen ab. Eine Vervierfachung der Messungen halbiert also den Standardfehler.

Als Ergebnis einer Direktmessung, die wiederholt durchgeführt wurde, gibt man das arithmetische Mittel mit dem Standardfehler an:

$$\overline{x} \pm s_{\overline{x}} \tag{11.25}$$

$s_{\overline{x}}$ heißt in diesem Fall auch **Meßunsicherheit**.

Wird das Meßergebnis y über eine Beziehung $y = f(x_1, x_2, \ldots, x_n)$ unabhängiger Meßgrößen $x_1, x_2, \ldots, x_n$ bestimmt, dann erhält man das Meßergebnis $\overline{y}$ durch Berechnung aus den Mittelwerten $\overline{x}_1, \overline{x}_2, \ldots, \overline{x}_n$:

$$\overline{y} = f(\overline{x}_1, \overline{x}_2, \ldots, \overline{x}_n) \tag{11.26}$$

Der Standardfehler des Meßergebnisses $s_{\overline{y}}$ berechnet sich zu:

$$s_{\overline{y}}^2 = \left(\frac{\partial f}{\partial x_1}\right)^2 \cdot s_{\overline{x}_1}^2 + \left(\frac{\partial f}{\partial x_2}\right)^2 \cdot s_{\overline{x}_2}^2 + \ldots + \left(\frac{\partial f}{\partial x_n}\right)^2 \cdot s_{\overline{x}_n}^2 \quad \text{bzw.}$$

$$s_{\overline{y}} = \sqrt{\left(\frac{\partial f}{\partial x_1}\right)^2 \cdot s_{\overline{x}_1}^2 + \left(\frac{\partial f}{\partial x_2}\right)^2 \cdot s_{\overline{x}_2}^2 + \ldots + \left(\frac{\partial f}{\partial x_n}\right)^2 \cdot s_{\overline{x}_n}^2} \tag{11.27}$$

Falls nur wenige Beobachtungen der einzelnen Meßgrößen vorliegen, kann man die Berechnung der Meßunsicherheit $s_{\overline{y}}$ mit folgender Formel, die analog der Formel zur Bestimmung des Maximalfehlers ist, etwas einfacher durchführen:

$$s_{\overline{y}} = \left|\frac{\partial f}{\partial x_1}\right| \cdot s_{\overline{x}_1} + \left|\frac{\partial f}{\partial x_2}\right| \cdot s_{\overline{x}_2} + \ldots + \left|\frac{\partial f}{\partial x_n}\right| \cdot s_{\overline{x}_n} \tag{11.28}$$

Beispiel:

Im Physikpraktikum wurde die Pendellänge L und die Schwingungsdauer T eines Fadenpendels von sechs verschiedenen Studenten bestimmt. Die Meßwerte zeigt folgende Tabelle:

L [m]	1.711	1.712	1.710	1.710	1.711	1.710
T [s]	2.60	2.65	2.65	2.60	2.70	2.55

Aus den Meßwerten berechnen sich folgende Größen:

$\overline{L} = 1.71067$ m $s_L = 0.00082$ m $s_{\overline{L}} = 0.00033$ m

$\overline{T} = 2.625$ s $s_T = 0.052$ s $s_{\overline{T}} = 0.021$ s

Das Meßergebnis $\overline{g}$ für die Erdbeschleunigung ist:

$$\overline{g} = 4\pi^2 \cdot \frac{\overline{L}}{\overline{T}^2} = 4\pi^2 \cdot \frac{1.71067 \text{ m}}{(2.625 \text{ s}^2)} = 9.801 \, \frac{\text{m}}{\text{s}}$$

Für die Meßunsicherheit $s_{\overline{g}}$ folgt:

$$s_{\overline{g}} = \sqrt{\left(\frac{\partial g}{\partial L}\right)^2 \cdot s_{\overline{L}}^2 + \left(\frac{\partial g}{\partial T}\right)^2 \cdot s_{\overline{T}}^2} = \sqrt{\frac{16\pi^4}{\overline{T}^4} \cdot s_{\overline{L}}^2 + \frac{64\pi^4 \overline{L}^2}{\overline{T}^6} \cdot s_{\overline{T}}^2} =$$

$$= \sqrt{\frac{16\pi^4}{(2.625 \text{ s})^4} \cdot (0.00033 \text{ m})^2 + \frac{64\pi^4(1.71067 \text{ m})^2}{(2.625 \text{ s})^6} \cdot (0.021 \text{ s})^2} =$$

$$= \sqrt{3.575 \cdot 10^{-6} \, \frac{\text{m}^2}{\text{s}^4} + 0.0246 \, \frac{\text{m}^2}{\text{s}^4}} \approx \sqrt{0.0246 \, \frac{\text{m}^2}{\text{s}^4}} = 0.157 \, \frac{\text{m}}{\text{s}^2}$$

Man kann in diesem Fall auch die vereinfachte Berechnung anwenden. Da die Berechnungsgleichung für die Erdbeschleunigung ein reines Produkt ist, kann man sich das partielle Differenzieren sparen:

$$\frac{s_{\overline{g}}}{\overline{g}} = \left|\frac{s_{\overline{L}}}{\overline{L}}\right| + \left|-2\frac{s_{\overline{T}}}{\overline{T}}\right| = \frac{0.00033 \text{ m}}{1.71067 \text{ m}} + \frac{2 \cdot 0.021 \text{ s}}{2.625 \text{ s}} =$$

$$= 0.0002 + 0.0160 = 0.0162 \Rightarrow$$

$$s_{\overline{g}} = \overline{g} \cdot 0.0162 = 9.801 \, \frac{\text{m}}{\text{s}^2} \cdot 0.0162 = 0.159 \, \frac{\text{m}}{\text{s}^2}$$

Die Meßunsicherheiten bei beiden Berechnungen sind praktisch identisch. Das Meßergebnis lautet nach Aufrunden der Meßunsicherheit:

$$\overline{g} = (9.8 \pm 0.2) \, \frac{\text{m}}{\text{s}^2}$$

11.4   Extremwerte

Auch bei Funktionen zweier oder mehrerer Veränderlicher interessieren die Punkte, in denen die Funktion einen kleinsten oder größten Wert annimmt. So möchte man etwa die Mengeneinheiten x und y kennen, für die der Wert einer Gewinnfunktion maximal wird. Im Folgenden werden die Möglichkeiten der Differentialrechnung zur Bestimmung von Extremwerten betrachtet.

Es gibt für Optimierungsprobleme, welche lineare Funktionen und lineare Nebenbedingungen von mehreren Veränderlichen enthalten, andere Methoden zur Optimumsfindung. Solche linearen Probleme lassen sich algorithmisch durch ein Programm lösen. Man spricht in diesem Zusammenhang dann auch von "Linearer Optimierung".

11.4.1   Bedingungen für Extrema

Auch im Falle der Funktionen mehrerer Veränderlicher kann man wieder absolute und relative Extrema sowie Extremwerte im Innern und auf dem Rand eines Bereiches unterscheiden (vgl. Bild 11.10).

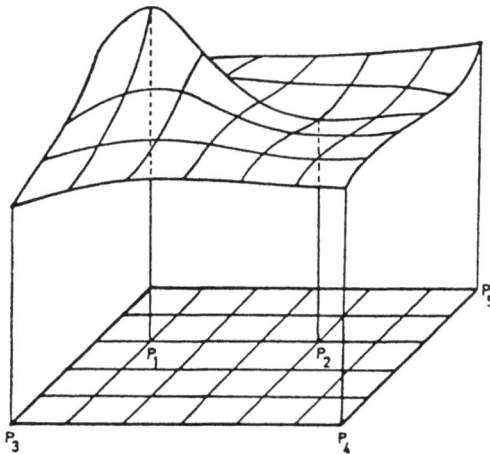

Bild 11.10: Funktion zweier Veränderlicher

Die Funktion $z = f(x, y)$ hat im Punkt (x_0, y_0) ein **relatives Maximum**, wenn $f(x_0, y_0) \geq f(x, y)$ für alle Punkte (x, y) einer gewissen Umgebung von (x_0, y_0) ist. Gilt jedoch $f(x_0, y_0) \geq f(x, y)$ für alle Punkte (x, y) des Definitionsbereichs $\mathbb{D}$, so nimmt die Funktion $f(x, y)$ an (x_0, y_0) ihr **absolutes Maximum** an. Ganz analog definiert man ein **relatives Minimum** bzw. das **absolute Minimum**.

Betrachtet man eine stetige und partiell differenzierbare Funktion $f(x, y)$ im Innern eines beschränkten Bereichs oder in der ganzen xy-Ebene, so muß $f(x, y)$ nicht unbedingt ein Extremum besitzen.

Beispiel:

Die Funktion $z = 2x + y$ ist in der ganzen xy-Ebene definiert, besitzt jedoch keine Extremwerte.

Dagegen existieren immer absolute Extremwerte, wenn man eine stetige Funktion $f(x, y)$ in einem beschränkten und abgeschlossenen Definitionsbereich $I\!D$ untersucht, also einem Bereich, von dem alle Randpunkte zu $I\!D$ gehören.

Beispiel:

Man betrachte die Funktion $z = f(x, y) = 2x + y$ im Definitionsbereich $I\!D = \{x, y | 0 \leq x \leq 10,\ 0 \leq y \leq 20\}$. Der Bereich $I\!D$ ist beschränkt und enthält alle seine Randpunkte. Man sieht leicht, daß $f(x, y)$ absolute Extremwerte besitzt:

$$z_{\max} = f(10, 20) = 40 \qquad und \qquad z_{\min} = f(0, 0) = 0$$

Schließt man dagegen die Randpunkte von $I\!D$ aus, d.h. betrachtet man die Funktion nur auf dem Bereich $I\!D_0 = \{x, y | 0 < x < 10,\ 0 < x < 20\}$, so nimmt die Funktion $f(x, y)$ keine absoluten Extremwerte an. Die Werte 40 bzw. 0 stellen in diesem Fall die obere bzw. untere Grenze dar.

Zunächst wird die Bestimmung von Extremwerten im Innern eines Bereichs behandelt. Dazu wird angenommen, daß die Funktion $f(x, y)$ stetige partielle Ableitungen bis zur 2. Ordnung besitzt.

In Kapitel 6 wurde für Funktionen $g(x)$ einer Veränderlichen bereits gezeigt: Wenn g in x_0 ein Extremum besitzt, so muß die Tangente an den Graph dort waagrecht sein. Notwendig für ein Extremum ist also die Bedingung $g'(x_0) = 0$. Diese Bedingung allerdings ist noch nicht hinreichend, sie kann erfüllt sein, ohne daß ein Extremum vorliegt, wie z.B. für $g(x) = x^3$ bei $x_0 = 0$. Hinreichend für ein Extremum ist die Bedingung $g'(x_0) = 0$ und $g''(x_0) < 0$ (Maximum) oder $g''(x_0) > 0$ (Minimum).

Überträgt man diese Überlegungen auf den Fall einer Funktion $f(x, y)$ (vgl. Bild 11.11), dann sieht man, daß die Fläche in (x_0, y_0) eine waagerechte Tangentialebene besitzen muß, wenn f dort ein Extremum hat. Das heißt aber, daß die Tangenten der Schnittfunktionen $g(x) = f(x, y_0)$ und $h(y) = f(x_0, y)$ in diesem Punkt ebenfalls waagrecht sind. Als notwendige Bedingungen erhält man also $f_x(x_0, y_0) = 0$ und $f_y(x_0, y_0) = 0$.

Notwendige Bedingung für die Existenz eines Extremums im Innern des Definitionsbereichs $I\!D$ ist das Verschwinden der partiellen Ableitungen 1. Ordnung: $f_x(x, y) = 0$ und $f_y(x, y) = 0$. Punkte die diese Bedingungen gleichzeitig erfüllen, heißen **stationäre Punkte**.

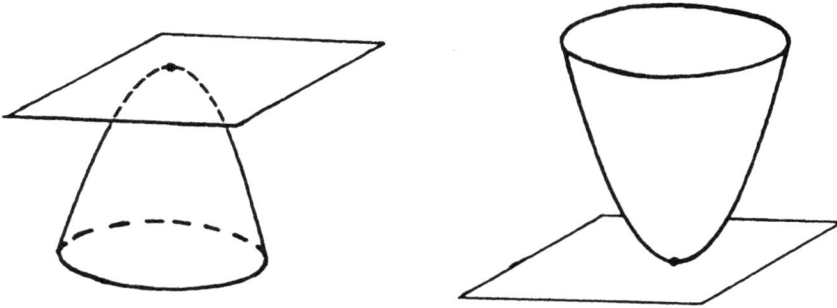

Bild 11.11: Extrema von Funktionen zweier Veränderlicher

Beispiel:

$f(x,y) = 2x + y - (x^2 + y^2)/4$. Gesucht werden die Punkte (x_0, y_0), an denen f_x und f_y verschwinden, da ein Extremum, wenn überhaupt, nur an einem dieser Punkte auftreten kann.

$f_x(x,y) = 2 - x/2$ und $f_y(x,y) = 1 - y/2$

Also kommt nur der Punkt $(x_0, y_0) = (4, 2)$ in Betracht. Man kann zunächst die 2. Ableitung der Schnittfunktionen $g(x) = f(x, 2)$ und $h(y) = f(4, y)$ betrachten. Es ist $g''(4) = f_{xx}(4, 2) = -1/2$ und $h''(2) = f_{yy}(4, 2) = -1/2$. Die Schnittfunktionen haben hier ein Maximum, also kann es sich, wenn f an dieser Stelle ein Extremum besitzt, ebenfalls nur um ein Maximum handeln (vgl. Bild 11.12).

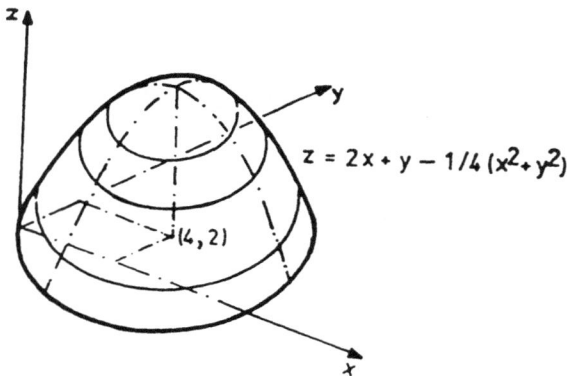

Bild 11.12: $f(x,y) = 2x + y - (x^2 + y^2)/4$

Der folgende Satz gibt (ohne Beweis) hinreichende Kriterien für die Existenz relativer Extrema.

Es sei $f(x,y)$ stetig differenzierbar. Untersucht werden die Punkte (x_0, y_0) mit $f_x(x_0, y_0) = f_y(x_0, y_0) = 0$. Mit den Abkürzungen $A = f_{xx}(x_0, y_0)$, $B =$

$f_{xy}(x_0, y_0) = f_{yx}(x_0, y_0), C = f_{yy}(x_0, y_0)$ und $\Delta = \det \begin{pmatrix} A & B \\ B & C \end{pmatrix} = A \cdot C - B^2$

gilt dann:

f hat an der Stelle (x_0, y_0):

- ein **relatives Extremum**, falls $\Delta > 0$, und zwar ein Maximum, wenn $A < 0$, $C < 0$ und ein Minimum, wenn $A > 0$, $C > 0$.

- einen **Sattelpunkt (hyperbolischer Punkt)**, falls $\Delta < 0$ (vgl. Bild 11.13 links).

- einen **parabolischen** (oder **zylindrischen Punkt**), falls $\Delta = 0$ (vgl. Bild 11.13 rechts)

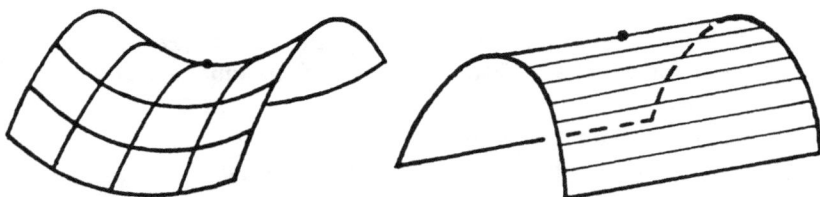

Bild 11.13: Sattelpunkt und parabolischer Punkt

Beispiele:

1. $z = f(x, y) = 2x + y - (x^2 + y^2)/4 \Rightarrow$ *stationärer Punkt:* $(x_0, y_0) = (4, 2)$

   $A = f_{xx}(4, 2) = -1/2, C = f_{yy}(4, 2) = -1/2, B = f_{xy} = 0 \Rightarrow$

   $\Delta = AC - B^2 = 1/4 > 0$

   Die Funktion f hat also an der Stelle $(4, 2)$ ein Maximum. Bei diesem einfachen Beispiel kann man schon anhand der Funktionsgleichung erkennen, daß es sich um ein kreisförmiges Paraboloid handelt, welches nach unten geöffnet ist, d.h. der einzige vorkommende stationäre Punkt ist ein absolutes Maximum.

2. *Für die Funktion*

   $f(x, y) = (10 - (x - 1)^2 - (y - 2)^2)^2 + (x - 2)^2 + (y - 4)^2$

   sollen die stationären Punkte untersucht werden. Es ist:

   $f_x(x, y) = 2 \cdot (10 - (x - 1)^2 - (y - 2)^2) \cdot (-2) \cdot (x - 1) + 2 \cdot (x - 2)$

   $f_y(x, y) = 2 \cdot (10 - (x - 1)^2 - (y - 2)^2) \cdot (-2) \cdot (y - 2) + 2 \cdot (y - 4)$

   Die Bedingung $f_x(x, y) = f_y(x, y) = 0$ führt auf die Gleichungen $2x = y$ und $x^3 - 3x^2 + 1.1x + 0.8 = 0$. Die Werte $x_1 = -0.35$, $x_2 = 0.95$ und $x_3 = 2.40$

. sind die auf zwei Stellen gerundeten Lösungen der zweiten Gleichung, so daß stationäre Punkte vorliegen bei $P_1 = (-0.35, -0.7)$, $P_2 = (0.95, 1.9)$ und $P_3 = (2.4, 4.8)$.

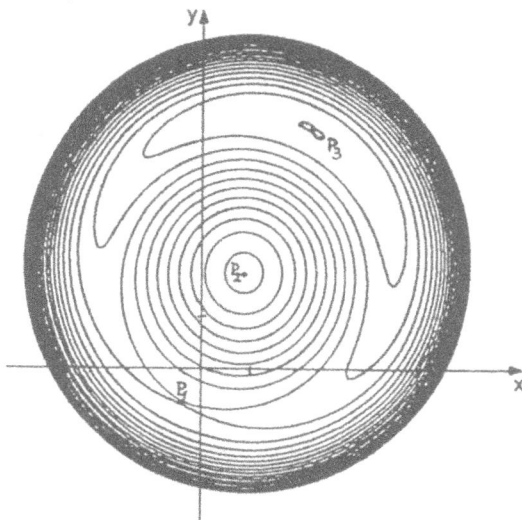

Bild 11.14: $f(x, y) = (10 - (x - 1)^2 - (y - 2)^2)^2 + (x - 2)^2 + (y - 4)^2$ als Höhenliniendiagramm

Die partiellen Ableitungen zweiter Ordnung lauten:

$f_{xx}(x, y) = -4 \cdot (10 - 3(x - 1)^2 - (y - 2)^2) + 2$

$f_{yy}(x, y) = -4 \cdot (10 - 3(y - 2)^2 - (x - 1)^2) + 2$

$f_{xy}(x, y) = f_{yx}(x, y) = 8 \cdot (x - 1)(y - 2)$

Für die stationären Punkte P_i $(i = 1, 2, 3)$ erhält man:

$A_i = f_{xx}(x_i, y_i)$, $B_i = f_{xy}(x_i, y_i)$, $C_i = f_{yy}(x_i, y_i)$, $\Delta_i = A_i C_i - B_i^2$

$A_1 = 13.03 \quad B_1 = 29.16 \quad C_1 = 56.77 \Rightarrow \Delta_1 \approx -110.6$

$A_2 = -37.93 \quad B_2 = 0.04 \quad C_2 = -37.87 \Rightarrow \Delta_2 \approx 1436.4$

$A_3 = 16.88 \quad B_3 = 31.36 \quad C_3 = 63.92 \Rightarrow \Delta_3 \approx 95.5$

Aufgrund der Kriterien auf Seite 234 hat f bei P_1 einen Sattelpunkt und bei P_2 und P_3 relative Extrema. Wegen $A_2 < 0$ und $C_2 < 0$ liegt bei $(0.95, 1.9)$ ein relatives Maximum und wegen $A_3 > 0$ und $C_3 > 0$ liegt bei $(2.4, 4.8)$ ein relatives Minimum. Bild 11.14 zeigt eine Höhenliniendarstellung dieser Funktion, aus der man die Lage und die Art der stationären Punkte gut erkennen kann. Man sieht auch, daß das gefundene Minimum sogar ein absolutes ist.

11.4.2   Die Methode der kleinsten Quadrate

Die Methode der kleinsten Quadrate spielt eine wichtige Rolle in der Regressionsanalyse, einem Teilgebiet der mathematischen Statistik. Der einfachste Fall ist die eindimensionale lineare Regressionsanalyse. Sie geht von der Modellannahme aus, die Variablen x und y hängen linear voneinander ab. Durch zufällige Streuungen (Meßfehler, biologische Variation, zufällige wirtschaftliche Schwankungen) liegen n beobachtete Punkte (x_i, y_i) nicht exakt auf der in der Modellannahme unterstellten Geraden, sondern bilden eine mehr oder weniger verstreute Punktwolke (vgl. Bild 11.15).

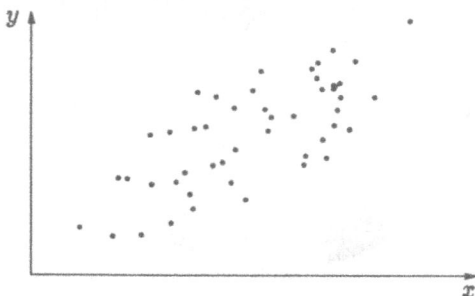

Bild 11.15: Punktwolke

Die unbekannte Gerade wird nach dem **Gaußschen Prinzip der kleinsten Quadrate** angenähert. Dieses Prinzip lautet: Die approximierende Gerade $\hat{y}(x) = a + bx$ ist so zu legen, daß die Summe S der Quadrate aller vertikalen Abstände der Punkte (x_i, y_i) von der Geraden minimal wird. Es ist also das Minimum der Funktion $S(a, b)$ in Abhängigkeit von den Parametern a und b der Gerade zu bestimmen.

$$S(a, b) = \sum_{i=1}^{n} (\hat{y}(x_i) - y_i)^2 = \sum_{i=1}^{n} (a + bx_i - y_i)^2 \;\to\; \min \qquad (11.29)$$

Notwendige Bedingungen für ein Minimum sind $\dfrac{\partial S}{\partial a} = 0$ und $\dfrac{\partial S}{\partial b} = 0$. Daraus folgt:

$$
\begin{aligned}
\frac{\partial S}{\partial a} &= 2\sum_{i=1}^{n}(a + bx_i - y_i) = 2\left(an + b\sum_{i=1}^{n}x_i - \sum_{i=1}^{n}y_i\right) = 0 \\
\frac{\partial S}{\partial b} &= 2\sum_{i=1}^{n}(a + bx_i - y_i)x_i = 2\left(a\sum_{i=1}^{n}x_i + b\sum_{i=1}^{n}x_i^2 - \sum_{i=1}^{n}x_i y_i\right) = 0
\end{aligned}
\qquad (11.30)
$$

Multipliziert man die erste Gleichung mit $\sum x_i$ und die zweite mit n und subtrahiert die beiden Gleichungen, so folgt:

$$b = \frac{\displaystyle\sum_{i=1}^{n} x_i \cdot y_i - n \cdot \bar{x} \cdot \bar{y}}{\displaystyle\sum_{i=1}^{n} x_i^2 - n \cdot \bar{x}^2} \quad \text{mit} \quad \bar{x} = \frac{1}{n} \cdot \sum_{i=1}^{n} x_i, \ \bar{y} = \frac{1}{n} \cdot \sum_{i=1}^{n} y_i \tag{11.31}$$

$$a = \frac{1}{n} \cdot \sum_{i=1}^{n} y_i - b \cdot \frac{1}{n} \cdot \sum_{i=1}^{n} x_i = \bar{y} - b \cdot \bar{x}$$

Da die Funktion S offenbar stetig und nach unten beschränkt ist, nämlich $S \geq 0$, muß S ein Minimum annehmen. Andererseits zeigt die Rechnung, daß a und b eindeutig bestimmt sind, daß es also nur einen Punkt (a, b) gibt, an dem die partiellen Ableitungen von S beide verschwinden. Damit kann also tatsächlich das Minimum von S bestimmt und so die beste Näherungsgerade gefunden werden.

Beispiel:

Gesucht ist die Regressionsgerade für folgende 6 Meßpaare (x_i, y_i)

x_i	2	3	5	6	9	12	$\Rightarrow \sum x_i$	= 37	$\Rightarrow \bar{x} = 37/6$
y_i	3	4	6	5	7	8	$\Rightarrow \sum y_i$	= 33	$\Rightarrow \bar{y} = 33/6$
$x_i \cdot y_i$	6	12	30	30	63	96	$\Rightarrow \sum x_i y_i$	= 237	
x_i^2	4	9	25	36	81	144	$\Rightarrow \sum x_i^2$	= 299	

$$b = \frac{237 - 6 \cdot 37/6 \cdot 33/6}{299 - 6 \cdot 37^2/6^2} = \frac{237 - 203.5}{299 - 228.17} = 0.473$$

$$a = \frac{33}{6} - 0.473 \cdot \frac{37}{6} = 2.58$$

Die Regressionsgerade lautet also: $\hat{y}(x) = 2.58 + 0.473x$ (vgl. Bild 11.16).

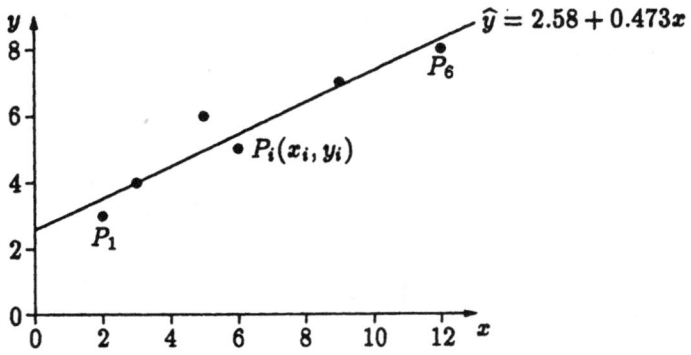

Bild 11.16: Regressionsgerade

11.5   Optimierung

Wenn eine Funktion von zwei oder mehreren Veränderlichen absolute Extremwerte besitzt, so bezeichnet man die Bestimmung des absoluten Maximums
oder Minimums auch als **Optimierung**. Extremwerte können im Innern oder
auf dem Rand des Definitionsbereichs (manchmal auch zulässiger Bereich genannt) auftreten. Im Folgenden steht nicht die Frage nach der Existenz im
Vordergrund. Daher wird vorausgesetzt, daß aus der Aufgabenstellung heraus
klar ist, daß ein absolutes Maximum oder Minimum existiert.

11.5.1   Optimierung unter Einbeziehung des Rands

Wenn man im Innern eines Bereichs oder in der ganzen Ebene die Extremwerte einer Funktion $f(x, y)$ bestimmen möchte, kann man sich der Methoden
aus 11.4 bedienen. Treten z.B. mehrere stationäre Punkte auf, so kann man
durch Vergleich der Funktionswerte feststellen, wo die Funktion ihr absolutes
Maximum oder Minimum hat.

In den Anwendungen wird häufiger die Optimierung von Funktionen mehrerer
Veränderlicher innerhalb eines beschränkten, abgeschlossenen Bereichs D an-
gestrebt. Dieser Bereich D einschließlich dem Rand R möge durch eine oder
mehrere Gleichungen bzw. Ungleichungen beschrieben werden.

Zur Bestimmung der Optimalwerte innerhalb von abgeschlossenen, beschränkten Bereichen kann man dann schrittweise vorgehen:

1. Man bestimmt alle stationären Punkte im Innern von D und untersucht,
    wo die Funktion den größten (kleinsten) Wert besitzt.

2. Man untersucht die Funktion auf dem Rand von D und stellt fest, wo ein
    Maximum (Minimum) vorliegt.

3. Ein Vergleich von Schritt 1 und 2 ergibt das gewünschte Ergebnis.

Zur Optimierung im Innern eines Bereichs kommt also zusätzlich die Aufgabe
der Optimierung auf dem Rand. Man spricht in diesem Zusammenhang auch
von Optimierung unter Nebenbedingungen oder Restriktionen. Im folgenden
werden anhand eines einfachen Beispiels zwei Methoden zur Bestimmung von
Extremwerten unter Nebenbedingungen vorgestellt. Die erste Methode versucht
durch Elimination einer Variablen das Problem auf die Optimierunq von Funktionen einer Veränderlichen zurückzuführen. Die zweite Methode, die Methode
des Lagrange-Faktors, wird in 11.5.2 skizziert.

Beispiel:

Gesucht ist das absolute Maximum der Funktion

$z = f(x, y) = 2x + y - (x^2 + y^2)/4$

in dem abgeschlossenen Kreissektor D in der Ebene (vgl. Bild 11.17), welcher durch folgende drei Randkurven R_1, R_2 und R_3 begrenzt wird:

R_1 : $x = 0$, $0 \le y \le 3$,
R_2 : $y = 0$, $0 \le x \le 3$ und
R_3 : $x^2 + y^2 = 9$, $0 \le x \le 3$, $0 \le y \le 3$

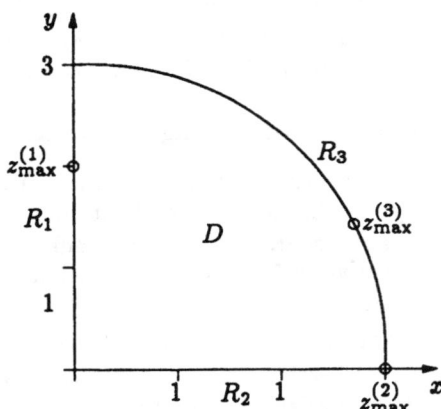

Bild 11.17: Optimierung unter Einbeziehung des Rands

Im Innern von D existiert kein stationärer Punkt (vgl. entsprechendes Beispiel bei 11.4). Außerhalb von D liegt ein stationärer Punkt bei $(4, 2)$. Eine Untersuchung der drei Randkurven ergibt:

R_1 : $x = 0$, $0 \le y \le 3$ eingesetzt in z ergibt:
$z = y - y^2/4 = 1 - (y - 2)^2/4 \Rightarrow z_{max}^{(1)} = f(0, 2) = 1$

R_2 : $y = 0$, $0 \le x \le 3$ eingesetzt in z ergibt:
$z = 2x - x^2/4 = 4 - (x - 4)^2/4 \Rightarrow z_{max}^{(2)} = f(3, 0) = 15/4$

R_3 $x^2 + y^2 = 9$, $0 \le x \le 3$, $0 \le y \le 3$ eingesetzt in z ergibt:
$z = 2x + \sqrt{9 - x^2} - 9/4$

$$\frac{dz}{dx} = 2 + \frac{1}{2}\frac{(-2x)}{\sqrt{9 - x^2}} = 2 - \frac{x}{\sqrt{9 - x^2}} = \frac{2\sqrt{9 - x^2} - x}{\sqrt{9 - x^2}}$$

$$\frac{dz}{dx} = 0 \Rightarrow 2\sqrt{9 - x^2} - x = 0 \Rightarrow 4(9 - x^2) = x^2 \Rightarrow$$
$$5x^2 = 36 \Rightarrow x = 6/\sqrt{5} \approx 2.68, \ y = 3/\sqrt{5} \approx 1.34 \Rightarrow$$
$$z_{max}^{(3)} = 15/\sqrt{5} - 9/4 \approx 4.46$$

Das absolute Maximum liegt also auf dem Rand R_3.

11.5.2   Methode des Lagrange-Faktors

Im vorigen Beispiel wurde die Bestimmung des Maximums einer Funktion (x, y) mit der Nebenbedingung, der gesuchte Punkt liege auf der Kurve R, auf die Bestimmung des Maximums einer Funktion einer Veränderlichen zurückgeführt. Eine andere, allgemeinere Methode ist die des Lagrange-Faktors, die darauf hinausläuft, eine zusätzliche Variable einzuführen. Es werde die Kurve R durch die Gleichung $g(x, y) = 0$ beschrieben. Man sucht also das absolute Maximum von $z = f(x, y)$ unter der Nebenbedingung $g(x, y) = 0$. Wenn dieses Maximum existiert, kann man wie folgt vorgehen:

- Man bildet eine neue Funktion $F(x, y, \lambda)$ von drei unabhängigen Variablen x, y, λ (ohne Nebenbedingung), nämlich: $F(x, y, \lambda) = f(x, y) - \lambda g(x, y)$.

- Man bestimmt die stationären Punkte von $F(x, y, \lambda)$. Das sind alle Punkte $Q = (x, y, \lambda)$, welche gleichzeitig die Bedingungen $\dfrac{\partial F}{\partial x} = 0$, $\dfrac{\partial F}{\partial y} = 0$ und $\dfrac{\partial F}{\partial \lambda} = 0$ erfüllen. Nimmt man jeweils die ersten beiden Koordinaten aller Punkte Q, so erhält man Punkte $P = (x, y)$, welche die Nebenbedingung $g(x, y) = 0$ erfüllen.

- Man setzt die Punkte P in die Funktionsgleichung $f(x, y)$ ein und bestimmt damit den maximalen Wert von $f(x, y)$ auf der Kurve $g(x, y) = 0$.

Der Vorteil dieser Methode liegt insbesondere darin, daß man die Restriktion $g(x, y) = 0$ nicht nach einer Variablen auflösen muß. Vor allem wenn die Funktion $g(x, y)$ von komplizierterer Form ist, erweist sich dieses Vorgehen als zweckmäßig.

Beispiel:

Gesucht ist das Maximum der Funktion $z = f(x, y) = 2x + y - (x^2 + y^2)/4$ *auf dem Kreisbogen* $R = \{x, y | x^2 + y^2 - 9 = 0,\ 0 \le x,\ y \le 3\}$.

$f(x, y) = 2x + y - (x^2 + y^2)/4$, $g(x, y) = x^2 + y^2 - 9 \Rightarrow$

$F(x, y, \lambda) = f(x, y) - \lambda g(x, y) = 2x + y - (x^2 + y^2)/4 - \lambda x^2 - \lambda y^2 + 9\lambda$

Auflösen des Systems $\dfrac{\partial F}{\partial x} = \dfrac{\partial F}{\partial y} = \dfrac{\partial F}{\partial \lambda} = 0$ *liefert:*

$x = \dfrac{4}{1 + 4\lambda}, y = \dfrac{2}{1 + 4\lambda} \Rightarrow \dfrac{16}{(1 + 4\lambda)^2} + \dfrac{4}{(1 + 4\lambda)^2} - 9 = 0$

$16\lambda^2 + 8\lambda - 11/9 = 0 \Rightarrow \lambda \approx 0.123 \Rightarrow x \approx 2.68,\ y \approx 1.34,\ z_{max} \approx 4.46$

Die zweite Lösung von λ *liefert einen Punkt außerhalb von* D.

11.5.3   Lineare Optimierung

Lineare Funktionen von zwei Veränderlichen x und y besitzen kein Extremum, wenn man die ganze xy-Ebene als zulässigen Bereich betrachtet. Analoges gilt für lineare Funktionen von mehr als zwei Variablen. Ist der zulässige Bereich beschränkt und abgeschlossen, dann besitzt jede lineare Funktion ein absolutes Maximum und Minimum. Diese Extremwerte treten überdies nicht im Innern, sondern nur auf dem Rand des Definitionsbereichs auf.

In sehr vielen Anwendungen wird der zulässige Bereich durch lineare Ungleichungen oder lineare Restriktionen beschrieben. Im Falle von zwei unabhängigen Variablen x und y bedeutet dies, daß der zulässige Bereich durch Geradenstücke begrenzt wird, d.h. der Rand des zulässigen Bereiches stellt ein Polygon dar.

Beispiel:

Die unabhängigen Variablen x und y sollen folgende Nebenbedingungen oder Restriktionen erfüllen:

$$(g_1)\quad x \geq 0 \qquad\qquad (g_2)\quad y \geq 0$$
$$(g_3)\quad 0.75x - y + 4 \geq 0 \qquad (g_4)\quad 0.2x + y - 7 \leq 0$$
$$(g_5)\quad 2.5x + y - 25 \leq 0 \qquad (g_6)\quad x - y - 7 \leq 0$$

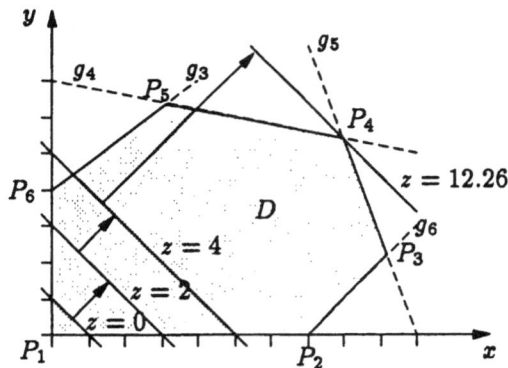

Bild 11.18: Lineare Optimierung

Jede lineare Ungleichung charakterisiert für sich die Punkte einer Halbebene einschließlich der Geraden selbst. Der zulässige Bereich D, der also die Punkte enthält, welche alle sechs linearen Ungleichungen gleichzeitig erfüllen, ist in Bild 11.18 dargestellt.

Im folgenden interessieren spezielle Optimierungsprobleme. Die zu optimierende Funktion ist linear und der zulässige Bereich D wird durch lineare Ungleichungen charakterisiert. Falls D nicht gleich der leeren Menge ist, d.h. falls die
Ungleichungen sich einander nicht widersprechen, existiert ein Optimum und
dieses Optimum wird in einem Eckpunkt des zulässigen Bereiches D angenommen. Im Falle von zwei unabhängigen Variablen läßt sich dieses Optimum auf
einfache geometrische Weise mit Hilfe der Höhenlinien der Funktion $z = f(x, y)$
finden.

Beispiel:

*Die zu optimierende Funktion sei $z = f(x, y) = x + y - 1$. Gesucht ist das
Maximum von z unter den Restriktionen des vorherigen Beispiels (vgl. Bild
11.18). Zeichnet man einige Höhenlinien $z =$ const in den zulässigen Bereich
ein, so sieht man, daß das Maximum $z_{max} = 12.26$ in der Ecke P_4 bei $x = 7.83$
und $y = 5.43$ angenommen wird.*

Wenn die Zielfunktionsgerade parallel zu einer der begrenzenden Geraden des
zulässigen Bereiches liegt, dann existiert das Optimum nicht an einem einzigen
Punkt, sondern an unendlich vielen Punkten der betreffenden Geraden.

Das Auffinden von Extremwerten von linearen Funktionen unter Berücksichti-
gung linearer Restriktionen kann nicht mit Methoden der Differentialrechnung
geschehen. Bei zwei Veränderlichen kann die Lösung, wie oben gezeigt, auf einfache geometrische Weise gefunden werden. Bei mehr als zwei Veränderlichen
gibt es zweckmäßige Algorithmen, welche nur einen kleinen Teil der in Frage kommenden Ecken des zulässigen Bereiches durchmustern müssen, um das
Optimum festzustellen. Hierzu sei auf die Spezialliteratur zur Linearen Optimierung verwiesen.

Aufgaben

1. Geben Sie für die Funktion $z = f(x, y) = \dfrac{x^2 + y}{(1 + x)^2}$ die Gleichung der Höhenlinien (d.h. $z = $ const.) an. Skizzieren Sie diese Höhenlinien für die z-Werte $0, \pm0.5, \pm1, \pm1.5, \pm2, \pm5$.

2. Bilden Sie die partiellen Ableitungen $\dfrac{\partial f}{\partial x}$, $\dfrac{\partial f}{\partial y}$, $\dfrac{\partial^2 f}{\partial x^2}$, $\dfrac{\partial^2 f}{\partial y^2}$ und $\dfrac{\partial^2 f}{\partial x \partial y}$ für folgende Funktionen:

   a) $f(x, y) = x^3 y + x \cdot e^{x^2 + y}$

   b) $f(x, y) = y^x$

   c) $f(x, y) = \sqrt{\dfrac{y}{x + y^2}}$

3. Die Dichte ρ eines Körpers kann aus seinem Gewicht G_L in Luft und seinem Gewicht G_W in Wasser (Dichte ρ_W) nach der Gleichung

$$\rho = \rho_W \cdot \frac{G_L}{G_L - G_W}$$

   ermittelt werden. Eine Messung hatte das Ergebnis $G_L = 10.8$ N und $G_W = 7.6$ N. Der Meßfehler für G_L und G_W wurde jeweils auf $G = 0.05$ N abgeschätzt. Man bestimme in erster Näherung den zu erwartenden relativen Fehler $\Delta\rho/\rho$.

4. Der Ohmsche Widerstand R eines elektrischen Leiters ist proportional zur Leiterlänge L, also $R \sim L$, und umgekehrt proportional zum Leitungsquerschnitt A, also $R \sim \dfrac{1}{A}$. Mit dem spezifischen Widerstand ρ des Leitermaterials als Proportionalitätskonstante gilt: $R = \rho \cdot \dfrac{L}{A}$.

   Bestimmen Sie den Widerstand eines Kupferkabels der Länge $L = (200.0 \pm 0.5)$ cm mit einem Durchmesser von $d = (1.00 \pm 0.01)$ mm. Der spezifische Widerstand von Kupfer sei $\rho = (1.70 \pm 0.05) \cdot 10^{-8}$ Ω m. Geben Sie das Meßergebnis mit Fehlergrenzen an. Welcher Fehler hat den größten und den kleinsten Anteil am Gesamtfehler?

5. Das Kohlendioxid der Erdatmosphäre enthält einen konstanten Anteil des radioaktiven Kohlenstoffnuklids ${}^{14}_6$C. Das Verhältnis von ${}^{14}_6$C zu ${}^{12}_6$C beträgt $6 \cdot 10^{-13}$. Organismen bauen dieses Nuklid in diesem Verhältnis in ihre organische Substanz ein. Nach dem Tod des Organismus zerfällt ${}^{14}_6$C mit einer Halbwertszeit $t_H = 5600$ a ± 5 a unter Emission von β-Strahlung in das Stickstoffisotop ${}^{14}_7$N. Die Aktivität dieser Strahlung nimmt nach dem Zerfallsgesetz $A = A_0 \cdot e^{-\ln 2 \cdot \frac{t}{t_H}}$ ab. Mit der Radiocarbonmethode ist es also

möglich, das Alter abgestorbenen organischer Substanzen zu bestimmen, wenn man die Aktivität A dieser Strahlung bestimmt.

Die Aktivität eines Knochens wurde zu $A = (60.5 \pm 0.5)\%$ der Ausgangsaktivität A_0 bestimmt.

a) Wie alt ist der Knochen?

b) Mit welcher Fehlergrenze ist die Altersbestimmung möglich?

c) Welche Messung würden Sie verbessern, um das Alter des Knochens genauer bestimmen zu können?

6. Es wurde der Zusammenhang zwischen Standraum von Maispflanzen und dem Ertrag untersucht. Man erhielt folgende 12 Meßwert-Paare:

x_i	0.12	0.12	0.12	0.18	0.18	0.18	0.24	0.24	0.24	0.36	0.36	0.36
y_i	27	31	33	32	34	38	38	47	45	43	45	52

x_i: Standraum pro Pflanze in m^2, y_i: Maisertrag in dt/ha.

Man unterstellt einen linearen Zusammenhang $y = a + bx$. Bestimmen Sie die Parameter a und b nach der Methode der kleinsten Quadrate.

7. Für Mastschweine in der Gewichtsgruppe 70 kg soll eine Futterration aus Gerste und Ergänzungsfutter zusammengestellt werden. Die folgende Tabelle zeigt die Preise der beiden Futterkomponenten, deren Inhaltsstoffe pro kg und den täglichen Minimal- bzw. Maximalbedarf an Inhaltsstoffen.

	Wintergerste	Ergänzungsfutter	täglicher
Preis [DM/kg]	0.40	0.55	Bedarf
Trockensubstanz [g]	870	880	≤ 2200
Energie [MJ]	12.7	12.0	≥ 30
verd. Rohprotein [g]	78	245	≥ 270
Rohfaser [g]	47	30	≤ 120

Gesucht ist die mengenmäßige Kombination der beiden Futterkomponenten, so daß die Mindestzufuhr und Beschränkungen an Nährstoffen eingehalten werden, und der Preis minimal ist. Geben Sie die zu minimierende Funktion und die Nebenbedingungen an. Zeichnen Sie den zulässigen Bereich. Wie lautet die optimale Lösung?

Lösungen

1. $z = \dfrac{x^2 + y}{(1+x)^2} \Rightarrow z(1+x)^2 - x^2 = y \Rightarrow y = (z-1)x^2 + 2zx + z$

Die Höhenlinien sind also Parabeln, mit Ausnahme des Falls $z = 1$, wo sich als Höhenlinie die Gerade $y = 2x + 1$ ergibt. In Bild 11.19 sind die Höhenlinien für einige z-Werte skizziert.

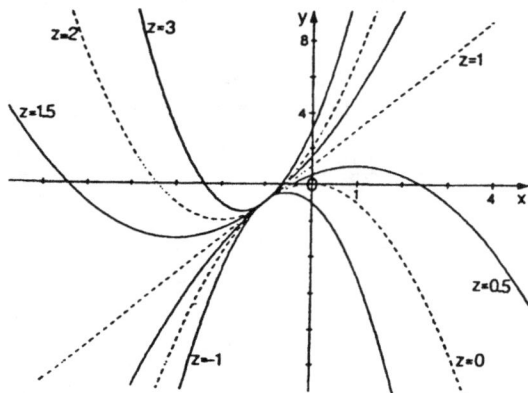

Bild 11.19: Höhenlinien von $z = \dfrac{x^2 + y}{(1+x)^2}$

2. a) $\dfrac{\partial f}{\partial x}(x, y) \quad = 3x^2 y + e^{x^2 + y} + x(2x)e^{x^2 + y} =$

$\qquad\qquad\quad = 3x^2 y + (2x^2 + 1)e^{x^2 + y}$

$\dfrac{\partial f}{\partial y}(x, y) \quad = x^3 + x e^{x^2 + y}$

$\dfrac{\partial^2 f}{\partial x^2}(x, y) \quad = 6xy + 4x e^{x^2 + y} + (2x^2 + 1)2x e^{x^2 + y} =$

$\qquad\qquad\quad = 6xy + (4x^3 + 6x)e^{x^2 + 1}$

$\dfrac{\partial^2 f}{\partial y^2}(x, y) \quad = x e^{x^2 + y}$

$\dfrac{\partial^2 f}{\partial x \partial y}(x, y) = 3x^2 + (2x^2 + 1)e^{x^2 + y}$

b) $\dfrac{\partial f}{\partial x}(x,y) \;=\; \ln y \cdot y^x$ $\qquad$ $\dfrac{\partial f}{\partial y}(x,y) \;=\; x \cdot y^{x-1}$

$\dfrac{\partial^2 f}{\partial x^2}(x,y) \;=\; (\ln y)^2 \cdot y^x$ $\qquad$ $\dfrac{\partial^2 f}{\partial y^2}(x,y) = x \cdot (x-1) \cdot y^{x-2}$

$\dfrac{\partial^2 f}{\partial x \partial y}(x,y) = (1 + x \cdot \ln y) y^{x-1}$

c) $\dfrac{\partial f}{\partial x}(x,y) \;=\; -\dfrac{1}{2} \cdot \dfrac{y}{(x+y^2)^2} \cdot \sqrt{\dfrac{x+y^2}{y}}$

$\dfrac{\partial f}{\partial y}(x,y) \;=\; \dfrac{1}{2} \cdot \dfrac{x-y^2}{(x+y^2)^2} \cdot \sqrt{\dfrac{x+y^2}{y}}$

$\dfrac{\partial^2 f}{\partial x^2}(x,y) \;=\; \dfrac{3}{4} \cdot \dfrac{\sqrt{(x+y^2)y}}{(x+y^2)^3}$

$\dfrac{\partial^2 f}{\partial y^2}(x,y) \;=\; \dfrac{1}{4} \cdot \dfrac{3y^4 - 10xy^2 - x^2}{y^2(x+y^2)^3} \cdot \sqrt{(x+y^2)y}$

$\dfrac{\partial^2 f}{\partial x \partial y}(x,y) = -\dfrac{1}{4} \cdot \dfrac{x - 5y^2}{(x+y^2)^3 y} \cdot \sqrt{(x+y^2)y}$

3. $\rho(G_L, G_W) = \rho_W \cdot \dfrac{G_L}{G_L - G_W} \;\;\Rightarrow$

$\dfrac{\partial \rho}{\partial G_L} = \rho_W \cdot \dfrac{(G_L - G_W) - G_L}{(G_L - G_W)^2} = \rho_W \cdot \dfrac{-G_W}{(G_L - G_W)^2}$

$\dfrac{\partial \rho}{\partial G_W} = \rho_W \cdot \dfrac{G_L}{(G_L - G_W)^2}$

Mit $\Delta G_L = 0.05$ N und $\Delta G_W = 0.05$ N ergibt sich:

$\Delta \rho = \left| \dfrac{\partial \rho}{\partial G_L} \right| \cdot \Delta G_L + \left| \dfrac{\partial \rho}{\partial G_W} \right| \cdot \Delta G_W = \rho_W \cdot \dfrac{G_L \cdot \Delta G_L + G_W \cdot \Delta G_W}{(G_L - G_W)^2} =$

$= \rho_W \cdot \dfrac{7.6 \text{ N} \cdot 0.05 \text{ N} + 10.8 \text{ N} \cdot 0.05 \text{ N}}{(10.8 \text{ N} - 7.6 \text{ N})^2} = 0.0898 \, \rho_W$

$\rho = \rho_W \cdot \dfrac{G_L}{G_L - G_W} = \rho_W \cdot \dfrac{10.8 \text{ N}}{3.2 \text{ N}} = 3.375 \, \rho_W$

$\dfrac{\Delta \rho}{\rho} = \dfrac{0.0898}{3.375} = 0.0266 = 2.7\%$

4. $R = \rho \cdot \dfrac{L}{(d/2)^2 \pi} = 1.70 \cdot 10^{-8} \ \Omega \ \text{m} \cdot \dfrac{0.2 \ \text{m}}{(0.5 \cdot 10^{-3} \ \text{m})^2 \cdot \pi} = 4.33 \cdot 10^{-3} \ \Omega$

Es handelt sich um ein reines Produkt, d.h. der relative Fehler kann vereinfacht berechnet werden:

$$\frac{\Delta R}{R} = \left|\frac{\Delta\rho}{\rho}\right| + \left|\frac{\Delta L}{L}\right| + \left|-2 \cdot \frac{\Delta d}{d}\right| = \left|\frac{0.05}{1.70}\right| + \left|\frac{0.5}{200.0}\right| + \left|-2 \cdot \frac{0.01}{1.00}\right| =$$

$$= 0.0294 + 0.0025 + 0.0200 = 0.0519 = 5.19\% \ \Rightarrow$$

$$R \quad = 0.0519 \cdot 4.33 \cdot 10^{-3} \ \Omega = 0.225 \ \text{m}\Omega$$

Das Meßergebnis lautet: $R = (4.3 \pm 0.3) \ \text{m}\Omega$. Den größten Anteil am Gesamtfehler hat der spezifische Widerstand, den kleinsten die Leiterlänge. Der Durchmesser liegt dazwischen.

5. a) $t = -\dfrac{1}{\ln 2} \cdot \ln \dfrac{A}{A_0} \cdot t_H = -\dfrac{1}{\ln 2} \cdot \ln 0.065 \cdot 5600 \ \text{a} = 4060 \ \text{a}$

   b) Die vereinfachte Fehlerrechnung kann in diesem Fall nicht durchgeführt werden, da die Meßgröße $\dfrac{A}{A_0}$ Argument der ln-Funktion ist. Es existiert also kein reines Produkt.

$$\Delta t = \left|\frac{\partial t}{\partial\left(\dfrac{A}{A_0}\right)}\right| \cdot \Delta\left(\frac{A}{A_0}\right) + \left|\frac{\partial t}{\partial t_H}\right| \cdot \Delta t_H =$$

$$= \left|-\frac{1}{\ln 2} \cdot t_H \cdot \frac{A_0}{A}\right| \cdot \Delta\left(\frac{A}{A_0}\right) + \left|-\frac{1}{\ln 2} \cdot \ln \frac{A}{A_0}\right| \cdot \Delta t_H =$$

$$= \left|-\frac{1}{\ln 2} \cdot \frac{5600 \ \text{a}}{0.605}\right| \cdot 0.005 + \left|-\frac{1}{\ln 2} \cdot \ln 0.605\right| \cdot 5 \ \text{a} =$$

$$= 66.8 \ \text{a} + 3.6 \ \text{a} = 70.4 \ \text{a} \approx 70 \ \text{a}$$

   c) Der Fehler bei der Messung des Aktivitätenverhältnisses ist etwa 20 mal so groß wie der Fehler der Halbwertszeit. Also muß $\dfrac{A}{A_0}$ zunächst genauer bestimmt werden.

6. $\displaystyle\sum_{i=1}^{12} x_i = 2.7 \ \Rightarrow \ \bar{x} = 0.225$ $\displaystyle\sum_{i=1}^{12} y_i = 465 \ \Rightarrow \ \bar{y} = 38.75$

$\displaystyle\sum_{i=1}^{12} x_i y_i = 111.24$ $\displaystyle\sum_{i=1}^{12} x_i^2 = 0.702$

$$b = \frac{\displaystyle\sum_{i=1}^{12} x_i \cdot y_i - n \cdot \bar{x} \cdot \bar{y}}{\displaystyle\sum_{i=1}^{12} x_i^2 - n \cdot \bar{x}^2} = 70 \qquad a = \bar{y} - b \cdot \bar{x} = 23$$

Die Gerade $\hat{y} = 23 + 70x$ erfüllt die "Kleinst-Quadrate-Bedingung".

7. Es sei x die Menge an Wintergerste und y die Menge an Ergänzungsfutter.
Zu optimieren ist dann $0.40x + 0.55y \to$ min unter folgenden Nebenbedingungen:

$$870x + 880y \leq 2200 \quad \Leftrightarrow \quad y \leq 2.5 - 0.99x$$
$$12.7x + 12.0y \geq 30 \quad \Leftrightarrow \quad y \geq 2.5 - 1.06x$$
$$78x + 245y \geq 270 \quad \Leftrightarrow \quad y \geq 1.1 - 0.32x$$
$$47x + 30y \leq 120 \quad \Leftrightarrow \quad y \leq 4.0 - 1.57x$$
$$x \geq 0, \ y \geq 0$$

In Bild 11.20 ist der durch die Nebenbedingungen festgelegte Bereich mit der Farbe schwarz gezeichnet. Die Rohfaserbegrenzung wird bereits durch die anderen Nebenbedingungen erfüllt.

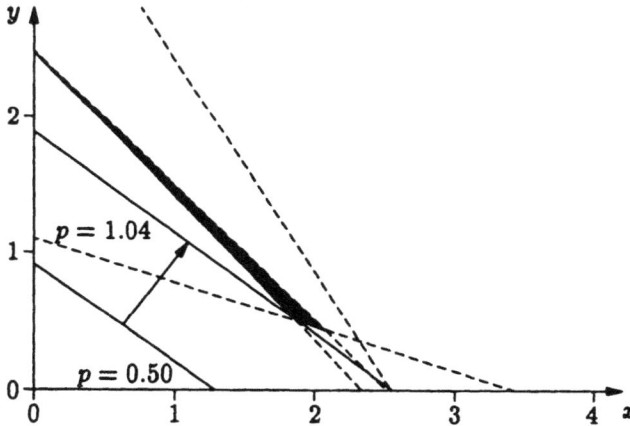

Bild 11.20: Lineare Futteroptimierung

Die Zielfunktion ist $p(x,y) = p = 0.40x + 0.55y \Leftrightarrow y = p - 0.73x$.

Als optimale Lösung ergibt sich der Schnittpunkt der Geraden für die Nebenbedingungen 2 und 3:

$$2.5 - 1.06x = 1.1 - 0.32x \Rightarrow x = 1.89, \ y = 0.50$$

Die preisoptimale Futterzusammenstellung erhält man also durch 1.9 kg Wintergerste und 0.5 kg Ergänzungsfutter zu einem Preis von $1.035 \approx$ 1.04 DM.

Kapitel 12

Mehrfache Integrale

Das bestimmte Integral ist als Grenzwert einer Summe definiert (vgl. Kap. 9):

$$\int\limits_a^b f(x)\,dx = \lim_{\substack{n\to\infty \\ \Delta x_k \to 0}} \sum_{k=1}^n f(\xi_k)\Delta x_k \tag{12.1}$$

Der Integrationsbereich ist ein geradliniger Abschnitt, nämlich die Strecke von a bis b auf der x-Achse. Geometrisch bedeutet das obige bestimmte Integral die Berechnung des Flächeninhalts, der von der Kurve $y = f(x)$, der x-Achse und den zwei Geraden $x = a$ und $x = b$ begrenzt wird. In diesem Kapitel soll das bestimmte Integral auf Funktionen von zwei und drei Veränderlichen verallgemeinert werden. Die Integrationsbereiche werden dann bestimmte Bereiche in der Ebene bzw. im Raum darstellen. Die entsprechenden Integralbegriffe lauten **Doppel-** oder **Flächenintegral** bzw. **Dreifach-** oder **Volumenintegral**.

12.1 Doppelintegrale

Man betrachtet eine Funktion zweier Veränderlicher $f(x,y)$ in einen abgeschlossenen Bereich B der xy-Ebene und unterteilt B in n Teilbereiche ΔB_k der Fläche $\Delta\sigma_k$, $k = 1, 2, \ldots, n$ (vgl. Bild 12.1).

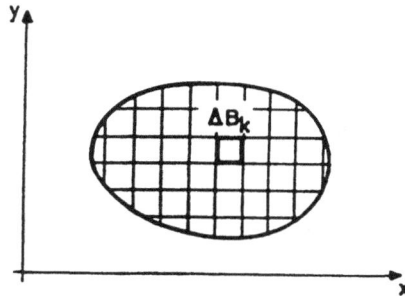

Bild 12.1: Aufteilung der Integrationsbereichs B

Es sei (ξ_k, η_k) irgendein Punkt von ΔB_k. Dann bildet man die Summe

$$\sum_{k=1}^n f(\xi_k, \eta_k) \cdot \Delta\sigma_k \tag{12.2}$$

und untersucht das Grenzwertverhalten für

$$\lim_{n\to\infty} \sum_{k=1}^{n} f(\xi_k, \eta_k) \cdot \Delta\sigma_k, \qquad\qquad (12.3)$$

wobei die Anzahl n der Teilflächen unbeschränkt zunimmt in der Weise, daß die $\Delta\sigma_k$ unbegrenzt verkleinert werden. Die unbegrenzte Verkleinerung der $\Delta\sigma_k$ bedeutet dabei geometrisch folgendes: Wenn d_k der Abstand zwischen den am weitesten auseinanderliegenden Punkten des Teilbereichs $\Delta\sigma_k$ und d der größte der Werte $d_1, d_2, \ldots, d_n$ ist, so strebt d gegen Null. Wenn der obige Grenzwert existiert, dann schreibt man für ihn:

$$\iint\limits_{(B)} f(x, y)\, d\sigma \qquad\qquad (12.4)$$

oder, wenn man die Flächenstücke $\Delta\sigma$ in Rechtecke mit den Seiten Δx und Δy zerlegt, so daß das Flächendifferential $d\sigma$ übergeht in $dx\,dy$:

$$\iint\limits_{(B)} f(x, y)\, dx\, dy \qquad\qquad (12.5)$$

Man spricht vom **Doppel-** oder **Flächenintegral** von $f(x, y)$ über den Bereich B. Man kann zeigen, daß das Doppelintegral existiert, wenn $f(x, y)$ stetig ist, oder mindestens stetig bis auf eine endliche Anzahl von Kurven innerhalb des Bereichs B. Geometrisch bedeutet ein bestimmtes Doppelintegral $\iint\limits_{(B)} f(x, y)\, dx\, dy$ die Berechnung des Volumens eines Körpers, der begrenzt wird von einer gegebenen Fläche (S) mit der Gleichung $z = f(x, y)$, sowie von der xy-Ebene und der Zylinderfläche (C), deren Erzeugende parallel zur z-Achse verlaufen und (S) auf den Bereich (B) der xy-Ebene projizieren (vgl. Bild 12.2). Falls $f(x, y) = 1$, stellt (12.4) den Flächeninhalt von (B) dar.

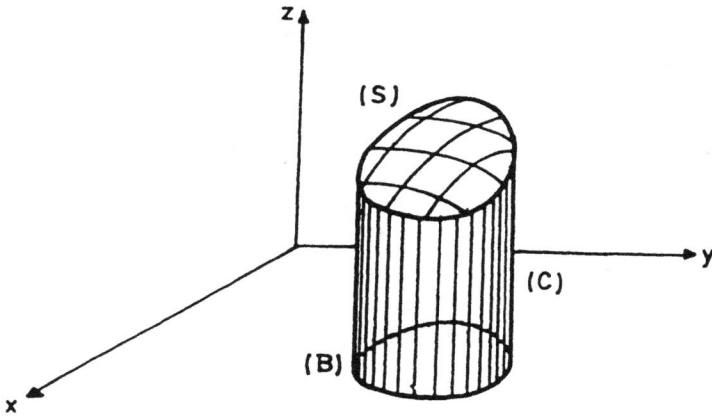

Bild 12.2: Geometrische Deutung des Doppelintegrals

12.2   Berechnung der Doppelintegrale durch iterierte Integrale

Sei der Bereich (B) von der Form, daß jede Gerade parallel zur y-Achse den Rand von (B) in höchstens zwei Punkten schneidet (vgl. Bild 12.3). Man kann dann die Gleichungen der Kurven ACB und ADB, welche zusammen den Rand von (B) ausmachen, als $y = f_1(x)$ und $y = f_2(x)$ bezeichnen. $f_1(x)$ und $f_2(x)$ sind eindeutig und stetig in $a < x < b$. Der Bereich (B) wird auf rechtwinklige Koordinaten bezogen und es wird angenommen, daß die Elemente $\Delta\sigma$ aus einer Zerlegung der Fläche in Rechtecke mit den Seiten Δx und Δy durch die Konstruktion achsenparalleler Geraden hervorgehen.

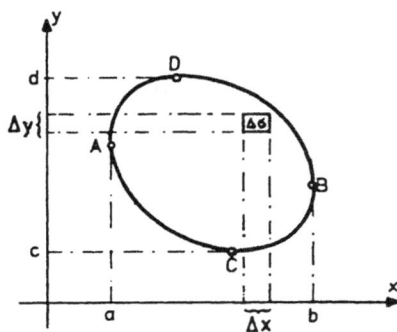

Bild 12.3: Zerlegung einer Fläche in Rechtecke

Das Differential $d\sigma$ kann daher durch das Produkt der Differentiale $dx\,dy$ ersetzt werden (vgl. 12.5). Man kann nun beweisen, daß das Doppelintegral (12.4) berechnet werden kann, indem man zunächst bei konstantem x nach y und dann nach x integriert, oder evtl. auch umgekehrt. Die Berechnung eines Doppelintegrals wird also auf zwei einfache Integrale oder iterierte Integrale zurückgeführt. Damit ergibt sich die folgende Berechnungsvorschrift:

$$
\iint\limits_{(B)} f(x,y)\, d\sigma = \iint\limits_{(B)} f(x,y)\, dx\, dy = \int\limits_{x=a}^{b} \int\limits_{y=f_1(x)}^{f_2(x)} f(x,y)\, dx\, dy =
$$

$$
= \int\limits_{x=a}^{b} \left(\int\limits_{y=f_1(x)}^{f_2(x)} f(x,y)\, dy \right) dx
$$

$$(12.6)$$

Beispiel:

Die zu integrierende Funktion sei $f(x, y) = x + y$. Sie stellt also eine Ebene im Raum dar. Der Integrationsbereich (B) sei durch folgende Grenzen gegeben: $x = 2$, $x = 3$, $y = x + 1$ und $y = -x + 3$ (vgl. Bild 12.4).

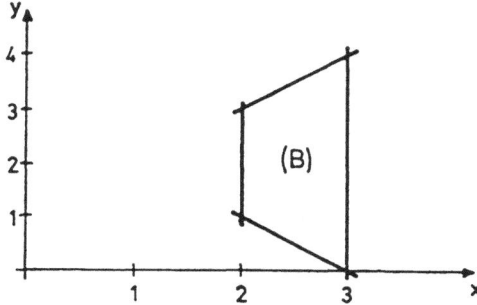

Bild 12.4: Integrationsbereich mit den Grenzen $x = 2$, $x = 3$, $y = x + 1$, $y = -x + 3$

Der Wert des Doppelintegrals
$$\iint\limits_{(B)} (x + y)\, dx\, dy = \int\limits_2^3 \left(\int\limits_{-x+3}^{x+1} (x + y)\, dy \right) dx$$
entspricht dem Volumen des in Bild 12.5 dargestellten abgeschnittenen Prismas mit der Grundfläche (B).

Zunächst wird das innere Integral berechnet, welches eine Funktion $I(x)$ darstellt.

$$I(x) = \int\limits_{-x+3}^{x+1} (x + y)\, dy = \left[xy + \frac{y^2}{2} \right]_{y=-x+3}^{y=x+1} =$$

$$= x(x + 1) + \frac{1}{2}(x + 1)^2 - \left(x(-x + 3) + \frac{1}{2}(-x + 3)^2 \right) =$$

$$= x^2 + x + \frac{1}{2}x^2 + x + \frac{1}{2} + x^2 - 3x - \frac{1}{2}x^2 + 3x - 4.5 = 2x^2 + 2x - 4$$

Das Gesamtintegral erhält man nun durch Integration von $I(x)$ auf dem Intervall von $[2, 3]$.

$$\int\limits_2^3 I(x)\, dx = \int\limits_2^3 (2x^2 + 2x - 4)\, dx = \left[\frac{2}{3}x^3 + x^2 - 4x \right]_{x=2}^{x=3} =$$

$$= 2 \cdot 9 + 9 - 12 - \left(\frac{2 \cdot 8}{3} + 4 - 8 \right) = \frac{41}{3}$$

Ist der Bereich (B) von der Form, daß jede Gerade parallel zur x-Achse den

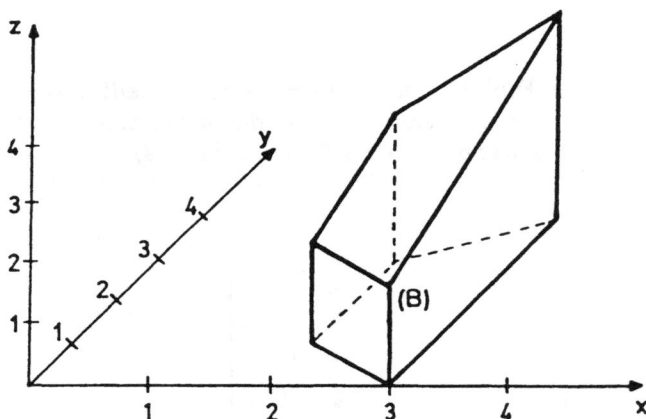

Bild 12.5: Geometrische Deutung des Integrals $\iint\limits_{(B)} (x+y)\, dx\, dy$

Rand von (B) in höchstens zwei Punkten trifft, dann kann man die Gleichungen der Kurven CAD und CBD (vgl. Bild 12.3) als $x = g_1(y)$ und $x = g_2(y)$ bezeichnen und ähnlich wie in (12.6) ableiten:

$$\iint\limits_{(B)} f(x,y)\, d\sigma = \iint\limits_{(B)} f(x,y)\, dx\, dy = \int\limits_{y=c}^{d} \int\limits_{x=g_1(y)}^{g_2(y)} f(x,y)\, dx\, dy =$$

$$= \int\limits_{y=c}^{d} \left(\int\limits_{x=g_1(y)}^{g_2(y)} f(x,y)\, dx \right) dy \tag{12.7}$$

Wenn das Doppelintegral existiert, liefern die Gleichungen (12.6) und (12.7) dasselbe Ergebnis. Die beiden Formulierungen des Doppelintegrals als iterierte Integrale unterscheiden sich durch die Reihenfolge der Integration. Ist der Bereich (B) nicht von der obigen Gestalt, dann kann man ihn i.a. in Teilbereiche $(B_1), (B_2), \ldots$ unterteilen, welche die obige Form haben. Das Doppelintegral über (B) ist die Summe der Doppelintegrale über $(B_1), (B_2)$ usw.

Bisher wurde die Lage von Punkten in der Ebene mit Hilfe eines kartesischen Koordinatensystems beschrieben. Eine andere Möglichkeit besteht durch die Angabe von **Polarkoordinaten**. Dazu legt man einen Ursprung O und eine Längeneinheit auf einem (horizontalen) von O ausgehenden Strahl OX fest. Die Lage eines Punktes P wird dann charakterisiert durch die Länge r der Strecke OP und dem Winkel ϕ zwischen OX und OP. Somit entspricht jedem Paar (r, ϕ) von Polarkoordinaten genau ein Punkt der Ebene.

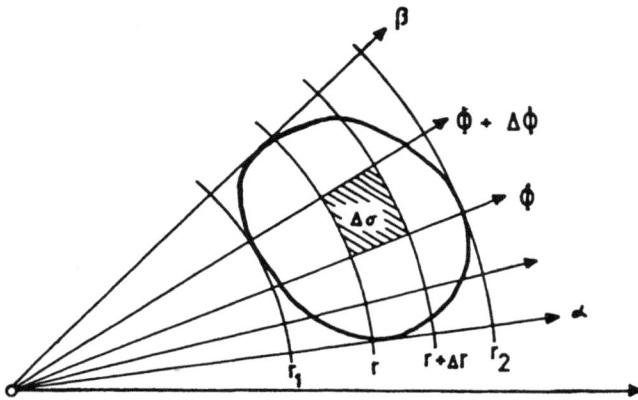

Bild 12.6: Geometrische Deutung des Doppelintegrals (in Polarkoordinaten)

Es sei nun eine Funktion f in Polarkoordinaten r und ϕ gegeben: $z = f(r, \phi)$. Um die Berechnung des Flächenintegrals $\displaystyle\iint\limits_{(B)} f(r, \phi)\, d\sigma$ auf ein iteriertes Integral zurückzuführen, betrachtet man Kurvenscharen $r = $ const. und $\phi = $ const. $\Delta\sigma$ kann dann in etwa als Rechteck mit den Seiten Δr und $r \cdot \Delta\phi$ angesehen werden (vgl. Bild 12.6), d.h. $\Delta\sigma = r \cdot \Delta r \cdot \Delta\phi$. Grenzwertbildung ergibt:

$$\iint\limits_{(B)} f(r, \phi)\, d\sigma = \lim_{(B)} \sum f(r, \phi) \cdot r \cdot \Delta r \cdot \Delta\phi = \iint\limits_{(B)} f(r, \phi) \cdot r\, dr\, d\phi \quad (12.8)$$

12.3   Dreifachintegrale und ihre Berechnung

Es sei $f(x, y, z)$ im abgeschlossenen dreidimensionalen Bereich (B) definiert. Der Bereich (B) werde in n Teilbereiche ΔV_k, $k = 1, 2, \ldots, n$ unterteilt. Es sei wiederum (ξ_k, η_k, ζ_k) irgendein Punkt im Teilbereich ΔV_k. Dann bildet man

$$\lim_{n \to \infty} \sum_{k=1}^{n} f(\xi_k, \eta_k, \zeta_k) \cdot \Delta V_k, \tag{12.9}$$

wobei die Anzahl n unbeschränkt wächst, so daß aber der größte Durchmesser von allen Teilbereichen gegen Null strebt. Wenn dieser Grenzwert existiert, bezeichnet man ihn mit **Dreifach-** oder **Volumenintegral**

$$\iiint\limits_{(B)} f(x, y, z)\, dV \tag{12.10}$$

bzw. bei Bezugnahme auf rechtwinklige Koordinaten

$$\iiint\limits_{(B)} f(x, y, z)\, dx\, dy\, dz. \tag{12.11}$$

Man kann zeigen, daß dieser Grenzwert für Funktionen existiert, die stetig bzw. stetig bis auf endlich viele Flächen sind.

Zur Berechnung von Dreifachintegralen betrachtet man zunächst wieder rechtwinklige Koordinaten und nimmt an, daß die den Bereich (B) begrenzende Fläche (O) von jeder achsenparallelen Geraden in nicht mehr als 2 Punkten geschnitten wird. Dann konstruiert man Parallelebenen parallel zur xy-, yz-, xz-Ebene, so daß der Bereich (B) in Teilbereiche unterteilt wird, welche rechtwinklige Parallelepipede darstellen. Das Volumenelement ΔV wird dann in $\Delta V = \Delta x \cdot \Delta y \cdot \Delta z$ zerlegt, bzw. das Volumendifferential dV in $dV = dx\, dy\, dz$. Man kann ähnlich wie im Fall des Doppelintegrals zeigen, daß dann die Berechnung eines Dreifachintegrals auf die dreimalige Einfachintegration zurückgeführt werden kann.

Legt man z.B. den Integrationsbereich (B) in Bild 12.7 zugrunde, dann wird zunächst bei konstantem x und y nach z integriert und zwar von $z = h_1(x, y)$, also von der unteren Begrenzungsfläche von (B), bis $z = h_2(x, y)$, also der oberen Begrenzungsfläche von (B):

$$I(x, y) = \int\limits_{z = h_1(x,y)}^{h_2(x,y)} f(x, y, z)\, dz \tag{12.12}$$

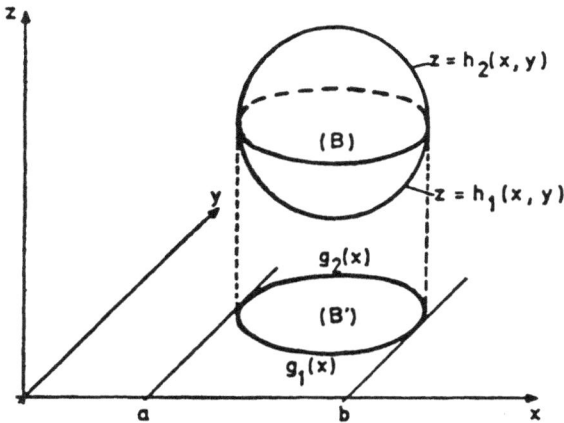

Bild 12.7: Geometrische Deutung des Dreifachintegrals

Das Ergebnis ist eine Funktion I der Veränderlichen x und y. Daraufhin berechnet man das Doppelintegral $\displaystyle\iint\limits_{(B')} I(x,y)\,dx\,dy$ über den Bereich (B') in der xy-Ebene, den man durch Projektion von (B) auf die xy-Ebene erhält (vgl. Bild 12.7). Das Doppelintegral kann seinerseits wieder auf zwei Einfachintegrale zurückgeführt werden. Integriert man z.B. zunächst nach y, so muß man als Integrationsgrenzen eine "obere" und "untere" Begrenzungskurve $g_2(x)$ und $g_1(x)$ des Bereichs (B') angeben. Die letzte Integration erfolgt dann in x-Richtung von $x_{\min} = a$ bis $x_{\max} = b$. Es gilt also:

$$
\iiint\limits_{(B)} f(x,y,z)\,dV = \iiint\limits_{(B)} f(x,y,z)\,dx\,dy\,dz =
$$

$$
= \int\limits_{x=a}^{b}\int\limits_{y=g_1(x)}^{g_2(x)}\int\limits_{z=h_1(x,y)}^{h_2(x,y)} f(x,y,z)\,dx\,dy\,dz = \qquad (12.13)
$$

$$
= \int\limits_{x=a}^{b}\left(\int\limits_{y=g_1(x)}^{g_2(x)}\left(\int\limits_{z=h_1(x,y)}^{h_2(x,y)} f(x,y,z)\,dz\right)dy\right)dx
$$

Ist z.B. (B) ein rechtwinkliges Parallelepiped, das von den zu den Koordinatenebenen parallelen Ebenen $x = a$, $x = b$, $y = a_1$, $y = b_1$, $z = a_2$ und $z = b_2$ begrenzt wird, so werden auch die Grenzen bei den ersten Integrationen

Konstanten und man erhält:

$$\iiint\limits_{(B)} f(x,y,z)\,dx\,dy\,dz = \int\limits_{a}^{b} \left(\int\limits_{a_1}^{b_1} \left(\int\limits_{a_2}^{b_2} f(x,y,z)\,dz \right) dy \right) dx \qquad (12.14)$$

Die geometrische Interpretation eines Dreifachintegrals bereitet gewisse Schwierigkeiten, da man dazu eine Vorstellung des vierdimensionalen Raums bräuchte. Ein Doppelintegral kann bekanntlich als Volumen interpretiert werden. Wenn nun der Integrand $f(x,y,z)$ als kontinuierliche Massendichte im Bereich (B) aufgefaßt wird, dann kann man das Integral $\iiint\limits_{(B)} f(x,y,z)\,dx\,dy\,dz$ als Masse des Bereichs (B) interpretieren.

12.4   Krummlinige Koordinaten

Oft ist es zweckmäßig, bei der Berechnung multipler Integrale anstelle der recht-winkligen Koordinaten **krummlinige Koordinaten** zu verwenden. Für x und y seien durch die Beziehungen

$$u = \Phi(x, y) \qquad v = \Psi(x, y) \tag{12.15}$$

neue Veränderliche u und v eingeführt. Dadurch wird ein Bereich (B) der xy-Ebene auf einen Bereich (B') der uv-Ebene abgebildet.

Die Auflösung der obigen Gleichungen nach x und y liefert die Darstellung der rechtwinkligen Koordinaten x und y durch die krummlinigen Koordinaten u und v:

$$x = \Phi_1(u, v) \qquad y = \Psi_1(u, v) \tag{12.16}$$

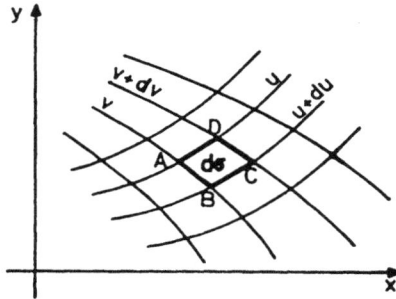

Bild 12.8: Geometrische Deutung des Integrationsbereichs im Falle krummlini-ger Koordinaten

Wenn man das Flächenelement $d\sigma = ABCD$ (Bild 12.8) bestimmt, das von Paaren infinitesimal benachbarter Koordinatenlinien

$$u = \Phi(x, y) \qquad u + du = \Phi(x + dx, y + dy)$$
$$v = \Psi(x, y) \qquad v + dv = \Psi(x + dx, y + dy)$$

erzeugt wird, so erhält man nach längerer Rechnung:

$$d\sigma = |D| \cdot du \cdot dv \tag{12.17}$$

mit:

$$D = \frac{\partial(x, y)}{\partial(u, v)} = \begin{vmatrix} \dfrac{\partial x}{\partial u} & \dfrac{\partial x}{\partial v} \\[2mm] \dfrac{\partial y}{\partial u} & \dfrac{\partial y}{\partial v} \end{vmatrix} = \begin{vmatrix} \dfrac{\partial \Phi_1}{\partial u} & \dfrac{\partial \Phi_1}{\partial v} \\[2mm] \dfrac{\partial \Psi_1}{\partial u} & \dfrac{\partial \Psi_1}{\partial v} \end{vmatrix} \tag{12.18}$$

Man bezeichnet die Determinante D als **Funktionaldeterminante** der Funktionen $\Phi_1(u, v)$ und $\Psi_1(u, v)$ in Bezug auf die Veränderlichen u und v.

Es gilt also folgende Transformation für Doppelintegrale:

$$\int\limits_{(B)}\int f(x, y)\, dx\, dy = \int\limits_{(B')}\int \tilde{f}(u, v)\, |D|\, du\, dv \qquad (12.19)$$

$\tilde{f}(u, v)$ ist diejenige Funktion von u und v, die sich aus $f(x, y)$ infolge der Transformation $x = \Phi_1(u, v)$ und $y = \Psi_1(u, v)$ ergibt:

$$\tilde{f}(u, v) = f\Big(\Phi_1(u, v), \Psi_1(u, v)\Big) \qquad (12.20)$$

Verallgemeinerungen auf mehr als zwei Dimensionen sind leicht durchzuführen.

Die Verwendung von Polarkoordinaten (r, ϕ) anstelle von rechtwinkligen xy-Koordinaten wurde bereits im Falle des Doppelintegrals in 12.2 durch anschauliche Ableitung des Flächendifferentials $d\sigma$ erläutert. Dieses Ergebnis kann nochmals anhand folgender Transformationen verifiziert werden:

$$\left.\begin{array}{lll} x = r\cos\phi, & \dfrac{\partial x}{\partial r} = \cos\phi, & \dfrac{\partial x}{\partial \phi} = r\sin\phi \\[2mm] y = r\sin\phi, & \dfrac{\partial y}{\partial r} = \sin\phi, & \dfrac{\partial y}{\partial \phi} = -r\cos\phi \end{array}\right\} \Rightarrow \qquad (12.21)$$

$$\Rightarrow \quad D = \begin{vmatrix} \cos\phi & r\sin\phi \\ \sin\phi & -r\cos\phi \end{vmatrix} = -r \quad \Rightarrow \quad |D| = r$$

Also gilt:

$$\int\limits_{(B)}\int f(x, y)\, dx\, dy = \int\limits_{(B')}\int \tilde{f}(r\cos\phi, r\sin\phi) \cdot r\, dr\, d\phi \qquad (12.22)$$

Aufgaben[1]

1. Ein Bereich (B) in der xy-Ebene sei durch folgende Kurven begrenzt:
   $y = x^2$, $x = 2$, $y = 1$ (vgl. Bild 12.9).

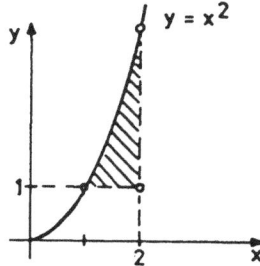

Bild 12.9: Integrationsbereich (B) mit den Grenzen $y = x^2$, $x = 2$, $y = 1$

Man berechne das Doppelintegral $\int\int\limits_{(B)}(x^2+y^2)dx\,dy$. Dieses Doppelintegral
stellt das polare Trägheitsmoment des Bereichs (B) bezüglich des Ursprungs
dar.

2. Das Volumen V des in Bild 12.10 dargestellten abgeschnittenen rechteckigen
   Prismas soll berechnet werden. Die Grundfläche sei von der x-Achse, der
   y-Achse und den Geraden $x = a$, $y = b$ begrenzt. Die Schnittebene habe
   die Gleichung $\dfrac{x}{c_1} + \dfrac{y}{c_2} + \dfrac{z}{c_3} = 1$.

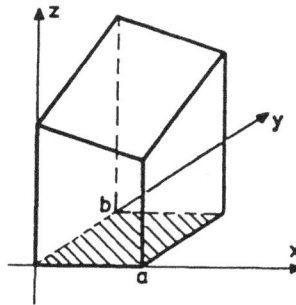

Bild 12.10: Prisma $\dfrac{x}{c_1} + \dfrac{y}{c_2} + \dfrac{z}{c_3} = 1$ auf dem Bereich $0 \le x \le a$ und $0 \le y \le b$

3. Man berechne das Volumen V, das durch die beiden Zylinder $x^2 + y^2 = a^2$
   und $x^2 + z^2 = a^2$ "ausgeschnitten" wird. .

4. Man berechne die Funktionaldeterminante D für $u = x^2 - y^2$ und $v = 2xy$.

---

[1]vgl. Spiegel M.R.: Advanced Calculus, McGraw Hill, 1974

5. Man berechne das polare Trägheitsmoment des Bereichs (B) in der xy-Ebene, der begrenzt wird durch $x^2 - y^2 = 1$, $x^2 - y^2 = 9$, $xy = 2$ und $xy = 4$. Bild 12.11 stellt diesen Bereich in einem (xy)- und dem transformierten (uv)-Koordinatensystem dar.

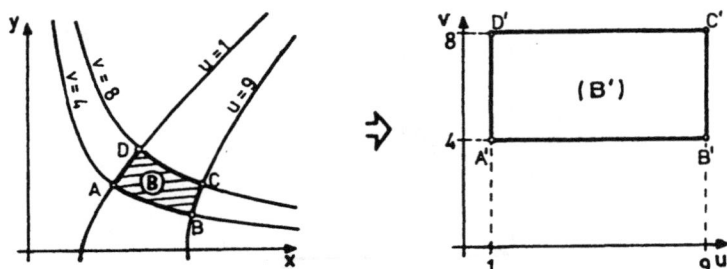

Bild 12.11: Integrationsbereich mit den Grenzen $x^2 - y^2 = 1$, $x^2 - y^2 = 9$, $xy = 2$ und $xy = 4$ in krumm- und geradlinigen Koordinaten

6. Man berechne das Integral $\iiint\limits_{(B)} (x^2 + y^2 + z^2)\, dx\, dy\, dz$. Der Bereich (B) wird durch $x + y + z = a \; (a > 0)$, $x = 0$, $y = 0$ und $z = 0$ begrenzt.

7. Man berechne das Doppelintegral $\iint\limits_{(B)} e^{-x^2 - y^2}\, dx\, dy$, wobei (B) der im ersten Quadranten liegende Bereich der Kreisfläche $x^2 + y^2 \leq R^2$ sei (vgl. Bild 12.12).

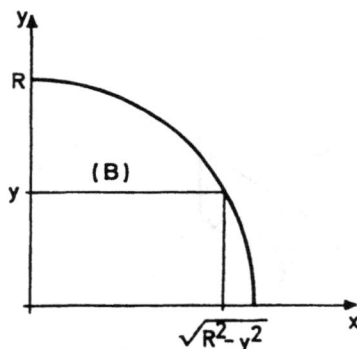

Bild 12.12: Integrationsbereich mit den Grenzen $x^2 + y^2 \leq R^2$ im ersten Quadranten

Lösungen

1. Das Doppelintegral kann wie folgt als iteriertes Integral geschrieben werden:

$$\int\limits_{x=1}^{2}\int\limits_{y=1}^{x^2}(x^2+y^2)\,dy\,dx = \int\limits_{x=1}^{2}\left(\int\limits_{y=1}^{x^2}(x^2+y^2)\,dy\right)dx =$$

$$= \int\limits_{x=1}^{2}\left(\left[x^2y+\frac{y^3}{3}\right]_{y=1}^{x^2}\right)dx = \int\limits_{x=1}^{2}\left(x^4+\frac{x^6}{3}-x^2-\frac{1}{3}\right)dx = \frac{1006}{105}$$

Man kann natürlich auch die Reihenfolge der Integration vertauschen und erhält dann:

$$\int\limits_{y=1}^{4}\int\limits_{x=\sqrt{y}}^{2}(x^2+y^2)\,dx\,dy = \int\limits_{y=1}^{4}\left(\int\limits_{x=\sqrt{y}}^{2}(x^2+y^2)\,dx\right)dy =$$

$$= \int\limits_{y=1}^{4}\left(\left[\frac{x^3}{3}+xy^2\right]_{x=\sqrt{y}}^{2}\right)dy = \int\limits_{y=1}^{4}\left(\frac{8}{3}+2y^2-\frac{y^{3/2}}{3}-y^{5/2}\right)dy = \frac{1006}{105}$$

2. Das Volumen V kann entweder als Doppelintegral über den Bereich (B') der xy-Ebene mit $f(x,y)=z$ als Integrand aufgefaßt werden oder als Dreifachintegral über (B), wobei (B) das oben beschriebene Prisma darstellt und der Integrand $f(x,y,z)=1$ ist.

$$V = \int\limits_{0}^{a}dx\int\limits_{0}^{b}z\,dy = \int\limits_{0}^{a}dx\int\limits_{0}^{b}c_3\left(1-\frac{x}{c_1}-\frac{y}{c_2}\right)dy =$$

$$= c_3\int\limits_{0}^{a}dx\left[y-\frac{xy}{c_1}-\frac{y^2}{2c_2}\right]_{y=0}^{b} = c_3\int\limits_{0}^{a}\left(b-\frac{xb}{c_1}-\frac{b^2}{2c_2}\right)dx =$$

$$= c_3\left(ab-\frac{a^2b}{2c_1}-\frac{ab^2}{2c_2}\right) = abc_3\left(1-\frac{a}{2c_1}-\frac{b}{2c_2}\right)$$

3. $$V = 8\cdot\int\limits_{x=0}^{a}\int\limits_{y=0}^{\sqrt{a^2-x^2}}\int\limits_{z=0}^{\sqrt{a^2-x^2}}dz\,dy\,dx = 8\cdot\int\limits_{x=0}^{a}\int\limits_{y=0}^{\sqrt{a^2-x^2}}\sqrt{a^2-x^2}\,dy\,dx =$$

$$= 8\cdot\int\limits_{x=0}^{a}(a^2-x^2)\,dx = \frac{16a^3}{3}$$

4. 1. Lösungsmethode:

$$\tilde{D} = \frac{\partial(u,v)}{\partial(x,y)} = \begin{vmatrix} u_x & u_y \\ v_x & v_y \end{vmatrix} = \begin{vmatrix} 2x & -2y \\ 2y & 2x \end{vmatrix} = 4(x^2 + y^2)$$

Es ist $(x^2 + y^2)^2 = (x^2 - y^2)^2 + (2xy)^2$ mit $x^2 + y^2 = \sqrt{u^2 + v^2}$.

Dann ist wegen $\dfrac{\partial(x,y)}{\partial(u,v)} = \dfrac{1}{\dfrac{\partial(u,v)}{\partial(x,y)}}$:

$$D = \frac{\partial(x,y)}{\partial(u,v)} = \frac{1}{4(x^2 + y^2)} = \frac{1}{4\sqrt{u^2 + v^2}}$$

2. Lösungsmethode:

$u = x^2 - y^2$, $v = 2xy$, $x^2 + y^2 = \sqrt{u^2 + v^2}$, $x^2 - y^2 = u$

$$x = \frac{1}{\sqrt{2}}\sqrt{\sqrt{u^2 + v^2} + u}, \quad y = \frac{1}{\sqrt{2}}\sqrt{\sqrt{u^2 + v^2} - u}$$

$$\frac{\partial x}{\partial u} = \frac{1}{2\sqrt{2}} \cdot \frac{\sqrt{\sqrt{u^2 + v^2} + u}}{\sqrt{u^2 + v^2}} \qquad \frac{\partial x}{\partial v} = \frac{1}{2\sqrt{2}} \cdot \frac{v}{\sqrt{u^2 + v^2} \cdot \sqrt{\sqrt{u^2 + v^2} + u}}$$

$$\frac{\partial y}{\partial u} = -\frac{1}{2\sqrt{2}} \cdot \frac{\sqrt{\sqrt{u^2 + v^2} - u}}{\sqrt{u^2 + v^2}} \qquad \frac{\partial y}{\partial v} = \frac{1}{2\sqrt{2}} \cdot \frac{v}{\sqrt{u^2 + v^2} \cdot \sqrt{\sqrt{u^2 + v^2} - u}}$$

$$D = \begin{vmatrix} \dfrac{\partial x}{\partial u} & \dfrac{\partial x}{\partial v} \\ \dfrac{\partial y}{\partial u} & \dfrac{\partial y}{\partial v} \end{vmatrix} = \frac{1}{4\sqrt{u^2 + v^2}}$$

5. (vgl. Aufgabe 4)

$$\iint_{(B)} (x^2 + y^2)\, dx\, dy = \iint_{(B')} (x^2 + y^2) \frac{\partial(x,y)}{\partial(u,v)}\, du\, dv =$$

$$= \iint_{(B')} (x^2 + y^2) \frac{du\, dv}{4(x^2 + y^2)} = \frac{1}{4} \int_{u=1}^{9} \int_{v=4}^{8} du\, dv = 8$$

6. $\displaystyle\int\limits_{x=0}^{a}\int\limits_{y=0}^{a-x}\int\limits_{z=0}^{a-x-y}(x^2+y^2+z^2)\,dz\,dy\,dx =$

$$= \int\limits_{x=0}^{a}\int\limits_{y=0}^{a-x}\left[x^2z+y^2z+\frac{z^3}{3}\right]_{z=0}^{a-x-y}dy\,dx =$$

$$= \int\limits_{x=0}^{a}\int\limits_{y=0}^{a-x}\left(x^2(a-x)-x^2y+(a-x)y^2-y^3+\frac{(a-x-y)^3}{3}\right)dy\,dx =$$

$$= \int\limits_{x=0}^{a}\left[x^2(a-x)y-\frac{x^2y^2}{2}+\frac{(a-x)y^3}{3}-\frac{y^4}{4}-\frac{(a-x-y)^4}{12}\right]_{y=0}^{a-x}dx =$$

$$= \int\limits_{x=0}^{a}\left(x^2(a-x)^2-\frac{x^2(a-x)^2}{2}+\frac{(a-x)^4}{3}-\frac{(a-x)^4}{4}+\frac{(a-x)^4}{12}\right)dx =$$

$$= \int\limits_{x=0}^{a}\left(\frac{x^2(a-x)^2}{2}+\frac{(a-x)^4}{6}\right)dx = \frac{a^5}{20}$$

7. Man führt die Integration zweckmäßigerweise in Polarkoordinaten durch:

$$\iint\limits_{(B)}e^{-x^2-y^2}\,dx\,dy = \int\limits_{0}^{R}\int\limits_{0}^{\sqrt{R^2-y^2}}e^{-x^2-y^2}\,dx\,dy = \int\limits_{0}^{\pi/2}\int\limits_{0}^{R}e^{-r^2}\cdot r\,dr\,d\phi =$$

$$= \int\limits_{0}^{\pi/2}\left(-\frac{1}{2}\int\limits_{0}^{R}e^{-r^2}\cdot(-2r)\,dr\right)d\phi = -\frac{1}{2}\int\limits_{0}^{\pi/2}\left(e^{-R^2}-1\right)d\phi =$$

$$= -\frac{1}{2}\left[\left(e^{-R^2}-1\right)\phi\right]_{\phi=0}^{\pi/2} = \frac{\pi}{4}\left(1-e^{-R^2}\right)$$

Über das letzte Integral kann der Wert des Einfachintegrals $I = \displaystyle\int\limits_{0}^{\infty}e^{-x^2}\,dx$,

dessen unbestimmtes Integral unbekannt ist, berechnet werden. $\displaystyle\int\limits_{0}^{\infty}e^{-x^2}\,dx$

ist ein sog. uneigentliches Integral, nämlich der Grenzwert $\displaystyle\lim_{b\to\infty}\int\limits_{0}^{b}e^{-x^2}\,dx$.

Berechnet man $\displaystyle\iint\limits_{(Q_1)}e^{-x^2-y^2}\,dx\,dy$ als uneigentliches Integral über den gan-

zen ersten Quadranten (Q_1), dann gilt:

$$\iint\limits_{(Q_1)} e^{-x^2-y^2}\,dx\,dy = \int\limits_0^\infty e^{-x^2}\,dx \cdot \int\limits_0^\infty e^{-y^2}\,dy = I^2$$

Unter Verwendung von Polarkoordinaten ergibt sich:

$$I^2 = \iint\limits_{(Q_1)} e^{-r^2} \cdot r\,dr\,d\phi = \int\limits_0^{\phi/2} \int\limits_0^\infty e^{-r^2} \cdot r\,dr\,d\phi = \frac{\pi}{4} \quad \Rightarrow$$

$$I = \int\limits_0^\infty e^{-x^2}\,dx = \frac{\sqrt{\pi}}{2} \quad \text{bzw.} \quad \int\limits_{-\infty}^\infty e^{-x^2}\,dx = \sqrt{\pi}$$

Kapitel 13

Differentialgleichungen

Differentialgleichungen sind Gleichungen, die außer unabhängigen Veränderlichen und unbekannten Funktionen Ableitungen oder Differentiale der unbekannten Funktionen enthalten. Differentialgleichungen sind für alle Anwendungen von besonderer Wichtigkeit, bei denen Probleme dynamischer Natur untersucht werden. Als Beispiel sei die Newtonsche Bewegungsgleichung erwähnt, in welcher die Beschleunigung $\frac{d^2x}{dt^2}$ eines Massenpunkts mit der Geschwindigkeit $\frac{dx}{dt}$ und der Ortskoordinate x miteinander gemäß folgender Gleichung verknüpft sind:

$$m\frac{d^2x}{dt^2} + \beta\frac{dx}{dt} + kx = 0 \qquad (13.1)$$

Auch der Ablauf einer chemischen Reaktion läßt sich durch Differentialgleichungen beschreiben, in denen die Konzentrationen und die Konzentrationsänderungen der beteiligten Stoffe miteinander verknüpft sind. Die Theorie der Differentialgleichungen beschäftigt sich mit dem Lösen solcher Gleichungen, d.h. mit der Bestimmung aller oder einzelner Funktionen, welche die Differentialgleichung erfüllen.

Methoden zur exakten Bestimmung von Lösungen gibt es nur in speziellen Fällen. Häufig ist man auf Näherungsverfahren unter Einsatz eines Computers angewiesen. Dieses Kapitel beschäftigt sich mit einigen einfachen Typen von Differentialgleichungen, für welche analytische Lösungsmethoden zur Verfügung stehen.

Im folgenden wird häufig die Abkürzung DGL für Differentialgleichung verwendet.

13.1 Einteilung der Differentialgleichungen

Kommen in einer Differentialgleichung Funktionen von nur einer unabhängigen Variablen und ihre gewöhnlichen Ableitungen vor, so nennt man dies eine **gewöhnliche Differentialgleichung**. Enthält dagegen eine Differentialgleichung Funktionen von mehreren Variablen und partielle Ableitungen dieser unbekannten Funktionen, dann spricht man von einer **partiellen Differentialgleichung**.

Beispiele:

1. Die Gleichung $y'(x) = a \cdot y(x) + b \cdot x + c$ stellt eine gewöhnliche Differentialgleichung dar.

2. Bei der Gleichung $f_{yy}(x, y) = c \cdot f_{xx}(x, y)$ handelt es sich um eine partielle Differentialgleichung.

Eine gewöhnliche Differentialgleichung hat die allgemeine implizite Form

$$F(x, y, y', y'', \ldots, y^{(n)}) = 0 \qquad\qquad (13.2)$$

und heißt **Differentialgleichung n-ter Ordnung**, wenn die n-te Ableitung $y^{(n)}$ die höchste vorkommende Ableitung ist. Häufig kann eine Differentialgleichung n-ter Ordnung nach $y^{(n)}$ aufgelöst werden und man erhält die explizite Darstellung

$$y^{(n)} = f(x, y, y', y'', \ldots, y^{(n-1)}) \qquad\qquad (13.3)$$

Von besonderer Bedeutung sind **lineare Differentialgleichungen**. In linearen Differentialgleichungen treten die unbekannte Funktion $y(x)$ sowie ihre Ableitungen $y'(x)$, $y''(x)$, usw. nur in der ersten Potenz auf und nicht in gemischten Gliedern, wie z.B. $y(x) \cdot y'(x)$. Die Potenzen von x spielen hierbei keine Rolle.

Beispiele:

1. $y' + p(x) \cdot y + q(x) \cdot y^2 = f(x)$ ist eine Differentialgleichung erster Ordnung.

2. $a_n(x)y^{(n)} + a_{n-1}(x)y^{(n-1)} + \ldots + a_1(x)y' + a_0(x)y(x) = f(x)$ ist eine lineare Differentialgleichung n-ter Ordnung.

3. $y''/(1 + y'^2)^{3/2} = 2c(1 - x)$ ist eine Differentialgleichung zweiter Ordnung.

4. $y'' + p(x)y = f(x)$ ist eine lineare Differentialgleichung zweiter Ordnung.

Die **allgemeine Lösung** einer Differentialgleichung $F(x, y, y', \ldots, y^{(n)}) = 0$ ist die Gesamtheit aller differenzierbaren Funktionen $y(x)$, für die

$$F(x, y(x), y'(x), y''(x), \ldots, y^{(n)}(x)) = 0 \qquad\qquad (13.4)$$

für alle x aus dem Definitionsbereich von y gilt. Eine einzelne Funktion $y(x)$ aus dieser Gesamtheit heißt **partikuläre Lösung** der Differentialgleichung. Der Graph einer solchen partikulären Lösung heißt **Integralkurve** der Differentialgleichung.

Zunächst werden einige wichtige Typen von Differentialgleichungen 1. Ordnung behandelt und die geschlossenen Lösungsmethoden skizziert, d.h. Methoden, welche die Gesamtheit der Lösungen anhand einer geschlossenen Formel beschreiben.

13.2 Geometrische Interpretation der Differential- gleichungen 1. Ordnung

Es sei eine Differentialgleichung 1. Ordnung in expliziter Form, also aufgelöst nach y', gegeben. Die Gleichung $y' = f(x, y)$ definiert dann in der xy-Ebene ein **Richtungsfeld**. Jedem Punkt (x, y) wird durch diese Gleichung eine Richtung zugeordnet, nämlich die Steigung einer Integralkurve dieser Differentialglei- chung in diesem Punkt. Bild 13.1 zeigt die Richtungsfelder von zwei Differen- tialgleichungen. Auch einige Lösungskurven sind eingezeichnet.

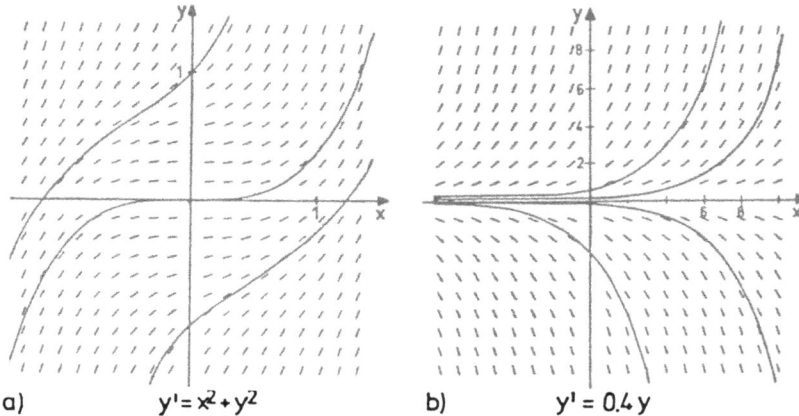

a) $y' = x^2 + y^2$ b) $y' = 0.4\,y$

Bild 13.1: Richtungsfelder der Differentialgleichungen $y' = x^2 + y^2$ und $y' = 0.4y$

Anhand eines Richtungsfelds kann man eine anschauliche Vorstellung vom Ver- lauf der Integralkurven gewinnen. Bild 13.1 läßt außerdem die Vermutung zu, daß die Gesamtheit der Lösungskurven die ganze xy-Ebene lückenlos überdeckt, d.h. durch jeden Punkt der Koordinatenebene geht mindestens eine Lösungs- kurve. Aufgrund der speziellen Natur des gestellten Problems wird häufig nur eine bestimmte Lösungskurve oder Integralkurve gesucht, z.B. eine Kurve, wel- che durch einen bestimmten Punkt oder durch bestimmte Punkte geht. In diesem Zusammenhang spricht man auch von **Anfangswertaufgaben** oder **Randwertaufgaben**.

13.3   Differentialgleichungen vom Typ $y'(x) = f(x)$

Dieser Typ stellt den einfachsten Fall einer Differentialgleichung dar. $f(x)$ ist
eine gegebene, $y(x)$ die gesuchte Funktion. Die Lösung dieser Differentialgleichung läuft auf das Problem hinaus, eine Stammfunktion von $f(x)$ zu finden.
Die allgemeine Lösung ist daher:

$$y(x, C) = \int f(x)\,dx + C \qquad \text{oder}$$

$$y(x, C) = \int\limits_{x_0}^{x} f(\xi)\,d\xi + C \tag{13.5}$$

Alle Lösungen sind also durch Gleichung (13.5) gegeben. In diesem Zusammenhang wird verständlich, daß man das Lösen einer Differentialgleichung auch Integrieren der Differentialgleichung nennt. Die allgemeine Lösungsformel heißt
deshalb auch das **allgemeine Integral** und eine bestimmte Lösung auch **partikuläres Integral**. C ist die sog. **Integrationskonstante**.

13.4   Differentialgleichungen vom Typ $y'(x) = g(y)$

$g(y)$ ist eine gegebene Funktion von y. Man kann hier die Rollen von y und x miteinander vertauschen, also zur Umkehrfunktion $x = x(y)$ übergehen, vorausgesetzt, daß $y(x)$ streng monoton ist. Daher sind die Fälle $g(y) > 0$, $g(y) < 0$ bzw. der Ausnahmefall $g(y) = 0$ zu unterscheiden. Es ist dann

$$\frac{dx}{dy} = \frac{1}{dy/dx} = \frac{1}{g(y)} \tag{13.6}$$

und man erhält damit die in 13.3 besprochene Situation. Die allgemeine Lösung lautet:

$$x = \int \frac{dy}{g(y)} + C \tag{13.7}$$

Löst man nach erfolgter Integration (13.7) nach y auf, so hat man die gesuchte Lösung der Differentialgleichung $y' = g(y)$ gefunden. Der Fall $g(y) = 0$ ist trivial, denn dann lautet die Differentialgleichung $y' = 0$ und hierfür ist $y = C$ die Lösung.

13.4.1   Die Differentialgleichung $y' = ky$
(Differentialgleichung des exponentiellen Wachstums)

Man formt die Differentialgleichung $y' = ky$ um zu $\dfrac{dx}{dy} = \dfrac{1}{ky}$ und integriert:

$$x = \int \frac{dy}{ky} + C \Rightarrow x = \frac{1}{k} \ln|y| + C = \frac{1}{k} \ln|C'y| \Rightarrow$$

$$kx = \ln|C'y| \Rightarrow C'y = e^{kx} \Rightarrow y = \frac{1}{C'}e^{kx} = C''e^{kx} \tag{13.8}$$

Schreibt man anstelle von C'' wieder C, dann erhält man die allgemeine Lösung:

$$y(x, C) = Ce^{kx} \tag{13.9}$$

Die allgemeine Lösung stellt also zwei Scharen von Exponentialfunktionen dar für $C > 0$ und $C < 0$, wobei für die Anwendungen die Lösungsschar $C > 0$ sicher von größerer Bedeutung ist.

Eine spezielle Integralkurve wird durch Vorgabe einer bestimmten Bedingung ausgewählt:

$$y(x_0) = y_0 \quad \Rightarrow \quad \frac{y_0}{e^{kx_0}} = C \tag{13.10}$$

Für $x_0 = 0$ ist $C = y_0$.

Die Differentialgleichung $y' = ky$ heißt auch **Differentialgleichung des exponentiellen oder unbeschränkten Wachstums**. Sei die unabhängige Veränderliche die Zeit t, dann bedeutet $y' = \dfrac{dy}{dt}$ die Änderung der Größe pro Zeiteinheit. y' stellt also die Wachstumsgeschwindigkeit dar. Die Differentialgleichung $y' = ky$ sagt also, die Wachstumsgeschwindigkeit der Größe y ist proportional zur Größe y. Dies ist das sog. **Gesetz des organischen Wachstums**. Es gibt in der Biologie und in anderen Bereichen viele Erscheinungen, für welche dieses Gesetz in gewissen Grenzen zutrifft, z.B. das Wachstum einer Bakterienkultur, einer Insektenpopulation oder die Vermehrung des Holzbestands eines Walds. Die Konstante k wird in diesen Fällen positiv sein. Auch der Zerfall einer radioaktiven Substanz läßt sich mit dieser Differentialgleichung und einer negativen Zerfallskonstanten $k < 0$ beschreiben. Bezeichnet man den Anfangswert $y(0)$ zum Zeitpunkt $t = 0$ mit y_0, dann erhält man das partikuläre Integral $y(t) = y_0 \cdot e^{kt}$. In Bild 13.1 b sind für die Differentialgleichung $y' = 0.4y$ zu verschiedenen Anfangswerten $y(0) = y_0$ Lösungskurven gezeichnet.

13.4.2   Die Differentialgleichung $y' = ay + b$

Es ist $y' = \dfrac{dy}{dx} = ay + b = a\left(y + \dfrac{b}{a}\right)$. Daraus folgt:

$$dy = a\left(y + \frac{b}{a}\right)dx \;\Rightarrow\; \frac{dy}{y + b/a} = a\,dx \tag{13.11}$$

Durch Integration erhält man:

$$\ln\left|y + \frac{b}{a}\right| = ax + C \;\Rightarrow\; y + \frac{b}{a} = \pm e^{ax+C} = e^{ax} \cdot C' \tag{13.12}$$

Somit lautet die allgemeine Lösung:

$$y(x, C) = -\frac{b}{a} + Ce^{ax} \tag{13.13}$$

Als Anwendung dieser Differentialgleichung soll das **beschränkte Wachstum** betrachtet werden. In der Praxis sind die Gegebenheiten selten so, daß unbeschränktes Wachstum zugrundegelegt werden kann. Meist existiert eine Wachstumsgrenze, die z.B. für eine Bakterienkultur einfach durch die vorhandene Nahrungsmenge gesetzt ist. Wenn nun eine solche Grenze B gegeben ist, und sich die Populationsgröße y diesem Wert B nähert, so muß die Wachstumsrate abnehmen und gegen Null gehen. Die Zunahme y ist also proportional der

Differenz $B - y$. Für $y \leq B$ wird somit dieses Modell beschrieben durch die Differentialgleichung:

$$\frac{dy}{dt} = \lambda(B - y) \qquad \text{(DGL des beschränkten Wachstums)} \qquad (13.14)$$

Es ist also $y' = \lambda B - \lambda y$, und man erhält gemäß (13.13) mit $a = -\lambda$ und $b = \lambda B$ die Lösung:

$$y(t, C) = B + C \cdot e^{-\lambda t} \qquad (13.15)$$

Wegen $y \leq B$ muß die Konstante C negativ sein. Für die Anfangsbedingung $y(0) = 0$ ergibt sich $C = -B$. Die zugehörige partikuläre Lösung ist $y(t) = B(1 - e^{\lambda t})$.

13.4.3   Die Differentialgleichung $y' = a(b - y)(d - y)$

Man setzt $b \neq d$ voraus und formt wie folgt um:

$$y' = a(b - y)(d - y) \;\Rightarrow\; \frac{dy}{(b - y)(d - y)} = a\,dx \qquad (13.16)$$

Mit $\dfrac{1}{(b - y)(d - y)} = \dfrac{1}{d - b} \cdot \left(\dfrac{1}{y - d} - \dfrac{1}{y - b} \right)$ erhält man:

$$\left(\frac{1}{y - d} - \frac{1}{y - b} \right) dy = a(d - b)dx \qquad (13.17)$$

Integration liefert:

$$\ln|y - d| - \ln|y - b| = a(d - b)x + C \;\Leftrightarrow\; \ln\left| \frac{y - d}{y - b} \right| = a(d - b)x + C \;\Rightarrow$$

$$\Rightarrow\; \left| \frac{y - d}{y - b} \right| = e^{a(d-b)x} \cdot e^C \;\Rightarrow\; \frac{y - d}{y - b} = k \cdot e^{a(d-b)x} \quad \text{mit } k = \pm e^C$$

Nach Einführung der Abkürzung $\gamma = a(d - b)$ löst man nach y auf:

$$y - d = (y - b) \cdot k \cdot e^{\gamma x} \;\Rightarrow\; y \cdot (1 - k \cdot e^{\gamma x}) = d - b \cdot k \cdot e^{\gamma x} \;\Rightarrow$$

$$\Rightarrow\; y = \frac{d - b \cdot k \cdot e^{\gamma x}}{1 - k \cdot e^{\gamma x}} = \frac{d + (-b \cdot k \cdot e^{\gamma x} + b) - b}{1 - k \cdot e^{\gamma x}} = b + \frac{d - b}{1 - k \cdot e^{\gamma x}} \qquad (13.18)$$

Die allgemeine Lösung lautet also:

$$y(x,k) = b + \frac{d-b}{1 - k \cdot e^{a(d-b)x}} \qquad (13.19)$$

Auch hier soll als Anwendungsbeispiel das Wachstumsmodell herangezogen werden. In 13.4.1 wurde die Zuwachsrate proportional zur Größe der Population, in 13.4.2 proportional zum Abstand von einer Wachstumsgrenze angesetzt. Es kann nun auch sinnvoll erscheinen, diese beiden Modelle zu vereinigen und unbeschränktes Wachstum in hinreichender Entfernung von der Grenze anzunehmen und gedämpftes Wachstum in der Nähe dieser Grenze. Dieses Modell wird beschrieben durch die Differentialgleichung:

$$y' = \frac{dy}{dt} = \lambda \cdot y \cdot (B - y) \quad (\lambda > 0,\ 0 < y < B) \qquad (13.20)$$

Diese Differentialgleichung ist von der oben untersuchten Form mit $a = -\lambda$, $b = 0$ und $d = B$. Sie hat demnach die Lösung:

$$y(t,k) = \frac{B}{1 - ke^{-\lambda Bt}} \qquad (13.21)$$

Für relativ kleines y ist $B - y \approx B$, die Differentialgleichung beschreibt im wesentlichen die Situation wie in 13.4.1, also exponentielles Wachstum. Für relativ großes y, also $y \approx B$, liegt eine Situation wie in 13.4.2 vor. Die Lösung hat also folgende Eigenschaften (falls $y_0 < B$):

- Sie verläuft zwischen 0 und B.
- Sie ist streng monoton wachsend, denn y' ist immer > 0.
- Der Graph von y ist eine S-förmige (sigmoide) Kurve, wie sie bereits in 6.8 betrachtet wurde (vgl. Bild 6.30 auf Seite 47).

Beispiele:

1. *Für die Differentialgleichung* $\frac{dy}{dt} = 2y(10 - y)$ *sei die spezielle Lösung, die die Bedingung* $y(0) = 5$ *erfüllt, gesucht. Die Lösung hat die Form (13.21), also:*

$$y(t,k) = \frac{B}{1 - ke^{-\lambda Bt}}$$

Für $t = 0$ *ist* $y(0) = B/(1 - k) \Rightarrow k = 1 - B/y(0)$.
Die gesuchte Lösung ist daher: $y(t) = \dfrac{10}{1 - (1 - 10/5)e^{-2 \cdot 10t}} = \dfrac{10}{1 + e^{-20t}}$

2. *Zur Differentialgleichung $y' = 2y(10 - y)$ soll die Lösung mit der Anfangs-*
   bedingung $y(0) = 15$ bestimmt werden. Hier ist die Lösung auch von der
   Form (13.21), jedoch ist $y(0) > B = 10$. Man kann leicht einsehen, daß für
   alle $t > 0$ gilt: $y(t) > B$ und $\lim\limits_{t \to \infty} y(t) = B$, d.h. die Lösungskurve nähert
   sich von oben an die horizontale Gerade $y = B$ an. Als spezielle Lösung
   erhält man: $y(t) = \dfrac{10}{1 - (1 - 10/15)e^{-2\cdot 10t}} = \dfrac{10}{1 - 1/3\,e^{-20t}}$

Die hier behandelte Differentialgleichung $y' = a(b - y)(d - y)$ ist ein Spezialfall
einer sog. **Riccati-Differentialgleichung** , die allgemein

$$y' = a(x)y + b(x)y^\alpha + c(x) \tag{13.22}$$

lautet. Die Lösungen solcher Differentialgleichungen lassen sich meist nicht in
geschlossener Form angeben. Nicht möglich ist dies z.B. für die Differentialgleichung $y' = x^2 + y^2$, deren Richtungsfeld Bild 13.1 zeigt.

13.5   Differentialgleichungen vom Typ $y' = f(x) \cdot g(y)$

Differentialgleichungen der Form $y' = f(x) \cdot g(y)$ werden als "Differentialgleichungen mit getrennten Veränderlichen" bezeichnet. Aus $\dfrac{dy}{dx} = f(x) \cdot g(y)$ erhält man $\dfrac{1}{g(y)}\dfrac{dy}{dx} = f(x)$. Diese Gleichung integriert man auf beiden Seiten:

$$\int \frac{1}{g(y)}\frac{dy}{dx}\,dx = \int \frac{1}{g(y)}\,dy = \int f(x)\,dx + C \qquad (13.23)$$

Die Umformung $dy/dx = f(x) \cdot g(y)$ zu $dy/g(y) = f(x)dx$ wird als "Trennung der Variablen" bezeichnet. Daher nennt man dieses Lösungsverfahren auch **Separationsansatz**.

Um die allgemeine Lösung $y = y(x,C)$ der Differentialgleichung $y' = f(x) \cdot g(y)$ zu bekommen, hat man im konkreten Fall die Integrale in (13.23) auszurechnen und die so erhaltene Gleichung nach y aufzulösen. Gleichung (13.23) läßt sich auch mit bestimmten Integralen schreiben:

$$\int_{y_0}^{y} \frac{1}{g(s)}\,ds = \int_{x_0}^{x} f(t)\,dt + C \qquad (13.24)$$

Mit $C = 0$ liefert (13.24) die spezielle Lösung, die der Anfangsbedingung $y(x_0) = y_0$ genügt.

Beispiele:

1. *Gesucht ist die Lösung der Differentialgleichung* $y' = x \cdot y$. *Aus (13.23) erhält man:*

$$\int \frac{1}{y}\,dy = \int x\,dx + C \;\Rightarrow\; \ln|y| = \frac{x^2}{2} + C \;\Rightarrow\; |y| = e^{x^2/2} \cdot e^C$$

   Die allgemeine Lösung lautet: $y(x,C) = C \cdot e^{x^2/2}$.

2. *Für die Differentialgleichung* $y' = -\dfrac{x}{y}$ *soll die allgemeine Lösung bestimmt werden.*

$$\int y\,dy = -\int x\,dx + C \;\Rightarrow\; \frac{y^2}{2} = -\frac{x^2}{2} + C \;\Rightarrow\; y^2 + x^2 = 2C$$

   Das bedeutet, daß man als Lösungskurven Kreise in der xy-*Ebene um den Ursprung erhält.*

3. $y' = x^2 + x^2 y^2 \Leftrightarrow y' = x^2(1 + y^2)$. Nach (13.23) erhält man:

$$\int \frac{1}{1+y^2}\, dy = \int x^2\, dx + C \;\Rightarrow\; \arctan y = \frac{1}{3}x^3 + C \;\Rightarrow\; y = \tan\left(\frac{1}{3}x^3 + C\right)$$

Die in 13.3 und 13.4 behandelten Differentialgleichungen sind natürlich einfache Spezialfälle von Differentialgleichungen mit getrennten Veränderlichen.

13.6 Differentialgleichungen vom Typ $y' = f(y/x)$

Um für eine derartige Differentialgleichung eine Lösung zu finden, definiert man $z(x) = y(x)/x$ $(x \neq 0)$. Es ist $y(x) = z(x) \cdot x$ und somit $y' = z' \cdot x + z$, d.h. man erhält eine Differentialgleichung für z, nämlich:

$$z' \cdot x + z = f(z) \quad \text{bzw.} \quad z' = \frac{f(z) - z}{x} \tag{13.25}$$

Dies ist eine Differentialgleichung mit getrennten Veränderlichen, die gemäß 13.5 gelöst werden kann, falls $f(z) \neq z$. Die Lösung der ursprünglichen Differentialgleichung ergibt sich dann als $y(x) = x \cdot z(x)$. Ist $f(z) = z$, so hat man es mit der Differentialgleichung $y' = y/x$ zu tun, die durch $y = C \cdot x$ gelöst wird.

Beispiele:

1. $y' = -\dfrac{y}{x} \ \Rightarrow \ f(z) = -z \ \Rightarrow \ z' = -\dfrac{2z}{x}$

   Über die Variablentrennung erhält man:

   $-\dfrac{1}{2} \displaystyle\int \dfrac{dz}{z} = \int \dfrac{dx}{x} + C \ \Rightarrow \ -\dfrac{1}{2} \ln|z| = \ln|x| + C \ \Rightarrow$

   $z^{-1/2} = C \cdot x \ \Rightarrow \ z = C \cdot x^{-2}$

   Damit ergibt sich für $y(x)$: $y(x, C) = C \cdot x^{-1} = \dfrac{C}{x}$.

2. $xy' - y - x = 0 \ \Rightarrow \ y' = \dfrac{x + y}{x} = 1 + \dfrac{y}{x}$. *Mit* $z = y/x$ *ist* $f(z) = 1 + z$.

   Daher muß man die Differentialgleichung $z' = \dfrac{1 + z - z}{x} = \dfrac{1}{x}$ *lösen. Hierfür ist selbstverständlich* $z = \ln|x| + C' = \ln(Cx)$ *eine Lösung. Das gesuchte* $y(x) = x \cdot z(x)$ *lautet deshalb* $y(x, C) = x \cdot \ln(Cx)$.

13.7 Lineare Differentialgleichungen 1. Ordnung

Eine **inhomogene lineare Differentialgleichung 1. Ordnung** hat die Form

$$y' + p(x) \cdot y = q(x). \tag{13.26}$$

Die Gleichung

$$y' + p(x) \cdot y = 0 \tag{13.27}$$

heißt die zu (13.26) gehörende **homogene lineare Differentialgleichung 1. Ordnung.**

Sind zwei partikuläre Lösungen $y_1(x)$ und $y_2(x)$ von (13.26) bekannt, so gilt:

$$y_1' + py_1 = q, \; y_2' + py_2 = q \; \Rightarrow \; (y_1 - y_2)' + p(y_1 - y_2) = 0 \tag{13.28}$$

Daraus folgt also: Die Differenz von zwei beliebigen Lösungen einer inhomogenen linearen Differentialgleichung ist Lösung der zugehörigen homogenen linearen Differentialgleichung.

Aufgrund dieser Folgerung ergibt sich, daß man die allgemeine Lösung $y(x, C)$ von (13.26) aus einer partikulären Lösung $y_p(x)$ von (13.26) und der allgemeinen Lösung $y_h(x, C)$ der homogenen Differentialgleichung (13.27) bestimmen kann. Es ist dann:

$$y(x, C) = y_p(x) + y_h(x, C) \tag{13.29}$$

Allgemeine Lösung der homogenen Differentialgleichung (13.27)

$$y' + py = 0 \; \Rightarrow \; \frac{dy}{dx} = -py \; \Rightarrow \; \frac{1}{y}\frac{dy}{dx} = -p \; \Rightarrow$$

$$\Rightarrow \; \int \frac{1}{y}\frac{dy}{dx}\,dx = -\int p\,dx \; \Rightarrow \; \int \frac{dy}{y} = -\int p\,dx \; \Rightarrow \tag{13.30}$$

$$\ln|y| = -\int_{x_0}^{x} p(\xi)\,d\xi + C' \quad (x_0 \text{ beliebig, aber fest})$$

Die homogene Differentialgleichung besitzt somit die Lösung:

$$y_h(x, C) = C \cdot \exp\left(-\int_{x_0}^{x} p(\xi)\,d\xi\right) \tag{13.31}$$

Partikuläre Lösung der inhomogenen Differentialgleichung (13.26)

Zur Bestimmung einer partikulären Lösung der inhomogenen Differentialgleichung wendet man meist die Methode der "Variation der Konstanten" an. Man ersetzt die Konstante C in der allgemeinen Lösung $y_h(x, C)$ der homogenen Differentialgleichung durch eine noch zu bestimmende Funktion $u(x)$.

Für die partikuläre Lösung macht man den Ansatz:

$$y_p(x) = u(x) \cdot \exp\left(-\int\limits_{x_0}^{x} p(\xi)\, d\xi\right) = u(x) \cdot z(x) \tag{13.32}$$

Man setzt in (13.32) also $z(x) = \exp\left(-\int\limits_{x_0}^{x} p(\xi)\, d\xi\right)$.

Es gilt dann: $y'_p = u' \cdot z + u \cdot z'$ oder eingesetzt in (13.26):

$$u' \cdot z + u \cdot z' + p \cdot u \cdot z = q \tag{13.33}$$

Die Funktion $z(x)$ ist Lösung von (13.27), d.h. es gilt $z' + pz = 0$, also gilt auch $uz' + upz = 0$. Damit folgt aus (13.33) die einfache Differentialgleichung für $u(x)$:

$$u' \cdot z = q \quad \text{oder} \quad u' = q/z \ (z(x) > 0) \tag{13.34}$$

Die obige Differentialgleichung läßt sich einfach integrieren:

$$u(x) = \int\limits_{x_0}^{x} \frac{q(\eta)}{z(\eta)}\, d\eta + C = \int\limits_{x_0}^{x} q(\eta) \cdot \exp\left(\int\limits_{x_0}^{\eta} p(\xi)\, d\xi\right) d\eta + C \tag{13.35}$$

Eine partikuläre Lösung von (13.26) ist dann:

$$\begin{aligned} y_p(x) = u(x) \cdot z(x) = \\ = \int\limits_{x_0}^{x} q(\eta) \cdot \exp\left(\int\limits_{x_0}^{\eta} p(\xi)\, d\xi\right) d\eta \cdot \exp\left(-\int\limits_{x_0}^{x} p(\xi)\, d\xi\right) \end{aligned} \tag{13.36}$$

Die allgemeine Lösung $y(x, C)$ von (13.26) lautet deshalb:

$$\left(C + \int\limits_{x_0}^{x} q(\eta) \cdot \exp\left(\int\limits_{x_0}^{\eta} p(\xi)\, d\xi\right) d\eta\right) \cdot \exp\left(-\int\limits_{x_0}^{x} p(\xi)\, d\xi\right) \tag{13.37}$$

Die spezielle Lösung mit dem Anfangswert y_0, d.h. es gilt $y(x_0) = y_0$, findet man wie folgt: Man setzt in der obigen Gleichung $x = x_0$ anstelle der veränderlichen oberen Grenze. Dann wird die rechte Seite gleich C, da Integrale mit gleicher oberer und unterer Grenze gleich Null sind. Die Konstante C ist also gleich dem Anfangswert y_0. Die partikuläre Lösung mit der Anfangsbedingung $y(x_0) = y_0$ lautet dann:

$$y(x) = \left(y_0 + \int_{x_0}^{x} q(\eta) \cdot \exp \left(\int_{x_0}^{\eta} p(\xi)\, d\xi \right) d\eta \right) \cdot \exp \left(-\int_{x_0}^{x} p(\xi)\, d\xi \right) \qquad (13.38)$$

Beispiele:

1. $\dfrac{dy}{dx} + y = -x$

   Zuerst löst man die zugehörige homogene Differentialgleichung $y_h' + y_h = 0$. Durch Integration erhält man:

   $\ln|y_h| = -x + C' \Rightarrow y_h = e^{-x+C'} \Rightarrow y_h(x,C) = C \cdot e^{-x} = C \cdot z(x)$

   Eine partikuläre Lösung der gegebenen inhomogenen Differentialgleichung bestimmt man durch Variation der Konstanten. Mit dem Ansatz: $y_p = u(x) \cdot z(x)$ und $y_p' = u \cdot z' + u' \cdot z$ ergibt sich aus der inhomogenen Differentialgleichung $u \cdot z' + u' \cdot z + u \cdot z = -x$ oder $u(z' + z) + u'z = -x$. Weil z Lösung der homogenen Differentialgleichung ist, verschwindet der erste Term auf der linken Seite ($z' + z = 0$). Es bleibt $u'z = -x$ oder $u' \cdot e^{-x} = -x$ bzw. $u' = -xe^x$. Partielle Integration liefert $u(x) = (1-x)e^x$. Daher lautet die partikuläre Lösung: $y_p(x) = u(x) \cdot z(x) = 1 - x$. Daraus folgt:

   $y(x,C) = y_p(x) + y_h(x,C) = 1 - x + C \cdot e^{-x}$

2. *An einem Stromkreis, in dem ein Widerstand R und eine Induktivität L in Serie geschaltet sind, sei die Spannung $U(t)$ angelegt. $I(t)$ bezeichne die Stromstärke zur Zeit t. Für einen solchen Stromkreis gilt dann die Gleichung:*

   $U(t) = R \cdot I(t) + L \cdot I'(t) \Leftrightarrow \dfrac{dI}{dt} + \dfrac{R}{L} \cdot I = \dfrac{1}{L} \cdot U(t)$

   Mit $p = R/L = $ const und $q(t) = U(t)/L$ ergibt sich für $I(t)$ die Differentialgleichung:

   $I' + p \cdot I = q(t)$

   Als Lösung erhält man :

   $$I(t) = e^{-R/L \cdot t} \cdot \left(\int_{0}^{t} \frac{U(\eta)}{L} e^{R/L \cdot \eta}\, d\eta + C \right)$$

Wenn man für t = 0 den Anfangswert I(0) = 0 (Öffnungsstrom) vorgibt, so erhält man die partikuläre Lösung:

$$I(t) = e^{-R/L \cdot t} \cdot \int_0^t \frac{U(\eta)}{L} e^{R/L \cdot \eta} \, d\eta$$

Für den Spezialfall U(t) = U = const (Gleichspannung) ergibt sich:

$$I(t) = e^{-R/L \cdot t} \cdot \frac{U}{L} \cdot \int_0^t e^{R/L \cdot \eta} \, d\eta$$

Es ist $\displaystyle \int_0^t e^{R/L \cdot \eta} \, d\eta = \frac{L}{R} \left(e^{R/L \cdot t} - 1 \right).$

Also erhält man für I(t): $I(t) = \dfrac{U}{R} \left(1 - e^{-R/L \cdot t} \right).$

Der Verlauf einer solchen Funktion ist in Bild 6.28 auf Seite 45 dargestellt.

3. *Mit der Differentialgleichung* $y' = Ay^\alpha - By$ ($A < 0$, $B < 0$, $0 < \alpha < 1$) *läßt sich das Wachstum, z.B. von Tieren, beschreiben. Der Term* Ay^α *kann hierbei als "wachstumsfördender" Faktor, und der Term* $-By$ *als "wachstumshemmender" Faktor angesehen werden. Diese vorliegende Differentialgleichung ist ein einfaches Beispiel für eine* **Bernoulli-Differentialgleichung**, *die allgemein lautet:*

$$y' + g(x) \cdot y + h(x) \cdot y^\alpha = 0$$

Eine Bernoulli-Differentialgleichung kann wie folgt auf eine lineare Differentialgleichung zurückgeführt werden. Man multipliziert beide Seiten mit $(1 - \alpha)y^{-\alpha}$:

$$y'(1 - \alpha)y^{-\alpha} = (1 - \alpha)A - (1 - \alpha)By^{1-\alpha}$$

Wegen $(y^{1-\alpha})' = (1 - \alpha)y^{-\alpha}y'$ *erhält man:*

$$(y^{1-\alpha})' = (1 - \alpha)A - (1 - \alpha)By^{1-\alpha}$$

Setzt man nun $z = y^{1-\alpha}$, *dann erhält man die lineare DGL in z:*

$$z' + (1 - \alpha)Bz = (1 - \alpha)A$$

Aus einer Anfangsbedingung $y(0) = y_0$ *der ursprünglichen Lösung ergibt sich die zugehörige Bedingung* $z_0 = z(0) = y(0)^{1-\alpha}$. *Gemäß (13.37) kann dann mit* $p(x) = (1 - \alpha)B$ *und* $q(x) = (1 - \alpha)A$ *eine Lösung z berechnet werden:*

$$z(x) = \left(z_0 + (1-\alpha)A \cdot \int_0^x \exp\left((1-\alpha)B \cdot \int_0^\eta d\xi \right) d\eta \right) \cdot$$

$$\cdot \exp\left(-(1-\alpha)B \cdot \int_0^x d\xi \right) =$$

$$= \left(z_0 + (1-\alpha)A \cdot \int_0^x \exp\left((1-\alpha)B\eta \right) d\eta \right) \cdot e^{-(1-\alpha)Bx} =$$

$$= \left(z_0 + (1-\alpha)A \left[\frac{1}{(1-\alpha)B} e^{(1-\alpha)B\eta} \right]_{\eta=0}^x \right) \cdot e^{-(1-\alpha)Bx} =$$

$$= \left(z_0 + \frac{A}{B} \left(e^{(1-\alpha)Bx} - 1 \right) \right) \cdot e^{-(1-\alpha)Bx} =$$

$$= \left(z_0 - \frac{A}{B} \right) e^{-(1-\alpha)Bx} + \frac{A}{B}$$

Also lautet die Lösung für die transformierte Differentialgleichung:

$$z(x) = \frac{A}{B} - \left(\frac{A}{B} - z_0 \right) e^{-(1-\alpha)Bx}$$

Mit $z(x) = y(x)^{1-\alpha}$ bzw. $y(x) = z(x)^{1/(1-\alpha)}$ erhält man hieraus leicht die gewünschte Lösung $y(x)$.

13.8   Die lineare Differentialgleichung 2. Ordnung mit konstanten Koeffizienten

Eine lineare Differentialgleichung 2. Ordnung hat im allgemeinen die Form:

$$y'' + p_1(x) \cdot y' + p_2(x) \cdot y = q(x) \tag{13.39}$$

Diese Gleichung heißt auch **inhomogene** lineare Differentialgleichung 2. Ordnung (falls $q \neq 0$), und die Gleichung

$$y'' + p_1(x) \cdot y' + p_2(x) \cdot y = 0 \tag{13.40}$$

heißt die zu (13.39) gehörige **homogene** lineare Differentialgleichung 2. Ordnung.

Seien y_1 und y_2 partikuläre Lösungen von (13.39). Dann folgt, daß $y_1 - y_2$ eine Lösung der zugehörigen homogenen Differentialgleichung (13.40) ist. Wie bei den linearen Differentialgleichungen 1. Ordnung gilt also auch hier: Ist y_h die allgemeine Lösung der homogenen Differentialgleichung und y_p eine partikuläre Lösung von (13.39), so ergibt sich die allgemeine Lösung y_{allg} von (13.39) zu $y_{allg} = y_p + y_h$.

Auch über die Gestalt der allgemeinen Lösung y_h von (13.40) kann man folgende Aussage machen: Seien y_1 und y_2 Lösungen von (13.40), dann ist auch jede Linearkombination $C_1 \cdot y_1 + C_2 \cdot y_2$ mit reellen Konstanten C_1, C_2 eine Lösung von (13.40). Daraus läßt sich wiederum folgern: Sind y_1 und y_2 zwei linear unabhängige Lösungen der Differentialgleichung (13.40), so ist die allgemeine Lösung von (13.40) gegeben durch

$$y_h = y_h(x, C_1, C_2) = C_1 \cdot y_1(x) + C_2 \cdot y_2(x) \tag{13.41}$$

Dabei heißen zwei Lösungen y_1, y_2 **linear abhängig**, wenn es von Null verschiedene Konstanten C_1, C_2 gibt, so daß $C_1 \cdot y_1(x) + C_2 \cdot y_2(x) = 0$ für alle x gilt. Gibt es solche Konstanten nicht, heißen die Lösungen **linear unabhängig**.

Zwei Lösungen y_1, y_2 sind genau dann linear abhängig, wenn die sog. **Wronski-Determinante** $W(x)$ mit

$$W(X) = \begin{vmatrix} y_1(x) & y_2(x) \\ y_1'(x) & y_2'(x) \end{vmatrix} \tag{13.42}$$

überall gleich 0 ist, und sie sind linear unabhängig, wenn diese Determinante nirgendwo verschwindet. Dieses Kriterium soll hier aber nicht bewiesen werden.

Die Integralkurven $y(x, C_1, C_2)$ einer linearen Differentialgleichung 2. Ordnung bilden eine 2-parametrige Schar. Durch jeden Punkt $P = (x_0, y_0)$ geht ein ganzes Bündel von Integralkurven. Erst durch Festlegen zweier Anfangsbedingungen, z.B. $y(x_0) = y_0$ und $y'(x_0) = y_1$, wird eine der Scharkurven ausgewählt.

Im folgenden wird nun der Spezialfall, daß die Funktionen p_1 und p_2 Konstanten sind, betrachtet. Eine solche Differentialgleichung nennt man lineare Differentialgleichung 2. Ordnung mit **konstanten** Koeffizienten:

$$y'' + p_1 \cdot y' + p_2 \cdot y = q(x) \qquad (13.43)$$

Die zugehörige homogene Differentialgleichung lautet:

$$y'' + p_1 \cdot y' + p_2 \cdot y = 0 \qquad (13.44)$$

Behandlung der homogenen linearen Differentialgleichung 2. Ordnung

Eine Lösung von (13.44) erhält man über den Ansatz $y = e^{\lambda x}$. Mit $y' = \lambda e^{\lambda x}$ und $y'' = \lambda^2 e^{\lambda x}$ ergibt sich durch Einsetzen in (13.44):

$$e^{\lambda x} \cdot (\lambda^2 + p_1 \lambda + p_2) = 0 \qquad (13.45)$$

Dies ist nur erfüllbar für $\lambda^2 + p_1 \lambda + p_2 = 0$. Lösungen dieser sog. "charakteristischen Gleichung" sind

$$\lambda_{1,2} = \frac{1}{2} \left(-p_1 \pm \sqrt{p_1^2 - 4p_2} \right) \qquad (13.46)$$

Man setzt $\Delta = p_1^2 - 4p_2$ und unterscheidet die drei Fälle:

1. $\Delta > 0$: zwei reelle Lösungen λ_1, λ_2
2. $\Delta < 0$: zwei konjugiert-komplexe Lösungen $\lambda_{1,2} = \alpha \pm i\beta$
3. $\Delta = 0$: eine reelle Lösung λ

Fall 1: $\Delta > 0$

Man erhält für (13.44) die reellen Lösungen

$$y_1(x) = e^{\lambda_1 x} \quad \text{und} \quad y_2(x) = e^{\lambda_2 x} \qquad (13.47)$$

Fall 2: $\Delta < 0$

Zunächst ergeben sich, über die Eulersche Formel $e^{ix} = \cos x + i \sin x$ zwei komplexe Lösungen:

$$y_{1,2}(x) = e^{(\alpha \pm i\beta)x} = e^{\alpha x} \cdot e^{\pm i\beta x} = e^{\alpha x} \cdot (\cos \beta x \pm i \sin \beta x) \qquad (13.48)$$

Aus diesen komplexen Lösungen lassen sich jedoch zwei reelle Lösungen gewinnen. Man bildet die Linearkombinationen $\tilde{y}_1 = \dfrac{1}{2}(y_1 + y_2) = e^{\alpha x} \cos \beta x$ und $\tilde{y}_2 = \dfrac{1}{2i}(y_1 - y_2) = e^{\alpha x} \sin \beta x$. Real- und Imaginärteil der komplexen Lösung sind also reelle Lösungen von (13.44).

Fall 3: $\Delta = 0$

Mit obigem Ansatz erhält man zunächst nur eine Lösung $y_1(x) = e^{\lambda x}$. Eine weitere Lösung liefert das Verfahren der Variation der Konstanten. Dazu setzt man an:

$$\begin{aligned}
y(x) &= u(x) \cdot y_1(x) = u(x) \cdot e^{\lambda x}, \text{ also} \\
y'(x) &= \lambda \cdot u(x) \cdot e^{\lambda x} + u'(x) \cdot e^{\lambda x} \text{ und} \\
y''(x) &= \lambda^2 \cdot u(x) \cdot e^{\lambda x} + 2\lambda \cdot u'(x) \cdot e^{\lambda x} + u''(x) \cdot e^{\lambda x}
\end{aligned} \qquad (13.49)$$

Eingesetzt in (13.44) ergibt sich:

$$0 = e^{\lambda x} \cdot u(x) \cdot \underbrace{(\lambda^2 + p_1\lambda + p_2)}_{= 0} + e^{\lambda x} \cdot u'(x) \cdot \underbrace{(2\lambda + p_1)}_{= 0} + e^{\lambda x} \cdot u''(x) \qquad (13.50)$$

Daraus folgt $u''(x) = 0$, also $u'(x) = \text{const.}$ Diese Bedingung wird durch $u(x) = x$ erfüllt, und man erhält die Lösungen:

$$\hat{y}_1(x) = e^{\lambda x} \quad \text{und} \quad \hat{y}_2(x) = x \cdot e^{\lambda x} \qquad (13.51)$$

In allen drei Fällen muß man noch nachweisen, daß jeweils die beiden Lösungen linear unabhängig sind. Dazu berechnet man die Wronski-Determinante. Im Fall 1 erhält man:

$$\begin{aligned}
y_1 &= e^{\lambda_1 x}, \quad y_2 = e^{\lambda_2 x}, \quad y_1' = \lambda_1 e^{\lambda_1 x}, \quad y_2' = \lambda_2 e^{\lambda_2 x} \\
W(x) &= e^{(\lambda_1 + \lambda_2)x} \cdot (\lambda_2 - \lambda_1) \neq 0, \text{ da } \lambda_1 \neq \lambda_2
\end{aligned} \qquad (13.52)$$

Analog weist man die lineare Unabhängigkeit von $\tilde{y}_1$ und $\tilde{y}_2$ bzw. von $\hat{y}_1$ und $\hat{y}_2$ nach.

Die allgemeine Lösung von (13.44) lautet also:

$$y_h(x, C_1, C_2) = C_1 \cdot e^{\lambda_1 x} + C_2 \cdot e^{\lambda_2 x} \qquad (\Delta > 0)$$
$$y_h(x, C_1, C_2) = C_1 \cdot e^{\alpha x} \cos \beta x + C_2 \cdot e^{\alpha x} \sin \beta x \quad (\Delta < 0) \qquad (13.53)$$
$$y_h(x, C_1, C_2) = C_1 \cdot e^{\lambda x} + C_2 \cdot x e^{\lambda x} \qquad (\Delta = 0)$$

Beispiel:

Die homogene Bewegungs-Differentialgleichung $\dfrac{d^2 y}{dt^2} + 2a \dfrac{dy}{dt} + by = 0$ *hat die charakteristische Gleichung* $\lambda^2 + 2a\lambda + b = 0$ *mit den Lösungen* $\lambda_{1,2} = -a \pm \sqrt{a^2 - b}$. *Ist* $\Delta \geq 0$, *dann stellt sich eine nichtperiodische Bewegung ein. Im Falle* $\Delta < 0$ *ist die Lösung eine Schwingung (gedämpft für* $a > 0$, *ungedämpft für* $a = 0$ *und angefacht für* $a < 0$). *Bild 13.2 zeigt einige Lösungskurven:*

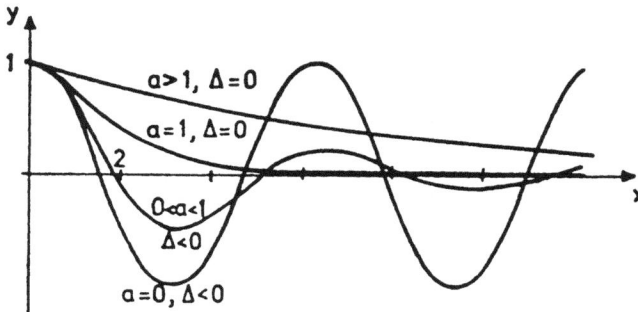

Bild 13.2: Lösungen der Differentialgleichung $\dfrac{d^2 y}{dt^2} + 2a \dfrac{dy}{dt} + by = 0$

Behandlung der inhomogenen linearen Differentialgleichung 2. Ordnung

Im allgemeinen läßt sich durch Variation der Konstanten eine partikuläre Lösung der inhomogenen Differentialgleichung finden. Nachfolgend werden einige Spezialfälle behandelt. Es sei $q(x) = a \cdot e^{\nu x}$.

1. Falls $\lambda_1 \neq \nu \neq \lambda_2$ macht man den Ansatz:

$$y_p = b \cdot e^{\nu x}, \quad y_p' = b \cdot \nu \cdot e^{\nu x}, \quad y_p'' = b \cdot \nu^2 \cdot e^{\nu x} \qquad (13.54)$$

Einsetzen in die Differentialgleichung (13.43) mit $q(x) = a \cdot e^{\nu x}$ liefert:

$$b \cdot (\nu^2 + p_1 \nu + p_2) = a \quad \Leftrightarrow \quad b = \frac{a}{\nu^2 + p_1 \nu + p_2} \qquad (13.55)$$

Der Nenner von b ist ungleich 0, da ν keine Lösung der charakteristischen Gleichung ist.

2. Für $\nu = \lambda_1 \neq \lambda_2$ nimmt man den Ansatz:

$$y_p = b \cdot x \cdot e^{\nu x}, \; y_p' = b \cdot e^{\nu x} \cdot (\nu x + 1), \; y_p'' = b \cdot e^{\nu x} \cdot (\nu^2 x + 2\nu) \quad (13.56)$$

Einsetzen in die Differentialgleichung (13.43) mit $q(x) = a \cdot e^{\nu x}$ liefert:

$$a \cdot e^{\nu x} = b \cdot e^{\nu x} \cdot (x \cdot \underbrace{(\nu^2 + p_1 \nu + p_2)}_{= 0, \text{ da } \nu = \lambda_1} + 2\nu + p_1) \quad (13.57)$$

Wegen $\lambda_{1,2} = -p_1/2 \pm \sqrt{p_1^2/4 - p_2}$ und $\nu = \lambda_1 \neq \lambda_2$ ist:

$$2\nu + p_1 = 2\lambda_1 + p_1 = \pm\sqrt{p_1^2 - 4p_2} \neq 0 \quad (13.58)$$

Daher erhält man:

$$b = \frac{a}{2\nu + p_1} \quad (13.59)$$

3. Falls $\nu = \lambda_1 = \lambda_2$ setzt man an:

$$y_p = bx^2 e^{\nu x}, \; y_p' = be^{\nu x}(\nu x^2 + 2x), \; y_p'' = be^{\nu x}(\nu^2 x^2 + 4\nu x + 2) \quad (13.60)$$

Einsetzen in die Differentialgleichung (13.43) mit $q(x) = a \cdot e^{\nu x}$ liefert:

$$a \cdot e^{\nu x} = b \cdot e^{\nu x} \cdot (x^2 \cdot \underbrace{(\nu^2 + p_1 \nu + p_2)}_{= 0, \text{ da } \nu = \lambda_{1,2}} + 2x \cdot (2\nu + p_1) + 2) \quad (13.61)$$

$$2\nu + p_1 = \pm\sqrt{p_1^2 - 4p_2} = 0, \text{ da } \lambda_1 = \lambda_2 \quad (13.62)$$

Daher erhält man: $b = \dfrac{a}{2}$.

Eine Zusammenfassung der möglichen Fälle für die Differentialgleichung $y'' + p_1 y' + p_2 y = a \cdot e^{\nu x}$ bringt folgende Übersicht:

ν	y_p	b
$\lambda_1 \neq \nu \neq \lambda_2$	$y_p = b \cdot e^{\nu x}$	$\dfrac{a}{\nu^2 + \nu p_1 + p_2}$
$\nu = \lambda_1 \neq \lambda_2$	$y_p = b \cdot x \cdot e^{\nu x}$	$\dfrac{a}{2\nu + p_1}$
$\nu = \lambda_1 = \lambda_2$	$y_p = b \cdot x^2 \cdot e^{\nu x}$	$\dfrac{a}{2}$

Anmerkungen:

1. Der Fall $q(x) = $ const ist mit $\nu = 0$ ebenfalls gelöst.

2. Ist die rechte Seite $q(x)$ der inhomogenen Differentialgleichung (13.43) von der Form $q(x) = e^{\nu x}(a_0 + a_1 x + a_2 x^2 + \ldots + a_m x^m)$, so findet man auf analoge Weise eine partikuläre Lösung. Dazu macht man folgenden Ansatz:

$$
\begin{array}{ll}
y_p(x) = e^{\nu x}(b_0 + b_1 x + \ldots + b_m x^m) & \lambda_1 \neq \nu \neq \lambda_2 \\
y_p(x) = x \cdot e^{\nu x}(b_0 + b_1 x + \ldots + b_m x^m) & \lambda_1 = \nu \neq \lambda_2 \\
y_p(x) = x^2 \cdot e^{\nu x}(b_0 + b_1 x + \ldots + b_m x^m) & \lambda_1 = \nu = \lambda_2
\end{array}
\qquad (13.63)
$$

Einsetzen dieses Ansatzes in (13.43) und anschließender Koeffizientenvergleich liefert die b_i, $i = 0, \ldots, m$ und damit die partikuläre Lösung.

Beispiele:

1. $y'' - y = e^{2x}$

   Die Lösungen der charakteristischen Gleichung $\lambda^2 - 1 = 0$ *sind* $\lambda_{1,2} = \pm 1$. *Aus* $y_p = b \cdot e^{2x}$ *und damit* $y_p'' = 4b \cdot e^{2x}$ *folgt:*

   $$
   e^{2x} = y_p'' - y_p = 3b \cdot e^{2x} \;\Rightarrow\; b = \frac{1}{3} \;\Rightarrow\; y_p = \frac{1}{3} e^{2x}
   $$

   Wegen $\lambda_{1,2} = \pm 1$ *sind* e^x *und* e^{-x} *linear unabhängige Lösungen der homogenen Gleichung. Die allgemeine Lösung lautet daher:*

   $$
   y(x, C_1, C_2) = \frac{1}{3} e^{2x} + C_1 \cdot e^x + C_2 \cdot e^{-x}
   $$

2. $y'' - y = e^x \;\Rightarrow\; \nu = \lambda_1 = 1$ und $\lambda_2 = -1$

   $$
   y_p = b \cdot x \cdot e^x, \quad y_p' = b \cdot e^x \cdot (x + 1), \quad y_p'' = b \cdot e^x \cdot (x + 2)
   $$

   $$
   \Rightarrow\; 2b \cdot e^x = e^x \;\Rightarrow\; b = \frac{1}{2} \;\Rightarrow\; y_p = \frac{1}{2} x \cdot e^x
   $$

   Als allgemeine Lösung erhält man:

   $$
   y(x, C_1, C_2) = \frac{1}{2} x \cdot e^{2x} + C_1 \cdot e^x + C_2 \cdot e^{-x}
   $$

13.9   Einfache Systeme von Differentialgleichungen

Betrachtet man die Bewegung eines Massenpunkts m unter der Einwirkung einer vorgegebenen Kraft im Raum, so hat man je eine Differentialgleichung 2. Ordnung für die Ortskoordinaten x, y und z zu untersuchen, d.h. man muß ein System von Differentialgleichungen lösen, das z.B. wie folgt aussieht:

$$m\frac{d^2x}{dt^2} = K_x(t), \qquad m\frac{d^2y}{dt^2} = K_y(t), \qquad m\frac{d^2z}{dt^2} = K_z(t) \qquad (13.64)$$

K_x, K_y, K_z sind als Funktionen der Zeit zu betrachten und stellen die Kraftkomponenten in Richtung der Koordinatenachsen dar. Das System (13.64) stellt ein sehr einfaches System von linearen Differentialgleichungen 2. Ordnung dar.

In vielen Anwendungen in Physik, Chemie, Biologie und Medizin hat man zwei oder mehrere Funktionen von der Zeit zu betrachten, deren Änderungsraten gleichzeitig von den beteiligten Funktionen linear oder nichtlinear abhängen. Das einfachste Modell umfaßt zwei Funktionen $x(t)$ und $y(t)$, deren 1. Ableitungen nach der Zeit linear von x und y abhängen:

$$\frac{dx}{dt} = ax + by, \quad \frac{dy}{dt} = cx + dy \quad (a, b, c, d = \text{const.}) \qquad (13.65)$$

Durch (13.65) wird ein System beschrieben, in dem sog. **Rückkopplungen** und **Wechselwirkungen** vorkommen.

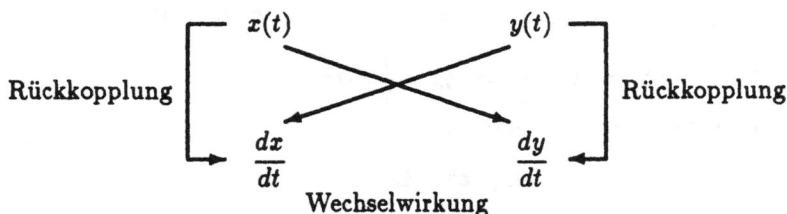

Betrachtet man z.B. die Konzentrationen $x(t)$ und $y(t)$ eines bestimmten Stoffes (z.B. Pharmakon) in zwei abgegrenzten Bereichen C_1 und C_2 des menschlichen Körpers (sog. Compartments). Sowohl von C_1 als auch von C_2 aus kann ein bestimmter Teil des Stoffes ausgeschieden oder evtl. chemisch gebunden werden. Dieser Vorgang sei proportional zu x und y. Außerdem sei ein Austausch in beiden Richtungen zwischen beiden Compartments mit nicht notwendig gleichen Proportionalitätsfaktoren k_{12} und k_{21} möglich. (vgl. Bild 13.3). Dann ergeben sich für die Konzentrationsänderungen $\frac{dx}{dt}$ und $\frac{dy}{dt}$ folgende Differentialgleichungen 1. Ordnung, also ein System von der Form (13.65):

$$\frac{dx}{dt} = -k_1 x(t) - k_{12} x(t) + k_{21} y(t) = a \cdot x(t) + b \cdot y(t)$$
$$\frac{dy}{dt} = -k_2 y(t) - k_{21} y(t) + k_{12} x(t) = c \cdot x(t) + d \cdot y(t)$$

(13.66)

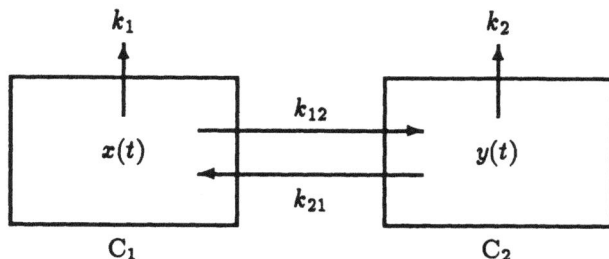

Bild 13.3: Schema der beiden Compartments

Man muß also ein System von zwei gekoppelten linearen Differentialgleichungen 1. Ordnung mit konstanten Koeffizienten lösen. Dieses System kann durch Elimination der einen unbekannten Funktionen auf eine lineare Differentialgleichung 2. Ordnung für die andere unbekannte Funktion zurückgeführt werden.

Mit der Schreibweise $\dot{x}$ für $\frac{dx}{dt}$ (und analog für $\dot{y}$, $\ddot{x}$) erhält man aus (13.65)

$$\dot{x} = ax + by$$

(13.67)

$$\dot{y} = cx + dy$$

(13.68)

zunächst

$$\ddot{x} = a\dot{x} + b\dot{y}$$

(13.69)

und durch Einsetzen von (13.68) in (13.69):

$$\ddot{x} = a\dot{x} + bcx + bdy$$

(13.70)

Aus (13.67) folgt:

$$by = \dot{x} - ax$$

(13.71)

Einsetzen in (13.70) liefert:

$$\ddot{x} = a\dot{x} + bc x + d\dot{x} - ad x \quad \text{bzw.}$$
$$0 = \ddot{x} - (a + d)\dot{x} + (ad - bc)x \tag{13.72}$$

Das gekoppelte Differentialgleichung-System kann also auf eine lineare homogene Differentialgleichung 2. Ordnung zurückgeführt werden.

Im Falle eines Gleichungssystems der Form

$$\dot{x} = ax + by + g(t)$$
$$\dot{y} = cx + dy + h(t) \tag{13.73}$$

erhält man mit derselben Methode eine lineare inhomogene Differentialgleichung 2. Ordnung.

Die Differentialgleichung (13.72) kann man mit den Methoden aus 13.8 lösen. Aus dieser Lösung $x = x(t, C_1, C_2)$ ergibt sich durch Einsetzen in (13.71) eine Lösung für y. Dabei muß nur differenziert werden, es werden keine neuen Integrationskonstanten eingeführt.

Beispiel:

$\dot{x} = 2x + y$ und $\dot{y} = -4x - 3y$

Es ist $a = 2$, $b = 1$, $c = -4$ und $d = -3$. Deshalb muß man gemäß (13.72) eine Differentialgleichung 2. Ordnung für x lösen.

$\ddot{x} - (2 - 3)\dot{x} + (-6 + 4)x = 0 \Rightarrow \ddot{x} + \dot{x} - 2x = 0$

Die zugehörige charakteristische Gleichung lautet $\lambda^2 + \lambda - 2 = 0$ und besitzt die Lösungen $\lambda_1 = 1$ und $\lambda_2 = -2$. Also ist

$x(t, C_1, C_2) = C_1 \cdot e^t + C_2 \cdot e^{-2t}$

die allgemeine Lösung dieser Differentialgleichung. Setzt man dieses $x(t, C_1, C_2)$ in die Gleichung $y = \dot{x} - 2x$ (13.71) ein, so erhält man:

$y(t, C_1, C_2) = C_1 \cdot e^t - 2C_2 \cdot e^{-2t} - 2C_1 \cdot e^t - 2C_2 \cdot e^{-2t} = -C_1 \cdot e^t - 4C_2 \cdot e^{-2t}$

Dieses Differentialgleichung-System wird also gelöst durch:

$x(t, C_1, C_2) = C_1 \cdot e^t + C_2 \cdot e^{-2t}$
$y(t, C_1, C_2) = -C_1 \cdot e^t - 4C_2 \cdot e^{-2t}$

Für die Anfangswerte $x(0) = 2$ und $y(0) = -5$ erhält man $C_1 = C_2 = 1$. Die Integralkurven dieser speziellen Lösung sind in Bild 13.4 gezeichnet.

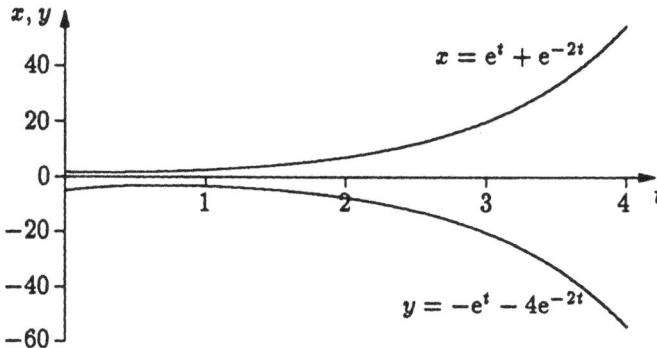

Bild 13.4: Spezielle Lösung von $\dot{x} = 2x + y$, $\dot{y} = -4x - 3y$ für $x(0) = 2$ und $y(0) = -5$

Zum Schluß werden noch zwei weitere Systeme von Differentialgleichungen 1. Ordnung näher betrachtet. Sie können als dynamische Modelle für viele Anwendungen dienen.

Das erste Modell, das sog. **Jäger-Beute-Modell**, beschreibt die Abhängigkeiten zweier Arten, von denen die eine Art der anderen als Nahrung dient. Man denke z.B. an die zahlenmäßige Entwicklung einer Fuchs- und einer Hasen-Population innerhalb eines begrenzten Gebiets oder an die Ausbreitung einer seuchenartigen Krankheit durch Bakterien. Im zweiten Falle stellen die Bakterien die eine Art und die menschliche Population einer bestimmten Region die zweite Art dar. Solche und ähnliche Modelle wurden zuerst von Lotka und Volterra untersucht.

Zunächst nimmt man einmal an, daß die Hasen (ihre Anzahl sei x) ohne Beeinträchtigung durch Füchse (ihre Anzahl sei y) leben. Die Vermehrungsrate $\dfrac{dx}{dt}$ bzw. $\dot{x}$ der Hasen kann dann als proportional zur Größe der bereits vorhandenen Hasenpopulation angesehen werden, d.h. $\dot{x} = a \cdot x$ mit $a > 0$. Dies entspräche einem exponentiellen Anwachsen der Hasenpopulation. Nimmt man andererseits an, die Füchse wären alleine (d.h. ohne Hasen und damit ohne Nahrung) in ihrem Revier, so müßte ihre Anzahl zwangsläufig abnehmen, d.h. ihre Änderungsrate ist $\dot{y} = -dy$ mit $d > 0$.

Betrachtet man nun den interessanteren Fall, daß Füchse und Hasen gleichzeitig im Revier vorhanden sind, und die Wechselwirkung zwischen beiden Arten zum Tragen kommt. Man kann vernünftigerweise annehmen, daß die Anzahl der Hasen, welche von den Füchsen aufgefressen werden, proportional zu $x \cdot y$ ist. Das Auffressen der Hasen gehe in die Änderungsrate $\dot{x}$ der Hasen mit $-bxy$ ($b > 0$) und in die Änderungsrate der Füchse mit cxy ($c > 0$) ein, sodaß man das folgende Differentialgleichung-System erhält $(a, b, c, d > 0)$:

$$\dot{x} = ax - bxy \qquad \dot{y} = cxy - dy \tag{13.74}$$

Zum Zeitpunkt $t = t_0$ seien x_0 Hasen und y_0 Füchse vorhanden. Die Lösungen $x(t)$ und $y(t)$ der Differentialgleichung (13.74) beschreiben, wie sich nun die beiden Arten unter den geschilderten Voraussetzungen entwickeln.

Man findet ein ähnliches Differentialgleichung-System, wenn man die zeitliche Entwicklung zweier Arten betrachtet, welche sich gegenseitig auffressen. Der Unterschied zum 1. Modell liegt darin, daß beide Arten proportional zu xy abnehmen. Man erhält dann das folgende System $(a, b, c, d > 0)$:

$$\dot{x} = ax - bxy \qquad \dot{y} = dy - cxy \tag{13.75}$$

Beide Systeme (13.74) und (13.75) lassen sich nicht geschlossen integrieren. Man muß zur genauen Bestimmung der Lösungen numerische Methoden unter Einsatz eines Computers zu Hilfe nehmen. Das qualitative Lösungsverhalten kann jedoch anhand einiger charakteristischer Eigenschaften dieser Modellansätze durchaus ohne Computer ermittelt werden. Die Systeme (13.74) und (13.75) zeichnen sich dadurch aus, daß die unabhängige Veränderliche t nicht explizit vorkommt. Schreibt man abkürzend für die rechten Seiten der Differentialgleichungen $f(x, y)$ bzw. $g(x, y)$, so erhält man $\dot{x} = \dfrac{dx}{dt} = f(x, y)$ und $\dot{y} = \dfrac{dy}{dt} = g(x, y)$, bzw. wenn man die beiden Gleichungen durcheinander dividiert:

$$\frac{dx}{dy} = \frac{f(x, y)}{g(x, y)} \tag{13.76}$$

Die Differentialgleichung (13.76) beschreibt den geometrischen Ort der Lösungspunkte (x, y) in Abhängigkeit von der Zeit. Man nennt die Lösungskurven von (13.76) auch **Trajektorien**.

Einige bemerkenswerte Eigenschaften dieser Trajektorien werden im folgenden ohne Beweis angeführt. Zunächst sieht man leicht, daß die Gestalt der Trajektorien nicht vom Startpunkt t des Systems abhängt. Das bedeutet, daß durch jeden Punkt (x, y) eine einzige Trajektorie geht. Daraus folgt wiederum, daß die Trajektorien sich nicht schneiden können. Es gibt Trajektorien, die zu einem einzigen Punkt zusammenschrumpfen, wenn nämlich x und y Konstanten, also unabhängig von t sind. Man erhält diese Punkte durch Auflösen des Gleichungssystems $f(x, y) = g(x, y) = 0$. Startet das System (13.74) in einem solchen Punkt, dann sind die Änderungsraten $\dot{x}$ und $\dot{y}$ gleich Null, d.h. das System

bleibt in diesem sog. **Gleichgewichtspunkt** stehen. Startet das System außerhalb eines Gleichgewichtspunkts, dann ist die Trajektorie eine durch (13.76)
festgelegte Kurve, welche in einer ganz bestimmten Richtung durchlaufen wird.
Eine solche Trajektorie kann sich einem Gleichgewichtspunkt nur asymptotisch
(d.h. für $t \to \infty$) nähern. Man kann drei Möglichkeiten des Verhaltens der
Trajektorien unterscheiden. Liegt der Startpunkt $(x_0, y_0) = (x(t_0), y(t_0))$ in
der Nähe eines Gleichgewichtspunkts, so kann die Trajektorie bzw. das System sich dem Gleichgewichtspunkt nähern (man spricht in diesem Fall von
einem stabilen Gleichgewichtspunkt). Das System kann sich immer mehr vom
Gleichgewichtspunkt entfernen (man spricht dann von einem instabilen Gleichgewichtspunkt) oder die Trajektorie ist eine geschlossene Kurve mit dem Gleichgewichtspunkt im Innern. Das System bewegt sich dann zyklisch um den Gleichgewichtspunkt herum.

Für das System (13.74) kann man zeigen, daß die entsprechenden Trajektorien
geschlossene Kurven um einen Gleichgewichtspunkt darstellen. Die beiden anderen Fälle (Trajektorien nähern sich dem Gleichgewichtspunkt bzw. entfernen
sich von ihm asymptotisch) treten bei komplizierteren rechten Seiten $f(x, y)$
und $g(x, y)$ als in (13.74) auf.

Untersucht man die Trajektorien von (13.74) im 1. Quadranten, so sieht man,
daß aus $x_0 > 0$ und $y_0 > 0$ für alle $t > 0$ folgt: $x(t) > 0$ und $y(t) > 0$ für alle
t. Man sieht außerdem, daß zwei Gleichgewichtspunkte G_1 und G_2 existieren
mit $G_1 = (0,0)$ und $G_2 = (d/c, a/b)$. Man erkennt auch, daß die positiven
Halbachsen auch Trajektorien sind, welche den beiden eingangs geschilderten
isolierten Systemzuständen entsprechen (z.B. nur Hasen bzw. nur Füchse).

Berechnet man die Trajektorien für das System (13.74), so muß man ihre Differentialgleichung lösen:

$$\frac{dy}{dx} = \frac{y(cx - d)}{x(a - by)} \Leftrightarrow \frac{a - by}{y} \cdot \frac{dy}{dx} + \frac{d - cx}{x} = 0$$
$$\Leftrightarrow \frac{a - by}{y} dy + \frac{d - cx}{x} dx = 0 \tag{13.77}$$

Integration liefert:

$$a \cdot \ln y - by + d \ln x - cx = \ln C \quad \text{mit } C = \text{const.} \tag{13.78}$$

Also erhält man:

$$y^a \cdot e^{-by} \cdot x^d \cdot e^{-cx} = C \quad \text{bzw.} \quad C = \frac{x^d \cdot y^a}{e^{cx} \cdot e^{by}} \tag{13.79}$$

Die Integrationskonstante hängt nicht von t ab. Eine spezielle Trajektorie erhält man durch Festlegung von C durch die entsprechenden Anfangsbedingungen:

$$C_0 = \frac{x_0^d \cdot y_0^a}{e^{cx_0} \cdot e^{by_0}} \qquad\qquad (13.80)$$

Beispiel:

$\dot{x} = 3x - xy$ und $\dot{y} = \frac{1}{2}xy - y$, also $a = 3$, $b = 1$, $c = 1/2$ und $d = 1$. In Bild 13.5 sind einige Trajektorien (13.79) mit eingezeichneter Durchlaufrichtung (im Gegenuhrzeigersinn) dargestellt.

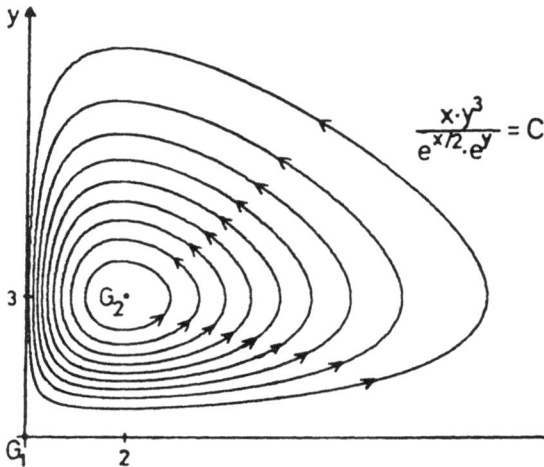

Bild 13.5: Trajektorien des Jäger-Beute-Modells $\dot{x} = 3x - xy$, $\dot{y} = \frac{1}{2}xy - y$

Die Funktionen $x(t)$ und $y(t)$ verlaufen also zyklisch aber zeitlich verschoben um G_2. Wenn die Zahl der Hasen wächst, nimmt die Zahl der Füchse zeitlich später ebenfalls zu, was andererseits wieder zu einer Dezimierung der Hasen führt usw. In Bild 13.6 sind die Funktionen $x(t)$ und $y(t)$ für $x_0 = x(0) = 4$ und $y_0 = y(0) = 2$ skizziert.

Auch für das System (13.76) kann man die Trajektorien analytisch ermitteln. Die zugehörige Differentialgleichung lautet:

$$\frac{dy}{dx} = \frac{y(d - cx)}{x(a - by)} \quad \Leftrightarrow \quad \frac{a - by}{y}dy + \frac{cx - d}{x}dx = 0 \tag{13.81}$$

Integration liefert:

$$a \cdot \ln y - by + cx - d \ln x = \ln C \quad \text{mit } C = \text{const.} \tag{13.82}$$

Also erhält man:

$$y^a \cdot e^{-bx+cx} \cdot x^{-d} = C \quad \text{bzw.} \quad \frac{y^a}{e^{by}} = C \cdot \frac{x^d}{e^{cx}} \tag{13.83}$$

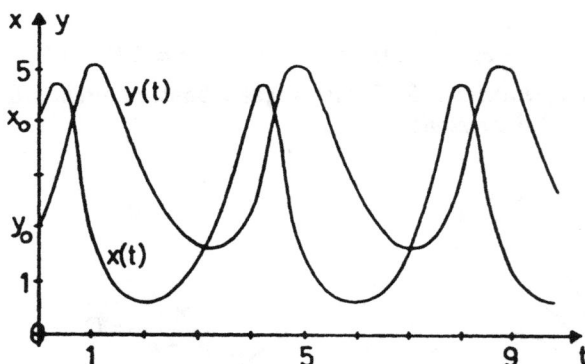

Bild 13.6: Populationsdichten für das Jäger-Beute-Modell $\dot{x} = 3x - xy$, $\dot{y} = \frac{1}{2}xy - y$

Beispiel:

$\dot{x} = 3x - xy$ und $\dot{y} = 2y - xy$, also $a = 3$, $b = c = 1$ und $d = 2$.

In Bild 13.7 sind einige Trajektorien (13.83) mit eingezeichneter Durchlaufrichtung dargestellt.

Man sieht, daß die Trajektorien, welche durch den Punkt $G_2 = (2,3)$ verlaufen, den 1. Quadranten in vier Bereiche aufteilen. Da Trajektorien sich nicht schneiden können, bedeutet dies, daß das Modell je nach Anfangszustand $x_0 = x(t_0)$ und $y_0 = y(t_0)$ in dem entsprechenden Bereich bleibt. Die beiden positiven Koordinatenachsen stellen ebenfalls Trajektorien für den Fall fehlender Interaktionen dar. Im Gegensatz zum vorigen Beispiel verlaufen die Funktionen $x(t)$ und $y(t)$ nicht mehr periodisch. Die Kurven nähern sich asymptotisch entweder der x- oder der y-Achse, d.h. auf lange Sicht stirbt eine Art aus. Eine Ausnahme bildet die Trajektorie, welche durch $G_1 = (0,0)$ und $G_2 = (2,3)$ verläuft. Liegt der Startpunkt auf dieser Trajektorie, dann strebt der Zustand des Systems stets zum Gleichgewichtszustand G_2.

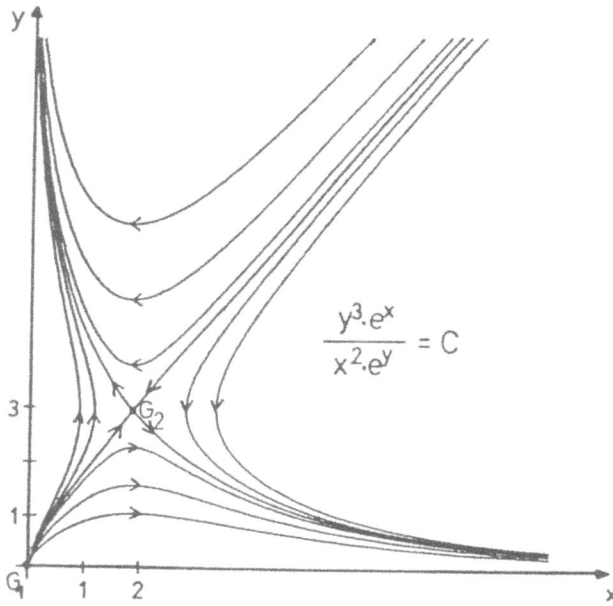

Bild 13.7: Trajektorien des Modells $\dot{x} = 3x - xy$, $\dot{y} = 2y - xy$

Kapitel 14

Ordnung und Chaos in dynamischen Systemen

Dynamische Systeme lassen sich häufig durch einfache mathematische Gleichungen modellieren. Durch eine eindeutige Berechnungsvorschrift sowie einen vorgegebenen Anfangszustand ist die zeitliche Entwicklung des Systemzustands vollständig determiniert.

Das folgende Kapitel will anhand einiger Beispiele aus der Populationsdynamik zeigen, daß das langfristige Systemverhalten nicht in allen Fällen einem geordneten Gleichgewichtszustand zustrebt. Einfache deterministische Systeme können scheinbar völlig irreguläres Verhalten erzeugen, das grundsätzlicher Natur ist. Die Dynamik des Systems kann vollständig bekannt sein, und es sind keine Störungen von außen nötig. Man bezeichnet auf diese Weise erzeugtes Systemverhalten als **deterministisches Chaos**.

Eng verbunden mit der **Chaostheorie** ist die **fraktale Geometrie** zur Beschreibung von natürlichen Strukturen wie Wolken, Pflanzen, Blutgefäßsystemen usw.

Eine umfassende Behandlung der Chaostheorie und fraktalen Geometrie ist im Rahmen dieses Kapitels nicht möglich. Es erfolgt lediglich eine kurze Darstellung des möglichen komplexen Verhaltens einfacher dynamischer Systeme. Der interessierte Leser wird auf die einführende Literatur zu dieser Thematik verwiesen.

14.1 Dynamische Systeme

Dynamische Systeme werden mathematisch meist durch Rekursions- oder Differentialgleichungen modelliert.

Ein **diskretes dynamisches System** sei im folgenden ein Satz gewöhnlicher **Rekursionsgleichungen** bzw. **iterierter Abbildungen** (vgl. Abschnitt 7.1)

$$
\begin{aligned}
x_1(n+1) &= F_1\big(x_1(n), x_2(n), \ldots, x_m(n)\big)\\
x_2(n+1) &= F_2\big(x_1(n), x_2(n), \ldots, x_m(n)\big)\\
&\;\;\vdots\\
x_m(n+1) &= F_m\big((x_1(n), x_2(n), \ldots, x_m(n)\big),
\end{aligned}
\tag{14.1}
$$

oder abgekürzt

$$
x_{n+1} = F(x_n).
\tag{14.2}
$$

Ein **kontinuierliches dynamisches System** sei im folgenden ein Satz gewöhnlicher **Differentialgleichungen** (vgl. Kapitel 13)

$$\dot{x}_1(t) \;=\; \frac{dx_1}{dt} \;=\; F_1\big(x_1(t), x_2(t), \ldots, x_m(t)\big)$$

$$\dot{x}_2(t) \;=\; \frac{dx_2}{dt} \;=\; F_2\big(x_1(t), x_2(t), \ldots, x_m(t)\big) \qquad\qquad (14.3)$$

$$\vdots$$

$$\dot{x}_m(t) \;=\; \frac{dx_m}{dt} \;=\; F_m\big(x_1(t), x_2(t), \ldots, x_m(t)\big),$$

oder kurz

$$\dot{x} \;=\; \frac{dx}{dt} \;=\; F(x). \qquad\qquad (14.4)$$

In der abgekürzten Darstellung ist $x = (x_1, x_2, \ldots, x_m)$ ein reellwertiger Vektor im $\mathbb{R}^m$ und $F = (F_1, F_2, \ldots, F_m)$ ein reellwertiger Funktionsvektor von $\mathbb{R}^m \mapsto \mathbb{R}^m$.

Notwendige, jedoch nicht hinreichende Bedingung für das Auftreten chaotischer Dynamik ist **Nichtlinearität**, d.h. die Gleichungen enthalten Produkte oder nichtlineare Funktionen der Zustandsvariablen $x_1, x_2, \ldots, x_m$. Nichtlineare iterierte Abbildungen bzw. Differentialgleichungen sind i.a. nicht analytisch lösbar. Lineare iterierte Abbildungen und Differentialgleichungen können immer explizit gelöst werden und führen nie zu Chaos.

14.2   Nichtlineare iterierte Abbildungen

Iterierte Abbildungen bzw. **zeitdiskrete Systeme** sind im eindimensionalen
Fall durch eine Vorschrift

$$x_{n+1} = F(x_n) \qquad n = 0, 1, 2, \ldots \tag{14.5}$$

festgelegt, wobei $F(x)$ eine gegebene Abbildung, die im vorliegenden Fall nichtlinear sein soll, und x_0 ein vorgegebener Anfangswert ist. Die Systemvariable x
wird zu diskreten Zeiten n ($n \in I\!N$) beobachtet. Man kann z.B. x_n als Zahl der
Individuen oder als Individuendichte einer Population in der n-ten Generation
betrachten, als Niederschlagsmenge im n-ten Monat, oder als Systemzustand
(z.B. Teilchenenergie in einem Ringbeschleuniger) im n-ten Umlauf eines periodischen Vorgangs interpretieren.

Für iterierte Abbildungen bzw. zeitdiskrete Systeme läßt sich die Entstehung
von deterministischem Chaos sehr einfach demonstrieren. Deshalb wird zunächst eine der einfachsten nichtlinearen iterierten Abbildungen betrachtet.

14.2.1   Die logistische Abbildung

Eines der einfachsten ökologischen Systeme ist eine sich saisonbedingt fortpflan-
zende Population, deren Generationen nicht überlappen. Die Individuendichte
x_{n+1} der Folgegeneration hängt von der Individuendichte x_n der vorhergehenden Generation ab:

$$x_{n+1} = F(x_n, c) \tag{14.6}$$

Der Iterationswert nach einer Iteration ist im nächsten Iterationsschritt Argument der Abbildung F. Dies führt zu einem Rückkopplungsmechanismus (Bild
14.1).

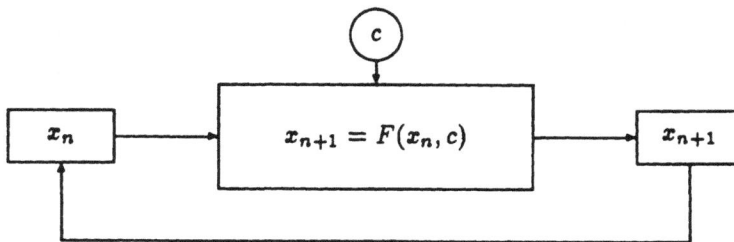

Bild 14.1: Rückkopplung iterierter Abbildungen

Die Populationsdichte in der $(n+1)$-ten Generation sei proportional zur Dichte
in der n-ten Generation:

$$x_{n+1} \sim x_n \quad \text{bzw.} \quad x_{n+1} = r x_n \tag{14.7}$$

Die Proportionalitätskonstante r kann als Vermehrungsrate oder Fruchtbarkeit der Spezies interpretiert werden.

Für $r > 1$ folgt exponentielles Wachstum, für $0 < r < 1$ exponentielle Abnahme der Population.

In der Realität wird eine Population abnehmen, wenn die Populationsdichte einen Schwellenwert x_{max} überschreitet, z.B. aufgrund von Übervölkerung oder begrenztem Nahrungsangebot. Andererseits wird sie zunehmen, wenn sie unterhalb des Schwellenwerts x_{max} liegt, da noch genügend Lebensraum oder Nahrung für mehr Individuen zur Verfügung steht. Man bezeichnet eine solche Population als **dichteabhängig**. Dieses Verhalten kann ausgedrückt werden als:

$$x_{n+1} = rx_n(x_{max} - x_n) \tag{14.8}$$

Bezeichnet x_n den Anteil der in Generation n vorhandenen Individuen an der maximal möglichen Individuenzahl x_{max} (die sog. **Individuendichte**), dann kann Gleichung (14.8) vereinfacht werden zu:

$$x_{n+1} = rx_n(1 - x_n) = rx_n - rx_n^2 \tag{14.9}$$

Gleichung (14.9) ist die sog. **logistische Abbildung**. Sie ist die einfachste eindimensionale nichtlineare iterierte Abbildung zur Modellierung einer Population. Der nichtlineare Term in Gleichung (14.9) ist das Quadrat x_n^2 der Populationsdichte. Die abbildende Funktion $F(x) = rx(1 - x) = rx - rx^2$ ist also quadratisch und damit nichtlinear. Gleichung 14.9 wird deshalb auch als **Parabelabbildung** bezeichnet.

14.2.2   Dynamik iterierter Abbildungen

Im folgenden werden einige Indikatoren zur Quantifizierung des Verhaltens von eindimensionalen Gleichungen am Beispiel der logistischen Abbildung vorgestellt.

Extremwerte

Extremwerte der logistischen Abbildung erhält man, wenn man die 1. Ableitung der abbildenden Funktion $F(x) = rx(1 - x)$ gleich Null setzt:

$$\frac{dF(x)}{dx} = r(1 - 2x) = 0 \tag{14.10}$$

Dies gilt für $x = 1/2$. Es existiert an dieser Stelle ein Maximum mit dem Funktionswert $F(1/2) = r/4$. Für $r < 1$ stirbt die Population aus. Um die

Individuendichte auf das Intervall $[0, 1]$ zu beschränken, um also nichttriviales dynamisches Verhalten der logistischen Abbildung als Populationsmodell zu garantieren, muß $1 \leq r \leq 4$ sein.

Gleichgewichtswerte

Gleichgewichtswerte (Fixpunkte) x^* iterierter Abbildungen sind Werte, die durch die Iterationsvorschrift unverändert bleiben, für die also $x^* = F(x^*)$ ist.

Für die logistische Abbildung muß also gelten:

$$x^* = rx^*(1 - x^*) \tag{14.11}$$

Es folgt die triviale Lösung $x^* = 0$ und die nichttriviale Lösung $x^* = 1 - 1/r$. Für eine festgelegte Vermehrungsrate r kann also ein eindeutiger nichttrivialer **Fixpunkt** berechnet werden.

Zeitdiagramme

Bild 14.2 zeigt die ersten 20 Populationsdichten für drei verschiedene Vermehrungsraten r bei einer Startdichte von $x_0 = 0.8$. Zusätzlich sind die Werte für zwei geringfügig abweichende Startdichten von $x_0 = 0.8 \pm 0.01$ eingezeichnet.

Bei einer Vermehrungsrate von $r = 2.5$ (a) pendelt sich die Population bereits nach wenigen Generationen auf einen Gleichgewichtszustand $x^* = 0.6$ ein. Für $r = 3.2$ (b) existieren nach dem Einschwingen des Systems periodische Schwankungen um zwei Werte (**Periode-2-Fixpunkt**). Irreguläre Schwankungen treten bei $r = 4.0$ (c) auf. Es gibt keine Periode mehr, weder in der Frequenz noch in der Amplitude. Kleine Abweichungen vom Startwert x_0 von ± 0.01 führen im Gegensatz zu den Fällen in a und b schon nach kurzer Zeit zu einem völlig divergenten Systemverhalten. Diese **sensitive Abhängigkeit von den Anfangsbedingungen** ist ein typisches Merkmal für deterministisch chaotische Dynamik.

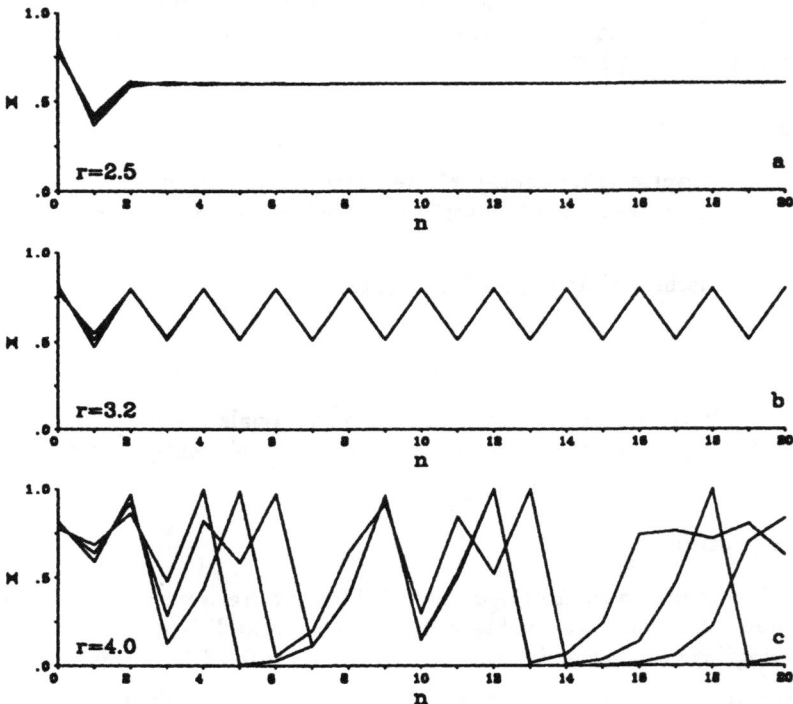

Bild 14.2: Zeitdiagramme der logistischen Abbildung

Bifurkationsdiagramme

Die Systemdynamik kann durch die Auftragung des Gleichgewichtszustands, d.h. des Zustands nach Einpendeln des Systems, über einen oder mehrere veränderliche Parameter dargestellt werden. In Bild 14.3 wurden die ersten 200 Iterationen verworfen und die anschließenden 150 Populationsdichten über der jeweiligen Vermehrungsrate r aufgetragen.

Für $r < 3$ stellt sich zunächst tatsächlich der berechnete Gleichgewichtszustand ein. Bei $r = 3$ erfolgt eine sog. **Bifurkation** oder **Periodenverdopplung**. Die Population pendelt von Generation zu Generation zwischen zwei Werten. Weitere Bifurkationen bei Erhöhung des Fruchtbarkeitsparameters r führen zu Zyklen der Periode $4, 8, \ldots, 2^n$. Ab $r \approx 3.57$ tritt Chaos auf. Im chaotischen Bereich ist keine Periode mehr vorhanden. Kein Wert wiederholt sich. Es entsteht eine anscheinend stochastische Verteilung der Populationsdichten. Der chaotische Bereich der Abbildung ist von sog. **nichtchaotischen Fenstern** unterbrochen, in denen Zyklen der Periode $3, 6, \ldots, 2^n \cdot 3$ existieren.

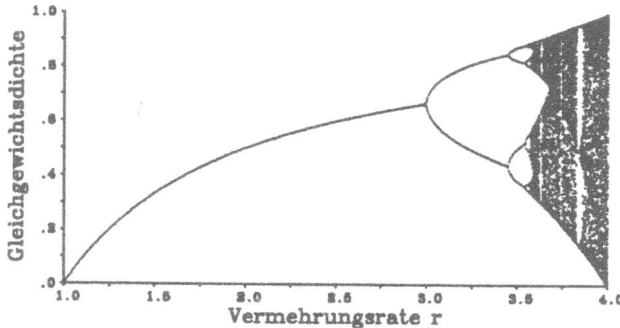

Bild 14.3: Bifurkationsdiagramm der logistischen Abbildung

Geometrische Konstruktion der Iterierten

Die Folge der Iterierten einer Abbildung läßt sich geometrisch bestimmen, indem man die abbildende Funktion $F(x)$, z.B. $F(x) = rx(1-x)$, und die Winkelhalbierende des ersten Quadranten in ein Koordinatensystem einzeichnet. Man beginnt mit einem Startwert x_0 auf der Abszisse und sucht den dazugehörigen Wert $F(x_0)$ auf der Kurve. Dieser ist der nächste Eingangswert der Iteration. Man geht daher waagrecht zur Winkelhalbierenden und wieder senkrecht auf die Kurve. Dort liegt der nächste Wert, von dem aus man analog verfährt. Bild 14.4 zeigt die geometrische Konstruktion der ersten 20 Iterierten der logistischen Abbildung für vier r-Werte und drei benachbarte Anfangszustände.

Für $r = 0.9$ stirbt die Population schon nach wenigen Generationen aus. Die Bahnen laufen auf den Ursprung zu. Bei $r = 2.5$ pendelt sich die Population relativ schnell auf den Fixpunkt $x^* = 0.6$ ein. Der Fixpunkt x^* ist geometrisch der Schnittpunkt der abbildenden Funktion $F(x)$ mit der Winkelhalbierenden. Für $r = 3.2$ ist schon nach kurzer Zeit der Periode-2-Zyklus als Quadrat, auf das die benachbarten Bahnen zulaufen, erkennbar. Irreguläre Bahnen treten bei $r = 4.0$ auf. Ähnliche Anfangszustände laufen bereits nach wenigen Iterationen auseinander. Aufgrund dieser sensitiven Abhängigkeit von den Anfangsbedingungen entsteht das scheinbar unregelmäßige Bahnmuster.

Streckung und Faltung

Warum wird ein Fixpunkt instabil? Der berechnete Fixpunkt ist der Schnittpunkt der Kurve mit der Winkelhalbierenden (vgl. Bild 14.4). Um den Fixpunkt zu erreichen, müssen die Iterierten im Laufe der Iteration irgendwann in die Nähe des Fixpunkts kommen. Betrachtet man einen Punkt x, der sich vom Fixpunkt x^* um einen kleinen Wert ε unterscheidet, dann ist der Funktionswert $F(x)$ nach der Iteration $F(x) = F(x^* + \varepsilon)$.

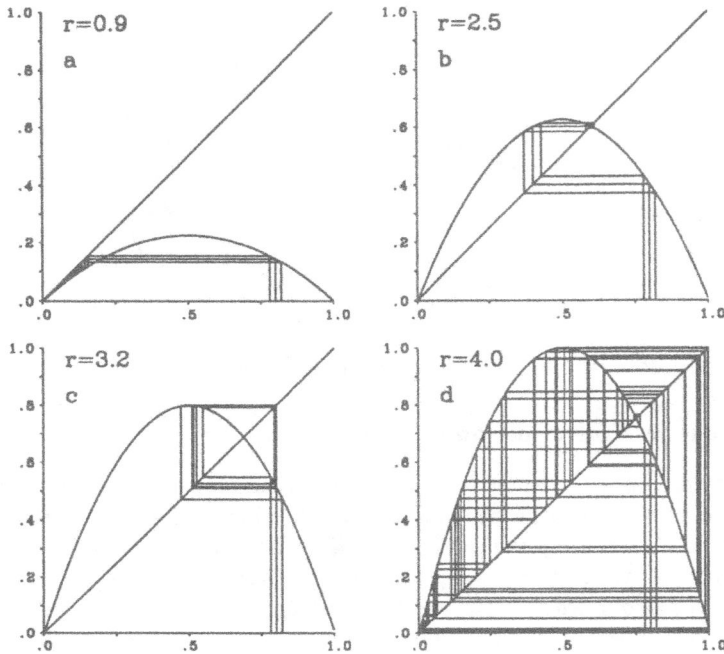

Bild 14.4: Geometrische Konstruktion der Iterierten

Der Differenzenquotient an der Stelle x^* ist:

$$\frac{F(x^* + \varepsilon) - F(x^*)}{\varepsilon} \tag{14.12}$$

Für den Grenzfall $\varepsilon \to 0$ folgt der Differentialquotient als 1. Ableitung $F'(x^*)$ der Funktion F an der Stelle x^*:

$$\lim_{\varepsilon \to 0} \frac{F(x^* + \varepsilon) - F(x^*)}{\varepsilon} = F'(x^*) \tag{14.13}$$

Damit kann $F(x^*)$ abgeschätzt werden zu:

$$F(x^* + \varepsilon) = F(x^*) + \varepsilon F'(x^*) = x^* + \varepsilon F'(x^*) \tag{14.14}$$

Aus dem Abstand ε wird also $\varepsilon F'(x^*)$. Die Bewegung nähert sich x^* also nur dann, wenn $|F'(x^*)| < 1$ ist. Es kommt demnach ausschließlich auf die Steigung der Funktion $F(x)$ am Schnittpunkt mit der Winkelhalbierenden an. Für die logistische Abbildung ist $F'(x^*) = r(1-2x^*)$. Da $x^* = 1-1/r$, ist $F'(x^*) = 2-r$. Es gilt: $|2 - r| < 1 \Leftrightarrow 1 < r < 3$. Dies ist genau der Bereich, in dem ein stabiler Fixpunkt auftritt. Die Bestimmung der Stabilität von Fixpunkten höherer Perioden erfolgt analog, wenn man $F^n(x)$ über x aufträgt.

Anschaulich besteht die geometrische Konstruktion der Iterierten aus einer Abwechslung von Strecken und Falten der Bahnabstände. In Funktionsbereichen mit einer Steigung < 1 werden benachbarte Bahnen einander angenähert (Faltung), in Bereichen mit einer Steigung > 1 voneinander getrennt (Streckung). Bei Chaos überwiegt im Mittel das Strecken gegenüber dem Falten.

Der Liapunov-Koeffizient

Benachbarte Werte werden durch eine Abbildung langfristig angenähert ($\to$ Fixpunkte) oder getrennt ($\to$ Chaos). Der **Liapunov-Koeffizient** λ ist ein einfaches Maß, wie sich eine kleine Abweichung Δx zwischen zwei benachbarten Punkten im Laufe der Iteration entwickelt (Bild 14.5).

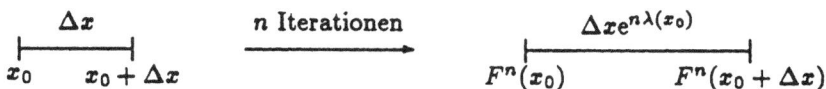

Bild 14.5: Der Liapunov-Koeffizient

Man nimmt an, daß die Abweichung Δx nach einmaliger Iteration um den Faktor $e^{\lambda(x_0)}$ wächst oder schrumpft. Sie beträgt dann nach n Iterationen:

$$\Delta x e^{n\lambda(x_0)} = |F^n(x_0 + \Delta x) - F^n(x_0)| \tag{14.15}$$

Auflösung nach λ ergibt:

$$\lambda(x_0) = \frac{1}{n} \ln \left| \frac{F^n(x_0 + \Delta x) - F^n(x_0)}{\Delta x} \right| \tag{14.16}$$

Die Grenzprozesse $n \to \infty$ und $\Delta x \to 0$ führen zu folgendem Ausdruck für λ:

$$\lambda(x_0) = \lim_{n\to\infty} \lim_{\Delta x\to 0} \frac{1}{n} \ln \left| \frac{F^n(x_0 + \Delta x) - F^n(x_0)}{\Delta x} \right| =$$

$$= \lim_{n\to\infty} \frac{1}{n} \ln \left| \frac{d}{dx_0} F^n(x_0) \right| \tag{14.17}$$

Der $\lim\limits_{\Delta x\to 0}$ darf aufgrund der Stetigkeit des natürlichen Logarithmus unter die ln-Funktion gezogen werden.

Mit $x_n = F(x_{n-1})$ und der Kettenregel folgt:

$$\frac{d}{dx}F^n(x_0) = \frac{d}{dx}F(F^{(n-1)}(x_0)) = F'(F^{(n-1)}(x_0))F^{(n-1)\prime}(x_0) =$$
$$= F'(x_{n-1})F^{(n-1)\prime}(x_0) \qquad (14.18)$$

Durch wiederholte Anwendung der Kettenregel kann der Liapunov-Koeffizient ausgedrückt werden als:

$$\lambda(x_0) = \lim_{n\to\infty}\frac{1}{n}\ln\left|\frac{d}{dx_0}F^n(x_0)\right| = \lim_{n\to\infty}\frac{1}{n}\ln\left|\prod_{i=0}^{n-1}F'(x_i)\right| =$$
$$= \lim_{n\to\infty}\frac{1}{n}\sum_{i=0}^{n-1}\ln|F'(x_i)| \qquad (14.19)$$

Ist λ kleiner als Null, dann geht der durchschnittliche Streckungs- bzw. Stauchungsfaktor e^λ gegen Null. Benachbarte Punkte werden also angenähert. Ist λ positiv, dann geht e^λ gegen Unendlich. Benachbarte Punkte werden also getrennt.

Der Liapunov-Koeffizient ist damit eine charakteristische Größe für geordnete ($\lambda < 0$) und chaotische ($\lambda > 0$) Dynamik. An den Bifurkationspunkten ist der Koeffizient Null.

Für die logistische Abbildung gilt:

$$\lambda(x_0) = \lim_{n\to\infty}\frac{1}{n}\sum_{i=0}^{n-1}\ln|r - 2rx_i| \qquad (14.20)$$

Bild 14.6 zeigt das Bifurkationsdiagramm der logistischen Abbildung im Bereich $2.5 \leq r \leq 4$ und die dazugehörigen Liapunov-Koeffizienten.

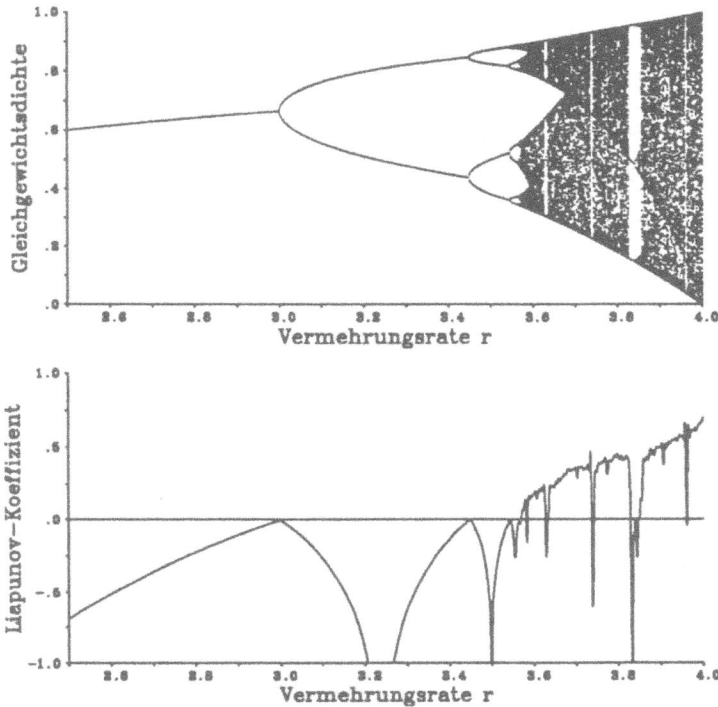

Bild 14.6: Bifurkationsdiagramm und Liapunov-Koeffizienten

Die Feigenbaum-Zahlen

In Bild 14.6 kann zwischen einem **Bifurkationsbereich** oder **periodischen Bereich** für $r < r_\infty$ mit $r_\infty \approx 3.57$ und einem chaotischen Bereich für $r_\infty < r \leq 4$ unterschieden werden. Im periodischen Bereich ist der Liapunov-Koeffizient immer negativ, außer an den Bifurkationspunkten, an denen er gleich 0 ist. Der Liapunov-Koeffizient im chaotischen Bereich ist außer in den nichtchaotischen Fenstern positiv.

Viele Systeme in den verschiedensten Disziplinen zeigen Periodenverdopplungen und Chaosübergänge. Der Übergang zum Chaos weist in diesen Fällen bestimmte universelle Merkmale auf, unabhängig von den genauen Einzelheiten des jeweiligen Systems (vgl. Bild 14.7).

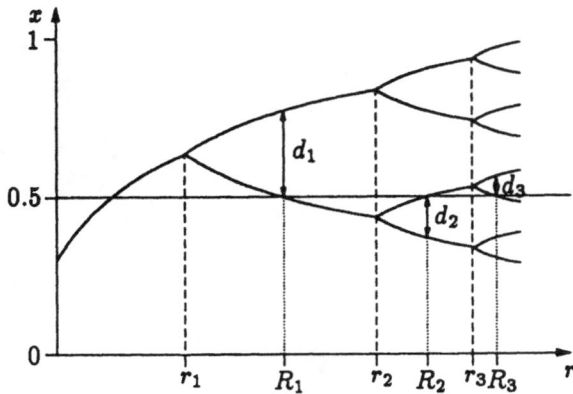

Bild 14.7: Feigenbaum-Bifurkationsschema

Periodischer Bereich

a) Die Verhältnisse der Intervalle, an denen Periodenverdopplungen stattfinden, sind konstant:

$$\frac{r_n - r_{n-1}}{r_{n+1} - r_n} = \delta = 4.6692... \qquad \text{für } n \gg 1 \qquad (14.21)$$

b) Die Werte R_n sind die Stellen, an denen der jeweilige Zyklus den Wert 0.5 enthält. Für diese Werte gilt:

$$\frac{R_n - R_{n-1}}{R_{n+1} - R_n} = \delta = 4.6692... \qquad \text{für } n \gg 1 \qquad (14.22)$$

c) Die Werte d_n sind die Abstände zwischen dem Punkt 0.5 eines 2^n-Zyklus und dem nächstgelegenen Punkt des 2^n-Zyklus. Aufeinanderfolgende Abstände verhalten sich wie:

$$\frac{d_n}{d_{n+1}} = \alpha = 2.5029... \qquad \text{für } n \gg 1 \qquad (14.23)$$

Chaotischer Bereich

a) Die r_n- und R_n-Werte konvergieren gegen einen Grenzwert $r_\infty = R_\infty = 3.5699....$ An diesem Punkt ist die Bewegung nicht mehr periodisch. Es wird kein Iterationswert ein zweites Mal erreicht. Die Dynamik ist chaotisch.

b) In den nichtchaotischen Fenstern existieren beliebige periodische p-Zyklen mit sukzessiven Bifurkationen $p \cdot 2^n$

c) In den nichtchaotischen Fenstern kommen auch Periodenverdreifachungen, -vervierfachungen usw. vor.

Die Werte α und δ sind die **Feigenbaum-Konstanten**, die bei den unter-
schiedlichsten Systemen wie z.B. der der logistischen Abbildung, beim Übergang eines Herzens zum Infarkt, bei elektrischen Schwingkreisen usw. auftreten.
Bei Kenntnis von zwei Bifurkationspunkten eines Parameters ist also die Vor-
aussage von Chaos möglich.

14.2.3   Praktische Anwendung

Es wird angenommen, die Populationsdichte x_n einer Insektenpopulation, die
in einem begrenzten Gebiet als Pflanzenschädling auftritt, kann durch die logistische Abbildung mit der Fruchtbarkeitsrate r modelliert werden. Unterhalb
der Schadschwelle von $x_S = 0.6$ soll keine Bekämpfung vorgenommen werden,
oberhalb davon soll eine Behandlung mit einem Insektizid erfolgen. Die Schadschwelle ist als waagrechte Linie in Bild 14.8 eingezeichnet.

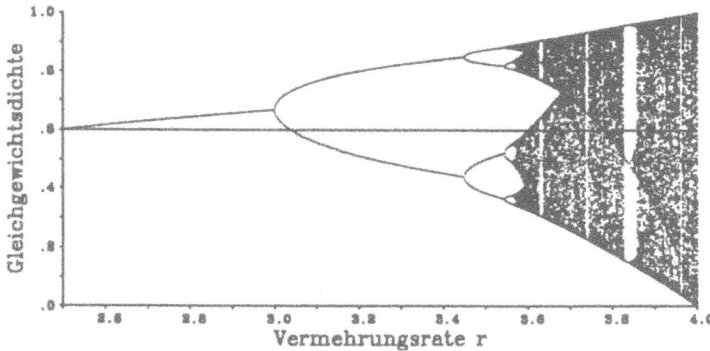

Bild 14.8: Bifurkationsdiagramm mit Schadschwelle

Liegt die Fruchtbarkeit der Insektenpopulation in einem Bereich, in dem stabile
Fixpunkte auftreten, also beispielsweise bei $r = 2.9$, dann beträgt die Gleichge-
wichtspopulationsdichte $x^* \approx 0.66$. Eine Schädlingsbekämpfung würde zu einer
Dezimierung der Population führen. Die Behandlung wäre also erfolgreich, da
sich die Insekten erst allmählich wieder auf den Gleichgewichtszustand einpendeln würden.

Im periodischen Bereich oszilliert die Populationsdichte von Generation zu Generation um zwei Werte. Bei einer Vermehrungsrate von $r = 3.3$ liegt sie einmal
über der Schadschwelle und in der folgenden Generation darunter. Liegt die Populationsdichte zum Entscheidungstermin der Bekämpfung gerade oberhalb der
Schadschwelle, so wäre eine Behandlung evtl. überflüssig, da die Population in
der Folgegeneration von sich aus wieder unter die Schadschwelle sinken würde.
Andererseits würde eine unterlassene Bekämpfung bei Populationsdichten unterhalb der Schadschwelle in der Folgegeneration einen Sprung der Populati-

onsdichte über die Schadschwelle zur Folge haben und damit möglicherweise
Ernteausfälle verursachen.

Für Fruchtbarkeitsraten im chaotischen Bereich ist eine Abschätzung des Be-
handlungserfolgs nicht mehr möglich, da die Population irreguläre Schwankungen ausführt. Theoretisch ist die Populationsdichte zwar durch die logistische
Abbildung vollständig determiniert und damit berechenbar. In der Praxis ist
aber weder die Fruchtbarkeit r noch die augenblickliche Populationsgröße x_n
exakt bekannt. Kleine Fehler führen aber bei chaotischer Dynamik zu einem
völlig divergenten Systemverhalten. Es ist also prinzipiell unmöglich, auch nur
annähernd genaue Prognosen zu erstellen. Die einzige Möglichkeit wäre der
Einsatz eines Insektizids oder anderer Maßnahmen, die die Fruchtbarkeitsrate
r reduzieren. Dadurch käme man evtl. in den periodischen oder den Fixpunkt-
bereich, in denen Abschätzungen der Populationsdichten wieder möglich sind.

Diese Ausführungen sollen die Problematik der Modellbildung in der angewandten Biologie (z.B. den Agrarwissenschaften) und die daraus resultierenden
Schlüsse auf Maßnahmen zur Regulation von Ökosystemen demonstrieren. Die
meisten Phänomene in der Natur sind hochgradig komplex und von Wechselwirkungen und Rückkopplungen geprägt, also nichtlinear. Selbst das vorgestellte stark vereinfachte Modellökosystem zeigt bereits kompliziertes dynamisches
Verhalten. Die Chaostheorie versucht, auch komplexere Systeme, die sich bisher
einer quantitativen Analyse entzogen, mathematisch zu erfassen und Schlüsse
zu ziehen.

14.3   Nichtlineare Differentialgleichungen

14.3.1   Lotka-Volterra-Systeme

Lotka-Volterra-Systeme dienen u.a. zur Modellierung von Räuber-Beute-Beziehungen bzw. allgemeiner zur Beschreibung von Interaktionen verschiedener Populationen. Das bereits in Kapitel 13 vorgestellte Hase-Fuchs-Modell kann auf mehrere Spezies verallgemeinert werden. Die allgemeine Darstellung eines Lotka-Volterra-Systems lautet:

$$\dot{N}_i = \frac{dN_i}{dt} = N_i \left(\gamma_i - \sum_{j=1}^{n} \nu_{ij} N_j \right) \qquad (i = 1, 2, \ldots, n) \tag{14.24}$$

Im folgenden wird ein spezielles Modellökosystem mit drei interaktiven Spezies betrachtet, das durch folgendes Differentialgleichungssystem beschrieben wird:

$$\begin{aligned}
\dot{N}_1 &= N_1 \cdot \big(a_{11}(1 - N_1) + a_{12}(1 - N_2) + a_{13}(1 - N_3)\big) \\
\dot{N}_2 &= N_2 \cdot \big(a_{21}(1 - N_1) + a_{22}(1 - N_2) + a_{23}(1 - N_3)\big) \\
\dot{N}_3 &= N_3 \cdot \big(a_{31}(1 - N_1) + a_{32}(1 - N_2) + a_{33}(1 - N_3)\big)
\end{aligned} \tag{14.25}$$

$$\text{mit } a_{ij} = \begin{pmatrix} 0.5 & 0.5 & 0.1 \\ -0.5 & 0.1 & 0.1 \\ k & 0.1 & 0.1 \end{pmatrix}.$$

Variiert wird in diesem DGL-System also ausschließlich der Parameter k.

14.3.2   Dynamik von Differentialgleichungen

Zeitdiagramme

Bild 14.9 zeigt die zeitliche Entwicklung der drei Populationen N_1, N_2 und N_3 mit der Zeit t.

In Bild 14.9 a oszillieren die drei Populationen mit konstanter Frequenz, Amplitude und Phasenverschiebung für $k = 1.20$. Nach einer Periodenverdopplung entstehen für jede Population zwei alternierende Amplituden (Bild 14.9 b). Frequenz und Phasenverschiebung sind weiterhin konstant. Eine weitere Periodenverdopplung in Bild 14.9 c führt zu vier noch deutlich zu unterscheidenden lokalen Maxima bzw. Minima. Ab einem kritischen k-Wert ist die Bewegung chaotisch. Es existiert keine Periodizität mehr. Frequenz und Amplitude schwanken in Bild 14.9 d scheinbar völlig irregulär.

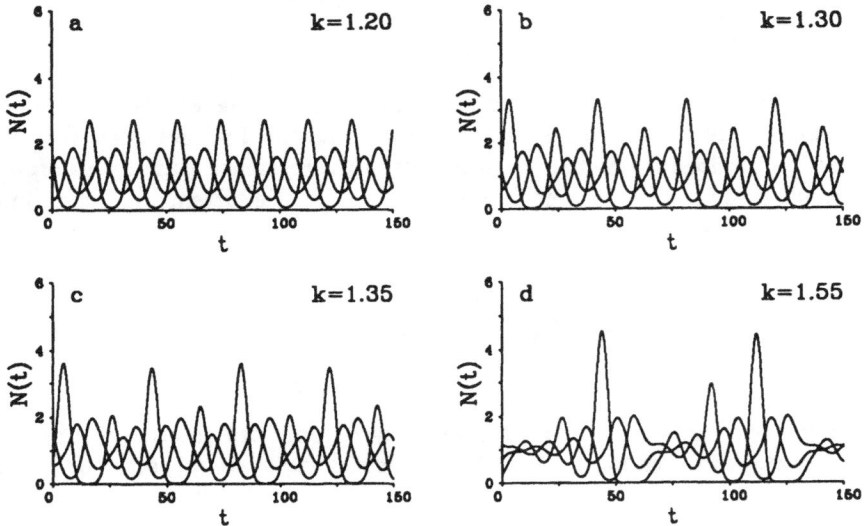

Bild 14.9: Zeitliche Entwicklung der Populationen N_1, N_2 und N_3

Phasenräume und Attraktoren

Die Dynamik kontinuierlicher dynamischer Systeme kann man in einem sog.
Phasenraum darstellen. Ein Phasenraum ist ein Koordinatensystem mit den
Zustandsgrößen als Koordinatenachsen. Für das durch Gleichung (14.25) beschriebene Interaktionsmodell sind die Zustandsgrößen die drei Populationsdichten N_1, N_2 und N_3. Zu jedem Zeitpunkt t existiert ein Punkt im Phasenraum mit den Koordinaten $(N_1(t), N_2(t), N_3(t))$. Die Verbindungslinien zeitlich
aufeinanderfolgender Punkte heißen **Trajektorien**. Trajektorien sind Bahnen
im Phasenraum, die den zeitlichen Ablauf der Systemdynamik darstellen. Ein
dynamisches System muß sich in der Regel für einen vorgegebenen Anfangszustand erst auf einen asymptotischen Zustand einschwingen. Die Trajektorien
bis zu diesem "Gleichgewichtszustand" heißen **Transienten**. Der asymptotische "Gleichgewichtszustand" nach Abklingen der Transienten heißt **Attraktor** (von lat. *attrahere* – anziehen). Die Trajektorien werden also langfristig
vom Attraktor angezogen. Bei Störungen pendelt sich die Bewegung langfristig
wieder auf dem Attraktor ein.

Bild 14.10 zeigt die Attraktoren von Gleichung (14.25) für vier verschiedene
Parameter k.

Für $k = 1.20$ entsteht als Attraktor ein sog. **Grenzzyklus** in Bild 14.10 a (vgl.
auch Bild 13.5 auf Seite 299). Die Systemdynamik kann man sich als einen
Punkt vorstellen, der entgegen dem Uhrzeigersinn auf der in den dreidimen-

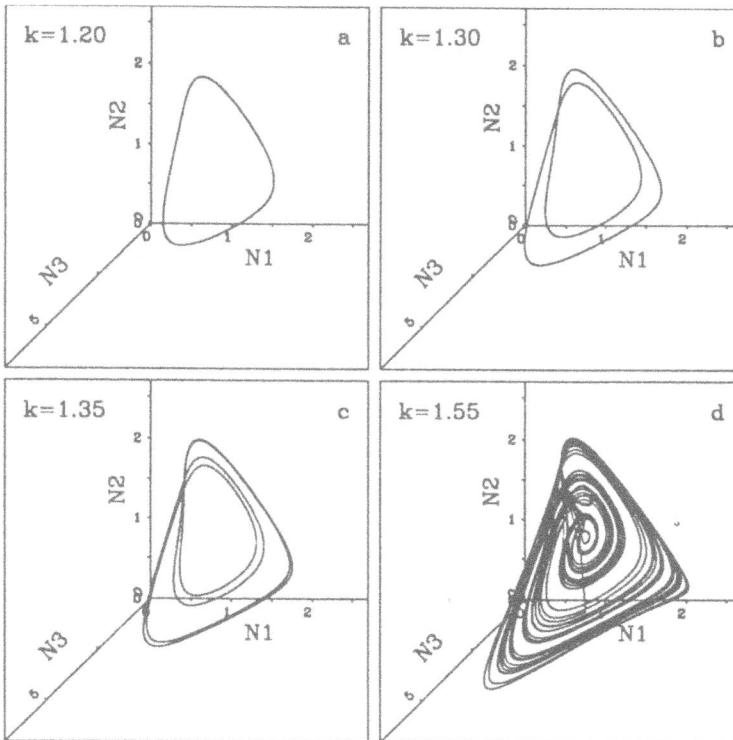

Bild 14.10: Lotka-Volterra-Attraktoren

sionalen Phasenraum eingebetteten Schleife umläuft. Die Bewegung ist streng periodisch mit abwechselnden und zeitversetzten Maxima und Minima der jeweiligen Populationsdichten (vgl. Bild 14.9 a). Wird das Gleichgewicht durch äußere Einflüsse gestört, so laufen die Trajektorien wieder auf diesen Grenzzyklus zu. Bild 14.10 b zeigt den Attraktor nach einer Periodenverdopplung für $k = 1.30$. Man sieht deutlich die alternierenden Maxima und Minima (vgl. Bild 14.9 b). Das zu Bild 14.9 c korrespondierende Phasenraumdiagramm zeigt Bild 14.10 c mit $k = 1.35$, in dem eine weitere Periodenverdopplung zu erkennen ist. Sukzessive Bifurkationen führen bei weiterer Parametererhöhung zu einer Periodenverdopplungskaskade, die analog zum Feigenbaum-Szenarium der logistischen Abbildung in Abschnitt 14.2.2 ist. Ab einem kritischen Wert von k tritt Chaos auf und es entsteht der in Bild 14.10 d dargestellte **seltsame** oder **chaotische Attraktor** für $k = 1.55$. Geringe Störungen der Populationsdichten können nach kurzer Zeit zu völlig anderen Trajektorien führen. Die Bewegung bleibt jedoch auf dem Attraktor.

Diskussion des Modells

Für das Auftreten von Chaos in kontinuierlichen dynamischen Systemen sind im
Gegensatz zu diskreten dynamischen Systemen mindestens drei Dimensionen
des zugrundeliegenden Differentialgleichungssystems nötig. Um die Dynamik
anschaulich zu demonstrieren, wurde Gleichung (14.25) gewählt. Dieses System
ist mit den gegebenen Parametern nicht realistisch als Modell für interaktive
Spezies interpretierbar. Für realistische Parameter existiert in dreidimensionalen Lotka-Volterra-Populationsmodellen kein Chaos. Allerdings ist chaotische Dynamik für höherdimensionale Systeme möglich. In realen Ökosystemen
sind in der Regel jedoch weit mehr als drei interaktive Populationen vorhanden. Möglicherweise können deren Populationsdichten also nicht nur zyklische
Schwankungen, sondern auch chaotische Fluktuationen ausführen. Es können
also durchaus Abweichungen von Gleichgewichtszuständen, die aus nichtlinearen Modellen prognostiziert werden, aus dem System selbst erzeugt werden. Sie
brauchen nicht durch zufällige Effekte wie äußere Einflüsse oder die Unkenntnis
über das System erklärt werden.

14.4   Fraktale Geometrie

Während Strukturen geordneter dynamischer Systeme (z.B. Grenzzyklen) mit
der euklidischen Geometrie ausreichend beschrieben werden können, ist dies für
chaotische Systeme (z.B. seltsame Attraktoren) nicht mehr möglich. Darüberhinaus existieren in der Natur eine Vielzahl von Formen, die **selbstähnlich**
oder **fraktal** sind.

14.4.1   Skaleninvarianz und Selbstähnlichkeit

Natürliche Objekte wie Wolken, Gebirge, Blutgefäßsysteme, Bruchflächen von
Materialien oder Pflanzen zeigen bei Betrachtung in verschiedenen Größen-
maßstäben häufig dieselbe Grundstruktur. Man bezeichnet dieses Phänomen
als **Skaleninvarianz** oder **Selbstähnlichkeit**.

Bild 14.11: Skaleninvarianz und Selbstähnlichkeit

Bild 14.11 zeigt vier selbstähnliche Strukturen. Diese setzen sich aus Teilstrukturen zusammen, die bis auf einen Verkleinerungsfaktor (Skalierung) identisch
mit der Gesamtstruktur sind. Auch die Teilstrukturen setzt sich wiederum aus
identischen Einheiten zusammen.

Auch chaotische Strukturen zeigen Selbstähnlichkeit. In Bild 14.12 ist rechts ein
Ausschnitt aus dem Bifurkationsdiagramm der logistischen Abbildung heraus-
vergrößert, der praktisch identisch mit der linken Darstellung ist. Bei weiterer
Skalierung kommt immer wieder dieselbe Struktur zum Vorschein.

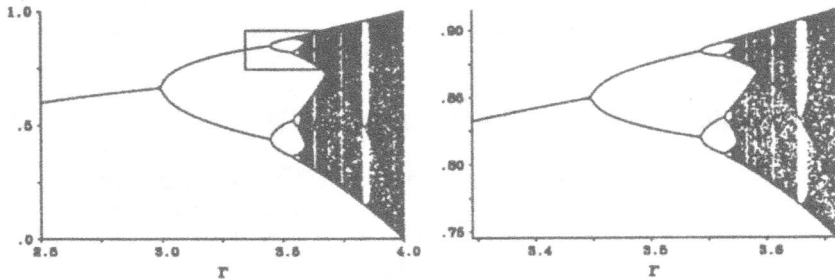

Bild 14.12: Selbstähnlichkeit der logistischen Abbildung

Alle chaotischen Systeme sind selbstähnlich. Häufig ist diese Selbstähnlichkeit
der einzige Zugang zur Analyse komplexer Strukturen oder dynamischer Systeme.

14.4.2   Die Hausdorff-Dimension

Skaleninvarianz und Selbstähnlichkeit können durch geeignete Dimensionsanga-
ben quantifiziert werden. Geläufig sind die **topologischen** oder **euklidischen
Dimensionen** von Punkt, Strecke, Quadrat und Würfel, nämlich 0, 1, 2 und
3. Teilt man ein Objekt in N identische Objekte, die um den Skalierungsfaktor
s verkleinert sind, dann gilt das Potenzgesetz:

$$N = s^D \tag{14.26}$$

Der Exponent D ist die **Hausdorff-Dimension**. Diese kann berechnet werden
zu:

$$D = \frac{\log N}{\log s} \tag{14.27}$$

Für Objekte wie Strecke, Quadrat und Würfel stimmt die topologische Dimensionen mit der Hausdorff-Dimension überein (Bild 14.13).

Komplexe selbstähnliche Objekte besitzen i.a. eine gebrochene Hausdorff-Dimension. Man nennt sie deshalb **Fraktale** (engl. *fraction = Bruch*). Bild 14.14
zeigt einige solche Objekte.

		D_T	s	N	$N = s^{D_H}$
	Linie	1	5	5	$5 = 5^1$
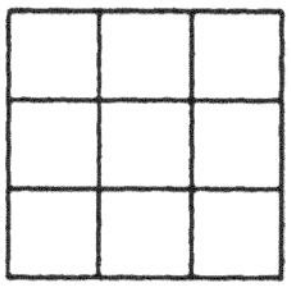	Quadrat	2	3	9	$9 = 3^2$
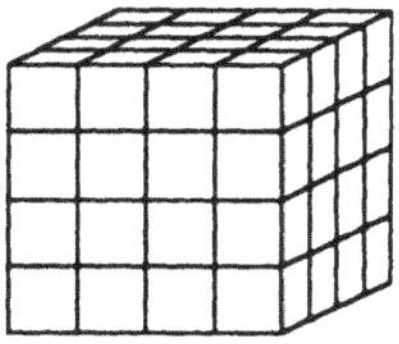	Würfel	3	4	64	$64 = 4^3$

Bild 14.13: Dimensionen euklidischer Objekte

Zur Erzeugung der sog. Cantor-Menge eliminiert man von einer Strecke das mittlere Drittel. Von den übrigbleibenden zwei Dritteln eliminiert man wiederum das mittlere Drittel usw. ad infinitum (vgl. Bild 14.14). Durch jede Elimination entstehen zwei identische Objekte, die um den Skalierungsfaktor 3 kleiner sind. Im Grenzfall bleibt praktisch nichts mehr übrig. Die Cantor-Menge hat das Wahrscheinlichkeitsmaß bzw. die Länge 0, besitzt jedoch überabzählbar unendlich viele Punkte. Ihre fraktale Hausdorff-Dimension ist 0.631. Sie ist also mehr als ein Punkt, aber weniger als eine Linie.

Das Sierpiński-Dreieck besitzt die Fläche 0, da fortwährend Dreiecke aus der Figur entfernt werden (vgl. Bild 14.14). Es ist eigentlich eine Linie mit der topologischen Dimension 1. Die Hausdorff-Dimension von $D = 1.585$ sagt aus, daß das Objekt zwischen Linie und Fläche anzusiedeln ist.

In Bild 14.14 unten ist die Konstruktion der Peano-Kurve dargestellt. Sie besitzt die topologische Dimension $D_T = 1$. Ihre Hausdorff-Dimension von $D_H = 2$ stimmt mit der topologischen Dimension einer Fläche überein. Tatsächlich ist die Peano-Kurve im Grenzfall flächenfüllend. Hier liegt ein Fraktal mit einer ganzzahligen Dimension vor.

Fraktale können also durchaus ganzzahlige Hausdorff-Dimensionen haben. Die Definition eines Fraktals lautet nämlich:

	D_T	s	N	$D_\mathrm{H} = \dfrac{\log N}{\log s}$
Cantor-Menge	0	3	2	$\dfrac{\log 2}{\log 3} = 0.63$
 Sierpiński-Dreieck	1	2	3	$\dfrac{\log 3}{\log 2} = 1.58$
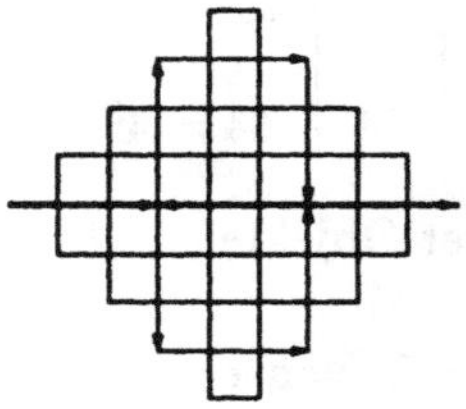 Peano-Kurve	1	3	9	$\dfrac{\log 9}{\log 3} = 2.00$

Bild 14.14: Hausdorff-Dimension von Fraktalen

Ein **Fraktal** ist eine Menge, deren Hausdorff-Dimension ihre topologische Dimension überschreitet:

$$D_\mathrm{H} > D_\mathrm{T} \tag{14.28}$$

Bei allen Objekten von Bild 14.13 stimmen Hausdorff- und topologische Dimension überein. Sie sind demnach nicht fraktal. Die Hausdorff-Dimension aller Strukturen in Bild 14.14 ist größer als deren topologische Dimension. Sie sind also Fraktale.

Praktische Anwendung

Mißt man beispielsweise die Länge der Küste Islands mit einem großen Maßstab (z.B. von einem Flugzeug aus), dann gehen kleine Ausbuchtungen nicht in den Umfang mit ein (Bild 14.15).

Benutzt man einen kleineren Maßstab, so wird die Küstenlänge größer.

Dies entspricht anschaulich der Situation beim Dreieck in Bild 14.16, wenn die Auflösungsgrenze des Maßstabs eine Seitenlänge des Dreiecks beträgt.

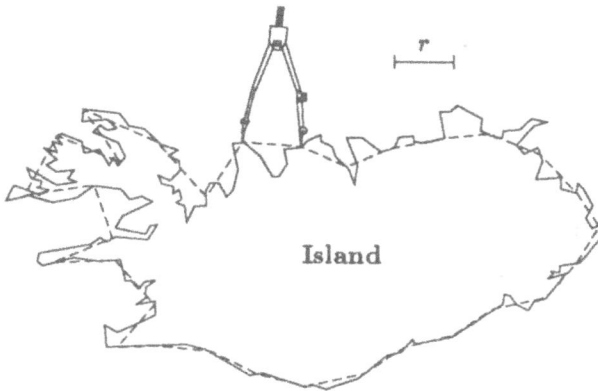

Bild 14.15: Wie lang ist die Küste Islands?

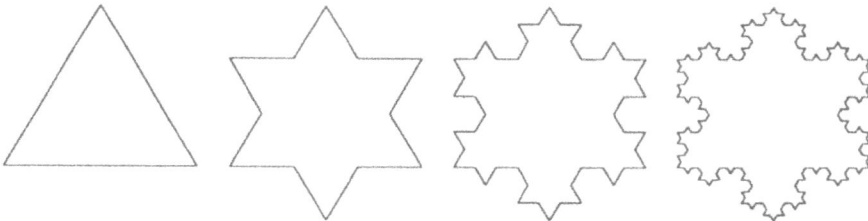

Bild 14.16: Die Kochsche Schneeflocke

Die Ausbuchtungen der Kurve werden dabei nicht mitgemessen. Diese gehen jedoch bei Verkleinerung des Maßstabs in den Umfang mit ein. Der Umfang der sog. Kochschen Schneeflocke wird also ebenso wie die Länge der Küste Islands bei höherer Auflösung größer. Je kleiner der Maßstab wird, desto länger wird der Umfang der Koch-Kurve bzw. die Küstenlinie Islands. Interessanterweise konvergiert die Länge mit zunehmender Verkleinerung des Maßstabs nicht. Bei der Kochschen Schneeflocke wächst der Umfang bei jeder Verdreifachung der Auflösung um den Faktor 4/3. Er wird also im Grenzfall unendlich groß. Auch für die Küste Islands kann keine Konvergenz festgestellt werden. Dies liegt an der fraktalen Dimension der Küstenlinie von $D \approx 1.3$. Die Küste Islands ist also theoretisch unendlich lang. Während die Begrenzungslinie der Kochschen Schneeflocke **exakt selbstähnlich** ist, ist die isländische Küstenlinie **statistisch selbstähnlich**, d.h. die Küste sieht in jeder Vergrößerung praktisch wiederum wie eine Küstenlinie aus.

Legt man an die Küste Islands Maßstäbe verschiedener Länge r an (vgl. Bild 14.15), und zählt die Anzahl N, wie oft der Maßstab angelegt wurde, um die gesamte Küste zu erfassen, dann beträgt die Länge der Küste:

$$L = N \cdot r \tag{14.29}$$

Tab. 14.1 zeigt die Anzahl N und die Länge L für verschiedene Maßstäbe r.

r [km]	200	100	80	40	20
N	6	14	20	46	112
$L = N \cdot r$ [km]	1200	1400	1600	1840	2240

Tabelle 14.1: Küstenlänge Islands in Abhängigkeit des Maßstabs

Die Küstenlänge nimmt demnach für kleinere Maßstäbe zu. Falls die Küste eine definierte Länge hat, sollte diese für $r \to 0$ gegen einen Grenzwert konvergieren:

$$\lim_{r \to 0} L(r) = L_0 \tag{14.30}$$

Dies scheint jedoch nicht der Fall zu sein, wie die doppelt-logarithmische Auftragung der Küstenlänge gegen die Maßstabsgröße in Bild 14.17 zeigt.

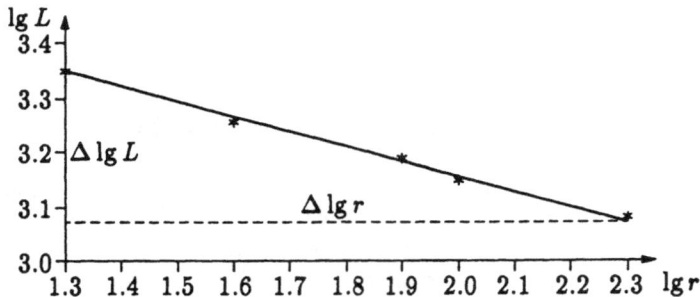

Bild 14.17: Küstenlänge Islands in Abhängigkeit des Maßstabs

Durch die Punkte kann man eine Ausgleichsgerade legen und folgern, daß ein Potenzgesetz zugrundeliegt (vgl. Kap. 6.8.4). Die Steigung der Geraden in Bild 14.17 ist $\frac{\Delta \lg L}{\Delta \lg r} = -0.27$ und der Achsenabschnitt bei $\lg r = 0$ ist 3.7. Damit lautet der funktionale Zusammenhang mit $10^{3.7} \approx 5000$:

$$\lg L = 3.7 - 0.27 \cdot \lg r \quad \text{bzw.} \quad L = 5000 \cdot r^{-0.27} \tag{14.31}$$

Die Länge der Küste wächst also mit abnehmendem r und geht im Grenzfall $r \to 0$ gegen $L_0 = \infty$. Der Grund ist die Selbstähnlichkeit der Küstenlinie, die sich bis in molekulare Größenbereiche fortsetzt.

Löst man Gleichung (14.29) nach N auf, so folgt mit Gleichung (14.31):

$$N = L \cdot r^{-1} = 5000 \cdot r^{-0.27} \cdot r^{-1} = 5000 \cdot r^{-1.27} \qquad (14.32)$$

Allgemein lautet die Beziehung zwischen der Anzahl N (wie oft der Maßstab angelegt wurde) und der Maßstabslänge r:

$$N = N_0 \cdot r^{-D_C} \qquad (14.33)$$

D_C ist die **Compass-** oder **Zirkel-Dimension** der Küste.

Die Frage "Wie lang ist die Küste Islands?" ist in dieser Form eigentlich nicht zu beantworten. Die Länge hängt davon ab, was man an der Küste vorhat. Will man z.B. Leuchttürme im Abstand von 200 km bauen, so beträgt die effektive Küstenlänge $L = 5000 \cdot 200^{-0.27} \approx 1200$ [km] und es genügen $N = 5000 \cdot 200^{-1.27} = \dfrac{1200}{200} = 6$ Leuchttürme. Für einen Zaun um Island, bei dem die Pfosten 100 m auseinander stehen sollen, benötigt man $N = 5000 \cdot 0.1^{-1.27} \approx$ 93100 Pfosten und die effektive Küstenlänge beträgt $L = 93100 \cdot 0.1$ km $=$ 9310 km.

Dieses einfache Beispiel soll verdeutlichen, daß es in den angewandten Naturwissenschaften häufig Anwendungen gibt, bei denen die fraktale Dimension eines Objekts eine herausragende Rolle spielt.

Zur praktischen Messung der fraktalen Dimension natürlicher Objekte dient ein Gitter der Maschenweite r, das über die zu untersuchende Struktur gelegt wird (Bild 14.18).

Man zählt die Anzahl N der Quadrate, in denen die Küstenlinie enthalten ist. Nun verkleinert man die Maschenweite r und zählt erneut. Bei genügend kleinen Maschenweiten kann die Küstenlänge wiederum abgeschätzt werden zu:

$$L = N \cdot r \qquad (14.34)$$

Für verschiedene Maschenweiten erhält man eine unterschiedliche Anzahl von Quadraten (Tab. 14.2).

Bild 14.19 zeigt die Auftragung der Meßwerte von Tab. 14.2 im doppelt-logarithmischen Papier (vgl. Kap. 6.8.4).

Aufgrund der doppelt-logarithmischen Auftragung kann man als Ausgleichskurve eine Gerade durch die Meßpunkte legen und auf einen Zusammenhang schließen, der durch ein Potenzgesetz gegeben ist:

$$N = \text{const.} \cdot r^{-D_B} \qquad (14.35)$$

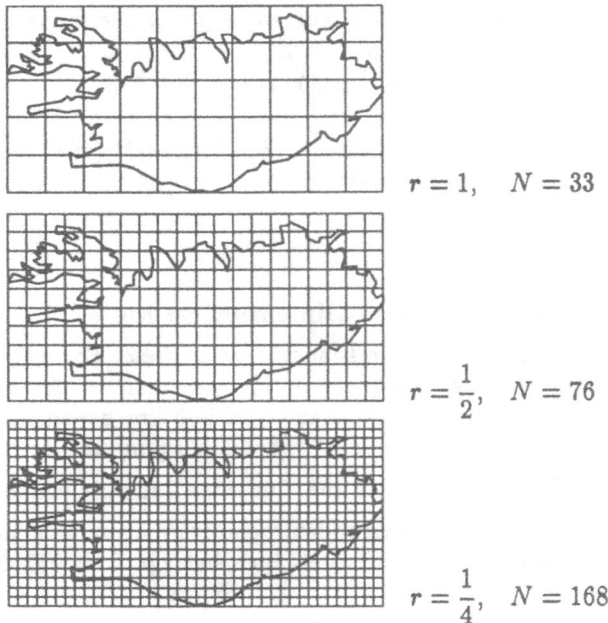

$$r = 1, \quad N = 33$$

$$r = \frac{1}{2}, \quad N = 76$$

$$r = \frac{1}{4}, \quad N = 168$$

Bild 14.18: Der Box-Counting-Algorithmus

r	1	1/2	1/4	1/8	1/16	1/32	1/64
N	33	76	168	443	1069	2579	6220

Tabelle 14.2: Boxenanzahl in Abhängigkeit des Maßstabs

D_B ist die **Boxdimension** des Fraktals. Die Boxdimension ist ein Schätzwert für die Hausdorff-Dimension. Die doppelt-logarithmische Auftragung liefert D_B als negative Steigung der entstehenden Geraden. Sie ist im Fall der Küstenlinie Islands $\dfrac{\Delta \lg N}{\Delta \lg r} = -1.30$. Die Boxdimension ist also $D_\mathrm{B} = 1.30$ und stimmt in etwa mit der Compassdimension $D_\mathrm{C} = 1.27$ überein.

Mit diesem sog. **box-counting-Algorithmus** kann z.B. die fraktale Dimension von Gewebefaltungen, Blutgefäßverzweigungen, Bronchien sowie der Gefäßgänge in Leber und Nieren zu $D \approx 2.25$ bestimmt werden. Interessanterweise ist dies genau die Dimension des Grundumsatzes von Säugetieren, wenn man ihn auf den idealisierten Durchmesser d eines Tieres bezieht. Dieser Grundumsatz E, die sog. **metabolische Körpergröße**, hängt mit der Körpermasse m

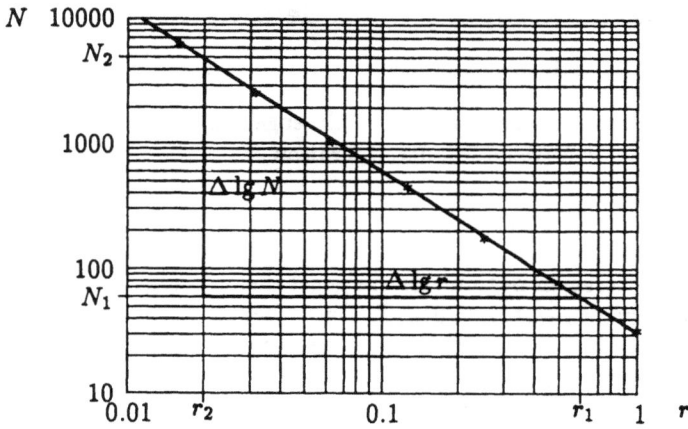

Bild 14.19: Boxenanzahl in Abhängigkeit des Maßstabs

über ein Potenzgesetz zusammen[1]:

$$E \sim m^{0.75} \sim V^{0.75} \sim O^{1.25} \sim d^{2.25} \tag{14.36}$$

Der Grundumsatz ist also weder proportional zur Körperoberfläche O (d^2) noch zur Körpermasse m bzw. -volumen V (d^3), sondern zu einem Objekt, das zwischen Fläche und Volumen liegt, also einem Fraktal.

---

[1]KIRCHGESSNER M. 1982: Tierernährung. DLG-Verlag.

14.5   Fraktale Graphiken auf dem Computer

14.5.1   Die Mandelbrot-Menge

Die **Mandelbrot-Menge** ist eine Teilmenge der komplexen Zahlen $\mathcal{C}$, die durch wiederholte Anwendung der Operation

$$z_{n+1} = z_n^2 + c \qquad (z_n, c \in \mathcal{C}) \tag{14.37}$$

entsteht. Die Iteration beginnt für ein gegebenes $c = (c_{Re} + ic_{Im}) \in \mathcal{C}$ mit dem Startwert $z_0 = (x_0 + iy_0) = 0 \in \mathcal{C}$. Dabei bedeuten c_{Re} und x den Realteil und c_{Im} und y den Imaginärteil von c bzw. z. Gleichung (14.37) kann damit ausgedrückt werden als:

$$\begin{aligned}
z_{n+1} = z_n^2 + c &= (x_n + iy_n)^2 + c_{Re} + ic_{Im} = \\
&= x_n^2 + i2x_ny_n + i^2y_n^2 + c_{Re} + ic_{Im} = \\
&= (x_n^2 - y_n^2 + c_{Re}) + i(2x_ny_n + c_{Im})
\end{aligned} \tag{14.38}$$

Den Realteil der auf z_n folgenden komplexen Zahl z_{n+1} erhält man also durch Addition des Realteils c_{Re} von c zu $x_n^2 - y_n^2$. Der Imaginärteil von z_{n+1} ist die Summe aus $2x_ny_n$ und dem Imaginärteil c_{Im} von c. Dies führt zu einem zweidimensionalen nichtlinearen diskreten dynamischen System nach Gleichung (14.1):

$$\begin{aligned}
x_{n+1} &= x_n^2 - y_n^2 + c_{Re} \\
y_{n+1} &= 2x_ny_n + c_{Im}
\end{aligned} \tag{14.39}$$

Für komplexe Zahlen c außerhalb der Mandelbrot-Menge streben die Iterierten z_n für $n \to \infty$ ins Unendliche, während sie für Zahlen c, die innerhalb der Menge liegen, auch auf diese beschränkt sind.

Man kann sich die komplexen Zahlen als Punkte in einem kartesischen Koordinatensystem vorstellen. Die x-Koordinate einer komplexen Zahl z ist ihr Realteil, die y-Koordinate ihr Imaginärteil. Die Größe einer komplexen Zahl ist ihr Abstand vom Ursprung, also der komplexen Zahl $0 + i0$. Dieser Abstand ist die Hypotenuse eines rechtwinkligen Dreiecks, dessen Katheten der Realteil und der Imaginärteil der komplexen Zahl z sind. Die Länge $|z|$ der Hypotenuse kann über den Satz des Pythagoras leicht berechnet werden:

$$z^2 = x^2 + y^2 \;\Rightarrow\; |z| = \sqrt{x^2 + y^2} \tag{14.40}$$

Die Mandelbrot-Menge besteht also gerade aus den komplexen Zahlen c, für die der Betrag der Iterierten unter beliebig langer Iteration nach Gleichung

(14.37) mit $z_0 = 0$ endlich bleibt. Man kann nun zeigen, daß die Iterierten gegen unendlich streben, wenn der Betrag von z irgendwann den Wert 2 überschreitet.

Für die Suche nach komplexen Zahlen c, die im Innern der Mandelbrot-Menge liegen, benutzt man einen Computer. In der Praxis wird man solange iterieren, bis entweder der Betrag der Iterierten größer als 2 ist, oder eine maximale Anzahl n der Iterationsschritte erreicht ist. Im einfachsten Fall färbt man Zahlen, die zur Mandelbrot-Menge gehören schwarz, die anderen weiß. Tab. 14.3 zeigt ein Turbo-Pascal-Programm, das auf jedem PC, der mit einer gängigen Grafikkarte ausgerüstet ist, lauffähig sein sollte.

Dem Programm **mandelbrot** wird über **uses crt, graph;** mitgeteilt, die Turbo-Pascal-Units **crt** und **graph** zu benutzen. Die Iteration erfolgt zwischen den reellen Grenzen **c_re_l = -2.3** und **c_re_r = 0.9** und den imaginären Grenzen **c_im_u = -1.2** und **c_im_o = 1.2**, die als Konstanten definiert sind. Der Real- bzw. Imaginärteil von c (**c_re** und **c_im**) hat den Variablentyp **real**. **dc_re** und **dc_im** sind die reellen bzw. imaginären Schrittweiten zwischen zwei aufeinanderfolgenden c-Werten. **x** und **y** bezeichnen Real- und Imaginärteil der Iterierten z. **x2** ($\hat{=} x^2$), **y2** ($\hat{=} y^2$) und **xy** ($\hat{=} x \cdot y$) sind Hilfsvariablen, um das Programm übersichtlicher zu gestalten und um die Quadrate x^2 und y^2 nicht doppelt berechnen zu müssen. **r2** ist der quadrierte Abstand r^2 von z zum Ursprung. Die Integervariablen **i** und **j** sind die Laufvariablen für die Doppelschleife, **n** ist die Zählvariable für die Wiederholungsschleife des Algorithmus. **graphdriver** und **graphmode** werden als Integervariablen zur Initialisierung der Turbo-Pascal-Graphik benötigt. Über die Anweisung **graphdriver = detect;** erfolgt eine automatische Erkennung des Graphiktreibers. **initgraph** initialisiert die Graphik und setzt den Graphikmodus. Ist der Graphiktreiber nicht im aktuellen Verzeichnis enthalten, so kann zwischen den Anführungsstrichen der Pfad, in dem die **.BGI**-Dateien abgelegt sind, angegeben werden (z.B. **initgraph (graphdriver, graphmode, 'C:\TP\GRAFIK');**). Die folgenden beiden Anweisungen **dc_re := (c_re_r - c_re_l) / getmaxx;** und **dc_im := (c_im_o - c_im_u) / getmaxy;** legen die Schrittweite für Real- und Imaginärteil von c fest. **getmaxx** und **getmaxy** liefern dabei die maximale horizontale bzw. vertikale Pixelzahl des Bildschirms. Der eigentliche Algorithmus beginnt mit der anschließenden Doppelschleife. Zunächst wird der Imaginärteil von c in der äußeren Zählschleife fixiert. Der Block **if keypressed then begin closegraph; exit; end;** dient lediglich zum vorzeitigen Abbruch des Programmablaufs durch Drücken einer beliebigen Taste. Die innere Zählschleife setzt den Wert für den Realteil von c fest. Vor der Wiederholungsschleife werden den Variablen **x**, **y** und **n** Initialwerte zugewiesen. In der Schleife werden Realteil **x** und Imaginärteil **y** nach einer Iteration berechnet. Die **repeat until** Schleife wird solange wiederholt, bis entweder die Iterationszahl **n** einen vorgegebenen Wert erreicht oder der Abstand zum Ursprung größer als 2, d.h. $r^2 > 4$ ist. Alle Punkte, bei denen die Zählvariable **n** den vorgegebenen Maximalwert

```pascal
program mandelbrot;
uses  crt, graph;
const c_re_l = -2.3;
      c_re_r =  0.9;
      c_im_u = -1.2;
      c_im_o =  1.2;
var   c_re, c_im, dc_re, dc_im, x, y, x2, y2, xy, r2 : real;
      i, j, n, graphdriver, graphmode : integer;
begin
  graphdriver := detect;
  initgraph (graphdriver, graphmode, '');
  dc_re := (c_re_r - c_re_l) / getmaxx;
  dc_im := (c_im_o - c_im_u) / getmaxy;
  for j := 0 to getmaxy do begin
    if keypressed then begin
      closegraph;
      exit;
    end;
    c_im := c_im_o - j * dc_im;
    for i := 0 to getmaxx do begin
      c_re := c_re_l + i * dc_re;
      x := 0;
      y := 0;
      n := 0;
      repeat
        x2 := x * x;
        y2 := y * y;
        xy := x * y;
        r2 := x2 + y2;
        x  := x2 - y2 + c_re;
        y  := 2 * xy + c_im;
        n  := n + 1;
      until (n = 100) or (r2 > 4);
      if n < 100 then putpixel (i, j, white)
    end;
  end;
  repeat until keypressed;
  closegraph;
end.
```

Tabelle 14.3: Turbo-Pascal-Programm zur Berechnung der Mandelbrot-Menge

noch nicht erreicht hat, werden nicht zur Mandelbrot-Menge gezählt und über
`putpixel (i, j, white)` an den Koordinaten i und j mit der Farbe weiß
gezeichnet. Punkte, die zur MANDELBROT-Menge gerechnet werden, besitzen
die Hintergrundfarbe des Monitors, also in der Regel die Farbe schwarz. Nach
Beendigung der Doppelschleife wartet das Programm auf eine Tastatureingabe,
um den Graphikmodus zu schließen und das Programm zu beenden.

Das Programm ist bewußt einfach gehalten und nicht auf Geschwindigkeit op-
timiert. Es soll lediglich als Grundstock für den Leser als Anregung zur eigenen
Programmierung dienen. Bild 14.20 zeigt links die Mandelbrot-Menge als Ergebnis eines Programmdurchlaufs.

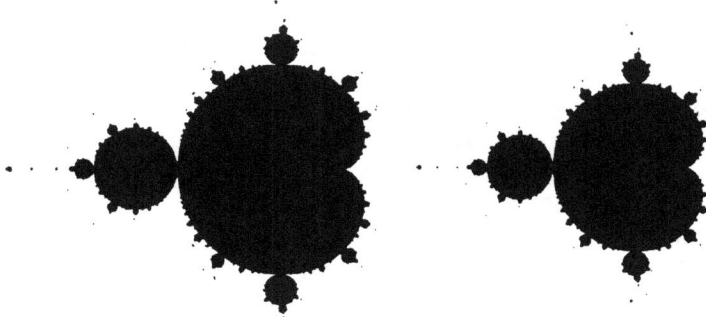

Bild 14.20: Die Mandelbrot-Menge

Im Programm von Tab. 14.3 können verschiedene Parameter verändert werden,
um die Mandelbrot-Menge genauer zu untersuchen.

Besonders interessant ist der Rand der Mandelbrot-Menge. Dieser kann durch
Veränderung der Grenzen des darzustellenden Bereichs für die c-Werte vergrößert werden. Im Programm müssen zu diesem Zweck die Konstanten `c_re_l`,
`c_re_r`, `c_im_u` und `c_im_o` verändert werden. Man kann dann in die Menge
"hineinzoomen". Bild 14.20 rechts zeigt eine Vergrößerung des linken äußeren
Fleckchens der Mandelbrot-Menge, wobei der Realteil von c zwischen -1.805
und -1.725, der Imaginärteil zwischen -0.03 und $+0.03$ dargestellt ist. Die Vergrößerung sieht praktisch genauso aus wie die Menge selbst. Diese Selbstähnlichkeit setzt sich bei beliebig weiterer Vergrößerung fort. Es erscheinen also
immer wieder identische Abbilder der Gesamtmenge.

Bei hohen Vergrößerungen ist es notwendig, die Zählvariable n stark zu erhöhen.
Die Programmausführung dauert dann entsprechend länger.

Für Startwerte $z_0 \neq 0$ entstehen deformierte Abkömmlinge der Mandelbrot-
Menge.

Besonders faszinierende Bilder entstehen bei der Verwendung eines Farbbildschirms. Man kann diejenigen c-Werte, die nicht zur Mandelbrot-Menge ge-

hören, durch verschiedene Farben darstellen. Die Farbwahl geschieht über die
Geschwindigkeit, mit der die Iterierten gegen ∞ streben. Beispielsweise kann
man alle Punkte, bei denen der Betrag von z bereits bei weniger als 10 Iterationen den Wert 2 überschreitet, gelb färben, Punkte, bei denen dies zwischen der
10. und 20. Iteration der Fall ist, rot usw. Die Attraktivität der Bilder wächst
mit zunehmendem Angebot an Farben, die der Bildschirm darstellen kann.

14.5.2   Julia-Mengen

Die Berechnung der Mandelbrot-Menge erfolgte durch Variation des Parameters c in Gleichung (14.37) bei festem $z_0 = 0$. Im entgegengesetzten Fall hält
man c fest und variiert den Anfangswert $z_0 = x_0 + y_0 i$. Färbt man alle Anfangswerte z_0, die im Laufe der Iteration gegen unendlich streben weiß, die anderen
schwarz, so erhält man Mengen, die ganz anders aussehen als die Mandelbrot-
Menge. Diese Mengen, genauer gesagt deren Rand, heißen **Julia-Mengen**. Es
gibt also unendlich viele Julia-Mengen, da man unendlich viele Parameter c in
Gleichung (14.37) einsetzen kann. Tab. 14.4 zeigt ein Turbo-Pascal-Programm
zur Berechnung und Darstellung einer Julia-Menge.

Der Unterschied zum Programm zur Berechnung der Mandelbrot-Menge besteht in der Fixierung des Werts c in der Konstantendefinition `c_re = -1.25;`
und `c_im = 0;`. Der Bereich für die Variation der Startwerte z_0 erfolgt durch
die Definitionen `x_l = -2;`, `x_r = 2;`, `y_u = -1.5;` und `y_o = 1.5;`. Beide
Initialisierungen von Real- und Imaginärteil von z_0 (`x := x_l + i * dx;` und
`y := x_r - j * dy;`) müssen im Programm innerhalb der Doppelschleife erfolgen.

Bild 14.21 b zeigt eine Julia-Menge als Ergebnis eines Programmdurchlaufs.

Man kann nun im Programm den Parameter c durch eine andere Belegung
der Konstanten `c_re` und `c_im` verändern und erhält damit verschiedenartigste
Bilder von JULIA-Mengen. In der Regel muß dabei in der Bedingung `if n
< 100 then putpixel (i, j, white);` der Wert 100 durch andere Zahlen
ersetzt werden.

Bild 14.21 a–d zeigt vier verschiedene Darstellungen. In Tab. 14.5 sind die Parameter c und die Ausschnitte am Bildschirm aufgeführt. Deutlich ist wiederum
die Selbstähnlichkeit der Julia-Mengen zu erkennen.

Auch bei Julia-Mengen kann man vergrößerte Ausschnitte berechnen und in
die Mengen "hineinzoomen".

Bei Verwendung eines Farbbildschirms kann man wie bei der Mandelbrot-
Menge auch sehr attraktive Farbbilder erzeugen.

Auffallend ist, daß für bestimmte Werte von c die zugehörigen Julia-Mengen
zusammenhängen und für andere auseinanderfallen. Ist der Parameter c Ele-

```pascal
program julia;
uses  crt, graph;
const x_l  = -2;
      x_r  =  2;
      y_u  = -1.5;
      y_o  =  1.5;
      c_re = -1.25;
      c_im = 0;
var   x, y, dx, dy, x2, y2, xy, r2 : real;
      i, j, n, graphdriver, graphmode : integer;
begin
  graphdriver := detect;
  initgraph (graphdriver, graphmode, '');
  dx := (x_r - x_l) / getmaxx;
  dy := (y_o - y_u) / getmaxy;
  for j := 0 to getmaxy do begin
    if keypressed then begin
      closegraph;
      exit;
    end;
    for i := 0 to getmaxx do begin
      x := x_l + i * dx;
      y := y_o - j * dy;
      n := 0;
      repeat
        x2 := x * x;
        y2 := y * y;
        xy := x * y;
        r2 := x2 + y2;
        x  := x2 - y2 + c_re;
        y  := 2 * xy + c_im;
        n  := n + 1;
      until (n = 100) or (r2 > 4);
      if n < 100 then putpixel (i, j, white);
    end;
  end;
  repeat until keypressed;
  closegraph;
end.
```

Tabelle 14.4: Turbo-Pascal-Programm zur Berechnung von Julia-Mengen

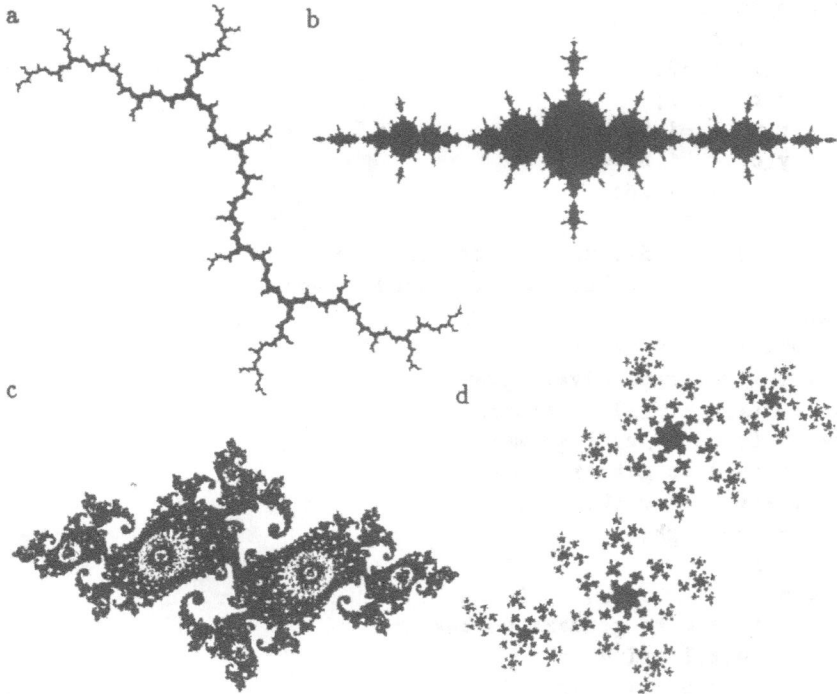

Bild 14.21: Julia-Mengen

	c_re	c_im	x_l	x_r	y_u	y_o
Bild 14.21 a	0	1	−2.0	2.0	−1.5	1.5
b	−1.25	0	−2.0	2.0	−1.5	1.5
c	−0.74543	0.11301	−2.4	2.4	−1.8	1.8
d	0.11301	0.67037	−2.0	2.0	−1.5	1.5

Tabelle 14.5: Parameter und Bildschirmausschnitte für Julia-Mengen

ment der Mandelbrot-Menge, so sind die entstehenden Julia-Mengen zusammenhängend, andernfalls nicht.

14.5.3   Das Chaos-Spiel

Es werden drei Punkte R, G und B, welche die Ecken eines gleichseitigen Dreiecks bilden, mit den Farben rot, grün und blau auf ein Blatt Papier gezeichnet. Ein vierter Punkt z_1 wird an einer beliebigen Stelle auf dem Blatt Papier

markiert. Nun wirft man einen Würfel, der auf den gegenüberliegenden Seiten
jeweils die Farben rot, grün und blau besitzt, und markiert einen Punkt z_2,
der genau in der Mitte zwischen z_1 und dem Punkt mit der gewürfelten Farbe
liegt. Nach einem weiteren Wurf verfährt man analog vom Punkt z_2 aus. Der
Punkt z_{n+1} entsteht also durch Markieren eines Punktes, der auf halbem Weg
zwischen dem Dreieckseckpunkt mit der gewürfelten Farbe und dem Punkt
z_n liegt. Wie sieht das entstehende Bild nach sehr vielen Würfen aus? Liegt
ein Punkt einmal im Dreieck, so kann er dieses nicht mehr verlassen. Entsteht
nun eine zufällige Verteilung von Punkten innerhalb des Dreiecks? Tab. 14.6
zeigt ein Turbo-Pascal-Programm, mit dem man das Chaos-Spiel auf einem
Computer simulieren kann.

```
program chaos_spiel;
uses graph, crt;
var   x_e, y_e : array[1..3] of integer;
      x, y, color, graphdriver, graphmode : integer;
begin
  graphdriver := detect;
  initgraph (graphdriver, graphmode, '');
  x_e[1] := 0;        x_e[2] := getmaxx div 2; x_e[3] := getmaxx;
  y_e[1] := getmaxy; y_e[2] := 0;              y_e[3] := getmaxy;
  randomize;
  x := random (getmaxx + 1); y := random (getmaxy + 1);
  repeat
    color := random (3) + 1;
    x := ((x + x_e[color])) div 2; y := ((y + y_e[color])) div 2;
    putpixel (x, y, white);
  until keypressed;
  closegraph;
end.
```

Tabelle 14.6: Turbo-Pascal-Programm für das Chaos-Spiel

Die Ecken des gleichseitigen Dreiecks werden im Feld x_e für die x-Koordinate
und im Feld y_e für die y-Koordinate abgelegt. Der Operator div liefert den auf
einen Integer-Wert abgerundeten Quotienten. Nach Initialisierung des Zufalls-
zahlengenerators durch randomize wird ein zufälliger Startpunkt z_1 mit der x-
Koordinate zwischen dem linken und rechten Endpunkt und der y-Koordinate
zwischen dem unteren und oberen Endpunkt des Bildschirms erzeugt. In der
anschließenden Schleife wird die gewürfelte Farbe color als Zufallszahl von 1
bis 3 bestimmt. Da die Funktion random Zufallszahlen $0 \leq$ Zufallszahl < 3 lie-

fert, muß der Wert 1 hinzuaddiert werden. Die folgenden beiden Anweisungen berechnen die x- und y-Koordinate des nächsten Punktes, der in der Mitte zwischen dem Dreieckspunkt (x_e[color], y_e[color]) mit der aktuellen Farbe color und dem vorhergehenden Punkt liegt. Der neue Punkt wird weiß auf dem Bildschirm gezeichnet. Die Schleife wird solange durchlaufen, bis eine Taste gedrückt wird.

Das Ergebnis des Programmlaufs sollte ein Sierpiñski-Dreieck wie in Bild 14.11 links unten ergeben.

Eine Modifikation des Programms kann beispielsweise durch Veränderung der Eckpunkte oder durch andere Abbildungsvorschriften erfolgen. Bei Verwendung eines Farbbildschirms können die Punkte auch mit der gewürfelten Farbe oder mit Mischfarben, die dem relativen Anteil der Grundfarben rot, grün und blau als Funktion des Punktabstands entsprechen, eingefärbt werden.

Das Chaos-Spiel zeigt, daß nicht nur Chaos aus Ordnung, sondern auch der umgekehrte Fall, also Ordnung aus Chaos entstehen kann. Die Kombination aus Gesetz und Zufall erzeugt fraktale Strukturen, die natürlichen Formen sehr ähnlich sind. So ist z.B. das in Bild 14.11 dargestellte Farnblatt auch durch ein Chaos-Spiel mit etwas anderen Zuordnungsvorschriften entstanden. Mit Hilfe der fraktalen Geometrie sind komplexe natürliche Strukturen beschreibbar, für die die euklidische Geometrie keine befriedigenden Ergebnisse liefert.

14.5.4   Bifurkationsdiagramme iterierter Abbildungen

Das Turbo-Pascal-Programm in Tab. 14.7 dient zur Erzeugung des Bifurkationsdiagramms der logistischen Abbildung.

Die Grenzen des darzustellenden Parameterbereichs sind als Konstanten definiert, mit denen die Unterteilung der r-Achse (Abszisse) durch die Anweisung dr := (r_r - r_l) / getmaxx; vorgenommen wird. Die Iteration beginnt mit einem Startwert $x_0 = 0.8$. Die ersten 200 Iterationen werden berechnet, aber nicht gezeichnet, um das System einschwingen zu lassen. Die folgenden 100 Iterierten werden graphisch dargestellt. trunc (getmaxy * (1 - x)) im Aufruf der Prozedur putpixel dient lediglich zur Umrechnung der x-Koordinaten auf Bildschirmkoordinaten.

Im Programm können die Parametergrenzen r_l und r_r variiert werden, um Ausschnitte aus dem Bifurkationsdiagramm zu vergrößern. Außerdem können auch andere Abbildungen durch Eingabe eigener Gleichungen iteriert werden.

```
program logab;
uses  graph, crt;
const r_l = 2.5; r_r = 4;
var   x, r, dr : real;
      i, j, n, graphdriver, graphmode : integer;
begin
  graphdriver := detect;
  initgraph (graphdriver, graphmode, '');
  dr := (r_r - r_l) / getmaxx;
  for i := 0 to getmaxx do begin
    if keypressed then begin
      closegraph;
      exit;
    end;
    r := r_l + i * dr;
    x := 0.8;
    for j := 1 to 200 do
      x := r * x * (1 - x);
    for j := 1 to 100 do begin
      x := r * x * (1 - x);
      putpixel (i, trunc (getmaxy * (1 - x)), white);
    end;
  end;
  repeat until keypressed;
  closegraph;
end.
```

Tabelle 14.7: Turbo-Pascal-Programm für Bifurkationsdiagramme

Literatur

BACH G.: Mathematik für Biowissenschaftler
Gustav Fischer Verlag, Stuttgart 1989

BATSCHELET E.: Einführung in die Mathematik für Biologen
Springer-Verlag, Berlin, Heidelberg, New York 1980

CAPRANO E., GIERL A.: Finanzmathematik
Vahlen-Verlag 1986

LEUPOLD W. U.A.: Lehr- und Übungsbuch Mathematik, Band III
Verlag Harri Deutsch, Frankfurt/M. 1973

LEVEN R.W., KOCH B.-P., POMPE P.: Chaos in dissipativen Systemen
Vieweg-Verlag, Braunschweig, Wiesbaden 1989

MANDELBROT B.B.: Die fraktale Geometrie der Natur
Birkhäuser, Basel 1987

PAPULA L.: Mathematik für Ingenieure 1 u. 2
Vieweg-Verlag, Braunschweig, Wiesbaden 1990

PEITGEN H.-O., SAUPE D.: The Science of Fractal Images
Springer Verlag, Berlin, Heidelberg, New York 1988

PRECHT M., KRAFT R.: Biostatistik 1 & 2
Oldenbourg Verlag München, Wien 1992, 1993

SCHUSTER H.G.: Deterministic Chaos. An Introduction
VCH Verlagsgesellschaft, Weinheim 1988

TIMISCHL W.: Biomathematik
Springer Verlag, Wien, New York 1988

WALTER W.: Gewöhnliche Differentialgleichungen
Springer Verlag, Berlin 1972

Sachregister

I

identische Abbildung   10
Individuendichte   306
induktive Definition – einer Folge   94
inhomogene Differentialgleichung   281
injektive Funktion   8
Integral – allgemeines   272
– bestimmtes   166
– Doppel-   252
– Dreifach-   258
– Flächen   252
– partikuläres   272
– unbestimmtes   159
– Volumen-   258
Integralfunktion   159, 171
– -kurve   159, 270
Integration   166
– durch Substitution   163
– partielle   162
Integrationskonstante   272
Interpolation   24
– lineare   24
– quadratische   24
inverse Funktion   8
Isotherme   29
iterierte Abbildung   303

J

Jäger-Beute-Modell   295
Julia-Menge   334

K

Kettenregel   221
– der Differentialrechnung   132
Komposition – von Funktionen   9
konkave Funktion   141
konvergente Folge   96
– Reihe   101
Konvergenzradius   205
konvexe Funktion   141
Koordinaten – krummlinige   261
– Polar-   256
Körpergröße – metabolische   34, 55

Koten   212
kotierte Projektion   212
Kreisfrequenz   68, 69
– -funktion   62
krummlinige Koordinaten   261
Krümmung – Links-   140
– Rechts-   140
kubische Funktion   22
– Parabel   22
Kurvendiskussion   142

L

l'Hospitalsche Regel   151
Liapunov-Koeffizient   311
lineare Differentialgleichung   270
– Funktion   12
– Interpolation   24
– Optimierung   242
Linkskrümmung   140
linksseitiger Grenzwert   107
logarithmisches Papier
– doppelt-logarithmisches   53
– einfach-logarithmisches   50
Logarithmus – Briggscher   181
– dekadischer   181
– natürlicher   177, 181
– naturalis   177
Logarithmusfunktion   48
logistische Abbildung   306
– Funktion   46
Lösung einer Differentialgleichung
– allgemeine   270
– partikuläre   270
Lotka-Volterra-System   317

M

Mandelbrot-Menge   330
Maximalfehler   223
Maximum – absolutes   138, 231
– relatives   137, 231
Mehrfachmessung   228
Menge – Julia   335
– Mandelbrot   331
Meßergebnis   223
– -unsicherheit   229

U

Umkehrfunktion 8
unabhängige Variable 5, 209
– Veränderliche 5, 209
unbestimmtes Integral 159
uneigentlicher Grenzwert 98
unendliche Reihe 101
Unendlichkeitsstelle 25
ungerade Funktion 11
unterjährige Verzinsung 108

V

Variable – abhängige 5, 209
– unabhängige 5, 209
Varianz 228
Veränderliche – abhängige 5, 209
– unabhängige 5, 209
Verdopplungsgröße 39
– -zeit 39
Verteilungsfunktion 188
Vertikalverschiebung 69, 72
– bei Geraden 13
– bei Parabeln 18
Verzinsung – unterjährige 108
vollständiges Differential 220
Volumenintegral 258

W

Wachstum – exponentielles 35
Wachstumsfunktion 35
– -konstante 42
– -rate 42
Wechselwirkung 292
Wendepunkt 141
Winkelfrequenz 69
– -funktion 62
– -geschwindigkeit 69
Wronski-Determinante 286

Z

Zahl – Eulersche 101
Zählerpolynom 28
zeitdiskretes System 305
Zerfall – exponentieller 35
Zerfallsfunktion 35
– -konstante 42
– -rate 42
Zinsfaktor 108
Zinssatz 108
– effektiver 113
Zirkel-Dimension 327
zusammengesetzte Funktion 9
zweite Ableitung 135
zylindrischer Punkt 234

www.ingramcontent.com/pod-product-compliance
Lightning Source LLC
Chambersburg PA
CBHW081048220326
41598CB00038B/7021